高等学校计算机基础教育规划教材

计算机应用基础
任务驱动教程

陈卓然 郑月锋 杨久婷 陆思辰 华振兴 贾萍 司雨 编著

清华大学出版社

北京

内 容 简 介

本书共分七部分 31 个任务，通过对任务的讲解，实现了计算机应用技能的掌握及理论知识点的学习。本书打破了传统的教学顺序，循序渐进地介绍了计算机基本知识、Windows 7 操作系统、字处理软件 Word 2010、电子表格处理软件 Excel 2010、演示文稿处理软件 PowerPoint 2010、计算机网络与安全、全国计算机二级考试公共基础知识等相关内容，重点突出了各项技能的训练。本书体现了教、学、做相结合的教学模式，每个项目由相应的任务完成，通过任务引入相应的知识点和有关的概念及操作技巧。本书"应用型"特色鲜明，"技能训练"突出，以"任务驱动"为主线，以"学以致用"为原则，注重项目实践，强化学生实际动手能力的培养，特别适合作为高等院校计算机通识课程的教材，也可作为办公自动化培训教材及全国计算机等级考试（二级）参考用书。

图书在版编目（CIP）数据

计算机应用基础任务驱动教程 / 陈卓然等编著.—北京：清华大学出版社，2018（2020.8重印）
（高等学校计算机基础教育规划教材）
ISBN 978-7-302-50765-9

Ⅰ．①计… Ⅱ．①陈… Ⅲ．①电子计算机–高等学校–教材 Ⅳ．①TP3

中国版本图书馆 CIP 数据核字（2018）第 172934 号

责任编辑：王　芳
封面设计：常雪影
责任校对：焦丽丽
责任印制：沈　露

出版发行：清华大学出版社
　　　　网　　　　址：http://www.tup.com.cn, http://www.wqbook.com
　　　　地　　　　址：北京清华大学学研大厦 A 座　　　邮　　编：100084
　　　　社　总　机：010-62770175　　　　　　　　邮　　购：010-62786544
　　　　投稿与读者服务：010-62776969, c-service@tup.tsinghua.edu.cn
　　　　质　量　反　馈：010-62772015, zhiliang@tup.tsinghua.edu.cn
　　　　课　件　下　载：http://www.tup.com.cn, 010-83470236
印　装　者：三河市国英印务有限公司
经　　销：全国新华书店
开　　本：185mm×260mm　　　　印　　张：24.75　　　字　　数：617 千字
版　　次：2018 年 9 月第 1 版　　　　　　　　　　印　　次：2020 年 8 月第 3 次印刷
定　　价：55.00 元

产品编号：080907-01

前言

计算机的产生和发展对人类社会的进步产生了重大影响,计算机技术已经成为当代大学生必须掌握的基本技能。在高校,计算机教育直接影响到教育系统本身,促进了计算机文化的普及和计算机应用技术的推广,也直接关系到学生的知识结构、技能水平的提高。计算机已经成为信息社会不可缺少的工具,利用计算机进行信息处理的能力已经成为衡量现代大学生能力素质与文化修养的重要标志。

计算机基础教育与当代大学生个人素质有密切关系。"计算机应用基础"课程的建设是培养满足信息化社会需求的高级人才的重要基础,是培养跨学科、综合型人才的重要环节。"计算机应用基础"教育不仅是一种操作计算机技能的学习,更应注重对学生信息素质的培养,因此,它作为各专业的通识课程有着重大意义。

"计算机应用基础——教学改革示范课"课题组经过多年研究,结合教学实践,不断积累、改进和完善教学。为适应技术发展,更新教学内容,优化教材结构,更好地满足培养应用型人才的教学需要,编写了本书。

本书作为计算机通识课程使用教材,将计算机应用基础知识以任务的形式全面细致地呈现给读者。本书任务选材新颖,讲解细致,参编教师均为具有多年教学经验的一线教师。其中,第一部分由华振兴编写,第二部分由郑月锋编写,第三部分由司雨、贾萍编写,第四部分由陈卓然编写,第五部分由陆思辰编写,第六部分和第七部分由杨久婷编写。全书由陈卓然负责统稿,由赵佳慧组织贾萍、曹宇、邓立暖、刘刚、张会萍、赵丽蓉进行书稿的校对工作。

李政教授对本书的编写给予了积极支持、热情关心和悉心指导,在此谨向李政教授表达衷心的感谢。在本书的编写过程中,还得到了吉林师范大学计算机学院和吉林师范大学博达学院教务处、科研处有关领导和同事的大力支持,在此谨向他们表示诚挚的谢意。

由于编者的水平有限,书中必定存在不足之处,恳请广大读者批评指正。

编　者
2018 年 3 月

目录

第一部分　计算机基础知识..............1

　任务1　认识计算机系统..............1
　　任务描述..............1
　　任务目标..............1
　　知识介绍..............1
　　　一、计算机的概念..............1
　　　二、计算机的发展历程..............2
　　　三、计算机的特点..............5
　　　四、计算机的分类..............5
　　任务实施..............6
　　　一、认识计算机系统组成..............6
　　　二、计算机的工作原理..............9
　　　三、掌握计算机中的信息
　　　　　表示方法..............11
　　　四、数制间的转换..............13
　　　五、二进制数的运算..............17
　　知识拓展..............18
　　　一、计算机中数据的表示..............18
　　　二、常用的字符编码..............23
　任务2　多媒体计算机的购置..............24
　　任务描述..............24
　　任务目标..............25
　　知识介绍..............25
　　　一、微型计算机的硬件
　　　　　组成..............25
　　　二、多媒体基础知识..............30
　　　三、数字信息——声音..............34
　　　四、数字信息——图像..............36
　　　五、数字信息——视频..............39
　　任务实施..............41

　　　一、填写计算机配置清单..............41
　　　二、装机基本软件列表..............41
　　知识拓展..............42
　　　一、现代信息技术基础
　　　　　知识..............42
　　　二、现代信息技术的内容..............42
　　　三、现代信息技术的发展
　　　　　趋势..............42
　　小结..............43
　　习题..............43

第二部分　Windows 7 操作系统..............47

　任务1　操作系统的安装..............47
　　任务描述..............47
　　任务目标..............47
　　知识介绍..............47
　　　一、操作系统的概念..............47
　　　二、操作系统的功能..............49
　　　三、操作系统的分类..............51
　　　四、常用的操作系统简介..............55
　　任务实施..............58
　　　一、光盘启动..............58
　　　二、安装过程..............58
　　　三、安装设置..............59
　　知识拓展..............62
　　　一、Windows 7 启动..............62
　　　二、Windows 7 退出..............62
　任务2　文件和文件夹操作..............63
　　任务描述..............63
　　任务目标..............63
　　知识介绍..............63

一、Windows 7 的桌面
　　基本操作......................63
二、Windows 7 的窗口使用.. 66
三、使用 Windows 7 的桌面
　　小工具..........................69
四、文件和文件系统概述......69
五、文件和文件夹基本
　　操作..............................73
任务实施..............................76
一、重命名练习....................76
二、复制练习........................76
三、新建文件夹练习.............76
四、删除练习........................77
五、移动练习........................77
六、更改文件属性.................77
知识拓展..............................78
一、回收站的管理................78
二、文件与文件夹的搜索.. 80
任务 3　Windows 7 的控制面板
　　　　操作..........................81
任务描述..............................81
任务目标..............................81
知识介绍..............................82
一、外观和个性化环境
　　设置..............................82
二、时钟、语言和区域的
　　设置..............................83
三、硬件和声音的设置........83
四、卸载程序........................83
五、用户账户的设置.............84
任务实施..............................85
一、控制面板的显示操作.....85
二、键盘鼠标声音操作........89
三、输入法字体和账户
　　操作..............................94
知识拓展..............................99
一、鼠标指针设置................99
二、调整和设置系统日期和
　　时间..............................99

任务 4　Windows 7 附件程序
　　　　的使用......................99
任务描述..............................99
任务目标..............................99
知识介绍............................100
一、记事本和写字板..........100
二、画图程序和截图工具...100
三、计算器和数学输入
　　面板............................100
任务实施............................101
一、记事本和写字板的
　　操作............................101
二、画图和便签的操作.......104
知识拓展............................109
一、截图工具......................109
二、远程连接桌面..............109
任务 5　Windows 7 系统的
　　　　软硬件管理..............110
任务描述............................110
任务目标............................110
知识介绍............................110
一、软件和硬件的关系.......110
二、硬件管理......................110
三、管理硬件驱动程序.......111
四、安装应用程序..............111
任务实施............................111
一、查看计算机基本硬件
　　配置............................111
二、查看系统硬盘的属性...111
三、安装 HP1020 打印机
　　驱动程序......................113
四、安装 QQ 2015 软件.......114
知识拓展............................114
一、运行与打开应用程序...114
二、运行不兼容的应用
　　程序............................114
三、以不同用户权限运行
　　应用程序......................115
小结....................................115
习题....................................115

第三部分　字处理软件 Word 2010 118

任务 1　文档的创建与保存 118
　任务描述 118
　任务目标 118
　知识介绍 118
　　一、Word 2010 的安装 118
　　二、Word 2010 的启动和
　　　　退出 119
　　三、Word 2010 的工作
　　　　界面 119
　　四、文档的基本操作 121
　任务实施 125
　知识拓展 125
　　一、自定义模板 125
　　二、视图 125
任务 2　文档的基本操作 126
　任务描述 126
　任务目标 127
　知识介绍 127
　　一、录入文本 127
　　二、编辑文档 129
　　三、文档排版 133
　　四、文档高级编排 137
　任务实施 139
　　一、录入文本 139
　　二、文本替换 139
　　三、文本修饰 139
　　四、页面布局设置 142
　知识拓展 142
　　一、设置页边距和页眉、
　　　　页脚 143
　　二、纸张设置 143
　　三、设置打印版式 143
　　四、设置文档网格 143
任务 3　表格操作 145
　任务描述 145
　任务目标 145
　知识介绍 145
　　一、创建表格 145
　　二、编辑表格的内容 147

　　三、编辑表格的结构 148
　　四、设置表格的格式 150
　任务实施 150
　　一、创建基本表格 150
　　二、绘制斜线表头 151
　　三、单元格格式设置 151
　知识拓展 151
　　一、自动生成目录 151
　　二、显示级别 152
任务 4　图文混排 153
　任务描述 153
　任务目标 153
　知识介绍 153
　　一、插入图片 153
　　二、编辑图片 155
　　三、绘制基本图形 156
　　四、使用文本框 157
　　五、制作艺术字 158
　任务实施 158
　　一、插入图片与文字 158
　　二、插入流程图及公式 159
　知识拓展 160
　　一、绘制图表 160
　　二、插入 SmartArt 图形 160
　　三、邮件合并 161
小结 162
习题 163

**第四部分　电子表格处理软件
Excel 2010** 165

任务 1　制作学籍信息表 165
　任务描述 165
　任务目标 165
　知识介绍 166
　　一、基本概念 166
　　二、Excel 2010 启动和
　　　　退出 166
　　三、Excel 2010 的工作
　　　　界面 167
　　四、Excel 2010 的创建 168
　　五、工作表的选取和切换 ... 171

六、单元格或单元格区域
　　的选择.................173
任务实施.................173
　　一、启动 Excel 2010.........173
　　二、创建 Excel 2010 空白
　　　　工作簿.............173
　　三、合并单元格.........174
　　四、输入数据.........174
　　五、调整单元格的高度、
　　　　宽度及添加边框.........174
　　六、保存及退出新创建的
　　　　电子表格.........174
知识拓展.................176
　　一、启动 Excel 帮助.........176
　　二、对工作表进行常规
　　　　设置.............176
任务 2　学生成绩表制作.........177
　　任务描述.................177
　　任务目标.................177
　　知识介绍.................178
　　　一、工作表的基本操作.........178
　　　二、编辑单元格数据.........182
　　　三、编辑单元格.........187
　　　四、修饰工作表.........190
　　任务实施.................195
　　　一、启动电子表格设置
　　　　　标签.............195
　　　二、插入空列、设置格式...195
　　　三、利用填充句柄完成
　　　　　学号的快捷填充.........195
　　　四、设置单元格外观样式...195
　　　五、删除多余工作表并
　　　　　保存.............196
　　知识拓展.................196
　　　一、对工作表数据进行
　　　　　查找.............197
　　　二、对工作表数据进行
　　　　　替换.............197
任务 3　制作成绩标识汇总表.........198

任务描述.................198
任务目标.................199
知识介绍.................199
　　一、单元格样式.........199
　　二、套用表格格式.........200
　　三、条件格式.........201
任务实施.................202
　　一、打开工作簿.........202
　　二、数据列表格式化.........202
　　三、利用套用表格格式来
　　　　修饰数据.........202
　　四、利用"条件格式"
　　　　功能进行设置.........203
知识拓展.................203
　　一、插入图形和批注.........203
　　二、格式的复制和删除.........204
任务 4　建立学生成绩统计表.........205
　　任务描述.................205
　　任务目标.................205
　　知识介绍.................205
　　　一、普通公式计算.........205
　　　二、带有函数的公式计算...207
　　任务实施.................210
　　　一、计算总分.........210
　　　二、计算平均分.........211
　　　三、成绩评定.........211
　　　四、RANK 函数完成排名...211
　　　五、MAX、MIN 求最高分
　　　　　及最低分.........212
　　　六、COUNTIF 函数完成
　　　　　统计.............212
　　知识拓展.................212
　　　一、常用函数.........212
　　　二、公式的显示与隐藏.........213
　　　三、公式选项设置.........213
任务 5　整理分析成绩单.........213
　　任务描述.................213
　　任务目标.................215
　　知识介绍.................215

一、数据排序 215
二、数据筛选 216
三、数据分类汇总 217
四、定义和使用名称 218
任务实施 219
一、MID 截取字符串函数
　　提取数据 219
二、对总分排序 220
三、对总分进行自动筛选 ...220
四、对数据"高级筛选" ...220
五、对数据"分类汇总" ...220
六、定义名称 221
七、应用数据有效性 221
知识拓展 222
一、自定义排序 222
二、快速排序 223
三、快速筛选 223

任务 6　家电数据图表化 223
任务描述 223
任务目标 224
知识介绍 224
一、创建图表 224
二、图表的编辑和修改 225
三、数据透视表 228
任务实施 229
一、工作表的外观设置 229
二、计算销售额 230
三、建立数据透视表 230
四、建立图表 230
知识拓展 231
一、图表标签 231
二、坐标轴 232

任务 7　打印电子表格 232
任务描述 232
任务目标 232
知识介绍 232
一、设置页面、分隔符及
　　打印标题 233
二、设置页眉和页脚 234

三、打印和打印预览 234
任务实施 235
一、设置页面 235
二、设置页眉和页脚 236
三、跨页打印工作表标题 ...236
知识拓展 237
一、窗口的状态栏 237
二、冻结窗口 237
三、拆分窗口 238
四、保护工作簿 239
小结 239
习题 239

第五部分　演示文稿处理软件
PowerPoint 2010 244

任务 1　演示文稿的创建与保存 244
任务描述 244
任务目标 244
知识介绍 244
一、基本概念 244
二、PowerPoint 2010 启动
　　和退出 245
三、PowerPoint 2010 工作
　　界面 246
四、PowerPoint 2010 的
　　基本操作 248
任务实施 250
一、创建新演示文稿 250
二、创建 PowerPoint 2010
　　空白演示文稿 250
三、保存新创建的演示
　　文稿 250
四、退出 PowerPoint 2010...250
知识拓展 251
一、使用模板创建演示
　　文稿 251
二、"关闭"命令与"退出"
　　命令 251
任务 2　幻灯片的操作 251

任务描述 251
任务目标 251
知识介绍 251
  一、幻灯片的基本操作 251
  二、文本的输入 254
  三、文本和段落格式化 256
  四、更改显示比例 257
任务实施 257
  一、制作标题幻灯片 257
  二、制作内容幻灯片 257
知识拓展 258
  一、占位符与文本框 258
  二、PowerPoint 2010 视图
    模式 258

任务 3 设置主题、背景与幻灯片
    母版 261
任务描述 261
任务目标 261
知识介绍 261
  一、使用"主题"设置演示
    文稿 261
  二、利用"背景"工具组
    设置 263
  三、设置幻灯片母版 264
  四、页眉页脚、日期时间和
    幻灯片编号 265
任务实施 265
  一、修饰标题幻灯片 266
  二、修饰内容幻灯片 266
  三、修饰演示文稿 267
  四、使用幻灯片母版 268
知识拓展 268
  一、母版与模板的区别 268
  二、幻灯片添加背景图片的
    有关设置 269

任务 4 PowerPoint 2010 的
    多媒体制作 269
任务描述 269
任务目标 269

知识介绍 269
  一、在幻灯片中插入图像 ... 270
  二、在幻灯片中插入
    艺术字 272
  三、在幻灯片中插入表格 ... 273
  四、幻灯片中的"插图"
    功能 274
  五、在幻灯片中插入音频
    和视频 276
任务实施 278
  一、新建幻灯片 278
  二、修改内容幻灯片 279
  三、添加"古诗词朗诵
    视频" 280
  四、给演示文稿加入背景
    音乐 281
知识拓展 282
  一、图片背景的删除 282
  二、让图片更加个性化 282
  三、丰富的多媒体编辑
    功能 284
  四、插入公式与批注 284

任务 5 让演示文稿动起来 284
任务描述 284
任务目标 284
知识介绍 284
  一、创建自定义动画 285
  二、设置幻灯片切换效果 ... 287
  三、创建互动式演示文稿 ... 289
任务实施 290
  一、让幻灯片中的对象
    动起来 291
  二、让幻灯片动起来 291
  三、制作"选择题"
    幻灯片 292
  四、加入目录页并设置
    超链接 293
知识拓展 295
  一、"添加动画"功能 295

二、"动画窗格"功能........296

任务 6　放映演示文稿..................296
　　任务描述..................296
　　任务目标..................296
　　知识介绍..................296
　　　一、放映演示文稿............296
　　　二、创建视频与打包
　　　　　成 CD..................298
　　　三、发布演示文稿..........300
　　　四、打印演示文稿..........300
　　任务实施..................301
　　　一、打包演示文稿..........301
　　　二、放映打包的文稿........302
　　小结　..................302
　　习题　..................302

第六部分　计算机网络与安全............304

任务 1　Internet 接入方式..............304
　　任务描述..................304
　　任务目标..................304
　　知识介绍..................304
　　　一、计算机网络的起源及
　　　　　发展..................304
　　　二、计算机网络的定义与
　　　　　功能..................305
　　　三、计算机网络的分类及
　　　　　性能评价..............306
　　任务实施..................307
　　　一、打开设置界面..........307
　　　二、输入 ISP 提供信息......308
　　知识拓展..................309
　　　一、网络硬件..............309
　　　二、网络软件..............310
任务 2　利用 IE 进行网上信息
　　　　检索..................310
　　任务描述..................310
　　任务目标..................310
　　知识介绍..................310
　　　一、Internet 概述..........310

二、访问万维网.................311
三、通信协议 TCP/IP.........314
四、IP 地址与域名.............315
　　任务实施..................317
　　　一、网上信息浏览和保存...317
　　　二、信息检索..............318
　　　三、基于网页的文件下载...319
　　知识拓展..................320
　　　一、Internet 网的七层网络
　　　　　模型——OSI..........320
　　　二、IPv4 和 IPv6..........322

任务 3　电子邮件的使用..........322
　　任务描述..................322
　　任务目标..................323
　　知识介绍..................323
　　　一、E-mail 地址..........323
　　　二、E-mail 协议 323
　　　三、E-mail 的方式..........324
　　任务实施..................324
　　　一、在 Internet 网上申请
　　　　　一个免费邮箱..........324
　　　二、利用免费邮箱收发电子
　　　　　邮件..................326
　　知识拓展..................326
　　　一、电子邮件软件 Outlook
　　　　　的使用..............326
　　　二、物联网..............328

任务 4　计算机网络安全..........329
　　任务描述..................329
　　任务目标..................329
　　知识介绍..................329
　　　一、计算机病毒的概念、
　　　　　特点和分类..........329
　　　二、计算机病毒的防范
　　　　　措施..................331
　　　三、计算机网络安全的
　　　　　威胁..................333
　　任务实施..................333
　　　一、启用防火墙..........333

二、360 安全卫士的使用 335

知识拓展 336

　　一、网络安全的案例 336

　　二、网络安全防范的主要

　　　　措施 337

小结 339

习题 339

第七部分　全国计算机二级考试

公共基础知识 341

任务 1　基本数据结构与算法 341

　　任务描述 341

　　任务目标 341

　　知识介绍 342

　　　一、算法 342

　　　二、数据结构的基本概念 ... 343

　　　三、线性表及其顺序存储

　　　　　结构 344

　　　四、栈和队列 344

　　　五、线性链表 346

　　　六、树与二叉树 347

　　任务实施 350

　　　一、参考答案 350

　　　二、题目解析 350

　　知识拓展 351

　　　一、查找技术 351

　　　二、排序技术 352

任务 2　软件工程基础 353

　　任务描述 353

　　任务目标 354

知识介绍 354

　　一、软件工程基本概念 354

　　二、结构化分析方法 356

　　三、结构化设计方法 359

　　四、软件测试 363

　　五、程序的调试 366

任务实施 367

　　一、参考答案 367

　　二、题目解析 367

知识拓展 368

　　一、程序设计风格 368

　　二、程序设计方法 369

任务 3　数据库设计基础 371

　　任务描述 371

　　任务目标 372

　　知识介绍 372

　　　一、数据库系统的基本

　　　　　概念 372

　　　二、数据模型 375

　　任务实施 378

　　　一、参考答案 378

　　　二、题目解析 378

　　知识拓展 379

　　　一、关系运算 379

　　　二、数据库设计与管理 380

小结 381

习题 381

参考文献 382

第一部分　计算机基础知识

计算机是 20 世纪最伟大的科学技术发明之一,它的应用已深入到人类社会的各个领域,成为科学研究、工农业生产和社会生活中不可缺少的重要工具。越来越多的人需要学习和掌握计算机基础知识和操作技能,因此,具有一定的计算机知识和熟练的操作技能已经成为很多单位考核员工的标准之一。

任务 1　认识计算机系统

📦 任务描述

计算机是现代办公、学习和生活的常用工具,初入大学的小王同学,迫切需要认识它,首次接触计算机不知道从何下手,本案例就是一个从无到有的开始,让他对计算机有一个初步的了解,为以后的学习工作打下基础。

📖 任务目标

◆ 了解计算机的发展、分类、特点、性能指标和应用领域。
◆ 掌握计算机系统组成及基本工作原理。
◆ 熟练掌握计算机中信息的表示方法与数制间的转换。

📙 知识介绍

一、计算机的概念

计算机(Computer)全称电子计算机(见图 1.1),俗称计算机,是一种能够按照程序运行,自动、高速地处理海量数据的现代化智能电子设备。它所接收和处理的对象是信息,处理的结果也是信息。计算机常见的形式有台式计算机、笔记本计算机、大型计算机等,较先进的计算机有生物计算机、光子计算机、量子计算机等。

计算机对人类的生产活动和社会活动产生了极其重要的影响,并以强大的生命力飞速发展。它的应用领域从最初的军事科研应用扩展到目前社会的各个领域,已形成了规模巨大的计算机产业,带动了全球范围的技术进步,由此引发了深刻的社会变革。计算机已遍及学校、企事业单位,进入寻常百姓家,成为信息社会中必不可少的工具。它是人类进入信息时

图 1.1　电子计算机

代的重要标志之一。

二、计算机的发展历程

1. 计算工具发展简述

人类最初用手指进行计算，用手指进行计算虽然很方便，但计算范围有限，计算结果也无法存储，于是人们改用绳子、石子等作为工具来延伸手指的计算能力。最原始的人造计算工具是算筹，公元前 5 世纪，中国人发明了算盘。

早在 17 世纪，欧洲一批数学家就已开始设计和制造以数字形式进行基本运算的数字计算机。1642 年，法国数学家帕斯卡采用与钟表类似的齿轮传动装置，制成了最早的十进制加法器。1673 年，德国数学家莱布尼兹制成的计算机，进一步解决了十进制数的乘、除运算。

1946 年 2 月，由美国军方定制的世界上第一台电子计算机"电子数字积分计算机"（Electronic Numerical And Calculator，ENIAC）在美国宾夕法尼亚大学问世了。如图 1.2 所示，它使用了 18 800 个电子管、10 000 只电容和 7000 个电阻，占地 $170m^2$，重达 30t，耗电 150kW，每秒可进行 5000 次加、减法运算，价值 40 万美元。当时它的设计目的是为美国陆军弹道实验室解决弹道特性的计算问题，虽然它无法同现今的计算机相比，但在当时它可把计算一条发射弹道的时间缩短到 30s 以下，使工程设计人员从繁重的计算中解放出来。在当时这是一个伟大的创举，它开创了计算机的新时代。

从第一台电子计算机的诞生至今，计算机得到了飞速的发展。最杰出的代表人物是英国科学家阿兰·图灵（Alan Mathison Turing，1912—1954）和美籍匈牙利科学家冯·诺依曼（John von Neumann，1903—1957），参见图 1.3～图 1.5。

图 1.2　第一台电子计算机 ENIAC

图 1.3　冯·诺依曼与电子计算机 ENIAC

图 1.4　阿兰·图灵

图 1.5　冯·诺依曼

图灵是计算机科学的奠基人，他对计算机的主要贡献是：建立了图灵机的理论模型，

计算机应用基础任务驱动教程

发展了可计算性理论；提出图灵测试，阐述了机器智能的概念。为了纪念这位伟大的科学家，人们将计算机界的最高奖定名为"图灵奖"。图灵奖最早设立于 1966 年，是美国计算机协会在计算机技术方面所授予的最高奖项，被喻为计算机界的诺贝尔奖。

冯·诺依曼历来被誉为"电子计算机之父"，他对计算机的主要贡献是提出了计算机计数采用二进制、存储程序和计算机由 5 个部件构成（运算器、控制器、存储器、输入设备和输出设备）的重要思想，同时与同事研制出了人类第二台计算机——离散变量自动电子计算机（Electronic Discrete Variable Automatic Computer，EDVAC）。

2. 电子计算机发展的阶段

从第一台计算机诞生以来，每隔数年在软硬件方面就有一次重大的突破，至今计算机的发展已经历了以下几代。

1）第一代计算机：电子管数字计算机（1946—1958 年）

逻辑元件采用真空电子管，主存储器采用汞延迟线、阴极射线示波管静电存储器、磁鼓、磁芯；外存储器采用磁带。采用机器语言、汇编语言。应用领域以军事和科学计算为主。特点是体积大、功耗高、可靠性差、速度慢（一般为每秒数千次至数万次）、价格昂贵，但为以后的计算机发展奠定了基础。

2）第二代计算机：晶体管数字计算机（1958—1964 年）

逻辑元件采用晶体管，主存储器采用磁芯，外存储器采用磁盘。出现了以批处理为主的操作系统、高级语言及其编译程序。应用领域以科学计算和事务处理为主，并开始进入工业控制领域。特点是体积缩小、能耗降低、可靠性提高、运算速度提高（一般为每秒数十万次，可高达每秒 300 万次），性能比第 1 代计算机有很大的提高。

3）第三代计算机：集成电路数字计算机（1964—1971 年）

逻辑元件采用中、小规模集成电路（MSI、SSI），主存储器仍采用磁芯。同时出现了分时操作系统以及结构化、规模化程序设计方法。特点是速度更快（一般为每秒数百万次至数千万次），而且可靠性有了显著提高，价格进一步下降，产品走向了通用化、系列化和标准化。应用领域开始进入文字处理和图形图像处理领域。

4）第四代计算机：大规模集成电路计算机（1971 年至今）

逻辑元件采用大规模和超大规模集成电路（LSI 和 VLSI）。出现了数据库管理系统、网络管理系统和面向对象语言等。特点是 1971 年世界上第一台微处理器在美国硅谷诞生，开创了微型计算机的新时代。应用领域从科学计算、事务管理、过程控制逐步走向家庭。

5）新一代计算机：人工智能计算机

新一代计算机是人类追求的一种更接近人的人工智能计算机。它能理解人的语言、文字和图形。新一代计算机是把信息采集存储处理、通信和人工智能结合在一起的智能计算机系统。它不仅能进行一般信息处理，而且能面向知识处理，具有形式化推理、联想、学习和解释的能力，将能帮助人类开拓未知的领域和获得新的知识。

3. 计算机的发展趋势

1）微型化

由于超大规模集成电路技术的进一步发展，微型机的发展日新月异，大约每三年至五年换代一次；一个完整的计算机已经可以集成在火柴盒大小的硅片上。新一代的微型计算机由于具有体积小、价格低、对环境条件要求少、性能迅速提高等优点，大有取代中、小型计算机之势。

2）巨型化

在一些领域，运算速度要求达到每秒 10 亿次，这就必须发展运算速度极快、功能性极强的巨型计算机。巨型计算机体现了计算机科学的最高水平，反映了一个国家科学技术的实力。现代巨型计算机的标准是运算速度每秒超过 10 亿次，比 20 世纪 70 年代的巨型机提高一个数量级。

目前巨型机大多用于空间技术，中、长期天气预报，石油勘探，战略武器的实时控制等领域。生产巨型机的国家主要是美国和日本，俄罗斯、英国、法国、德国也都开发了自己的巨型机。我国在 1983 年研制了"银河Ⅰ"型巨型机，其速度为每秒 1 亿次浮点运算。1992 年研制了"银河Ⅱ"型巨型计算机，其速度为每秒 10 亿次浮点运算，1997 年推出的"银河Ⅲ"型巨型机是属于每秒百亿次浮点运算的机型，它相当于第二代巨型机，2001 年

图 1.6 "天河二号"巨型计算机

我国又成功推出了"曙光 3000"巨型计算机，其速度为每秒 4000 亿次，2003 年 12 月推出的联想"深腾 6800"达到每秒 4 万亿次，2004 年 6 月推出的"曙光 4000A"达到每秒 11 万亿次。2013年 5 月由国防科学技术大学研制的"天河二号"超级计算机系统，以峰值计算速度每秒 5.49 亿亿次、持续计算速度每秒 3.39 亿亿次双精度浮点运算的优异性能位居榜首，成为全球最快超级计算机，如图 1.6 所示。

3）网络化

网络化是计算机发展的又一个重要趋势。从单机走向联网是计算机应用发展的必然结果。所谓计算机网络化，是指用现代通信技术和计算机技术把分布在不同地点的计算机互联起来，组成一个规模大、功能强、可以互相通信的网络结构。网络化的目的是使网络中的软件、硬件和数据等资源能被网络上的用户共享。目前，大到世界范围的通信网，小到实验室内部的局域网都已经很普及，因特网（Internet）已经连接包括我国在内的 150 多个国家和地区。由于计算机网络实现了多种资源的共享和处理，提高了资源的使用效率，因而深受广大用户的欢迎，得到了越来越广泛的应用。

4）智能化

智能化使计算机具有模拟人的感觉和思维过程的能力，使计算机成为智能计算机。这也是目前正在研制的新一代计算机要实现的目标。智能化的研究包括模式识别、图像识别、自然语言的生成和理解、博弈、定理自动证明、自动程序设计、专家系统、学习系统和智能机器人等。目前，已研制出多种具有人的部分智能的机器人。

5）多媒体化

多媒体计算机是当前计算机领域中最引人注目的高新技术之一。多媒体计算机就是利用计算机技术、通信技术和大众传播技术，来综合处理多种媒体信息的计算机。这些信息包括文本、视频图像、图形、声音、文字等。多媒体技术使多种信息建立了有机联系，并集成为一个具有人机交互性的系统。多媒体计算机将真正改善人机界面，使计算机朝着人类接收和处理信息的最自然的方式发展。

三、计算机的特点

计算机已应用于社会的各个领域，成为现代社会不可缺少的工具。它之所以具备如此强大的能力，是由它自身的特点所决定的。

1. 运算速度快

运算速度快是计算机从出现到现在人们利用它的主要目的。现代的计算机已达到每秒几百亿次至几万亿次的运算速度。许多以前无法做到的事情现在利用高速计算机都可以实现。如众所周知的天气预报，若不采用高速计算机，就不可能对几天后的天气变化做较准确的预测。另外，像我国十多亿人的人口普查，离开了计算机也无法完成。

2. 计算精度高

计算机采用二进制数字运算，计算精度可用增加表示二进制数的位数来获得，从程序设计方面也可使用某些技巧，使计算精度达到人们所需的要求。众所周知的圆周率π，一位美国数学家花了 15 年时间计算到 707 位，而目前采用计算机计算已达到小数点后上亿位。

3. 具有记忆和逻辑判断能力

计算机的存储器不仅能存放原始数据和计算结果，更重要的是能存放用户编制好的程序。它的容量都是以兆字节计算的，可以存放几十万至几千万个数据或文档资料，当需要时，又可快速、准确、无误地取出来。计算机运行时，它从存储器高速地取出程序和数据，按照程序的要求自动执行。

计算机还具有逻辑判断能力，这使得计算机能解决各种不同的问题。如判断一个条件是真还是假，并且根据判断的结果，自动确定下一步该怎么做。例如数学中的著名难题"4色问题"——即对任意地形图，要使相邻区域颜色不同，用 4 种颜色就够了——就是美国数学家在 1976 年用了上百亿次判断，三台计算机共用了 1200 小时才解决的。

4. 可靠性高，通用性强

现代计算机由于采用超大规模集成电路，都具有非常高的可靠性，可以安全地使用在各行各业。由于计算机同时具有计算和逻辑判断等功能，使得计算机不但可用于数值计算，还可对非数据信息进行处理，如图形图像处理、文字编辑、语言识别、信息检索等。

四、计算机的分类

计算机的分类方法很多，按计算机的原理将其分为数字计算机、模拟计算机和混合式计算机；按用途将其分为通用机和专用机；目前常用的分类方法是从功能上分为巨型机、大型机、中型机、小型机、微型机以及工作站。

（1）巨型机（supercomputer）：巨型机有极高的速度、极大的容量，应用于国防尖端技术、空间技术、大范围长期性天气预报、石油勘探等方面。目前这类机器的运算速度可达每秒百亿次。

对巨型计算机的指标一些国家这样规定：首先，计算机的运算速度平均每秒千万次以上；其次，存储容量在千万位以上。如由我国研制成功的"银河"计算机，就属于巨型计算机。巨型计算机的发展是电子计算机的一个重要方向。它的研制水平标志着一个国家的科学技术和工业发展的程度，体现着国家经济发展的实力。一些发达国家正在投入大量资金和人力、物力，研制运算速度达每秒几百亿次甚至上千亿次的超级大型计算机。

（2）大型机：一般用在尖端的科研领域，主机非常庞大，通常由许多中央处理器协同工作，具有超大的内存、海量的存储器。使用专用的操作系统和应用软件。

（3）中型机：中型机规模介于大型机和小型机之间。

（4）小型机：小型机是指运行原理类似于 PC（个人计算机）和服务器，但性能及用途又与它们截然不同的一种高性能计算机，它是 20 世纪 70 年代由 DEC（数字设备公司）公司首先开发的一种高性能计算产品。

（5）微型机：采用微处理器、半导体存储器和输入输出接口等芯片组装，具有体积更小、价格更低、通用性更强、灵活性更好、可靠性更高、使用更加方便等优点。

（6）工作站：是一种以个人计算机和分布式网络计算为基础，主要面向专业应用领域，具备强大的数据运算与图形、图像处理能力，是为满足工程设计、动画制作、科学研究、软件开发、金融管理、信息服务、模拟仿真等专业领域而设计开发的高性能计算机。

任务实施

一、认识计算机系统组成

计算机在现代生产和生活中的作用越来越重要。如何对计算机进行简单的日常维护，使计算机能够正常发挥理想的性能，当计算机发生故障时应如何进行处理，这些对于一般计算机使用者来说十分重要。在许多人看来，计算机是精密的贵重设备，神秘而高深莫测，使用多年也不敢打开看看机箱里到底有什么。其实，个人计算机的结构并不复杂，只要了解它是由哪些部件组成的，各部件的功能是什么，就能对计算机中的板卡和部件进行维护和升级。

计算机系统是由硬件系统和软件系统两部分组成的。硬件系统是计算机进行工作的物质基础；软件系统是指在硬件系统上运行的各种程序及有关资料，用以管理和维护好计算机，方便用户，使计算机系统更好地发挥作用。计算机系统中的硬件系统和软件系统的构成如图 1.7 所示。

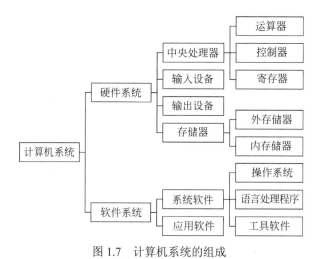

图 1.7　计算机系统的组成

1. 计算机硬件系统

计算机硬件系统是指构成计算机的物理装置，看得见、摸得着，是一些实实在在的有形实体。不管计算机为何种机型，也不论它的外形、配置有多大的差别，计算机的硬件系统都是由五大部分组成的：运算器、控制器、存储器、输入设备和输出设备，即冯·诺依曼体系结构。通常，把组成计算机的所有实体称为计算机硬件系统或计算机硬件。

计算机的五大部分通过系统总线完成指令所传达的任务。系统总线由地址总线、数据总线和控制总线组成。当计算机在接受指令后，由控制器指挥，将数据从输入设备传送到存储器存储起来；再由控制器将需要参加运算的数据传送到运算器，由运算器进行处理，处理后的结果由输出设备输出，其过程如图1.8所示。

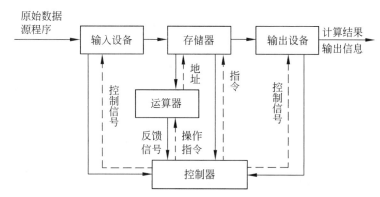

图1.8 计算机硬件系统的工作流程

下面简单介绍构成计算机硬件系统的五大部件。

1）运算器

运算器是计算机中执行各种算术和逻辑运算操作的部件。运算器的基本操作包括加、减、乘、除四则运算，与、或、非、异或等逻辑操作，以及移位、比较和传送等操作，亦称算术逻辑部件（Arithmetic Logic Unit，ALU）。

2）控制器

控制器是计算机的指挥系统。主要由指令寄存器、译码器、时序节拍发生器、操作控制部件和指令计数器组成。指令寄存器存放由存储器取得的指令，由译码器将指令中的操作码翻译成相应的控制信号，再由操作控制部件将时序节拍发生器产生的时序脉冲和节拍电位同译码器的控制信号组合起来，有时间性、有顺序性地控制各个部件完成相应的操作；指令计数器的作用是指出下一条指令的地址。就这样，在控制器的控制下，计算机就能够自动、连续地按照人们编制好的程序，实现一系列指定的操作，以完成一定的任务。

控制器和运算器通常集中在一整块芯片上，构成中央处理器，简称 CPU（Central Processing Unit）。中央处理器是计算机的核心部件，是计算机的心脏。微型计算机的中央处理器又称为微处理器。

3）存储器

存储器（Memory）是计算机系统中的记忆设备，用来存放程序和数据。计算机中全部信息，包括输入的原始数据、计算机程序、中间运行结果和最终运行结果都保存在存储器中。根据存储器的组成介质、存取速度的不同又可以分为内存储器（简称内存）和外存储器（简称外存）两种。

内存是由半导体器件构成的存储器，是计算机存放数据和程序的地方，计算机所有正在执行的程序指令，都必须先调入内存中才能执行，其特点是存储容量较小，存取速度快。

外存是由磁性材料构成的存储器，用于存放暂时不用的程序和数据。其特点是存储容量大，存取速度相对较慢。

存储容量的基本单位是字节（B），还有 KB（千字节）、MB（兆字节）、GB（吉字节）等，它们之间的换算关系是：

$$1KB=1024B；1MB=1024KB；1GB=1024MB；1TB=1024GB$$

4）输入设备

输入设备是向计算机输入数据和信息的设备，是计算机与用户或其他设备通信的桥梁。输入设备由两部分组成：输入接口电路和输入装置。

输入接口电路是连接输入装置与计算机主机的部件。

输入装置通过输入接口电路与主机连接起来，从而能够接收各种各样的数据信息。

键盘、鼠标、摄像头、扫描仪、光笔、手写输入板、游戏杆及语音输入装置等都属于输入设备。

5）输出设备

输出设备是计算机的终端设备，用于接收计算机数据的输出显示、打印、声音及控制外围设备操作等。也是把各种计算结果数据或信息以数字、字符、图像及声音等形式表示出来。

常见的输出设备有显示器、打印机、绘图仪、影像输出系统、语音输出系统及磁记录设备等。

2. 计算机软件系统

我们把计算机的程序、要处理的数据及其有关的文档统称为软件。计算机功能的强弱不仅取决于它的硬件构成，也取决于软件配备的丰富程度。

程序是计算任务的处理对象和处理规则的描述；文档是为了便于了解程序所需的阐明性资料。程序必须装入机器内部才能工作，文档一般是给人看的，不一定装入机器。

计算机的软件系统可以分为系统软件和应用软件两大部分。

（1）系统软件负责管理计算机系统中各种独立的硬件，使得它们可以协调工作。系统软件使得计算机使用者和其他软件将计算机当作一个整体而不需要顾及到底层每个硬件是如何工作的。一般来讲，系统软件包括操作系统和一系列基本的工具（比如编译器、数据库管理、存储器格式化、文件系统管理、用户身份验证、驱动管理、网络连接等方面的工具）。

（2）应用软件是为了某种特定的用途而被开发的软件。它可以是一个特定的程序，比如一个图像浏览器。也可以是一组功能联系紧密，可以互相协作的程序的集合，比如微软的 Office 软件。现在市面上应用软件的种类非常多，例如，各种财务软件包、统计软件包、用于科学计算的软件包、用于进行人事管理的管理系统、用于对档案进行管理的档案系统等。应用软件的丰富与否、质量的好坏，都直接影响到计算机的应用范围与实际经济效益。

人们通常用以下几个方面来衡量一个应用软件的质量。

（1）占用存储空间的多少。

（2）运算速度的快慢。

（3）可靠性和可移植性。

以系统软件作为基础和桥梁，用户就能够使用各种各样的应用软件，让计算机完成各种所需要的工作，而这一切都是由作为系统软件核心的操作系统来管理控制的。

3．计算机硬件和软件的关系

硬件和软件是一个完整的计算机系统互相依存的两大部分，它们的关系主要体现在以下几个方面。

（1）硬件和软件互相依存。硬件是软件赖以工作的物质基础，软件的正常工作是硬件发挥作用的唯一途径。计算机系统必须配备完善的软件系统才能正常工作，且充分发挥其硬件的各种功能。

（2）硬件和软件无严格界线。随着计算机技术的发展，在许多情况下，计算机的某些功能既可以由硬件实现，也可以由软件来实现。因此，硬件与软件在一定意义上说没有绝对严格的界限。

（3）硬件和软件协同发展。计算机软件随硬件技术的迅速发展而发展，而软件的不断发展与完善又促进硬件的更新，两者密切地交织发展，缺一不可。

二、计算机的工作原理

1．存储程序和程序控制原理

冯·诺依曼是美籍匈牙利裔数学家、现代电子计算机的奠基人之一，他在 1946 年提出了关于计算机组成和工作方式的基本设想，就是"存储程序和程序控制"。这种设想的具体化，使当代电子计算机的发展发生了质的变化，它使电子计算机不但能对操作数进行快速的运算，而且也能快速地解释和执行构成程序的指令；同时提供了可以随意或者根据当前运算结果进行程序转移的灵活性。这种灵活性的意义，可以说远远超过了快速性，因为它赋予计算机逻辑判断的能力，突破了把电子计算机只用作一种快速计算工具的局限。几十年来，尽管计算机制造技术已经发生了极大的变化，但是就其体系结构而言，仍然是根据他的设计思想制造的，这样的计算机称为冯·诺依曼结构计算机。冯·诺依曼体系结构的思想可以概括为以下几点。

（1）由运算器、控制器、存储器、输入设备和输出设备等五大基本部分组成计算机系统，并规定了这五部分的基本功能。

（2）计算机内部采用二进制来表示数据和指令。

（3）将程序和数据存入内部存储器中，计算机在工作时可以自动逐条取出指令并加以执行。

计算机能够自动地完成各种数值运算和复杂的信息处理过程的基础就是存储程序和程序控制原理。

2．指令和程序

计算机之所以能自动、正确地按人们的意图工作，是由于人们事先已把计算机如何工作的程序和原始数据通过输入设备输送到计算机的存储器中。当计算机执行时，控制器就把程序中的"命令"一条接一条地从存储器中取出来，加以翻译，并按"命令"的要求进行相应的操作。

当人们需要计算机完成某项任务的时候，首先要将任务分解为若干个基本操作的集合，计算机所要执行的基本操作命令就是指令，指令是对计算机进行程序控制的最小单位，是一种采用二进制表示的命令语言。一个 CPU 能够执行的全部指令的集合称为该 CPU 的指令系统，不同 CPU 的指令系统是不同的。指令系统的功能是否强大、指令类型是否丰富，决定了计算机的能力，也影响着计算机的硬件结构。

每条指令都要求计算机完成一定的操作，它告诉计算机进行什么操作、从什么地址取数、结果送到什么地方去等信息。计算机的指令系统一般应包括数据传送指令、算术运算指令、逻辑运算指令、转移指令、输入输出指令和处理机控制指令等。一条指令通常由两个部分组成，即操作码和操作数，如图 1.9 所示。操作码用来规定指令应进行什么操作，而操作数用来指明该操作处理的数据或数据所在存储单元的地址。

操作码	操作数

图 1.9　指令格式

人们为解决某项任务而编写的指令的有序集合称为程序。指令的不同组合方式，可以构成完成不同任务的程序。

3. 计算机的工作过程

计算机的工作过程就是执行程序的过程。在运行程序之前，首先通过输入设备将编好的程序和原始数据输送到计算机内存储器中，然后按照指令的顺序，依次执行指令。执行一条指令的过程包括以下步骤。

（1）取指令：从内存储器中取出要执行的指令输送到 CPU 内部的指令寄存器暂存。

（2）分析指令：把保存在指令寄存器中的指令输送到指令译码器，译出该指令对应的操作。

（3）执行指令：CPU 向各个部件发出相应控制信号，完成指令规定的操作。

重复上述步骤，直到遇到结束程序的指令为止。其过程如图 1.10 所示。

取指令1	分析指令1	执行指令1	取指令2	分析指令2	执行指令2	…

图 1.10　执行过程

程序的这种执行方式称为顺序执行方式，早期的计算机系统均采用这样的执行方式。该方式的优点是控制系统简单，设计和实现容易；缺点是处理器执行程序的速度比较慢，因为只有在上一条指令执行完后，才能取出下一条指令并执行，而且计算机各个功能部件的利用率较低。在计算机中，取指令、分析指令、执行指令是由不同的功能部件完成的，如果按照图 1.10 的流程工作，则在取指令时，分析指令和执行指令的部件处于空闲状态。同样，在执行指令时，取指令和分析指令的操作也不能进行。这样，计算机各个部件的功能无法充分发挥，致使计算机系统的工作效率较低。

为了提高计算机的运行速度，在现代计算机系统中，引入了流水线控制技术，使负责取指令、分析指令和执行指令的部件并行工作。其程序执行过程如图 1.11 所示。

取指部件	取指令1	取指令2	取指令3	取指令4	取指令5	…
分析部件		分析指令1	分析指令2	分析指令3	分析指令4	…
执行部件			执行指令1	执行指令2	执行指令3	…

图 1.11　程序的并行流水线执行方式

假如这三个功能部件的完成操作所用的时间相等，那么，当第一条指令进入执行部件时，分析部件开始对第二条指令进行分析，取指部件也开始从内存取第三条指令。如果不考虑程序的转移情况，程序的顺序执行方式所需要的时间大约为并行方式的 3 倍。

4. 兼容性

某一类计算机的程序能否在其他计算机上运行，这就是计算机"兼容性"问题。比如，

Intel 公司和 AMD 公司生产的 CPU，指令系统几乎一致，因此它们相互兼容。而苹果公司生产的 Macintosh 计算机，其 CPU 采用 Motorola 公司的 PowerPC 微处理器，指令系统大相径庭，因此无法与采用 Intel 公司和 AMD 公司 CPU 的 PC 兼容。

即便是同一公司的产品，由于技术的发展，指令系统也是不同的。如 Intel 公司的产品经历 8088→80286→80386→80486→Pentium→Pentium Ⅱ→Pentium Ⅲ→Pentium 4。每种新处理器包含的指令数目和种类越来越多，通常采用"向下兼容"的原则，即新类型的处理器包含旧类型处理器的全部指令，从而保证在旧类型处理器上开发的系统能够在新的处理器中被正确执行。

三、掌握计算机中的信息表示方法

1. 进位计数制

数制也称计数制，是指用一组固定的符号和统一的规则来表示数值的方法。按进位的原则进行计数的方法，称为进位计数制。

在日常生活中，人们通常使用十进制数，但实际上存在着多种进位计数制，如二进制（两只鞋为一双）、十二进制（12 个月为一年）、二十四进制（一天 24 小时）、六十进制（60 秒为一分，60 分为一小时）等。计算机是由电子器件组成的，考虑到经济、可靠、容易实现、运算简便、节省器件等因素，在计算机中采用的数制是二进制。

2. 十进制数表示

人们最熟悉最常用的数制是十进制，一个十进制数有两个主要特点：

（1）它有十个不同的数字符号，即 0，1，2，…，9。

（2）它采用"逢十进一"的进位原则。

因此，同一个数字符号在不同位置（或数位）代表的数值是不同的。

"基数"和"位权"是进位计数制的两个要素。

（1）基数：所谓基数，就是进位计数制的每位数上可能有的数码的个数。例如，十进制数每位上的数码，有 0，1，2，…，9 十个数码，所以基数为 10。

（2）位权：所谓位权，是指一个数值的每一位上的数字的权值的大小。例如十进制数 4567 从低位到高位的位权分别为 10^0、10^1、10^2、10^3。

$$4567 = 4 \times 10^3 + 5 \times 10^2 + 6 \times 10^1 + 7 \times 10^0$$

（3）数的位权表示：任何一种数制的数都可以表示成按位权展开的多项式之和。

比如：十进制 435.05，可表示为 $435.05 = 4 \times 10^2 + 3 \times 10^1 + 5 \times 10^0 + 0 \times 10^{-1} + 5 \times 10^{-2}$。

一般地，任意一个十进制数 $D = d_{n-1}d_{n-2} \cdots d_1 d_0 d_{-1} \cdots d_{-m}$ 都可以表示为：

$$D = d_{n-1} \times 10^{n-1} + d_{n-2} \times 10^{n-2} + \cdots + d_1 \times 10^1 + d_0 \times 10^{-0} + d_{-1} \times 10^{-1} + \cdots + d_{-m} \times 10^{-m} \quad （1-1）$$

式（1-1）称为十进制数的按权展开式，其中：$d_i \times 10^i$ 中的 i 表示数的第 i 位；d_i 表示第 i 位的数码，它可以是 0～9 中的任一个数字，由具体的 D 确定；10^i 称为第 i 位的权（或数位值），数位不同，其"权"的大小也不同，表示的数值也就不同；m 和 n 为正整数，n 为小数点左面的位数，m 为小数点右面的位数；10 为计数制的基数，所以称它为十进制数。

3. 二进制数表示

在日常生活中人们并不经常使用二进制，因为它不符合人们的固有习惯。但计算机内部的数是用二进制来表示的，这主要有以下几个方面的原因。

1）电路简单，易于表示

计算机是由逻辑电路组成的，逻辑电路通常只有两个状态。例如开关的接通和断开，晶体管的饱和和截止，电压的高与低等。这两种状态正好用来表示二进制的两个数码 0 和 1。若是采用十进制，则需要有十种状态来表示十个数码，实现起来比较困难。

2）可靠性高

两种状态表示两个数码，数码在传输和处理中不容易出错，因而电路更加可靠。

3）运算简单

二进制数的运算规则简单，无论是算术运算还是逻辑运算都容易进行。十进制的运算规则相对烦琐，现在我们已经证明，R 进制数的算术求和、求积规则各有 $R(R+1)/2$ 种。如采用二进制，求和与求积运算法只有 3 个，因而简化了运算器等物理器件的设计。

4）逻辑性强

计算机不仅能进行数值运算而且能进行逻辑运算。逻辑运算的基础是逻辑代数，而逻辑代数是二值逻辑。二进制的两个数码 1 和 0，恰好代表逻辑代数中的"真"（True）和"假"（False）。

与十进制数类似，二进制数有两个主要特点：

（1）它有两个不同的数字符号，即 0、1。

（2）它采用"逢二进一"的进位原则。

因此，同一数字符号在不同的位置（或数位）所代表的数值是不同的。例如，二进制数 1101.11 可以写成：

$$1101.11=1×2^3+1×2^2+0×2^1+1×2^0+1×2^{-1}+1×2^{-2}$$

一般地，任意一个二进制数 $B=b_{n-1}b_{n-2}\cdots b_1b_0b_{-1}\cdots b_{-m}$ 都可以表示为：

$$B=b_{n-1}×2^{n-1}+b_{n-2}×2^{n-2}+\cdots+b_1×2^1+b_0×2^0+b_{-1}×2^{-1}+\cdots+b_{-m}×2^{-m} \qquad （1-2）$$

式（1-2）称为二进制数的按权展开式，其中：$b_i×2^i$ 中的 b_i 只能取 0 或 1，由具体的 B 确定；2^i 称为第 i 位的权；m、n 为正整数，n 为小数点左面的位数，m 为小数点右面的位数；2 是计数制的基数，所以称为二进制数。

4．八进制数和十六进制数表示

八进制数的基数为 8，使用 8 个数字符号（0，1，2，…，7），"逢八进一，借一当八"，一般地，任意的八进制数 $Q=q_{n-1}q_{n-2}\cdots q_1q_0q_{-1}\cdots q_{-m}$ 都可以表示为：

$$Q=q_{n-1}×8^{n-1}+q_{n-2}×8^{n-2}+\cdots+q_1×8^1+q_0×8^0+q_{-1}×8^{-1}+\cdots+q_{-m}×8^{-m} \qquad （1-3）$$

十六进制数的基数为 16，使用 16 个数字符号（0，1，2，…，9，A，B，C，D，E，F），"逢十六进一，借一当十六"，一般地，任意的十六进制数 $H=h_{n-1}h_{n-2}\cdots h_1h_0h_{-1}\cdots h_{-m}$ 都可表示为：

$$H=h_{n-1}×16^{n-1}+h_{n-2}×16^{n-2}+\cdots+h_1×16^1+h_0×16^0+h_{-1}×16^{-1}+\cdots+h_{-m}×16^{-m} \qquad （1-4）$$

5．进位计数制的基本概念

归纳以上讨论，可以得出进位计数制的一般概念，并得到表 1.1 所示的数制对照表。

若用 j 代表某进制的基数，k_i 表示第 i 位数的数符，则 j 进制数 N 可以写成如下多项式之和：

$$N=k_{n-1}×j^{n-1}+k_{n-2}×j^{n-2}+\cdots+k_1×j^1+k_0×j^0+k_{-1}×j^{-1}+\cdots+k_{-m}×j^{-m} \qquad （1-5）$$

式（1-5）称为 j 进制的按权展开式，其中：$k_i×j^i$ 中 k_i 可取 $0\sim j-1$ 的值，取决于 N；j^i 称为第 i 位的权；m 和 n 为正整数，n 为小数点左面的位数，m 为小数点右面的位数。

表 1.1　数制对照表

十进制	二进制	八进制	十六进制	十进制	二进制	八进制	十六进制
0	0000	0	0	8	1000	10	8
1	0001	1	1	9	1001	11	9
2	0010	2	2	10	1010	12	A
3	0011	3	3	11	1011	13	B
4	0100	4	4	12	1100	14	C
5	0101	5	5	13	1101	15	D
6	0110	6	6	14	1110	16	E
7	0111	7	7	15	1111	17	F

四、数制间的转换

将数由一种数制转换成另一种数制称为数制间的转换。因为日常生活中经常使用的是十进制数，而在计算机中采用的是二进制数。所以在使用计算机时就必须把输入的十进制数换算成计算机所能够接收的二进制数。计算机在运行结束后，再把二进制数换算成人们所习惯的十进制数输出。这两个换算过程完全由计算机自动完成。数制间转换的实质是进行基数的转换。不同数制间的转换是依据如下规则进行的：

如果两个有理数相等，则两数的整数部分和小数部分一定分别相等。

下面介绍一下数制间的转换。

1. 二进制数转换为十进制数

二进制数转换成十进制数的方法是：根据有理数的按权展开式，把各位的权（2 的某次幂）与数位值（0 或 1）的乘积项相加，其和便是相应的十进制。这种方法称为按权相加法。为说明问题起见，我们将数用小括号括起来，在括号外右下角加一个下标以表示数制。

【例 1.1】　求（110111.101）$_2$ 的等值十进制数。

【解】　基数 $J=2$ 按权相加，得：

$$(110111.101)_2 = 1\times2^5+1\times2^4+0\times2^3+1\times2^2+1\times2^1+1\times2^0+1\times2^{-1}+0\times2^{-2}+1\times2^{-3}$$
$$= 32+16+4+2+1+0.5+0.125$$
$$=(55.625)_{10}$$

2. 十进制数转换为二进制数

要把十进制数转换为二进制数，就是设法寻找二进制数的按权展开式（1-2）中系数 b_{n-1}, b_{n-2}, $\cdots$, b_1, b_0, b_{-1}, $\cdots$, b_{-m}。

1）整数转换

假设有一个十进制整数 215，试把它转换为二进制整数，即

$$(215)_{10}=(b_{n-1}b_{n-2}\cdots b_1b_0)_2$$

问题就是要找到 b_{n-1}, b_{n-2}, $\cdots$, b_1, b_0 的值，而这些值不是 1 就是 0，取决于要转换的十进制数（例中即为 215）。

根据二进制的定义：

$$(b_{n-1}b_{n-2}\cdots b_1b_0)_2=b_{n-1}\times2^{n-1}+b_{n-2}\times2^{n-2}+\cdots+b_1\times2^1+b_0\times2^0$$

于是有：

$$(215)_{10}=b_{n-1}\times2^{n-1}+b_{n-2}\times2^{n-2}+\cdots+b_1\times2^1+b_0\times2^0$$

显然，上面等式右边除了最后一项 b_0 以外，其他各项都包含有 2 的因子，它们都能被 2 除尽。所以，如果用 2 去除十进制数$(215)_{10}$，则它的余数即为 b_0。

所以，$b_0=1$，并有：

$$(107)_{10}=b_{n-1}\times2^{n-2}+b_{n-2}\times2^{n-3}+\cdots+b_2\times2^1+b_1$$

显然，上面等式右边除了最后一项 b_1 外，其他各项都含有 2 的因子，都能被 2 除尽。所以，如果用 2 去除$(107)_{10}$，则所得的余数必为 b_1，即：$b_1=1$。

用这样的方法一直继续下去，直至商为 0，就可得到 b_{n-1}、b_{n-2}、$\cdots$、b_1、b_0 的值。整个过程如图 1.12 所示。

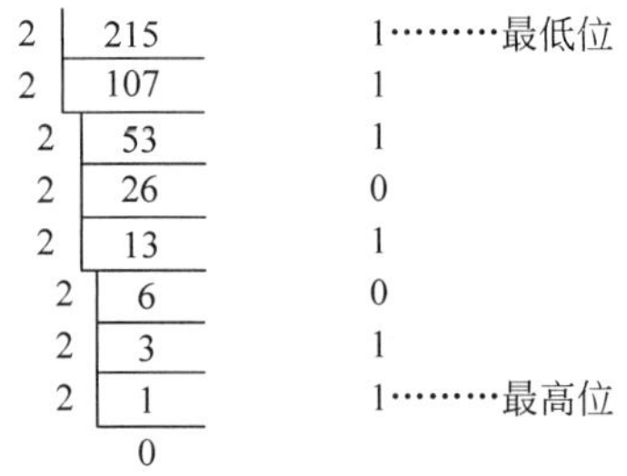

因此：

$$(215)_{10}=(11010111)_2$$

上述结果也可以用式（1-2）来验证，即：

$$(11010111)_2=2^7+2^6+2^4+2^2+2^1+2^0=(215)_{10}$$

图 1.12 十进制转换为二进制过程

总结上面的转换过程，可以得出十进制整数转换为二进制整数的方法如下：

用 2 不断地去除要转换的十进制数，直至商为 0；每次的余数即为二进制数码，最初得到的是整数的最低位 b_0，最后得到的是 b_{n-1}。

这种方法称为"除二取余法"。

2）纯小数转换

将十进制小数 0.6875 转换成二进制数，即：

$$(0.6875)_{10}=(0.b_{-1}b_{-2}\cdots b_{-m+1}b_{-m})_2$$

问题就是要确定 $b_{-1}\sim b_{-m}$ 的值。按二进制小数的定义，可以把上式写成：

$$(0.6875)_{10}=b_{-1}\times2^{-1}+b_{-2}\times2^{-2}+\cdots+b_{-m+1}\times2^{-m+1}+b_{-m}\times2^{-m}$$

若把上式的两边都乘以 2，则得：

$$(1.375)_{10}=b_{-1}+(b_{-2}\times2^{-1}+\cdots+b_{-m+1}\times2^{-m+2}+b_{-m}\times2^{-m+1})$$

显然等式右边括号内的数是小于 1 的（因为乘以 2 以前是小于 0.5 的），两个数相等，必定是整数部分和小数部分分别相等，所以有：$b_{-1}=1$，等式两边同时去掉 1 后，剩下的为：

$$(0.375)_{10}=b_{-2}\times2^{-1}+(b_{-3}\times2^{-2}+\cdots+b_{-m+1}\times2^{-m+2}+b_{-m}\times2^{-m+1})$$

两边都乘以 2，则得：

$$(0.75)_{10}=b_{-2}+(b_{-3}\times2^{-1}+\cdots+b_{-m+1}\times2^{-m+3}+b_{-m}\times2^{-m+2})$$

于是有：$b_{-2}=0$。

如此继续下去，直至乘积的小数部分为 0，就可逐个得到 b_{-1}，b_{-2}，$\cdots$，b_{-m+1}，b_{-m} 的值。因此得到结果：

$$(0.6875)_{10}=(0.1011)_2$$

上述结果也可以用式（1-2）来验证，即：

$$(0.1011)_2=2^{-1}+2^{-3}+2^{-4}=0.5+0.125+0.0625=(0.6875)_{10}$$

整个过程如图 1.13 所示。

		取整数部分
0.6875		
×	2	
1.3750		$b_{-1}=1$·······最高位
0.375		
×	2	
0.7500		$b_{-2}=0$
×	2	
1.50		$b_{-3}=1$
0.5		
×	2	
1.0		$b_{-4}=1$·······最低位

图 1.13 小数转换过程

总结上面的转换过程，可以得到十进制纯小数转换为二进制小数的方法如下：

不断用 2 去乘要转换的十进制小数，将每次所得的整数（0 或 1）依次记为 b_{-1}，b_{-2}，…，b_{-m+1}，b_{-m}，这种方法称为"乘 2 取整法"。

但应注意以下两点：

（1）若乘积的小数部分最后能为 0，那么最后一次乘积的整数部分记为 b_{-m}，则 $0.b_{-1}$ b_{-2}…b_{-m} 即为十进制小数的二进制表达式。

（2）若乘积的小数部分永不为 0，表明十进制小数不能用有限位的二进制小数精确表示，则可根据精度要求取 m 位而得到十进制小数的二进制近似表达式。

（3）混合小数转换

对十进制整数小数部分均有的数，转换只需将整数、小数部分分别转换，然后用小数点连接起来即可。

【例 1.2】 求十进制数 15.25 的二进制数表示。

【解】 对整数部分和小数部分分别进行转换，然后相加得：

$$(15.25)_{10}=(1111.01)_2$$

3. 十进制数与八进制数之间的相互转换

1）八进制数转换为十进制数

与上面所讲的二进制数转换为十进制数的方法相同，只需把相应的八进制数按它的加权展开式展开就可求得该数对应的十进制数。

【例 1.3】 分别求出 $(155.65)_8$ 和 $(234)_8$ 的十进制数表示。

【解】

$$(155.65)_8=1×8^2+5×8^1+5×8^0+6×8^{-1}+5×8^{-2}$$
$$=64+40+5+0.75+0.078125$$
$$=(109.828125)_{10}$$
$$(234)_8=2×8^2+3×8^1+4×8^0$$
$$=128+24+4$$
$$=(156)_{10}$$

2）十进制数转换为八进制数

与上面所讲的十进制数转换为二进制数的方法相同，对于十进制整数通过"除 8 取余"就可以转换成对应的八进制数，第一个余数是相应八进制数的最低位，最后一个余数是相应八进数的最高位。

【例 1.4】 $(125)_{10}$ 的八进制数表示。

【解】 按照除八取余的方法得到：

$$(125)_{10}=(175)_8$$

对于十进制小数，则同前面介绍的十进制数转换为二进制数的方法相同，那就是"乘 8 取整"，但是要注意，第一个整数为相应八进制数的最高位，最后一个整数为最低位。

【例 1.5】 求 $(0.375)_{10}$ 的八进制数表示。

【解】

$$(0.375)_{10}=(0.3)_8$$

对于混合小数，只需按上面的方法，将其整数部分和小数部分分别转换为相应的八进制数，然后再相加就是所求的八进制数。

4．十进制数与十六进制数之间的相互转化

同理，十六进制数转换为十进制数，只需按其加权展开式展开即可。

【例 1.6】 求 $(12.A)_{16}$ 的十进制表示。

【解】

$$(12.A)_{16}=1\times16^1+2\times16^0+10\times16^{-1}=(18.625)_{10}$$

十进制数转换为十六进制数，同样是对其整数部分按"除 16 取余"，小数部分按"乘 16 取整"的方法进行转换。

【例 1.7】 求 $(30.75)_{10}$ 的十六进制表示。

【解】

$$(30.75)_{10}=(1E.C)_{16}$$

5．二进制数与八进制数、十六进制数间的转换

计算机中实现八进制数、十六进制数与二进制数的转换很方便。

由于 $2^3=8$，所以一位八进制数恰好等于三位二进制数。同样，因为 $2^4=16$，使得一位十六进制数可表示成四位二进制数。

1）八进制数与二进制数的相互转换

把二进制整数转换为八进制数时，从最低位开始，向左每三位为一个分组，不足三位的前面用 0 补足，然后按表 1.1 中对应关系将每三位二进制数用相应的八进制数替换，即为所求的八进制数。

【例 1.8】 求 $(11101100111)_2$ 的等值八进制数。

【解】 按三位分组，得：

$$(011)(101)(100)(111)$$
$$\downarrow\quad\downarrow\quad\downarrow\quad\downarrow$$
$$3\qquad5\qquad4\qquad7$$

所以

$$(11101100111)_2=(3547)_8$$

对于二进制小数，则要从小数点开始向右每三位为一个分组，不足三位时在后面补 0，然后写出对应的八进制数即为所求的八进制数。

【例 1.9】 求 $(0.01001111)_2$ 的等值八进制数。

【解】 按三位分组，得

$$0.(010)(011)(110)$$
$$\downarrow \quad \downarrow \quad \downarrow$$
$$2 \quad 3 \quad 6$$

所以

$$(0.01001111)_2=(0.236)_8$$

由例 1.8 和例 1.9 可得到如下等式：

$$(11101100111.01001111)_2=(3547.236)_8$$

将八进制数转换成二进制数，只要将上述方法逆过来，即把每一位八进制数用所对应的三位二进制替换，就可完成转换。

【例 1.10】 分别求 $(17.721)_8$ 和 $(623.56)_8$ 的二进制表示。

【解】

$$(17.721)_8=(001)(111).(111)(010)(001)$$
$$=(1111.111010001)_2$$
$$(623.56)_8=(110)(010)(011).(101)(110)$$
$$=(110010011.10111)_2$$

2）二进制数与十六进制数的转换

和二进制数与八进制数之间的相互转换相仿，二进制数转换为十六进制数是按每四位分一组进行的，而十六进制数转换为二进制数是每位十六进制数用四位二进制数替换，即可完成相互转换。

【例 1.11】 将二进制数 $(1011111.01101)_2$ 转换成十六进制数。

【解】

$$(1011111.01101)_2=(0101)(1111).(0110)(1000)$$
$$\downarrow \quad\quad \downarrow \quad\quad \downarrow \quad\quad \downarrow$$
$$5 \quad\quad F \quad\quad 6 \quad\quad 8$$
$$=(5F.68)_{16}$$

【例 1.12】 把十六进制数 $(D57.7A5)_{16}$ 转换为二进制数。

【解】

$$(D57.7A5)_{16}=(1101)(0101)(0111).(0111)(1010)(0101)$$
$$=(110101010111.011110100101)_2$$

可以看出，二进制数与八进制数、二进制数与十六进制数之间的转换很方便。八进制数和十六进制数基数大，书写较简短直观，所以许多情况下，人们采用八进制或十六进制数书写程序和数据。

五、二进制数的运算

二进制是计算技术中广泛采用的一种数制。二进制数是用 0 和 1 两个数码来表示的数。它的基数为 2，进位规则是"逢二进一"，借位规则是"借一当二"。

二进制数的算术运算的基本规律和十进制数的运算十分相似。

1. 二进制加法

加法运算规则：$0+0=0$；$0+1=1$；$1+0=1$；$1+1=10$

【例 1.13】 求$(1101)_2+(1011)_2$的和。

【解】 如图 1.14 所示，所以，

$$(1101)_2+(1011)_2=(11000)_2$$

2．二进制减法

减法运算规则： 0-0=0；1-1=0；1-0=1；0-1=1 （借位为 1）。

【例 1.14】 求$(1101)_2-(111)_2$的差。

【解】 如图 1.15 所示，所以，$(1101)_2-(111)_2=(110)_2$。

```
        1101                      1101
    +   1011                  -    111
    ─────────                 ─────────
       11000                       100
```

图 1.14 二进制加法 　　　　　　　　图 1.15 二进制减法

3．二进制乘法

乘法运算规则：0×0=0；0×1=0；1×0=0；1×1=1。

【例 1.15】 求$(1110)_2×(101)_2$之积。

【解】 如图 1.16 所示，所以，

$$(1110)_2×(101)_2 =(1000110)_2$$

4．二进制除法

二进制数除法与十进制数除法很类似。可先从被除数的最高位开始，将被除数（或中间余数）与除数相比较，若被除数（或中间余数）大于除数，则用被除数（或中间余数）减去除数，商为 1，并得相减之后的中间余数，否则商为 0。再将被除数的下一位移下补充到中间余数的末位，重复以上过程，就可得到所要求的各位商数和最终的余数。

除法运算规则：0÷0=0；0÷1=0；1÷1=1。

【例 1.16】 求$(1110101)_2÷(1001)_2$的商。

【解】 如图 1.17 所示，所以，

$$(1110101)_2÷(1001)_2=(1101)_2$$

二进制数的运算除了有四则运算外，还有逻辑运算，在这里不做详细介绍。

```
        1110                          1101
    ×    101                  1001 ) 1110101
    ─────────                        1001
        1110                        ─────────
        0000                         1011
        1110                         1001
    ─────────                       ─────────
     1000110                          1001
                                      1001
                                    ─────────
                                         0
```

图 1.16 二进制乘法 　　　　　　　　图 1.17 二进制除法

知识拓展

一、计算机中数据的表示

在学习本节的内容之前，先要区分两个概念：数据和信息。数据是计算机处理的对象，是信息的载体，或称为编码了的信息；信息是有意义的数据的内容。计算机要处理的信息除了数值信息以外，还有字符、图像、视频和音频等非数值信息。而计算机只能识别和存储两个数字"0"和"1"。要使计算机能处理这些信息，首先必须将各类信息转换成"0"和"1"表示的代码，这一过程称为编码。计算机专家设计了各种方法对数据进行编码和存储。在计算机里，不同编码方式的文件格式不同，如存储文本文档、图形数据或音频数据的文件格式各不相同。本节将介绍计算机怎样存储数值、字符、图像、视频和音频等信息。

1. 数值数据的表示

在计算机中，数的长度按二进制位数来计算，由于计算机的存储器是以字节为单位进行数据的存取，所以数据长度也按字节计算。在同一计算机中，数据的长度常常是统一的，超出表示范围则无法表示，不足的部分用"0"填充，整数在高位补"0"，纯小数在低位补"0"。

在计算机中表示数值型数据，为了节省存储空间，小数点的位置总是隐含的。对于一般的数是采用定点数与浮点数两种方法来表示。

1）定点数

所谓定点数是指小数点位置固定不变的数。在计算机中，通常用定点数来表示整数与纯小数，分别称为定点整数与定点小数。

（1）定点整数：一个数的最高二进制位是数符位，用以表示数的符号；而小数点的位置默认为在最低（即最右边）的二进制位的后面，但小数点不单独占一个二进制位。假设某计算机使用的定点数长度是 2 个字节，如果有一个十进制整数为+9963，它的二进制数为+10011011101011，在机内以二进制补码定点数表示，则格式如图 1.18 所示。

图 1.18　整数的定点表示

因此，在一个定点整数中，数符位右边的所有二进制位数表示的是一个整数值。

当数据长度为 2 个字节时，补码表示的定点整数的表示范围是：
$$-2^{15} \leq N \leq +(2^{15}-1)$$

即：$-32768 \leq N \leq +32767$。

如果把定点整数的长度扩充为 4 个字节，则补码表示的定点整数的表示范围达到：
$$-2^{31} \leq N \leq +(2^{31}-1)$$

约为 $0.21×10^{10}$，即 21 亿多。

（2）定点小数：一个数的最高二进制位是数符位，用来表示数的符号；而小数点的位置默认为在数符位后面，不单独占一个二进制位。如果有一个十进制整数为+0.7625，它的二进制数为+0.110010000101000…，在机内以二进制补码定点数表示，则格式如图 1.19 所示。

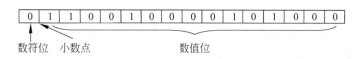

图 1.19　纯小数的定点表示

因此，在一个定点小数中，数符位右边的所有二进制位数表示的是一个纯小数。

当数据长度为 2 个字节时，补码表示的定点小数的表示范围是：

$$-1 \leqslant N \leqslant +(1-2^{-15})$$

2）浮点数

在计算机中，定点数通常只用于表示整数或纯小数。而对于既有整数部分又有小数部分的数，由于其小数点的位置不固定，一般用浮点数表示。

在计算机中所说的浮点数就是指小数点位置不固定的数。一般地，一个既有整数部分又有小数部分的十进制数 D 可以表示成如下形式：

$$D=R \times 10^{N}$$

其中 R 为一个纯小数，N 为一个整数。

如一个十进制数 123.456 可以表示成：0.123456×10^{3}，十进制小数 0.00123456 可以表示成 0.123456×10^{-2}。纯小数 R 的小数点后第一位一般为非零数字。

同样，对于既有整数部分又有小数部分的二进制数也可以表示成如下形式：

$$D=R \times 2^{N}$$

其中，R 为一个二进制定点小数，称为 D 的尾数；N 为一个二进制定点整数，称为 D 的阶码，它反映了二进制数 D 的小数点的实际位置。

由此可见，每个浮点数由两部分组成，即阶码和尾数。浮点数的阶码相当于数学中的指数，其长度决定了数的表示范围；浮点数的尾数为纯小数，表示方法与定点小数相同，其符号将决定数的符号，其长度将影响数的精度。为了使有限的二进制位数能表示出最多的数字位数，要求尾数的小数点后的第一位为非零数字（即为"1"），这样表示的数称为"规格化"的浮点数。

在计算机中，通常用一串连续的二进制位来存放二进制浮点数，它的一般结构如图 1.20 所示。

| 阶符 | N | 数符 | R |

图 1.20　浮点数的格式

假定某计算机的浮点数用 4 个字节来表示，其中阶码占一个字节，尾数占 3 个字节，且每一部分的第一位用于表示该部分的符号。则数的表示范围可达到 $2^{127} \approx 10^{38}$，远远大于 4 个字节定点整数的表示范围 0.21×10^{10}。

浮点数的阶码和尾数均为带符号数，可分别用原码或补码表示。

2. 字符数据的表示

计算机除了用于数值计算外，还要处理大量符号如英文字母、汉字等非数值的信息。例如，当你要用计算机编写文章时，就需要将文章中的各种符号、英文字母、汉字等输入计算机，然后由计算机进行编辑排版。

目前，国际上通用的且使用最广泛的字符有：十进制数字符号 0～9，大小写的英文字母，各种运算符、标点符号等，这些字符的个数不超过 128 个。为了便于计算机识别与处理，这些字符在计算机中是用二进制形式来表示的，通常称为字符的二进制编码。由于需要编码的字符不超过 128 个，因此，用 7 位二进制数就可以对这些字符进行编码。但为了方便，字符的二进制编码一般占 8 个二进制位，它正好占计算机存储器的一个字节。目前国际上通用的是美国标准信息交换码（American Standard Code for Information Interchange，

ASCII)，简称为 ASCII 码。标准的 ASCII 编码使用 7 位二进制数来表示 128 个字符，包括英文大小写字母、数字、标点符号、特殊符号和特殊控制符。

3. 图像数据的表示

随着信息技术的发展，越来越多的图形、图像信息要求计算机来存储和处理。

在计算机系统中，有两种不同的图形、图像编码方式，即位图编码和矢量编码方式。两种编码方式的不同，影响到图像的质量、图像所占用的存储空间的大小、图像传送的时间和修改图像的难易程度。

1）位图图像

位图图像是以屏幕上的像素点信息来存储图像的。

最简单的位图图像是单色图像。单色图像只有黑白两种颜色，如果像素点上对应的图像单元为黑色，则在计算机中用"0"表示；如果对应的是白色，则在计算机中用"1"表示。

如果将屏幕的水平分辨率与垂直分辨率相乘，则得到屏幕的像素数，即：640×480=307200。

对于单色图像，使用一位二进制数来表示一个像素，所以存储一幅满屏单色的位图图像的字节数也就能计算出来：307200÷8=38400。

因此分辨率为 640×480 的满屏单色图像需要 38400 个字节来存储，这个存储空间不算大。但是单色图像看起来不太真实，很少使用。

灰度图像要比单色图像看起来更真实些。灰度图像用灰色按比例显示图像，使用的灰度级越多，图像看起来越真实。

通常计算机用 256 级灰度来显示图像。在 256 级灰度图像中，每个像素可以是白色、黑色或灰度中 254 级中的任何一个，也就是说，每个像素有 256 种信息表示的可能性。所以在灰度图像中，存储一个像素的图像需要 256 个信息单元，即需要一个字节的存储空间；因此，一幅分辨率为 640×480、满屏的灰度图像需要 307200 个字节的存储空间。

计算机可以使用 16、256 或 1670 万种颜色来显示彩色图像，用户将会得到更为真实的图像。

16 色的图像中，每个像素可以有 16 种颜色。每个像素需要 4 位二进制数来存储信息。因此，一幅满屏的 16 色位图图像需要的存储容量为 38400×4=153600 个字节。

256 色的位图图像，每个像素可以有 256 种颜色。为了表示 256 个不同的信息单元，每个像素需要 8 位二进制数来存储信息，即一个字节。因此，一幅满屏的 256 色位图图像需要的存储容量为 307200 个字节，是 16 色的两倍，与 256 级灰度图像相同。

1670 万色的位图图像称为 24 位图像或真彩色图像。其每个像素可以有 1670 万种颜色。每个像素需要 24 位二进制数来存储信息，即 3 个字节。显然，一幅满屏的真彩色图像需要的存储容量更大。

从上面对位图图像的分析可知，包含图像的文件都很大。这样大的文件需要很大容量的存储器来存储，并且传输和下载的时间也很长。例如，从因特网上下载一幅分辨率为 640×480 的 256 色图像至少需要 1 min；一幅 16 色的图像需要一半的时间；而一幅真彩色图像则会需要更多的时间。

位图图像常用来表现现实图像，其适合于表现比较细致、层次和色彩比较丰富、包含大量细节的图像。例如扫描的图像，摄像机、数字照相机拍摄的图像，或帧捕捉设备获得的数字化帧画面。经常使用的位图图像文件扩展名有 BMP、PCX、TIF、JPG 和 GIF 等。

由像素矩阵组成的位图图像可以修改或编辑单个像素，即可以使用位图软件（也称照片编辑软件或绘画软件）来修改位图文件。可用来修改或编辑位图图像的软件，如 Microsoft Paint、PC Painthrush、Adobe Photoshop、Micrografx Picture Publisher 等，这些软件能够将图片的局部区域放大，而后进行修改。

2）矢量图像

矢量图像是由一组存储在计算机中，描述点、线、面等大小形状及其位置、维数的指令组成，而不是真正的图像。它是通过读取这些指令并将其转换为屏幕上所显示的形状和颜色的方式来显示图像的，矢量图像看起来没有位图图像真实。用来生成矢量图像的软件通常称为绘图软件，如常用的有 Micrographx Designer 和 CorelDraw。

矢量图像的主要优点在于它的存储空间比位图图像小。矢量图像的存储空间依赖于图像的复杂性，每条指令都需要存储空间，所以图像中的线条、图形、填充模式越多，需要的存储空间越大。但总的来说：由于矢量图像存储的是指令，要比位图图像文件小得多。

其次，矢量图像还可以分别控制处理图中的各个部分，即把图像的一部分当作一个单独的对象，单独加以拉伸、缩小、变形、移动和删除，而整体图像不失真。不同的物体还可以在屏幕上重叠并保持各自的特性，必要时仍可分开。所以，矢量图像主要用于线性图画、工程制图及美术字等。经常使用的矢量图像文件扩展名有 WMF、DXF、MGX 和 CGM 等。

矢量图像的主要缺点是处理起来比较复杂，用矢量图格式表示复杂图形需花费程序员和计算机的大量时间，比较费时，所以通常先用矢量图形创建复杂的图，再将其转换为位图图像来进行处理。

总之，显示位图图像要比显示矢量图像快，但位图图像所要求的存储空间大。矢量图像的关键技术是图形的制作和再现，而位图图像的关键技术则是图像的扫描、编辑、无失真压缩、快速解压和色彩一致性再现等。

4. 视频数据的表示

视频是图像数据的一种，由若干有联系的图像数据连续播放而形成。人们一般讲的视频信号为电视信号，是模拟量，而计算机视频信号则是数字量。

视频信号实际上是由许多幅单个画面所构成的。电影、电视通过快速播放每帧画面，再加上人眼的视觉滞留效应便产生了连续运动的效果。视频信号的数字化是指在一定时间内以一定的速度对单帧视频信号进行捕获、处理以生成数字信息的过程。与模拟视频相比，数字视频的优点如下：

（1）数字视频可以无失真地进行无限次复制，而模拟视频信息每转录一次，就会有一次误差积累，产生信息失真。

（2）可以用许多新方法对数字视频进行创造性的编辑，如字幕电视特技等。

（3）使用数字视频可以用较少的时间和费用创作出用于培训教育的交互节目，以及实现用计算机播放电影节目等。

数字视频也存在数据量大的问题。因为数字视频是由一系列的帧组成，每个帧是一幅静止的图像，并且图像也使用位图文件形式表示。通常，视频每秒需要显示 30 帧，所以数字视频需要巨大的存储容量。

一幅全屏的、分辨率为 640×480 的 256 色图像需要有 307200B 的存储容量。那么 1s 数字视频需要的存储空间是 30×307200，即 9216000B，约为 9MB。

两小时的电影需要 66355200000B，超过 66GB。这样大概只有使用超级计算机才能播放。所以在存储和传输数字视频过程中必须使用压缩编码。

5．音频数据的表示

计算机可以记录、存储和播放声音。在计算机中声音可分成数字音频文件和 MIDI 文件。

1）数字音频

复杂的声波由许许多多具有不同振幅和频率的正弦波组合而成，这些连续的模拟量不能由计算机直接处理，必须将其数字化才能被计算机存储和处理。

计算机获取声音信息的过程就是声音信号的数字化处理过程。经过数字化处理之后的数字声音信息能够像文字和图像信息一样被计算机存储和处理。如图 1.21 所示为模拟声音信号转化为数字音频信号的大致过程。

图 1.21　声音信息的数字化

音频采样与量化：把幅度和时间连续的信号变成幅度和时间上不连续的信号序列，即数字化。采样频率指在采样声音的过程中，每秒对声音测量的次数。采样频率以 Hz 为单位，常用的采样频率有：44.1kHz、22.05kHz、11.025kHz。

量化精度：对波形进行量化时的等分数值的多少，与存储一个数值的存储量相对应，通常有 8 位、16 位、32 位、64 位的量化精度。

采样频率越高，量化精度越高，单位时间内所得到的振幅值就越多，那么对原声音曲线的模拟就越精确。但此时所需要的计算机存储容量也越大，对计算机信息处理速度的要求也越高。

把数字化的声音文件以同样的采样频率转换为电压值去驱动扬声器，则可听到和原波形几乎一样的声音。

存储在计算机上的声音文件的扩展名为 WAV、MOD、AU 和 VOC 等。要记录和播放声音文件，需要使用声音软件；声音软件通常都要使用声卡。

2）MIDI 文件

乐器数字接口（Musical Instrument Digital Interface，MIDI）是电子乐器与计算机之间的连接界面和信息交流方式。MIDI 格式的文件扩展名为 mid，通常把 MIDI 格式的文件简称为"MIDI 文件"。

MIDI，是数字音乐国际标准。数字式电子乐器的出现，为计算机处理音乐创造了极为有利的条件。MIDI 声音与数字化波形声音完全不同，它不是对声波进行采样、量化和编码。它实际上是一串时序命令，用于记录电子乐器键盘弹奏的信息，包括键名、力度、时值长短等。这些信息称为 MIDI 消息，是乐谱的一种数字式描述。当需要播放时，只需从相应的 MIDI 文件中读出 MIDI 消息，生成所需要的乐器声音波形，经放大后由扬声器输出即可。

MIDI 文件的存储容量比数字音频文件小得多。如 3 分钟的 MIDI 音乐仅仅需要 10KB 的存储空间，而 3 分钟的数字音频信号音乐需要 15MB 的存储容量。

二、常用的字符编码

计算机可以在屏幕上显示字符，这些字符可以是字母、标点符号、数字、汉字等。计算机只认识二进制数，所以也只能用二进制数来表示每个显示和输出的字符。为了使计算机的数据能够共享和传递，必须对字符进行相应的二进制编码。

目前常用的编码有如下几种：BCD 码、ASCII 码、GB2312、GBK、Unicode、UTF-8。

1. BCD 码

用 4 位二进制数来表示 1 位十进制数，这种编码称为 BCD 码（也叫 8421 码），即用二进制数表示的十进制数。

对于 BCD 码有以下几点说明：

（1）考虑人们使用习惯，通常在计算机输入输出过程中还是采用十进制，然后由机器转换成二进制。BCD 码的形式非常适于人类的这种习惯。

（2）BCD 码虽然也用 4 位二进制数编码来表示每位十进制数，但它没有把十进制数的值转换成真正的二进制值，不能按权展开求值。

2. ASCII 码

ASCII 是基于拉丁字母的一套计算机编码系统。它主要用于显示现代英语和其他西欧语言。它是现今最通用的单字节编码系统。ASCII 码使用指定的 7 位或 8 位二进制数组合来表示 128 或 256 种可能的字符。标准 ASCII 码也叫基础 ASCII 码，使用 7 位二进制数来表示所有的大写和小写字母，数字 0～9，标点符号以及在美式英语中使用的特殊控制字符。

3. GB 2312

GB 2312 一般指"信息交换用汉字编码字符集"，它是由中国国家标准总局 1980 年发布，1981 年 5 月 1 日开始实施的一套国家标准，标准号是 GB 2312—1980。GB 2312 编码适用于汉字处理、汉字通信等系统之间的信息交换，通行于中国；新加坡等地也采用此编码。中国几乎所有的中文系统和国际化的软件都支持 GB 2312。基本集共收入汉字 6763 个和非汉字图形字符 682 个。

4. GBK

GBK 全称"汉字内码扩展规范"，GBK 向下与 GB 2312 编码兼容，向上支持 ISO 10646.1 国际标准，是前者向后者过渡过程中的一个承上启下的产物。

5. Unicode

Unicode（统一码、单一码）是一种在计算机上使用的字符编码。Unicode 是为了解决传统的字符编码方案的局限而产生的，它为每种语言中的每个字符设定了统一并且唯一的二进制编码，以满足跨语言、跨平台进行文本转换、处理的要求。

6. UTF-8

UTF-8（8-bit Unicode Transformation Format）是一种针对 Unicode 的可变长度字符编码，又称万国码。由 Ken Thompson 于 1992 年创建。现在已经标准化为 RFC 3629。UTF-8 用 1～6 个字节编码 Unicode 字符。用在网页上可以同一页面显示中文简体、繁体及其他语言（如英文、日文、韩文）。

任务 2　多媒体计算机的购置

🔧 任务描述

经过对计算机基础知识的系统学习和了解，小陈同学打算自己购置一台价格在 3000 元左右的个人计算机。

任务目标

◆ 了解多媒体、多媒体计算机的基础知识。
◆ 学会自己配置个人计算机。

知识介绍

一、微型计算机的硬件组成

对于不同用途的计算机，其对不同部件的性能指标要求有所不同。例如，对于用作科学计算为主的计算机，对主机的运算速度要求很高；对于用作大型数据库处理为主的计算机，对主机的内存容量、存取速度和外存储器的读写速度要求较高；对于用作网络传输的计算机，则要求有很高的 I/O 速度，因此应当有高速的 I/O 总线和相应的 I/O 接口。

我们日常所见的计算机大都是微型计算机，简称为微机。它由微处理器 CPU、存储器、接口电路、输入输出设备组成。从微机的外观看，它是由主机、显示器、键盘、鼠标器、磁盘存储器和打印机等构成的。

下面分别具体介绍这几部分设备的组成和使用。

1. 主机

主机是一台微机的核心部件。主机从外观上看，分为卧式和立式两种。

通常在主机箱的正面有 Power 和 Reset 按钮。Power 是电源开关，Reset 按钮用来重新冷启动计算机系统。主机箱上一般都配置了软盘驱动器、光盘驱动器和音箱、麦克风、U 盘等插孔。

在主机箱的背面配有电源插座用来给主机及其外部设备提供电源，一般的微机都有一个并行接口和两个串行接口。并行接口用于连接打印机，串行接口用于连接鼠标器、数字化仪等串行设备，但现在多用 USB 连接。另外，通常微机还配有一排扩展卡插口，用来连接其他的外部设备，如图 1.22 所示。

图 1.22　主机前后面板

打开主机箱后，我们可以看到以下部件。

1）主板

主板（Mainboard）就是主机箱内较大的那块电路板，有时称为母板（Motherboard），是微机的核心部件之一，是 CPU 与其他部件相连接的桥梁。在主板上通常有 CPU、内存条、CMOS、BIOS、时钟芯片、扩展槽、键盘接口、鼠标接口、串行口、并行口、电池以及各种开关和跳线，还有与软盘驱动器、硬盘驱动器、光盘驱动器和电源相连的接口。主板的构成如图 1.23 所示。

为了实现 CPU、存储器和输入输出设备的连接，微机系统采用了总线结构。所谓总线（BUS）就是系统部件之间传送信息的公共通道。总线通常由三部分组成：数据总线（DB）、控制总线（CB）和地址总线（AB）。

数据总线：用于在 CPU 与内存或输入输出接口电路之间传送数据。

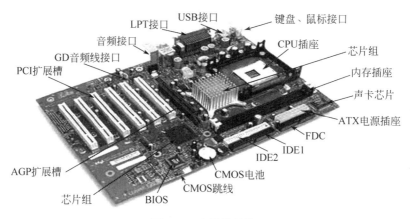

图 1.23 主板的结构

控制总线：用于传送 CPU 向内存或外设发送的控制信号，以及由外设或有关接口电路向 CPU 送回的各种信号。

地址总线：用于传送存储单元或输入输出接口的地址信息。地址总线的根数与内存容量有关，如：CPU 芯片有 16 根地址总线，那么可寻址的内存单元数为 65536（2^{16}），即内存容量为 64KB；如果有 20 根地址总线，那么内存容量就可以达到 1MB（2^{20}B）。

2）中央处理器

中央处理器（CPU）是整台微机的核心部件，微机的所有工作都要通过 CPU 来协调处理，完成各种运算、控制等操作，而且 CPU 芯片型号直接决定着微机档次的高低，如图 1.24 所示。

目前比较成熟的商用 CPU 厂家有两家，一家是 Intel，主要型号有 P4（快淘汰）、PD、睿酷系列，Intel 的 CPU 处理数据、文档、图片编辑等方面有一定的优势；另一家是 AMD，主要型号有速龙 X2、AM2 闪龙等系列，ADM 的 CPU 在游戏性能等方面有一定的优势，价格较 Intel 稍微便宜，性价比比较高，随着 CPU 型号的不断更新，微机的性能也不断提高。

3）内存储器

内存储器简称内存（也称主存储器），是微机的记忆中心，用来存放当前计算机运行所需要的程序和数据。内存的大小是衡量计算机性能的主要指标之一。根据它作用的不同，可以分为以下几种类型。

（1）随机存储器（Random Access Memory，RAM）用于暂存程序和数据，如图 1.25 所示。RAM 具有的特点是：用户既可以对它进行读操作，也可以对它进行写操作；RAM 中

图 1.24 中央处理器（CPU）

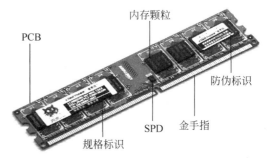

图 1.25 随机存储器（RAM）

的信息在断电后会消失，也就是说它具有易失性。

通常所说的内存大小是指 RAM 的大小，一般以 KB、MB 或 GB 为单位。RAM 内存的容量一般有 640KB、1MB、4MB、16MB、32MB、64MB、128MB、256MB、1GB、2GB 或更多。

（2）只读存储器（Read Only Memory，ROM）存储的内容是由厂家装入的系统引导程序、自检程序、输入输出驱动程序等常驻程序，所以有时又叫 ROM BIOS。ROM 具有的特点是：只能对 ROM 进行读操作，不能进行写操作；ROM 中的信息在写入后就不能更改，在断电后也不会消失，也就是说它具有永久性。

（3）扩展内存。扩展内存是具有永久地址的物理内存，它只有在 80286、80386、80486、80586 及其以上的机型中才有。在这些机型中超过 1MB 的存储器都称为扩展内存。扩展内存的多少只受 CPU 地址线的限制。使用它的目的是为了加快系统运行的速度，以便能让计算机运行大型的程序。

一般程序无法直接使用扩展内存，为使大家有一个共同遵循的使用扩展内存的标准，Lotus、Intel、Microsoft、AST 四家公司共同拟定了 XMS（Extended Memory Specification）规范，所以扩展内存也称 XMS。微软的 HIMEM.SYS 就是一个符合 XMS 的扩展内存管理程序。

（4）扩充内存。在 286、386、486 PC 上，还可以配备扩充内存，以增加系统的内存容量。

扩充内存是由 EMS（Expanded Memory Specification）规范定义的内存。扩充内存与扩展内存的区别是：第一，扩充内存不具有永久性地址；第二，扩充内存是由符合 EMS 规范的内存管理程序将其划分为 16KB 为一页的若干内存页，所以把扩充内存又称为页面内存；第三，扩充内存的位置和扩展内存不同，它是在一块扩充板上，并且可使用的范围也有限。

4）扩展槽

主机箱的后部是一排扩展槽，用户可以在其中插上各种功能卡，有些功能卡是微机必备的，而有些功能卡则不是必需的，用户可以根据实际的需要进行安装。

微机必须具备的功能卡有：

（1）显示卡。显示卡是显示器与主机相连的接口。显示卡的种类很多，如单色、CGA、EGA、CEGA、VGA、CVGA 等。不同类型的显示器配置不同的显示卡，显示卡如图 1.26 所示，现在的显示卡一般都集成在主板上了。

图 1.26　显示卡

（2）多功能卡。在 486 以前，计算机主板的集成度相对较低，基本上没有集成显卡、声卡、网卡，再早一些的也不是南北桥的构架。那时的主板，最多也只提供一个 IDE 口给硬盘用，所以，为了扩展的需要，多功能卡就应运而生了，多功能卡多为 ISA 接口，提供一个串口和一个并口，另外还提供一个 IDE 接口以便加装光驱，现在一般都集成在主板上了。

5）高速缓冲存储器

内存与快速的CPU相配合，使CPU存取内存数据时经常等待，降低了整个机器的性能。在解决内存速度这个瓶颈问题时通常采用的一种有效方法就是使用高速缓冲存储器。

高速缓冲存储器（Cache）从 486 机开始就已经应用得比较成熟，现在奔腾都用 Level-1 Cache（一级 Cache）和 Level-2 Cache（二级 Cache）。一级 Cache 可达 32KB 或更多，一般在 CPU 芯片内部；二级 Cache 可达 512KB 或更多，一般插在主板上（高能奔腾 Level-2 Cache 在芯片内）。

6）协处理器

在一些较低档次的微机（如 80486SX 及以下档次微机）的主板上通常配有浮点处理器接口，浮点处理器的使用可以在一定程度上提高系统的数学运算速度。

图 1.27　CMOS 电路

7）CMOS 电路

在微机的主板上配置了一个 CMOS（Complementary Metal Oxide Semiconductor）电路，如图 1.27 所示，它的作用是记录微机各项配置的重要信息。CMOS 电路由充电电池维持，在微机关掉电源时电池仍能工作。在每次开机时，微机系统都首先按 COMS 电路中记录的参数检查微机的各部件是否正常，并按照 CMOS 的指示对系统进行设置。

8）其他接口

在主板上还存在其他一些接口，如键盘接口、协处理器接口、喇叭接口等。键盘接口用来连接键盘与主机。在协处理器接口上，可以插入 287、387、487 等数学浮点协处理器。另外在主机箱内有一个小喇叭，可以发出各种蜂鸣声响。

2．显示器、键盘和鼠标

1）显示器

显示器是计算机系统最常用的输出设备。由监视器（Monitor）和显示控制适配器（Adapter）两部分组成，显示控制适配器又称为适配器或显示卡，不同类型的监视器应配备相应的显示卡。人们习惯直接将监视器称为显示器。目前广泛使用的监视器有液晶监视器、阴极射线管（CRT）监视器。

显示器的类型很多，分类的方法也各不相同。如果按照显示器显示的分辨率，可以分为以下几种。

（1）低分辨率显示器：分辨率约为 300×200。

（2）中分辨率显示器：分辨率约为 600×350。

（3）高分辨率显示器：分辨率为 640×480、1024×768、1440×900 等。

（4）4K 分辨率显示器：是一种新兴的数字电影及数字内容的解析度标准，4K 的名称得自其横向解析度约为 4000 像素（pixel），电影行业常见的 4K 分辨率包括 Full Aperture 4K （4096×3112）、Academy 4K（3656×2664）等多种标准。

适配器的分辨率越高、颜色种数越多、字符点阵数越大，所显示的字符或图形就越清晰，效果也更逼真。

2）键盘

键盘是人们向微机输入信息的最主要的设备，各种程序和数据都可以通过键盘输入到微机中。

键盘通过一根五芯电缆连接到主机的键盘插座内，键盘通常有 101 个键或 104 个键。104 键的键盘如图 1.28 所示。

3）鼠标器

鼠标器是近年来逐渐流行的一种输入设备，如图 1.29 所示。在某些环境下，使用鼠标比键盘更直观、方便。而有些功能则是键盘所不具备的。例如，在某些绘图软件下，利用鼠标可以随心所欲地绘制出线条丰富的图形。

图 1.28　104 键的键盘　　　　　　　　　　图 1.29　鼠标器

根据结构的不同，鼠标器可以分为机电式和光电式两种。

Windows 环境下只需正确地安装鼠标器，无须人工驱动，启动 Windows 后就可以直接使用。

3. 磁盘存储器、光盘、打印机

1）磁盘存储器

磁盘存储器简称为磁盘，分为硬盘和软盘两种。相对于内存储器，磁盘存储器又称为外存储器（外存）。内存在微机运行时只作为临时处理存储数据的设备，而大量的数据、程序、资料等都存储在外存上，使用时再调入内存。

（1）软盘驱动器。早期的微机一般都配有 1.44MB 的软盘驱动器（软驱），可使用软盘为 3.5in，现在很少使用了。

（2）硬盘。硬盘位于主机箱内，硬盘的盘片通常由金属、陶瓷或玻璃制成，上面涂有磁性材料，如图 1.30 所示。硬盘的种类很多，按盘片的结构可以分为可换盘片和固定盘片两种。整个硬盘装置都密封在一个金属容器内，这种结构把磁头与盘面的距离减少到最小，从而增加了存储密度，加大了存储容量，并且可以避免外界的干扰。

硬盘相对于软盘所具有的特点是：存储容量大、可靠性高。

图 1.30　硬盘

2）光盘

随着多媒体技术的推广，光盘的使用日趋广泛。光盘存储器是激光技术在计算机领域中的一个应用。光盘最大的特点是存储容量大，通常可以将光盘分为以下几种类型。

（1）只读光盘。其中存储的内容是由生产厂家在生产过程中写入的，用户只能读出其中的数据而不能进行写操作。

（2）一次写入光盘。允许用户写入信息，但只能写入一次，一旦写入，就不能再进行修改，就是现在市场上的刻录光盘。

（3）可抹光盘。允许多次写入信息或擦除。对光盘的读写操作是由光盘驱动器来完成的，通过激光束可以在光盘盘片上记录信息、读取信息以及擦除信息。

3）可移动外存储器

（1）U盘。U盘是一种可读写非易失的半导体存储器，通过USB接口与主机相连。不需要外接电源，即插即用。它体积小、容量大、存取快捷、可靠。

（2）可移动硬盘。可移动硬盘采用计算机外设标准接口（USB），是一种便携式的大容量存储系统。它容量大，速度快，即插即用，使用方便。

4）打印机

打印机是计算机系统的输出设备，如果要把某些信息显示在纸上，就要将它们通过打印机打印出来。

打印机可以分为击打式和非击打式两种。击打式打印机主要是针式打印机、非击打式打印机主要有热敏打印机、喷墨打印机和激光打印机等。下面分别介绍一下目前常用的针式打印机、喷墨打印机和激光打印机。

（1）针式打印机。目前国内较流行的针式打印机，有9针和24针两种。9针打印机的打印头由9根针组成，24针打印机的打印头由24根针组成。针数越多，打印出来的字就越美观。当然，24针打印机也要比9针打印机昂贵。

针式打印机的主要优点是简单、价格便宜、维护费用低，它的主要缺点是打印速度慢、噪声大，打印质量也较差。

（2）喷墨打印机。喷墨打印机没有打印头，打印头用微小的喷嘴代替。按打印机打印出来的字符颜色，可以将它分为黑白和彩色两种，按照打印机的大小可以分台式和便携式两种。

喷墨打印机的主要性能指标有分辨率、打印速度、打印幅面、兼容性以及喷头的寿命等。

图1.31 激光打印机

喷墨打印机的主要优点是打印精度较高、噪声较低、价格较便宜。主要缺点是打印速度较慢、墨水消耗量较大。

（3）激光打印机。激光打印机是近年来发展很快的一种输出设备，由于它具有精度高、打印速度快、噪声低等优点，已越来越成为办公自动化的主流产品，受到广大用户的青睐。随着它普及性的提高，激光打印机的价格也有了大幅度的下降。激光打印机如图1.31所示。

分辨率的高低是衡量打印机质量好坏的标志，分辨率通常以DPI（每英寸的点数）为单位。现在国内市场上的打印机分辨率以300DPI、400DPI和600DPI为主。一般来说，分辨率越高，打印机的输出质量就越好，当然其价格也越昂贵，用户可以根据自己的实际需要选择一种打印机质量和价格均适当的激光打印机。

二、多媒体基础知识

多媒体技术是融合了计算机技术、通信技术和数字化声像技术等一系列技术的综合性电子信息技术。多媒体技术使计算机具有综合处理文字、声音、图像、视频等信息的能力，其直观、简便的人机界面大大改善了计算机的操作方式，丰富了计算机的应用领域。多媒体技术的应用不仅渗透到了社会的各个领域，改变了人类获取、处理、使用信息的方式，还贴近大众生活，引领社会时尚。

我们通常所说的媒体（Medium）包括两种含义：一种含义是指信息的载体，即存储和传递信息的实体，如书本、挂图、磁盘、光盘和磁带以及相关的播放设备等；另一种含义是指信息的表现形式或传播形式，如文字、声音、图像和动画等。多媒体计算机中所说的媒体是指后者。

1. 多媒体及多媒体技术的定义

多媒体一词来源于英文"Multimedia"，而该词又是由"Multiple"和"Media"复合而成的，从字面上理解，即为多种媒体的集合。多媒体就是融合两种或者两种以上媒体的一种人机交互式信息交流和传播的媒体，包括文字、图形、图像、声音、动画和视频等。

多媒体技术就是计算机综合处理多种媒体信息（文字、图形、图像、声音和视频等），使多种信息建立逻辑连接，集成为一个系统并具有交互性。应该指出的是，随着技术的进步，多媒体和多媒体技术的含义和范围还会继续扩展。

2. 媒体的种类

在日常生活中，媒体的种类是繁多的。国际电信联盟（ITU-T）将各种媒体作了如下的分类和定义。

1）感觉媒体（Perception Medium）

感觉媒体是指直接作用于人的感官而产生感觉的一类媒体。如视觉媒体，表现为文字、符号、图形、图像、动画、视频等形式；听觉媒体，表现为语音、声响、音乐；触觉媒体，表现为湿度、温度、压力、运动等；还有嗅觉媒体、味觉媒体。由视觉、听觉获取的信息，占据了人类信息来源的90%。

2）表示媒体（Representation Medium）

表示媒体是为了加工、处理和传送感觉媒体而人为开发出来的一种媒体，即用于数据交换的编码。如文本编码（ASCII 码、GB 2312 等）、条形码、计算机中的数字化编码、语音编码、视频编码、图像编码等。

3）显示媒体（Presentation Medium）

显示媒体是指在通信中使感觉媒体与电信号之间转换的一类媒体。是用于输入和输出的媒体，它实现感觉媒体和用于通信的电信号之间的转换。如键盘、话筒、扫描仪、摄像机、数码照相机等输入设备和显示器、音箱、打印机等输出设备都属于显示媒体。

4）存储媒体（Storage Medium）

存储媒体是用于存放某种信息的物理介质。存储媒体有纸张、磁带、磁盘和光盘等。

5）传输媒体（Transmission Medium）

传输媒体是把信息从一个地方传送到另一个地方的物理介质，如同轴电缆、电话线和光纤等。

3. 多媒体信息元素的类型

多媒体技术中能显示给用户的媒体元素称为多媒体信息元素，主要有以下几种类型。

1）文本（Text）

文本是以各种文字和符号表达的信息集合，它是现实生活中使用最多的一种信息存储和传递方式。在多媒体计算机中，文本主要用于对知识的描述性表示。可利用文字处理软件对文本进行一系列处理，如输入、输出、存储和格式化等。

2）图形（Graphic）和图像（Image）

图形和图像也是多媒体计算机中重要的信息表现形式。

图形一般指计算机绘制的画面，描述的是点、线、面等几何图形的大小、形状和位置，在文件中记录的是所生成图形的算法和基本特征。一般是用图形编辑器产生或者由程序产生，因此也常被称作计算机图形。

图像是指由输入设备所摄取的实际场景的画面，或以数字化形式存储的画面。图像有两种来源：扫描静态图像和合成静态图像。前者是通过扫描仪、普通相机与模数转换装置、数码相机等从现实生活中捕捉；后者是计算机辅助创建或生成，即通过程序、屏幕截取等生成。

3）音频（Audio）

在多媒体技术中，音频也泛称声音，是人们用来传递信息、交流感情最方便、最熟悉的方式之一。在多媒体计算机中，按其表达形式，可将声音分为语音、音乐、音效三类。计算机的音频处理技术主要包括声音的采集、无失真数字化、压缩/解压缩及声音的播放等。

4）视频（Video）

多媒体中的视频非常类似于我们熟知的电影和电视，有声有色，在多媒体中充当起重要的角色。

视频是一系列图像连续播放形成的，具有丰富的信息内涵。视频信号具有时序性。由多幅连续的、顺序的图像序列构成动态图像，序列中的每幅图像称为"帧"。若每帧图像为实时获取的自然景物图像时，就称为动态影像视频，简称视频。

视频信号可以来自录像带、摄像机等视频信号源，但由于这些视频信号的输出大多是标准的彩色全电视信号，要将其输入计算机不仅要进行视频捕捉，实现由模拟向数字信号的转换，还要有压缩、快速解压缩及播放的相应的软硬件处理设备。

4. 多媒体的相关技术

多媒体技术涵盖的范围广、领域新，研究的内容深，是正处于发展过程中的一门跨学科的综合性高新技术，是科技进步的必然结果。它融合了当今世界上一系列先进技术。目前，有关多媒体技术的研究主要集中在以下几个方面。

1）数据压缩与编码技术

多媒体信息，如音频和视频等，数据量大，存储和传输都需要大量的空间和时间。因此必须考虑对数据进行压缩编码。选用合适的数据压缩与编码技术，可以将音频数据量压缩到原来的 1/2～1/10，图像数据量压缩到原来的 1/2～1/60。

目前，数据压缩与编码技术已日渐完善，并且在不断发展和深化。

2）大规模集成电路技术

大规模集成电路（VLSI）技术是支持多媒体硬件系统结构的关键技术。

多媒体计算机所实现的快速、实时地对音频和视频信号的压缩、解压缩、存储与播放，离不开大量的高速运算。而实现多媒体信息的一些特殊生成效果，也需要很快的运算处理速度，因此，想取得满意的效果只有采用专用芯片。

3）多媒体存储技术

图像、声音和视频等多媒体信息，即使经过压缩处理，仍然需要相当大的存储空间。

利用光存储技术，可以有效地解决这个问题。光存储技术是通过光学的方法读、写数据，使用的光源基本上是激光，又称为激光存储。

4）多媒体通信技术

多媒体通信技术集声音、图像、视频等多种媒体于一身，提供具有交互功能的信息服务。多媒体通信技术使计算机、通信网络和广播电视三者有机地融为一体，它使人们的工作效率大大提高，改变了人们的生活和娱乐方式，如可视电话、视频会议、视频点播以及分布式网络系统等，都是多媒体通信技术的应用。

5）超文本与超媒体技术

超文本是一种使用于文本、图形和图像等计算机信息之间的组织形式。它使得单一的信息元素之间相互交叉"引用"。这种"引用"并不是通过复制来实现的，而是通过指向对方的地址字符串来指引用户获取相应的信息。这是一种非线性的信息组织形式。它使得Internet真正成为大多数人能够接受的交互式的网络。利用超文本形式组织起来的文件不仅仅是文本，也可以是图、文、声、像以及视频等多媒体形式的文件。这种多媒体信息就构成了超媒体。

超文本和超媒体技术应用于Internet，大大促进了Internet的发展，也造就了Internet的WWW服务今天的地位。

6）多媒体数据库技术

多媒体数据库技术要解决的关键技术有多媒体数据库的存储和管理技术、分布式技术、多媒体信息再现和良好的用户界面处理技术等。

由于多媒体信息占用存储空间大，数据源广泛、结构复杂，致使关系数据库已不适用于多媒体信息管理，需要从多媒体数据模型、数据管理及存取方法、用户接口等方面进行研究。

7）虚拟现实技术

虚拟现实技术是一项综合集成技术，它综合了计算机图形学、人机交互技术、传感技术、人工智能等领域最先进的技术，生成模拟现实环境的三维的视觉、听觉、触觉和嗅觉的虚拟环境。在虚拟环境中，使用者戴上特殊的头盔、数据手套等传感设备，或利用键盘、鼠标等输入设备，便可以进入虚拟空间，成为虚拟环境的一员，进行实时交互，感知和操作虚拟世界中的各种对象，从而获得身临其境的感受和体会。

8）多媒体信息检索技术

文本的检索通常采用关键词检索技术实现。但图形、图像、声音、视频等多媒体数据是非规格化数据，不能按关键词检索，需要采用基于内容的检索技术实现。各类媒体有较大的差异性，并且与组成媒体信息的相关领域专业知识密切相关，信息特征的提取方法以及匹配方法的研究要依赖相关领域的专业知识和经验。基于内容的检索技术研究，不仅是多媒体技术研究的重要领域，也是当今高新技术研究和发展的热点。

5．多媒体系统组成

1）多媒体计算机硬件系统

多媒体计算机的主要硬件除了常规的硬件如主机、软盘驱动器、硬盘驱动器、显示器之外，还要有音频信息处理硬件、视频信息处理硬件及光盘驱动器等部分，具体如下。

（1）声卡。它通过主板扩展槽与主机相连，用于处理音频信息。声卡可以把话筒、录音机和电子乐器等输入的声音信息进行模数转换（A/D）、压缩等处理，也可以把经过计算机处理的数字化的声音信号通过还原（解压缩）、数模转换（D/A）后用音箱播放出来，或者用录音设备记录下来。

（2）显卡。显卡又称图形适配器，是显示高分辨率色彩图像的必备硬件，用于控制最终呈现在屏幕上的像素，这些像素组成了图像并且有颜色。

（3）光盘驱动器（光驱）。它分为只读光驱和可读写光驱。可读写光驱又称刻录机，用于读取或存储大容量的多媒体信息。

（4）交互控制接口。它用来连接触摸屏、鼠标、光笔等人机交互设备，这些设备将大大方便用户对多媒体计算机的使用。

（5）扫描仪。它将摄影作品、绘画作品或其他印刷材料上的文字和图像，甚至实物，扫描到计算机中，以便进行加工处理。

当然，根据不同需要，多媒体计算机还可以配备其他一些硬件设备。

2）多媒体计算机软件系统

多媒体系统除了具有相关的硬件外，还需配备相应的软件。具体如下。

（1）多媒体操作系统。它是多媒体软件系统的核心。多媒体计算机的操作系统必须在原基础上扩充多媒体资源管理与信息处理的功能，实现多媒体环境下多任务、多种媒体信息处理同步，提供各种媒体信息的操作和管理，同时对硬件设备具有相对独立性和扩展性。

（2）驱动器接口程序。它是高层软件与驱动程序之间的接口软件，为高层软件建立虚拟设备。

（3）多媒体驱动软件。它是最底层硬件的软件支撑环境，支持计算机硬件的工作，完成设备操作、设备的打开和关闭。同时完成基于硬件的压缩/解压缩、图像快速变换及功能调用等。

（4）多媒体素材制作软件及多媒体函数库：包括字处理软件、绘图软件、图像处理软件、动画制作软件、声音和视频处理软件及其相应的函数库，主要用来进行多媒体素材制作。

（5）多媒体编辑工具。这些工具大体上是一些应用程序生成器，用来帮助开发人员提高开发工作效率，将各种媒体素材收集、整合，形成多媒体应用系统。Macromedia Flash、Authorware、Director、Multimedia ToolBook 等都是比较有名的多媒体创作工具。

（6）多媒体应用软件。它是在多媒体创作平台上设计开发的面向应用领域的软件系统。如多媒体课件、多媒体数据库等。

三、数字信息——声音

1. 数字音频

声音是人类使用最多、最熟悉的传达、交流信息的方式。生活中的声音种类繁多，如语音、音乐、动物的叫声及自然界的雷声、风声和雨声等。多媒体制作中需要加入声音以增强其效果，因此音频处理是多媒体技术研究中的一个重要内容。用计算机产生音乐以及语音识别、语音合成技术都得到了越来越广泛的研究和应用。多媒体数字音频处理技术在音频数字化、语音处理、合成及识别等诸方面都起到了关键作用。

1）数字音频的特点

声音作为一种波，有两个基本参数：频率和振幅。频率是声音信号每秒变化的次数，振幅表示声音的强弱。

在计算机中,"音频"常常泛指"音频信号"或"声音"。"音频"信号指的是大约在 20Hz～20kHz 的频率范围内的声音信号。

数字音频是通过采样和量化,把由模拟量表示的声音信号转换成由二进制数组成的数字化的音频文件。数字音频信号的特点如下。

(1)数字音频信号是一种基于时间的连续媒体。处理时要求有很高的时序性,在时间上如果有 25ms 的延迟,人就会感到声音的断续。

(2)数字音频信号的质量是通过采样频率、样本精度和信道数来反映的。上述三项指标越高,声音失真越小、越真实,但用于存储音频的数据量就越大,所占存储空间也越大。

(3)由于人类的语音信号不仅是声音的载体,还承载了一系列感情色彩,因此对语音信号的处理,不仅仅是数据处理,还要考虑语义、情感等其他信息,这就涉及到声学、语言学等知识,同时还要考虑声音立体化的问题。

2)常见的声音文件格式及其特点

在多媒体计算机处理音频信号时,涉及到采集、存储和编辑的过程。存储音频文件和存储文本文件一样需要有存储格式。当前在网络上和各类机器上运行的声音文件格式很多,在此只简单介绍几种常见的声音文件格式及其特点。

(1)WAV 格式。WAV(Wave Form Audio)格式的文件又称波形文件,是由微软公司开发的一种声音文件格式。WAV 格式的音频可以得到相同采样率和采样大小条件下的最好音质,因此,也被大量用于音频编辑、非线性编辑等领域。

WAV 格式是数字音频技术中最常用的格式,它还原的音质较好,但所需存储空间较大。

(2)MIDI 格式。MIDI 是 Musical Instrument Digital Interface(乐器数字接口)的缩写,在 20 世纪 80 年代提出,是数字音乐和电子合成器的国际标准。

MIDI 信息实际上是一段乐谱的数字描述,当 MIDI 信息通过一个音乐或声音合成器进行播放时,该合成器对一系列的 MIDI 信息进行解释,然后产生相应的一段音乐或声音,MIDI 能提供详细描述乐谱的协议(音符、音调、使用什么乐器等)。MIDI 规定了各种电子乐器、计算机之间连接的电缆和硬件接口标准及设备间数据传输的规程。MIDI 数据文件紧凑,所占空间小。

(3)MP3 格式。MP3 是对 MPEG-1 Layer3 的简称,其技术采用 MPEG-1 Layer3 标准对 WAV 音频文件进行压缩而成。

MP3 对音频信号采取的是有损压缩方式;但是它的声音失真极小,而压缩比较高,因此它以较小的比特率、较大的压缩率达到接近 CD 的音质。MP3 压缩率可达 1∶12,对于每分钟的 CD 音乐,大约需要 1MB 的磁盘空间即可。

(4)RM 格式。RM 是 Real Media 文件的简称。这种格式的特点是可以随着网络带宽的不同而改变声音的质量。它是目前在网络上相当流行的跨平台的客户/服务器结构多媒体应用标准。用最新版本的 RealPlayer 可以找到几千个网上电台,有丰富的节目源。

Real 文件具有高压缩比,音质相对较差。

2. 数字音频处理

1)声音的采集

语音或音乐、音效的使用,使多媒体作品更具活力和吸引力,因此声音的采集就成为一个重要的问题。

获取声音的方法很多，下面介绍一些常用的方法。

（1）从声音素材中选取。随着电子出版物的不断丰富，市面上有许多 WAV、MP3 和 MIDI 格式的音乐、音效素材光盘，这些光盘中包含的声音文件范围很广泛，有各种各样的背景音乐，也有许多特效音乐，可以从中选取素材使用。

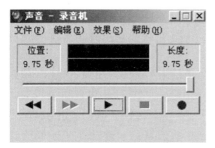

图 1.32　Windows 录音机

（2）通过多媒体录音机获取声音。Windows 自带的软件"录音机"具有很好的声音编辑功能，它能够录音、放音，并且可以混合声音，如图 1.32 所示。

利用话筒，在 Windows 录音机的帮助下，可以录制自己需要的声音。下面，以录制编辑一段波形声音为例来说明具体的使用方法，操作步骤如下。

第 1 步：将话筒的插头插入声卡的 MIC 插孔。

第 2 步：选择"开始"菜单|"程序"|"附件"|"娱乐"|"录音机"命令，打开录音机程序。

第 3 步：选择"编辑"菜单栏下的"音频属性"命令，打开"音频属性"对话框，根据需要对录音参数进行设置；在"编辑"菜单栏下还可以进行"复制""粘贴""插入""删除"等操作。

第 4 步：在录音主窗口中，单击"录音"按钮，开始录音。录音时，在窗口中会出现与声音相关的波形图，可以通过看是否出现波形图来判断是否录音成功。录音过程中，若单击"暂停"按钮，就会停止录音。

第 5 步：录音完成后，可以通过"播放"键试听录音效果。如果不满意，选择"文件"|"新建"创建新的文件，再重复第 4 步，重新录音。

第 6 步：录音成功后，选择"文件"|"保存"菜单命令，在弹出的对话框中，输入一个文件名和存储路径，最后单击"确定"按钮即完成保存，保存的文件为 WAV 格式。

（3）从磁带获取声音。从磁带获取声音的方法和从话筒获取声音的方法类似，不同的是要将磁带播放机的线路输出插孔通过连线与声卡 MIC 孔连接。

（4）从网络获取声音。网络上有许多声音素材可供人们下载使用。使用时要考虑文件的大小及格式。

（5）从 CD 光盘中获取声音。CD 光盘中有极为丰富的音乐素材，但这种格式的声音文件不能直接在多媒体作品中使用，必须将其转换成其他格式文件才能使用。

2）数字音频格式的相互转换

数字音频文件存在多种格式，这些数字音频格式可以进行相互间的格式转换。一些常用的音频播放软件往往附带了转换格式的插件，例如：千千静听、QQ 影音等软件工具可以将常见的声音格式相互转换。

四、数字信息——图像

1. 数字图像

人类接收的信息有 70%来自视觉。视觉是人类最丰富的信息来源。

多媒体计算机中的图像处理主要是对图像进行编码、重现、分割、存储、压缩、恢复和传输等，从而生成人们所需的便于识别和应用的图像或信息。

1）图像的特点

（1）计算机中的图像是指点阵图。点阵图由一些排成行列的点组成，这些点称之为像素点（Pixel），点阵图也称位图。

位图中的应用来定义图中每个像素点的颜色和亮度。在计算机中用 1 位表示黑白线条图；用 4 位（16 种灰度等级）或 8 位（256 种灰度等级）表示灰度图的亮度。彩色图像则有多种描述方法。

位图图像适合于表现层次和色彩比较丰富、包含大量细节的图像。彩色图像需要由硬件（显示卡）合成显示。

（2）图像文件的存储格式很多，一般数据量都较大。图像有许多存储格式，如 BMP、GIF、JPEG、TIF 等。

（3）在计算机中可以改变图像的性质。对图像文件可进行改变尺寸大小、对图像位置进行编辑修改、调节颜色等处理。必要时可用软件技术改变亮度、对比度、明度，以求用适当的颜色描绘图像，并力求达到多媒体制作需要的效果。

2）图像的格式

图像的格式有很多，下面简单介绍几种常见的图像格式。

（1）BMP 格式。BMP（Bitmap）位图格式是标准的 Windows 图像位图格式，其扩展名为 BMP。许多在 Windows 下运行的软件都支持这种格式。最典型的应用 BMP 格式的程序就是 Windows 自带的"画图"。其缺点是 BMP 文件几乎不压缩，占用磁盘空间较大，因此该格式文件比较大，常应用在单机上。

（2）GIF 格式。GIF（Graphics Interchange Format）图像格式主要用于网络传输和存储。它支持 24 位彩色，由一个最多 256 种颜色的调色板实现，基本满足主页图形需要，而且文件较小，适合网络环境传输和使用。

（3）JPEG 格式。JPEG（Joint Photographic Experts Group）图像格式是一种由复杂的文件结构与编码方式构成的格式。可以用不同的压缩比例对这种文件压缩，其压缩技术十分先进。它是用有损压缩方式除去计算机内冗余的图像和色彩数据，压缩对图像质量影响很小，用最少的磁盘空间可以获得较好的图像质量。由于其性能优异，所以应用非常广泛，是网络上的主流图像格式。

（4）PSD 格式。PSD（Photoshop Document）格式是 Adobe 公司开发的图像处理软件 Photoshop 中自建的标准文件格式，它是 Photoshop 的专用格式，里面可存放图层、通道、遮罩等多种设计草稿。在该软件所支持的各种格式中，PSD 格式功能强大，存取速度比其他格式快很多。由于 Photoshop 软件越来越广泛的应用，这种格式也逐步流行起来。

（5）PNG 格式。PNG（Portable Network Graphics）是一种新兴的网络图形格式，结合了 GIF 和 JPEG 的优点，具有存储形式丰富的特点。PNG 最大颜色深度为 48 位，采用无损方案存储，可以存储最多 16 位的 Alpha 通道。

2. 图像处理技术

1）图像的采集

图像是多媒体作品中使用频繁的素材，除通过图像软件的绘制、修改获取图像外，使用最多的还是直接获取图像，主要有以下几种方法：

（1）利用扫描仪和数码相机获取。扫描仪主要用来取得印刷品以及照片的图像，还可以借助识别软件进行文字的识别。目前市场上的扫描仪种类繁多，在多媒体制作中可以选择中高档类型。而数码相机可以直接产生景物的数字化图像，通过接口装置和专用软件完成图像输入计算机的工作。

（2）从现有图片库中获取。多媒体电子出版物中有大量的图像素材资源。这些图像主要包括山水木石、花鸟鱼虫、动物世界、风土人情、边框水纹、墙纸图案、城市风光、科幻世界等，几乎应有尽有。另外，还要养成收集图像的习惯，将自己使用过的图像分类保存，形成自己的图片库，以便以后使用。

（3）在屏幕中截取。多媒体制作中，有时候可以将计算机显示屏幕上的部分画面作为图像。从屏幕上截取部分画面的过程叫做屏幕抓图。方法是，在 Windows 环境下，单击键盘功能键中的 Print Screen 键，然后进入 Windows 附件中的画图程序，用粘贴的方法将剪贴板上的图像复制到"画纸"上，最后保存。

（4）用 QQ 影音捕获 VCD 画面。多媒体制作中，常常需要影片中的某一个图像，这时可以借助"QQ 影音"来完成。

（5）从网络上下载图片。网络上有很多图像素材，可以很好地利用，使用时应考虑图像文件的格式、大小等因素。

2）图像格式的转换

利用一些专门的软件，可以在图像格式之间进行转换，从而达到多媒体制作要求。下面介绍两种转换软件。

（1）在 ACDSee 中转换格式。ACDSee 是目前最流行的数字图像处理软件之一，可应用在图片的获取、管理、浏览及优化等方面。在 ACDSee 中转换图像格式的方法如下。

第一步：在 ACDSee 中打开图像文件，选择"文件"|"另存为"命令。

第二步：在"图像另存为"窗口中，选择保存的路径，并单击"保存类型"选项的下拉三角，在其中选择所需的图像格式。

第三步：单击"保存"按钮，完成转换工作。

（2）在 Photoshop 中转换格式。Photoshop 是一款非常优秀的图像处理软件，尤其表现在位图的处理上，它几乎支持所有的图像格式，利用它可以很方便地进行图像格式转换，转换方法与在 ACDSee 中的方法类似。

3）图像处理软件简介

图像处理软件可以对图像进行编辑、加工、处理，使图像成为合乎需要的文件。下面简单介绍几种常用的图像处理软件。

（1）Windows 画图。"画图"是 Windows 下的一个小型绘图软件，可以用它创建简单的图像，或用"画图"程序查看和编辑扫描好的照片；可以用"画图"程序处理图片，例如 JPEG、GIF 或 BMP 文件，可以将"画图"图片粘贴到其他已有文档中，也可以将其用作桌面背景。

（2）Photoshop。Photoshop 是目前最流行的平面图像设计软件，它是针对位图图形进行操作的图像处理程序。它的工作主要是进行图像处理，而不是图形绘制。Photoshop 处理位图图像时，可以优化微小细节，进行显著改动，以及增强效果。

五、数字信息——视频

1. 数字视频

通常所说的视频指的是运动的图像。若干关联的图像连续播放便形成了视频。视频信号使多媒体系统功能更强大，效果更精彩。

视频信号处理技术主要包括视频信号数字化和视频信号编辑两个方面。由于视频信号多是标准的电视信号，在其输入计算机时，要涉及信号捕捉、模/数转换、压缩/解压等技术，避免不了受广播电视技术的影响。

1）视频信号的基础知识

通常我们在电视上看到的影像和摄像机录制的片断等视频信号都是模拟视频信号，模拟视频信号是涉及一维时间变量的电信号。

数字视频就是以数字信号方式处理视频信号，它不但更加高效而精确，并且提供了一系列交互式视频通信和服务的机会。一旦视频信号被数字化和压缩，就可以被大多数处理静止图像的软件操作和管理，因此每一个画面都可以得到精确的编辑并且达到较为完美的效果。

如果想在多媒体计算机中应用录像带、光盘等携带的视频信号，就要先将这些模拟信号转换成数字视频信号。这种转换需要借助一些压缩方法，还要有硬件设备支持，如视频采集卡，还要有相应的软件配合来完成。

2）数字视频信号的特点

（1）数字视频信号具有时间连续性，表现力更强、更自然。它的信息量比较大，具有更强的感染力，善于表现事物细节；通常情况下，视频采用声像复合格式，即在呈现事物图像的时候，同时伴有解说效果或背景音乐。当然，视频在呈现丰富色彩画面的同时，也可能传递大量的干扰信息。

（2）视频是对现实世界的真实记录。借助计算机对多媒体的控制能力，可以实现数字视频的播放、暂停、快速播放、反序播放和单帧播放等功能。

（3）视频影像在规定的时间内必须更换画面，处理时要求有很强的时续性。

（4）数字视频信号可以进行复制，还可以进行格式转换、编辑等处理。

3）视频信号处理环境

视频信号的特点对其处理环境提出了特殊的要求。

（1）软件环境。处理视频信号，除了要有一般的多媒体操作系统外，还要求有相应的视频处理工具软件，这些软件包括视频编辑软件、视频捕捉软件、视频格式转换软件及其他视频工具软件等，如 Premiere、QuickTime for Windows 等，这些软件都是进行视频处理必不可少的。

上述的支持软件可以提供视频获取、无硬件回放、支持各种视频格式播放，有的还可以提供若干个独立的视频编辑应用程序。

（2）硬件环境。处理视频素材的计算机应该有较大的磁盘存储空间。除了多媒体计算机通常的硬件配置，如主机、声卡、显卡和外设等，还必须安装视频采集卡。

视频采集卡又称"视频捕捉卡"或"视频信号获取器"。其作用是将模拟视频信号转变为数字视频信号。用于视频采集的模拟视频信号可以来自有线电视、录像机、摄像机和光盘等，这些模拟信号通过视频采集卡，经过解码、调控、编程、数/模转换和信号叠加，被转换成数字视频信号而被保存在计算机中。

目前市场上有各种档次的视频采集卡，从几百元的家用型视频采集卡到十几万元的非线性编辑视频采集卡，让人们有很大的选择空间，也使视频信号进入多媒体制作领域得以轻松的实现。

4）视频信号格式

在多媒体节目中常见的视频格式有 AVI 数字视频格式、MPEG 数字视频格式和其他一些格式。

（1）AVI 数字视频格式。AVI（Audio Video Interleave）数字视频格式是一种音频视频交叉记录的数字视频文件格式。1992 年初 Microsoft 公司推出了 AVI 技术及其应用软件 VFW（Video For Windows）。在 AVI 文件中，运动图像和伴音数据以交织的方式存储在同一文件中，并独立于硬件设备。

（2）MPEG 数字视频格式。MPEG 数字视频格式是 PC 机上的全屏活动视频的标准文件格式。可分为 MPEG-1、MPEG-2、MPEG-3、MPEG-4 和 MPEG-7 五个标准。其中 MPEG-4 制定于 1998 年，是当前主要使用的视频格式，它不仅针对一定比特率下的视频、音频编码，更加注重多媒体系统的交互性和灵活性。这个标准主要应用于可视电话、可视电子邮件和视频压缩等。

（3）流媒体格式。流媒体（Streaming Media）应用视频、音频流技术在网络上传输多媒体文件。其中，REAL VIDEO（RA、RAM）格式较多地用于视频流应用方面，也可以说是视频流技术的开创者。它可以在用 56Kb/s Modem 拨号上网的条件下实现不间断的视频播放，但其图像质量较差。

（4）MOV 格式。MOV 是 Apple 公司为在 Macintosh 微机上应用视频而推出的文件格式。MOV 是 QuickTime for Windows 视频处理软件支持的格式，适合在本地播放或是作为视频流格式在网上传播。

2．视频信号处理

1）视频信号的采集

视频信号主要从以下途径获得。

（1）利用 CD-ROM 数字化视频素材库。可以直接购买光盘数字化视频素材库，还可以通过使用抓取软件从 VCD 影碟中节选一段视频作为素材。

（2）利用视频采集卡。将摄像机、录像机与视频采集卡相连，可以从现场拍摄的视频得到连续的帧图像，生成 AVI 文件。这种 AVI 文件承载的是实际画面，同时记录了音频信号。

（3）利用专门的硬件和软件设备，将录像带上的模拟视频转换为数字视频。

（4）利用 Internet，从网上下载。

（5）捕捉屏幕上的活动画面。利用专门的视频捕捉软件。

（6）利用数码摄像机。数码摄像机可以直接拍摄数字形式的活动图像，不需任何转换，就可以输入到计算机中，并以 MPEG 形式存储下来。

2）视频信号的转换

在不同的场合，要用到不同格式的视频信号，一般在 PC 平台上要使用 AVI 格式，苹果机系列使用 QuickTime 格式；使用较大的视频素材时要选用 MPEG 高压缩比格式，在网上实时传输视频类素材时使用流媒体格式。

视频信号转换常用的软件有 Honestech MPEG Encoder、bbMPEG、QQ 影音等，可以按照不同的需要选取不同的工具软件。

3）视频信号编辑软件简介

视频信号的编辑离不开多媒体视频编辑制作软件。下面介绍几种常用的视频编辑制作软件。

（1）Ulead VideoStudio（会声会影）。数字视频编辑制作通常只有专家才能掌握。随着技术的进步，几乎任何人都可以创建视频作品。随着个人计算机的功能越来越强大，视频编辑制作软件也变得更智能化。

Ulead VideoStudio 提供了完整的剪辑、混合、运动字幕、添加特效以及包含数字视频编辑制作的所有功能，从而将用户带入视频技术的前沿。由于 Ulead VideoStudio 将复杂的视频编辑制作过程变得相当简单和有趣，因此初学者也可以制作出专业化的作品。

（2）QuickTime。QuickTime 是苹果公司最早在苹果机上推出的视频处理软件。使用它可以不用附加硬件在计算机上回放原始质量的高清晰视频。QuickTime 以超级视频编码为主要特征，使用户以极小的文件尺寸得到清晰度高的视频影像。其用户界面组合合理，操作简单易学，使用 QuickTime 可以轻易地创建幻灯片或视频节目，是一个很好的视频信号处理、编辑软件。

任务实施

一、填写计算机配置清单

配置清单如表 1.2 所示。

表 1.2　计算机配置清单

项目	产品型号	价格/元
CPU	AMD 速龙 II X4 760K（盒）	419
主板	技嘉 F2A88XM-HD3	459
显卡	迪兰恒进 HD7750 恒金二代	599
内存	宇瞻经典系列 4GB DDR3-1600	200
硬盘	西部数据 500GB 7200 转 16MB SATA3 蓝盘	290
电源	ANTEC BP400PX	230
LCD 显示器	飞利浦 227E4LSB	699
机箱	金河田升华零辐射版	109
键盘鼠标	双飞燕 KB-8620D 防水飞燕	78
音箱	漫步者 R101T06	185
摄像头	罗技快看畅想版 UVC	75

二、装机基本软件列表

软件列表如表 1.3 所示。

表 1.3 装机基本软件列表

软件类别	软件名称	软件类别	软件名称
安全软件	360 安全卫士/金山卫士	驱动工具	驱动精灵/鲁大师
杀毒软件	360 杀毒软件/金山毒霸	视频播放	QQ 影音/暴风影音
办公软件	Microsoft Office/金山 WPS	音频播放	千千静听/酷狗音乐
输入法	搜狗输入法/百度输入法	图像工具	ACDSee/Adobe Flash
解压软件	WinRAR/360 压缩		

知识拓展

一、现代信息技术基础知识

新华词典上解释，信息技术是指研究信息如何产生、获取、传输、变换、识别和应用的科学技术。

有专家学者指出，信息技术是指利用电子计算机和现代通信手段获取、传递、存储、处理、显示信息和分配信息的技术。

到目前为止，对信息技术还没有一个统一公认的概念，一般可认为信息技术是提高和扩展人类信息能力的方法和手段的总称，这些方法和手段包括信息的产生、获取、检索、识别、处理、传输、利用等技术。

现代信息技术主要是借助以微电子学为基础的计算机技术和电信技术的结合而形成的手段，对声音的、图像的、文字的、数字的和各种传感信号的信息进行获取、加工、处理、储存、传播和使用的能动技术。

现代信息技术的产生，为信息的处理提供了先进的技术条件，为人们使用有序的信息提供了方便；同时，现代信息技术的产生又加速了信息的产生与传递。

二、现代信息技术的内容

信息技术主要包括：扩展感觉器官功能的感测（获取）与识别技术、扩展神经系统功能的通信技术、扩展大脑功能的计算（处理）与存储技术、扩展效应器官功能的控制与显示技术。

信息的收集、信息的加工、信息的存储、信息的传递、信息的使用等都是信息处理的主要内容。处理基础主要有：信息感知技术（是否存在信息）、识别技术（存在的是哪个类型的信息）、通信技术（交流的时间、空间障碍）、控制技术等。

用于辅助人们进行信息获取、传递、存储、加工处理、控制及显示的综合使用各种信息技术的系统，可以统称为信息处理系统。

三、现代信息技术的发展趋势

1. 信息技术的发展历程

信息技术是在信息技术革命的带动下发展起来的，在人类社会发展历程中信息技术经历了以下几个发展阶段。

（1）第一个阶段是以语言的产生和应用为主要标志的信息技术的初始阶段，语言的产生和应用是人类从猿到人转变的重要标志，人类的信息能力产生了质的飞跃。

（2）第二个阶段是以文字的发明和使用为主要标志的信息技术的初始阶段，文字的发明和使用使信息的存储和传递取得了重大突破，首次超越了时间和空间的限制。在文字出现之前人类进行信息的传递只能通过面对面的交流，文字出现后使得信息能够通过传阅进行传递，而且还可以记录、保存供后人借鉴和学习。

（3）第三个阶段是以造纸和印刷术的发明和使用为主要标志的信息技术的中级阶段，造纸和印刷术的发明和使用使信息的传递和存储变得更便利，扩大了信息交流的范围。

（4）第四个阶段是以电报、电话、电视等的出现为标志的信息技术的发展阶段，电报、电话、电视等这些近代通信技术的出现使信息的传递有了历史性的变革，进一步突破了信息存储和传递的时空限制。

（5）第五个阶段是以计算机和现代通信技术为标志的高级应用阶段，信息技术由此进入了飞速发展时期，信息的处理、传递和存储都发生了本质性的变化，人类社会进入到了数字化的信息时代。

2. 信息技术的发展趋势

今后信息技术的发展趋势可以用"五个化"来概括。

（1）多元化。信息技术应用于各个学科领域，产生跨学科、跨领域的多元交叉学科。比如与管理学科紧密结合，涌现出物流管理、项目管理、信息管理等新兴学科。今后信息技术将会更深入到各个学科领域，会产生更多的新学科，向着多元化的方向发展。

（2）网络化。网络化是指利用卫星、光线等现代通信设备构成全球高速网络，使信息传播速度变得更快，影响面积更大，用户可以更方便地进行信息的共享。

（3）多媒体化。多媒体化是指今后将文字、图片、声音、视频等媒体信息有机地结合起来组成一个内容丰富、生动形象的媒体，同时与计算机技术、网络技术相结合使得多媒体信息传播更为方便快捷。

（4）智能化。随着现代信息技术的发展，人类社会将会进入一个高智能化的时代，机器人、自动化监控仪等各种各样的全自动电子设备将会进入到日常的工作和生活当中。

（5）虚拟化。由计算机仿真生成虚拟的现实世界，给人一种身临其境的真实感觉，通过虚拟的现实情境去感知客观世界和获取有关知识和技能。

小　　结

本模块系统地阐述了计算机发展史、计算机的数制及其换算、计算机系统的软硬件组成及其工作原理等一些预备基础知识；同时对兼容机的各部件的主要性能指标做了详细的展示与评测。通过本模块的学习，学生可以对计算机特别是个人计算机有一个比较全面的理性认识和较为具体的感性认识。

习　　题

一、选择题

1. 世界上第一台电子计算机是在（　　　　）年诞生的。

A. 1927　　　　B. 1946　　　　C. 1936　　　　D. 1952

2. 世界上第一台电子计算机的电子逻辑元件是（　　　）。

A. 继电器　　　B. 晶体管　　　C. 电子管　　　D. 集成电路

3. 20 世纪 50—60 年代，电子计算机的功能元件主要采用的是（　　　）。

A. 电子管　　　B. 晶体管　　　C. 集成电路　　　D. 大规模集成电路

4. 计算机中用来表示信息的最小单位是（　　　）。

A. 字节　　　B. 字长　　　C. 位　　　D. 双字

5. 通常计算机系统是指（　　　）。

A. 主机和外设　　　　　　　B. 软件

C. Windows　　　　　　　　D. 硬件系统和软件系统

6. 微机系统中存储容量最大的部件是（　　　）。

A. 硬盘　　　B. 内存　　　C. 高速缓存　　　D. 光盘

7. 微型计算机中运算器的主要功能是（　　　）。

A. 控制计算机运行　　　　　B. 算术运算和逻辑运算

C. 分析指令并执行　　　　　D. 负责存取存储器中的数据

8. CPU 的中文含义是（　　　）。

A. 运算器　　　B. 控制器　　　C. 中央处理单元　　　D. 主机

9. 微型计算机中的 80586 指的是

A. 存储容量　　　B. 运算速度　　　C. 显示器型号　　　D. CPU 类型

10. 计算机硬件系统主要由（　　　）、存储器、输入设备和输出设备等部件构成。

A. 硬盘　　　B. 声卡　　　C. 运算器　　　D. CPU

11. （　　　）设备分别属于输入设备、输出设备和存储设备。

A. CRT、CPU、ROM　　　　　B. 磁盘、鼠标、键盘

C. 鼠标、绘图仪、光盘　　　　D. 磁盘、磁带、键盘

12. 完成将计算机外部的信息送入计算机这一任务的设备是（　　　）。

A. 输入设备　　　B. 输出设备　　　C. 软盘　　　D. 电源线

13. 所谓"裸机"是指（　　　）。

A. 单片机　　　　　　　　　B. 单板机

C. 没装任何软件的计算机　　　D. 只装备操作系统的计算机

14. 计算机软件系统分为系统软件和应用软件两大类，其中（　　　）是系统软件的核心。

A. 数据库管理系统　　　　　B. 语言处理系统

C. 操作系统　　　　　　　　D. 工资管理系统

15. 对计算机软件正确的认识应该是（　　　）。

A. 计算机软件不需要维护

B. 计算机软件只要能复制得到就不必购买

C. 受法律保护的计算机软件不可以随便复制

D. 计算机软件不必有备份

16. 将十进制数 255 转换成二进制数是（　　　）。

A. 11111111　　　B. 11101010　　　C. 1101011　　　D. 11010110

17. 十六进制数 FF 转换成十进制数是（　　　）。

   A．512　　　　　B．256　　　　　C．255　　　　　D．511

18. 有一个数值为 152，它与十六进制数 6A 等值，则该数值是（　　　）。

   A．二进制数　　　B．八进制数　　　C．十进制数　　　D．四进制数

19. 二进制数 10000001 转换成十进制数是（　　　）。

   A．127　　　　　B．129　　　　　C．126　　　　　D．128

20. 与十进制数 97 等值的二进制数是（　　　）。

   A．1011111　　　B．1100001　　　C．1101111　　　D．1100011

21. 十六进制数 1000 转换成十进制数为（　　　）。

   A．4096　　　　　B．1024　　　　　C．2048　　　　　D．8192

22. 下列字符中，ASCII 值最小的是（　　　）。

   A．D　　　　　　B．a　　　　　　C．k　　　　　　D．M

二、判断题

1. 计算机只可以处理数字信号，不能处理模拟信号。　　　　　　　　（　　　）

2. 突然断电时，没有存盘的资料将丢失。　　　　　　　　　　　　　（　　　）

3. 一般来说，光电鼠标的寿命比机械鼠标的寿命长。　　　　　　　　（　　　）

4. 盗版光盘质量低劣，光驱读盘时频繁纠错，这样激光头控制元件容易老化，时间长了，光驱纠错能力将大大下降。　　　　　　　　　　　　　　　　　　　（　　　）

5. 在使用光盘时，应注意光盘的两面都不能划伤。　　　　　　　　　（　　　）

6. 多媒体指的是文字、图片、声音和视频的任意组合。　　　　　　　（　　　）

7. CD-ROM 是多媒体微型计算机必不可少的硬件。　　　　　　　　　（　　　）

8. 买来的软件是系统软件，自己编写的软件是应用软件。　　　　　　（　　　）

三、填空题

1. 第一台电子数字计算机是（　　　）年由（　　　）国发明的，名字叫（　　　）。

2. 第四代计算机所采用的主要功能器件是（　　　）。

3. 目前，国际上按照性能将计算机分类为巨型机、小巨型机、大型主机、小型机、（　　　）和个人计算机。

4. 计算机的主要应用领域有科学和工程计算、（　　　）、过程控制、（　　　）、人工智能。

5. CAD 是指（　　　），CAI 是指（　　　）。

6. （　　　）是一系列指令所组成的有序集合。

7. （　　　）是让计算机完成某个操作所发出的指令或命令。

8. 一条指令的执行可分为 3 个阶段：取出指令、分析指令和（　　　）。

9. 一个完整的计算机系统由（　　　）和（　　　）两大部分组成。

10. 从计算机工作原理的角度讲，一台完整的计算机硬件主要由运算器、控制器、（　　　）、输入设备和（　　　）等部分组成。

11. 微型计算机中的 CPU 通常是指（　　　）和（　　　）。

12. 计算机存储器记忆信息的基本单位是（　　　），记为 B。

13. 显示器必须与（　　　）共同构成微型机的显示系统，显示器的（　　　）越高，组成的字符和图形的像素的个数越多，显示的画面就越清晰。

14．键盘与鼠标器是微型计算机上最常用的（　　　　）设备。

15．一般把软件分为（　　　　）和（　　　　）两大类。

16．操作系统属于（　　　　）。

17．为解决具体问题而编制的软件称为（　　　　）。

四、简答题

1．简述计算机硬件系统和软件系统的关系。

2．简述媒体的定义及其种类。

3．举例说明什么是多媒体。

4．什么是多媒体技术？多媒体技术主要具备哪几个特点？

计算机应用基础任务驱动教程

第二部分　Windows 7 操作系统

什么是操作系统？它在计算机系统中的地位和作用是什么？操作系统具有什么样的功能？操作系统如何分类？本章将结合 Windows 7 操作系统的使用，在介绍操作系统概念的基础上，进一步探讨操作系统的几大主要功能，为掌握和使用操作系统打下基础。

任务 1　操作系统的安装

📀 任务描述

Windows 7 的安装分几种情况，包括全新安装、从 Windows Vista 升级到 Windows 7、从 Windows XP 升级到 Windows 7、Windows XP 和 Windows 7 共存等。在这里我们的任务是用原版光盘全新安装 Windows 7 操作系统。

🏆任务目标

◆ 掌握操作系统的概念、功能、分类。
◆ 掌握操作系统的安装过程。
◆ 了解常用的操作系统。

📖知识介绍

一、操作系统的概念

1. 基本概念

操作系统的概念可从两方面说明。

（1）从系统管理人员的观点来看。引入操作系统是为了合理地组织计算机工作流程，管理和分配计算机系统的硬件及软件资源，使之能为多个用户所共享。因此，操作系统是计算机资源的管理者。

（2）从用户的观点来看。引入操作系统是为了给用户使用计算机提供一个良好的界面，使用户无须了解许多计算机硬件和系统软件的细节，就能方便灵活地使用计算机。

因此，可以把操作系统定义为：操作系统是计算机系统中的一个系统软件，它是这样一些模块的集合——它们管理和控制计算机系统中的硬件及软件资源，合理地组织计算机工作流程，以便有效地利用这些资源为用户提供一个功能强大、使用方便的工作环境，从而在计算机与其用户之间起到接口的作用。

有人把操作系统在计算机中的作用比喻为"总管家"。它管理、分配和调度所有计算机的硬件和软件统一协调的运行，以满足用户实际操作的需求。图 2.1 给出了操作系统与计算机软、硬件的层次关系。

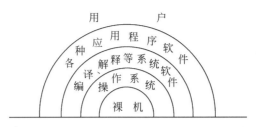

图 2.1　操作系统与计算机软、硬件的层次关系

2．内部构造

操作系统内部是怎样构造的？或者说操作系统作为一个大程序，由许多程序模块组成，它们是按什么方式集合在一起的？一般说来，操作系统有以下三种体系结构：单块式结构，层次结构，微内核结构。

1）单块式结构

早期的操作系统多数都采用这种单块式体系结构。这种体系结构其实是没有结构的，各组成单位密切联系，好似"铁板一块"，故名单块式结构。这种结构方式给操作系统设计带来的缺点很明显，系统的结构关系不清晰，好像一张大蜘蛛网，难以进行修改，会"牵一发而动全身"，使系统的可靠性降低，模块间会出现循环调用，有很大的危险性。

2）层次结构

层次结构操作系统的设计思想是：按照操作系统各模块的功能和相互依存关系，把系统中的模块分为若干层，其中任一层模块（除底层模块外）都建立在它下面一层的基础上。因而，任一层模块只能调用比它低的层中的模块，而不能调用高层的模块。著名的 UNIX 系统的核心层就采用层次结构。

层次结构既具有上述单块式结构的优点，又有单块式结构不具有的优点：结构关系清晰，提高系统的可靠性、可移植性和维护性。

应当指出，在严格的分层方法中，任一层模块只能调用比它低的层来得到服务，而不能调用比它高的层。但是，在实际设计上这有很多困难。所以，实际使用的操作系统的内部结构并非都符合这种层次模型。一个操作系统应划分多少层、各层处于什么位置、相互间如何联系等并无固定的模式。一般原则是：接近用户应用的模块在上层，贴近硬件程序的驱动模块在下层。

处于下层的这些程序模块往往也称作操作系统的内核。这一部分模块包括中断处理程序、各种常用设备的驱动程序，以及运行频率较高的模块（如时钟管理程序、进程调度和低级通信模块、许多模块公用的程序、内存管理程序等）。为提高操作系统的执行效率和便于实施特殊保护，它们一般常驻内存。

3）微内核结构

微内核结构是新一代操作系统采用的结构。其基本思想是把所有操作系统基本上都具有的那些操作放在内核中，而操作系统的其他功能由内核之外的服务器实现。

微内核是操作系统的小核心，它将各种操作系统共同需要的核心功能提炼出来，形成微内核的基本功能。

直接与硬件打交道的是微内核，它在核心态下工作。操作系统的其他功能由各服务器实现，服务器处于微内核之上，在用户态下工作。

微内核结构是新一代操作系统的主要特征之一，正在得到迅速的应用。微内核结构主要具有以下 6 种特点。

（1）精简核心的功能。提供了一种简单的高度模块化的体系结构，提高了系统设计及使用的灵活性。同一个微内核可以同时支持一个或者多个不同界面的操作系统的运行，从而方便用户软件的继承。

（2）可移植性好。所有与具体机器特征相关的代码，全部隔离在微内核中。如果操作系统要移植到不同的硬件平台上，只需修改微内核中少而集中的代码即可。

（3）可伸缩性好。这是现代操作系统的主要性能之一。操作系统应能方便地进行定制、扩充或缩减，以适应硬件的快速更新和应用需求的不断变化。

（4）实时性好。微内核可以方便地支持实时处理。

（5）提供多线程机制。支持多处理器的体系结构和分布式系统及计算机网络。

（6）系统安全性好。传统的操作系统将安全性功能建立在内核之外，因而它并不是很安全的。而微内核则将安全性作为系统内特性来进行设计。

二、操作系统的功能

操作系统的职能是管理和控制计算机系统中的所有硬、软件资源，合理地组织计算机工作流程，并为用户提供一个良好的工作环境和友好的接口。计算机系统的主要硬件资源有处理机、存储器、外存储器、输入输出设备。信息资源往往以文件形式存在于外存储器。下面从资源管理和用户接口的角度来说明操作系统的基本功能和它的特性。

操作系统提供了六大功能。

1. 存储器管理功能

存储器管理的主要功能包括：内存分配、地址映射、内存保护和内存扩充。

1）内存分配

内存分配的主要任务是为每道程序分配一定的内存空间。为此，操作系统必须记录整个内存的使用情况，处理用户提出的申请，按照某种策略实施分配，接收系统或用户释放的内存空间。

由于内存是宝贵的系统资源，并且往往出现这种情况：用户程序和数据对内存的需求量总和大于实际内存可提供的使用空间。为此，在制定分配策略时应考虑到提高内存的利用率，减少内存浪费。

2）地址映射

大家都有这种经历：在编写程序时并不考虑程序和数据要放在内存的什么位置，程序中设置变量、数组和函数等只是为了实现这个程序所要完成的任务。源程序经过编译之后，会形成若干个目标程序，各自的起始地址都是"0"（但它并不是实际内存的开头地址），各程序中用到的其他地址都分别相对起始地址计算。这样一来，在多道程序环境下，用户程序中所涉及的相对地址与装入内存后实际占用的物理地址就不一样。CPU 执行用户程序时，要从内存中取出指令或数据，就必须把所用的相对地址（或称逻辑地址）转换成内存的物理地址。这就是操作系统的地址映射功能（需要有硬件支持）。

3）内存保护

不同用户的程序都放在一个内存中，但必须保证它们在各自的内存空间中活动，不能相互干扰，更不能侵犯操作系统的空间。为此，就必须建立内存保护机制。例如，设置两个界限寄存器，分别存放正在执行的程序在内存中的上界地址值和下界地址值。当程序运行时，所产生的每个访问内存的地址都要做合法性检查，即该地址必须大于或等于下界寄存器的值，并且小于上界寄存器的值。如果地址不在此范围内，则属于地址越界，将发生中断并进行相应处理。

4）内存扩充

一个系统中内存容量是有限的，不能随意扩充其大小。而且用户程序对内存的需求越来越大，很难完全满足用户的要求。这样就出现各用户对内存"求大于供"的局面。怎么办?物理上扩充内存不妥，就采取逻辑上扩充内存的办法，这就是虚拟存储技术。简单说来，就是把一个程序当前正在使用的部分（不是全体）放在内存，而其余部分放在磁盘上。在这种"程序部分装入内存"的情况下，启动并执行它。以后根据程序执行时的要求和内存当时使用的情况，随机地将所需部分调入内存，必要时还要把已分出去的内存回收，供其他程序使用（即内存置换）。

2. 处理机管理功能

计算机系统中最重要的资源是 CPU,对它管理的优劣直接影响整个系统的性能。此外，用户的计算任务称为作业:程序的执行过程称作进程，它是分配和运行处理机的基本单位。因而，处理机管理的功能包括:作业和进程调度、进程控制和进程通信。

1）作业和进程调度

一个作业通常要经过两级调度才得以在 CPU 上执行。首先是作业调度，它把选中的一批作业放入内存，并分配其他必要资源，为这些作业建立相应的进程。然后进程调度按一定的算法从就绪进程中选出一个合适进程，使之在 CPU 上运行。

2）进程控制

进程是系统中活动的实体。进程控制包括创建进程、撤销进程、封锁进程、唤醒进程等。

3）进程通信功能

多个进程在活动过程中彼此间会发生相互依赖或者相互制约的关系。为保证系统中所有进程都能正常活动，就必须设置进程同步机制，它分为同步方式和互斥方式。相互合作的进程之间往往需要交换信息，为此系统要提供通信机制。

3. 设备管理功能

设备管理的主要功能包括缓冲区管理、设备分配、设备驱动和设备无关性。

1）缓冲区管理

缓冲区管理的目的是解决 CPU 和外设速度不匹配的矛盾,从而使它们能充分并行工作,提高各自的利用率。

2）设备分配

根据用户的输入输出请求和相应的分配策略，为该用户分配外部设备以及通道、控制器等。

3）设备驱动

实现 CPU 与通道和外设之间的通信。由 CPU 向通道发出输入输出指令，后者驱动相应设备进行输入输出操作。当输入输出任务完成后，通道向 CPU 发中断信号，由相应的中断处理程序进行处理。

4）设备无关性

设备无关性又称作设备独立性，即用户编写的程序与实际使用的物理设备无关，由操作系统把用户程序中使用的逻辑设备映射到物理设备。

4. 文件管理功能

文件管理功能应包括：文件存储空间的管理、文件操作的一般管理、目录管理、文件的读/写管理和存取控制。

1）文件存储空间的管理

系统文件和用户文件都要放在磁盘上。为此，需要由文件系统对所有文件及文件的存储空间进行统一管理：为新文件分配必要的外存空间，回收释放文件空间，提高外存利用率。

2）文件操作的一般管理

文件操作的一般管理包括文件的创建、删除、打开、关闭等。

3）目录管理

目录管理包括目录文件的组织、实现用户对文件的"按名存取"，以及目录的快速查询和文件共享等。

4）文件的读/写管理和存取控制

根据用户的请求，从外存中读取数据或将数据写入外存中。为保证文件信息的安全性，防止未授权用户的存取或破坏，对各文件（包括目录文件）进行存取控制。

5. 用户接口功能

现代操作系统向用户提供三种类型的界面。

1）图形界面

用户利用鼠标、窗口、菜单、图标等图形界面工具，可以直观、方便、有效地使用系统服务和各种应用程序及实用工具。

2）命令界面

在提示符后用户从键盘输入命令，系统提供相应服务。

3）程序界面

程序界面也称系统调用界面，用户在自己的程序中使用系统调用，从而获取系统的服务。

三、操作系统的分类

从功能出发进行分类是被广泛采用的典型的操作系统分类法，它把操作系统分为批处理操作系统、分时操作系统及实时操作系统等，前两者又可称为作业处理系统。所谓作业，指的是用户一次提交给计算机系统的一个具有独立性的计算任务，它一般由用户源程序和数据及相关命令所组成。

1. 多道批处理操作系统

所谓"批处理"包括两个含义，一个含义是指系统内可同时容纳多个作业，这些作业存放在大容量的外存中，组成一个后备作业队列，系统按一定的调度原则每次从后备作业队列中取一个或多个作业调入内存运行，运行作业结束并退出运行及后备作业进入运行均由系统自动实现，从而在系统中形成一个自动转接的连续的作业流。单道批处理系统与多道批处理系统的主要区别在于：前者在内存中只能有一个运行作业，后者则可允许在内存中有多个运行作业。批处理的另一个含义是指系统向用户提供的是一种脱机操作方式，即用户与自己作业之间没有交互作用。作业一旦进入系统，用户就不能在计算机前直接干预其作业的运行。

多道批处理系统追求的目标是高资源利用率、大吞吐量和作业流程的自动化。因此它具有操作系统的所有五个基本功能。存储器管理完成内存分配和回收，提供存储保护，比较完善的系统还提供内存扩充功能。处理机管理和设备管理实现处理机和外部设备的调度、分配和回收，以协调多道程序对处理机和外部设备的争夺。作业管理实现作业流的自动转换及用户对作业的控制意图。信息管理则是任何操作系统必须具备的功能。目前，在各计算中心的大、小型计算机系统一般都是多道批处理系统或兼有这一功能。

不能忽视的一个问题是批处理系统不提供交互作用能力，这给程序设计人员带来了很大的不便，人们往往希望自己能够现场观察并直接控制其程序的运行，并能及时获得运行结果。进行随机调试和改错，即希望系统提供一种联机操作方式。这不仅能够缩短程序的开发周期，而且能够发挥程序设计人员的主观能动性。

正是基于这点，促使了分时系统的问世和发展。

2. 分时操作系统

1）分时概念和分时系统的实现方法

所谓分时，就是对时间的共享。分时主要是指若干并发程序对 CPU 时间的共享。它是通过系统软件实现的。共享的时间单位称为时间片。它往往很短，如几十毫秒，因不同系统针对不同档次的机型而有所不同。

这种分时的实现，需要有中断机构和时钟系统的支持，利用时钟系统把 CPU 时间分成一个一个的时间片，操作系统轮流地把每个时间片分给各个并发程序，每道程序一次只能运行一个时间片。当时间片计数到时后，产生一个时钟中断，控制转向操作系统。操作系统选择另一道程序并分给它时间片，让其投入运行，如此循环反复。

2）分时系统的特征

分时系统提供了多个用户分享使用同一台计算机的环境。一台分时计算机系统连有若干台近程或远程终端（一般，终端是带有 CRT 显示的键控设备），多个用户可以在各自的终端上以交互作用方式联机使用计算机，故又将分时系统称为多用户交互式系统。分时系统的基本特征可概括为四点。

（1）并行性。并行性是指分时系统允许各终端用户同时工作，系统分时响应各用户的请求。所谓"分时"就是系统将 CPU 时间分割成很短的时间片（一般以毫秒计），并以循环方式依次分配给每个终端用户。在微观上，各用户轮流使用计算机，由于时间片规定的时间很短，故从宏观上看，各用户在并行工作，系统同时在为多个用户服务。

（2）交互性。交互性是指系统支持联机操作方式，用户可以在终端上通过与系统及其程序的交互会话直接控制程序的运行。所谓交互会话就是用户从键盘输入命令，系统响应和处理命令，并在终端上输出响应结果，用户根据响应结果再输入适当的命令。

（3）独立性。独立性是指系统中各用户可以彼此独立地操作，互不干扰或破坏。

（4）及时性。及时性是指用户在允许的时间间隔内得到响应。分时系统的响应时间是指用户发出终端命令到系统进行响应做出应答所需的时间，它是衡量分时系统性能的主要指标。

上述四个特征中，交互性是分时系统的主要特征，它为程序设计人员提供了比较理想的开发环境，用户可以联机使用计算机，边调试，边思考，边修改，从而显著提高了开发、调试程序的效率。

由于分时系统的主要目的是及时地响应和服务于多个联机用户，因此分时系统设计的主要目标是对用户响应的及时性。

分时系统与批处理系统的共同特点是"作业处理"，即用户以作业为单位使用计算机。操作系统则以作业为处理对象，作业有开始和结束，不同作业之间相互独立，系统本身没有要完成的作业任务，只是起着管理调度系统资源、为用户作业提供服务的作用，所以这类系统是通用性的。另外，它们多以多道程序为基础。

3）分时系统的优点

（1）为用户提供了友好的接口。

（2）促进了计算机的普遍使用，为多个终端服务。

（3）便于资源共享和交换信息。

3. 实时操作系统

1）实时操作系统基础

实时系统是随着计算机应用领域的日益广泛而出现的。所谓"实时"就是"立即"或"及时"，具体含义是指系统能够及时响应随机发生的外部事件，并以足够快的速度完成对事件的处理。所谓外部事件是指来自与计算机系统相连接的设备所提出的服务请求或采集数据。在计算机应用中，信息处理和过程控制都有一定的实时要求，据此可把实时系统分成实时信息处理系统和实时过程控制系统。

实时过程控制系统又可分为两类：一类是以计算机为控制中枢的生产过程自动化系统，如机械加工、发电、冶炼、化工、炼油的自动控制。在这类系统中，要求计算机及时采集和处理现场信息，进而控制有关的执行机构，使得某些参数，如流量、压力、温度、液位等按一定规律变化或保持不变，从而达到提高质量、增加产量及实现生产过程自动化的目的。另一类是飞行物体的自动控制，如对飞机、导弹、人造卫星的制导。

实时信息处理系统通常配有大型文件系统或数据库，事先存有经过合理组织的大量数据，它要能及时响应来自终端的服务请求，进行信息的检索、存储、修改、更新、加工、删除、传送等功能，并在很短的时间内对用户做出正确回答。这类系统的例子有情报检索、机票预订、银行业务、电话交换等。

实时系统不同于作业处理系统，这主要表现在作业处理系统是以作业为处理对象，而实时系统则以数据或信息为处理对象，它既不接收用户的作业，也没有"作业"或"道"的概念。实时系统多为"专用系统"，它除了具有一般的资源管理功能外，主要包含着为完成特定实时任务而专门设计的应用程序。系统的主要工作是及时响应外部事件，执行相应的应用程序，并做出及时应答。

2）实时系统的主要特点

（1）及时响应。由于实时系统接收的是来自现场的事件，对这种事件的响应时间直接影响到现场过程的控制质量或服务的质量。因此，较之分时系统，实时系统对响应时间有更严格的要求，分时系统的响应时间通常是以人们能够接受的等待时间来确定的，而实时系统对响应时间的要求则是以被控过程或信息处理过程能够接受的延迟来确定的，可能是秒，也可能是毫秒级甚至微秒级。

（2）高可靠性。可靠性对实时系统极为重要，由于实时系统是在现场进行控制和处理，一旦发生错误或丢失信息往往会造成重大损失甚至导致灾难性的后果。因此，实时系统往往具有容错管理功能，例如，过载保护、故障检测、系统重构。一些重要的实时系统还常采用双机系统。

（3）简单的交互作用。由于实时系统大多是专用系统，故比起分时系统，其交互作用能力较差，它一般仅是针对待定的实时任务提供一些简短的操作命令，并且仅允许终端操作员访问有限数量的专用应用程序，而不能编写新的程序输入系统或修改现有程序。实时系统主要配备在小型和微型计算机上。

批处理系统、分时系统和实时系统是操作系统的基本类型。但一个实际系统往往兼有它们三者或其中两者的功能，这样的系统称为多模式系统，它们具有更强的处理能力和更广泛的适用性。例如，VAX11 系列机上配备的 VAX/VMS 操作系统就是一个以分时、实时为主，兼有批处理功能的操作系统。

4．个人计算机操作系统

对于个人计算机操作系统大家并不陌生，许多人都用过磁盘操作系统和窗口操作系统。

1）单用户操作系统

单用户操作系统主要有 MS-DOS、OS/2、Windows XP 等。其特征是个人使用，界面友好，管理方便，适于普及。

2）多用户操作系统

多用户操作系统最主要的是 UNIX 系统以及各种类 UNIX 系统。多用户操作系统除了具有界面友好、管理方便和适于普及等特征外，还具有多用户使用、可移植性良好、功能强大、通信能力强等优点。

5．网络操作系统

计算机网络是通过通信设施将物理上分散的具有自治功能的多个计算机系统互联起来的，实现信息交换、资源共享、可互操作和协作处理的系统。它具有以下四个特点。

（1）计算机网络是一个直连的计算机系统的群体。这些计算机系统在物理上是分散的，可在一个房间里、在一个单位里、在一个城市或几个城市里、甚至在全国或全球范围。

（2）这些计算机是自治的，每台计算机都有自己的操作系统，各自独立工作，它们在网络协议控制下协同工作。

（3）系统互联要通过通信设施（硬件、软件）来实现。

（4）系统通过通信设施执行信息交换、资源共享、互操作和协作处理，实现多种应用要求。互操作和协作处理是计算机应用中更高层次的要求特征，它需要有一个环境，支持互联网环境下的异种计算机系统之间的进程通信，实现协同工作和应用集成。

网络操作系统是基于计算机网络的，是在各种计算机操作系统上按网络体系结构协议标准开发的软件，包括网络管理、通信、资源共享、系统安全和各种网络应用服务。其目标是互相通信及资源共享。

6．分布式操作系统

1）分布式操作系统的特征

分布式系统有效地解决了地域分布很广的若干计算机系统间的资源共享/并行工作、信息传输和数据保护等问题。其特征有如下四点。

（1）分布式处理：即资源、功能、任务及控制等都是分散在各个处理单元上的。实际上，用户并不知道自己的程序是在哪台机器上运行，也不知道自己的文件是存放在什么地方。

（2）模块化结构：是一组物理上分散的计算机站。

（3）利用信息通信：利用共享的通信系统来传递信息。

（4）实施整体控制：整个分布式系统有一个高层操作系统对各个分布的资源进行统一的整体控制。所以，在用户看来，分布式系统就如同传统的单 CPU 系统，而实际上它由众多处理机组成，每一个处理机上都运行该操作系统的一个拷贝。

2）分布式操作系统需要考虑的问题

分布式操作系统所涉及的问题远远多于以往的操作系统，归纳起来具有以下五个特点。

（1）透明性：使用户觉得此系统就是老式的单 CPU 分时系统。

（2）灵活性：可根据用户需求，方便地对系统进行修改或扩充。

（3）可靠性：若系统中某个机器不能工作，那么有另外的机器代替它。

（4）高性能：执行速度快，响应及时，资源利用率高。

（5）可扩充性：可根据使用环境的需要，方便地扩充或缩减规模。

四、常用的操作系统简介

为了对操作系统有一个全面的认识，下面简要介绍几种常见的操作系统：MS-DOS、Windows、UNIX 和 Linux。

1. MS-DOS

MS-DOS 是 Microsoft 公司为 16 位字长计算机开发的、基于字符（命令行）方式的单用户、单任务的个人计算机操作系统。

1981 年，IBM 公司推出第 1 台 IBM-PC 的同时，购买了 Microsoft 的 MS-DOS 作为其操作系统，并取名为 PC-DOS。由于 MS-DOS 采取开放策略，吸引大量第三方用户加入 MS-DOS 应用程序的开发行列中来，使其迅速占据了 PC 的主要市场份额，成为 PC 的主流操作系统。

2. Windows

Windows 是 Microsoft 继成功开发了 MS-DOS 之后，为高档 32 位 PC 开发的又一个个人计算机操作系统。Windows 操作环境诞生于 1983 年 11 月，它的系列产品包括 Windows 3.x、Windows 95、Windows 98、Windows 2000、Windows Me、Windows XP、Windows Vista、Windows 7 和 Windows 8 等。

Windows 是一个多任务的操作系统，它采用图形窗口界面，用户对计算机的各种复杂操作只需通过点击鼠标即可轻松地实现。

Windows NT 是 1993 年推出的网络版操作系统。它是一个独立的操作系统，可配置在大、中、小型企业网络中，用于管理整个网络中的资源和实现用户通信。由于 Windows NT 具有优良的性能，因而成为当今最为流行的网络操作系统之一。

Windows XP 是为家庭用户和商业计算设计的最新版的 Windows，发布于 2001 年 10 月。"XP"是英文"体验"（Experience）的缩写。Microsoft 董事长兼首席软件设计师比尔·盖茨在解释 XP 版本时说："它们将使用户更有效地进行交流与合作，更富有创造力，工作更有成果，并从技术中领会更多乐趣。"

Windows XP 于 2001 年 10 月 25 日发布，距今已过去了 14 年，微软在此期间也已推出了 3 个新版本 Windows（2007 年的 Vista，2009 年的 Windows 7 和 2012 年的 Windows 8），2014 年 4 月 8 日，微软公司停止向 Windows XP 提供服务，这也表示 Windows XP 将退出历史舞台。

Windows 7 是具有革命性变化的 Windows 操作系统，它旨在让用户的日常计算机操作更加简单和快捷，为用户提供高效易行的工作环境。它包含以下几个新特性。

（1）更人性化的设计。在 Windows 7 中，读者可以根据自己的实际需求设置桌面元素。原来依附在侧边栏中的各种小插件现在可以任用户自由安置在桌面的任何角落，不仅释放了更多的桌面空间，视觉效果也更加直观和个性化。

（2）更快的速度和性能。微软在开发 Windows 7 的过程中，始终将性能放在首要的位置。Windows 7 不仅仅在系统启动时间上进行了大幅度的更改，并且从休眠模式唤醒系统这样的细节也进行了改善，使 Windows 7 成为一款反应更快速、令人感觉更清爽的操作系统。

（3）更好的链接。Windows 7 进一步增强了移动工作的能力，无论何时何地，任何设备都能访问数据和应用程序，开启坚固的特别协作体验，无线连接管理和安全功能会进一步扩展，使性能和当前功能以及新兴移动硬件得到优化，拓展了多设备同步管理和数据保护功能。

（4）更安全的用户控制功能。用户账户控制这个概念由 Windows Vista 首先引入。虽然它能够提供高级别的安全保障，但是频繁弹出的提示窗口让一些用户感到不方便。在 Windows 7 中，微软对这项安全功能进行了改革，不仅大幅度地降低提示窗口，而且用户在设置方面还将拥有更大的自由度。而 Windows 7 自带的 Internet Explorer 8 也在安全性方面较之前版本提升不少。

（5）超强的硬件兼容性。微软作为全球 IT 产业链中最重要的一环，Windows 7 的诞生便意味着整个信息生态系统将面临全面升级，硬件制造商也将应该有更多的机会。据统计，目前适用于 Windows Vista 的驱动程序中有超过 90%已经能运用在 Window 7 中。

3. UNIX

UNIX 是通用、交互式、多用户、多任务应用领域的主流操作系统之一。由于它强大的功能和优良的性能，使之成为业界公认的工业化标准的操作系统。UNIX 也是目前唯一能在各种类型计算机（从微型计算机、工作站到巨型计算机）的各种硬件平台上稳定运行的操作系统。

UNIX 是 1969 年 AT&T 公司的 Bell 实验室的 Ritchie 和 Thompson 在 PDP-7 小型机上开发的。他们的原本目的是为编写程序创建一个友好的工作环境。在设计时充分考虑到编程需要交互式操作、为达到高效率要有尽可能快的响应速度等因素，同时充分吸取以往操作系统设计和实践中的各种成功经验和教训。即使是以今天的眼光来看待 UNIX，它也是一个非常成功的操作系统。UNIX 系统的特性如下。

（1）多用户、多任务。可同时支持多个甚至上百个用户通过终端同时使用一台计算机，每个用户允许同时执行多个任务。

（2）开放性。意味着系统设计、开发遵循国际标准规范，彼此很好兼容，很方便地实现互联。UNIX 是目前开放性最好的操作系统。

（3）功能强大、实现效率高。规模小的 UNIX 的内核只有 1 万多行代码，但它强大的系统功能和实现效率是业内公认的，如它的目录结构、磁盘空间的管理方法、I/O 重定向和管道功能等。其中的不少功能和实现技术已被其他操作系统所借鉴。

（4）具有完备的网络功能。TCP/IP 协议已经成为 UNIX 系统不可分割的一部分，通过 TCP/IP 协议 UNIX 可以非常方便地实现与其他系统的链接和信息共享。

（5）支持多处理器功能。UNIX 是最早支持多处理器的操作系统，而且其技术一直领先。UNIX 在 20 世纪 90 年代即可支持 32～64 个处理器，而同期 Windows NT 只支持 1～4 个，Windows 2000 最多支持 16 个。

（6）友好的用户界面。UNIX 提供了包括用户界面、系统调用界面和 GUI 界面的多种界面。用户界面又称 Shell，它既可以交互方式使用，又可存在于文件中作为程序来使用。系统调用为用户提供了 API，通过 API 可以提供硬件级的服务。GUI 界面支持鼠标操作。

（7）可靠的系统安全性。早期的 UNIX 满足 C1 级安全标准，现代的 UNIX 满足 C2 级安全标准。

（8）可移植性好。90%的系统程序是用 C 语言编写的。

（9）设备独立性。UNIX 系统把所有外部设备统一作为文件来处理，只要安装了这些设备的驱动程序，使用时便可将它们作为文件对待并进行操作。具有设备独立性的操作系统允许连接任何种类及任何数量的设备，因此，系统具有很强的适应性。

4．Linux

Linux 是 20 世纪 90 年代推出的一个多用户、多任务的操作系统。它与 UNIX 完全兼容，具有 UNIX 最新的全部功能和特性。

Linux 最初是由芬兰赫尔辛基大学计算机系学生 Linus Torvalds 在基于 UNIX 的基础上开发的一个操作系统内核程序。事实上 Linux 和 UNIX 是非常接近的，以至于被误认为是 UNIX 的复制品。Linux 的设计是为了在 Intel 微处理器上更有效地运行。它的最大特点在于它是一个源代码公开的免费操作系统，其内核源代码可以免费自由传播。因此，吸引了越来越多的商业软件公司和 UNIX 爱好者加盟到 Linux 系统的开发行列中，使 Linux 不断快速地向高水平、高性能发展，在各种机器平台上使用的 Linux 版本不断涌现，从而为 Linux 提供了大量优秀软件。当初的 Linux 只有一万行代码，如今 Linux 已经变成一个稳定可靠、功能完善、性能卓越的操作系统，代码已经达到 150 万行的规模。目前世界上许多著名的 Internet 服务提供商已把 Linux 作为主推操作系统之一。Linux 的特点包括以下几点。

（1）开放性 Linux。遵循开放系统互联（OSI）国际标准，与所有按 OSI 国际标准开发的硬件和软件都能彼此兼容，可以方便地实现互联。

（2）高度的稳定性、可靠性和可扩展性。Linux 可以数月、甚至数年连续运行而无须重新启动。

（3）友好的用户界面。Linux 提供了三种界面：命令方式界面、系统调用界面和图形用户界面 GUI。

（4）丰富的网络功能。Linux 是在 Internet 的基础上产生并发展起来的，它在通信和网络功能方面优于其他操作系统。

（5）安全可靠性。Linux 采用了一系列先进的安全技术措施（如操作权限控制、核心授权、审计跟踪、带保护的子系统等），使得 Linux 具有很高的安全性。还有 Linux 代码完全公开，没留秘密后门，使其内核完全透明，任何错误和隐患都能被及时发现并修改，保证了系统的内部安全。

（6）内核小，对硬件要求低。Linux 可以在 486DX-66.32MB 内存的机器上运行。

蓬勃兴起的 Linux 开发热潮，给国内软件企业提供了参与开发中文版 Linux 的机遇。目前国内研发的中文 Linux 有红旗 Linux（中科院）、中软 Linux（中软股份）、Turbo Linux（拓林思）、Xteam Linux（冲浪平台）、BluePoint Linux（深圳信科思）等。

任务实施

完成任务 1 的具体操作步骤如下。

一、光盘启动

把安装光盘放入光驱，使计算机从光盘启动。开机后按 Del 键进入 BIOS 设置主界面。按方向键，在 BIOS 设置界面中选择 Advanced BIOS Features 选项，按 Enter 键进入。按方向键，选择 First Boot Device，按 Enter 键。按方向键选择 CD-ROM 选项，按 Enter 键。图 2.2 说明计算机已经找到了 Windows 7 的光盘引导文件。接下来是初始化安装程序，计算机正在载入程序文件，见图 2.3。

图 2.2　光盘启动界面

图 2.3　安装程序初始化和正在载入程序文件

二、安装过程

（1）语言、时间和货币格式及输入法的设置。如图 2.4 所示的界面，说明安装环境和安装程序已经载入计算机，此时需要用户的操作干预。根据实际需要选择好适合用户的选项后，单击"下一步"继续。

（2）出现如图 2.5 所示的现在安装界面，单击"现在安装"按钮。软件启动安装程序，此时用户无须干预，请等待。

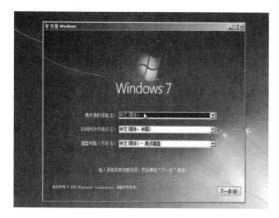
图 2.4　用户操作界面

图 2.5　现在安装界面

（3）进入安装界面，要进行如下设置。在"我接受许可条款"选项前打钩后，单击"下一步"继续，见图 2.6。

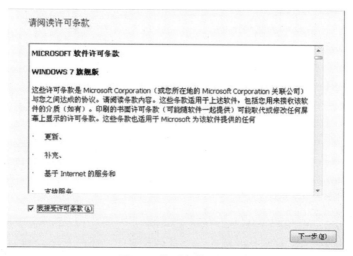
图 2.6　接受条款界面

（4）此时，软件需要用户有所选择。由于使用的是在空白的硬盘上全新安装新的系统，因此此时选择"自定义（高级）"的选项，见图 2.7。

（5）软件需要用户选择需要安装的驱动器。选择后，单击"下一步"继续，见图 2.8。

三、安装设置

（1）所有关于安装的设置完毕后，安装程序就开始进入自动安装阶段。这个过程由计算机的硬件性能而决定。系统在完成了"安装更新"后，会重新启动一次计算机。该过程用户不需要干预，见图 2.9。

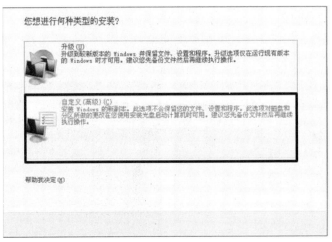

图 2.7 选择安装方式

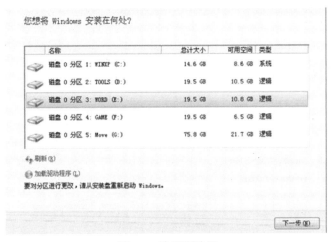

图 2.8 选择驱动器

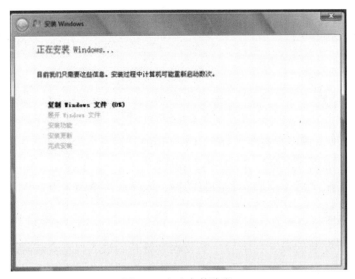

图 2.9 自动安装阶段

图 2.9（续）

（2）重新启动后，用户会看到如图 2.10 所示的画面。此时说明 Windows 7 已经正常地启动，软件还要做余下的工作。安装程序进入到使用前的一系列准备和检查工作。当完成后，计算机需要再次启动。

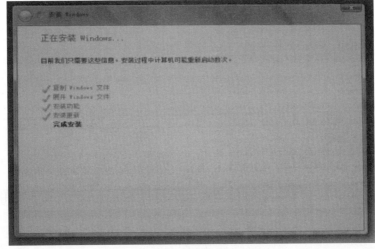

图 2.10　重新启动后

（3）Windows 7 启动完成，在第一次运行时，需要做一些简单的设置。如设置用户名、计算机名、登录密码和密码提示问题，如图 2.11 所示，设置完成后即可使用。

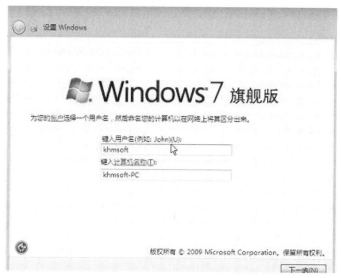

图 2.11　第一次运行

知识拓展

一、Windows 7 启动

正常的启动计算机顺序是先打开显示器，然后再按下主机电源按钮。Windows 7 显示启动画面，然后进入登录界面，需要根据用户名输入密码。再单击右侧的登录按钮，见图 2.12。

图 2.12　登录界面

二、Windows 7 退出

退出 Windows 7 时，应该先关闭主机，再关闭显示器。单击屏幕左下角的开始，然后单击"关闭"，就可以关闭主机了。在"关闭"按钮的右侧有一个箭头，单击后，出现了其他的操作选项，如切换用户、锁定、注销、重新启动、睡眠等，可以根据需要单击选择相关的内容。关闭主机的操作见图 2.13。

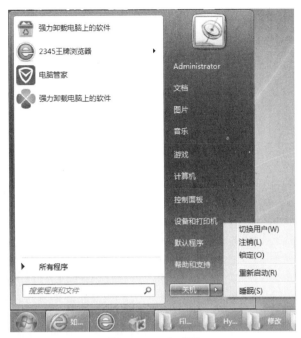
图 2.13 退出界面

任务 2 文件和文件夹操作

任务描述

熟悉 Windows 7 的桌面基本操作，并做以下练习。

（1）重命名练习：把文件 README.TXT 改名为 HELP.TXT。

（2）复制练习：把文件 INDEX.IDX 复制到文件夹 UCDOS 下。

（3）新建文件夹练习：在文件夹 EXAM 下建一个新的文件夹 BACKUP。

（4）删除练习：删除文件 BOOK.TXT 和文件 COUNT.TXT。

（5）移动练习：把文件 SORT.DBF 移动到文件夹 FOX1 下。

（6）更改文件属性：将文件 PCDOS.TXT 的属性设为只读。

任务目标

◆ 掌握 Windows 7 桌面的结构。

◆ 掌握文件和文件夹的基本方法。

◆ 掌握回收站的管理方法。

知识介绍

一、Windows 7 的桌面基本操作

1. Windows 7 的桌面构成

进入 Windows 7 操作系统后，用户首先看到桌面。桌面的组成元素主要包括桌面背景、

桌面图标、"开始"按钮，快速启动工具栏、任务栏等，如图 2.14 所示。Windows 7 操作系统中所有的文件、文件夹和应用程序等都由相应的图标表示。桌面图标一般是由文字和图片组成，文字说明图标的名称或功能，图片是它的标识。用户双击桌面上的图标，可以快速地打开相应的文件或者文件夹或者应用程序，例如，双击桌面上的 Administrator 图标 ，即可打开 Administrator 窗口。桌面背景也称为墙纸，是指 Windows 7 桌面系统背景图案。用户有多种方法设置桌面背景。

图 2.14　桌面图标

右击桌面，在弹出的快捷菜单上选择"个性化"选项，见图 2.15。单击左下角的"桌

图 2.15　更改桌面背景图片

图 2.15（续）

面背景"，打开选择桌面背景对话框，可以通过"图片位置"或者浏览选择图片系列，在列表框中选择一个满意的图片作为背景图，此时，桌面出现了预览效果，当更改其他图片时，桌面也出现了预览效果，当单击右下角的"保存修改"按钮时，桌面按照最后一次选中的内容修改桌面图标。

2. Windows 7 的开始菜单

单击桌面左下角的"开始"按钮 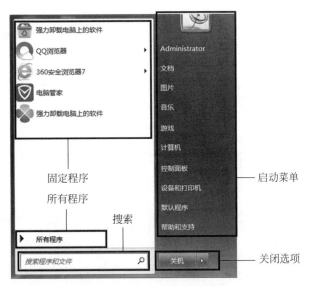，即可弹出"开始"菜单。它主要由"固定程序"列表、"常用程序"列表、"所有程序"列表、"启动"菜单、"关闭选项"按钮和"搜索"框组成，如图 2.16 所示。

图 2.16　开始按钮

1）"固定程序"列表

该列表中显示"开始"菜单中的固定程序。默认情况下，菜单中显示的固定程序只有两个，即"入门"和 Windows Media Center。通过选择不同的选项，可以快速地打开应用程序。此列表中主要存放系统常用程序，包括"计算器""便签""笔记本"等。此列表是随着时间动态分布的。如果超过 10 个，它们会按照时间的先后顺序依次替换。

2）"所有程序"列表

用户在所有程序列表中可以查看所有系统中安装的软件程序。单击"所有程序"按钮，即可看到系统中的所有安装的程序，单击文件夹的图标，可以继续展开相应的程序，单击"返回"按钮即可隐藏所有程序列表。

3）"启动"菜单

"开始"菜单的右侧窗格是"启动"菜单。在这个菜单中列出经常使用的 Windows 程序连接，常见的有"文档""图片""音乐""游戏""计算机""控制面板""设备和打印机"等，单击不同的程序内容，就可以打开相应的程序。

4）"关闭选项"按钮

此按钮主要是对系统进行关闭操作，包括"关机""切换用户""注销""锁定""重新启动"和"睡眠"等选项。

5）"搜索"框

"搜索"框主要用来搜索计算机上的项目资源，是快速查找资源的有力工具。例如在"搜索"框中输入"计算器"，按 Enter 键即可看到搜索结果，如图 2.17 所示。

图 2.17 "计算器"界面

6）"任务栏"

任务栏是位于桌面底部的长条形选框，分为程序、通知、显示桌面几部分。和 Windows XP 系统相比，Windows 7 中的任务栏设计更加人性化，使用更加方便、灵活，用户可以使用 Alt+Tab 组合键在不同的窗口之间进行切换操作，如图 2.18 所示。

图 2.18 任务栏

二、Windows 7 的窗口使用

Windows 的中文含义是窗口，因此 Windows 操作系统的主要操作平台就是窗口。接下来认识和了解一下窗口的使用。

1. Windows 7 的窗口的组成部分

在桌面上操作最多的莫过于"计算机"窗口，通过这个窗口来认识 Windows 7 窗口的结构与组成。下面给出计算机中的图片窗口，如图 2.19 所示。

2. Windows 7 的窗口各部分介绍

1）地址栏

在 Windows 7 的地址栏中，用按钮方式代替了传统的纯文本方式，并且在地址栏周围也有"前进"按钮 ⬅ 和"后退"按钮 ➡，用户可以使用不同的按钮来实现目录的跳转操作，

图 2.19 窗口结构与组成

比如资源管理器中的当前目录为 <u>计算机 ▸ 学习 (E:) ▸ 《Linux实用教程》电子教案</u>，此时地址栏中的几个按钮为"计算机""学习（E:）""《Linux 实用教程》电子教案"。如果要返回 E 盘根目录或者"计算机"窗口，只需要单击"学习（E:）"或者"计算机"按钮。如果要返回上一级目录，只需单击地址栏左侧的按钮⊖即可。

在 <u>计算机 ▸ 学习 (E:) ▸ 《Linux实用教程》电子教案</u> 下，如果要跳转到 C 盘，可以单击"计算机"后面的三角箭头，然后单击 C 盘，如图 2.20 所示。

2）搜索框

用户可以随时在 Windows 7 资源管理器的搜索框输入关键字，搜索结果与关键字相匹配的部分会以黄色高亮显示，能让用户更加容易地找出需要的结果。

3）工具栏

Windows 7 窗口的工具栏位于地址栏下方，当打开不同类型的窗口或选中不同类型的文件时，工具栏中的按钮就会发生变化，但"组织"按钮、"视图"按钮以及"显示预览窗格"按钮是始终不会改变的。通过"组织"下拉菜单中所提供的功能，可实现对文件的大部分操作，如删除、复制等。如果要更改资源管理器中图标的大小，可单击"视图"按钮 进行快速切换，另外还可以使用"视图"按钮旁的小三角按钮，选择图标的显示方式，如图 2.21 所示。

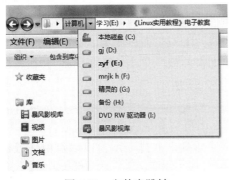
图 2.20 文件夹跳转

图 2.21 视图

4）导航窗格

Windows 7 的"资源管理器"窗口左侧的导航窗格提供了"收藏夹""库""家庭组""计算机"及"网络"选项，用户可以单击任意选项快速跳转到相应的目录。

5）详细信息栏

Windows 7 资源管理的详细信息栏可以看作传统 Windows 系统状态栏的升级，它能为用户提供更加丰富的文件信息，可直接在此修改文件的信息并添加标记，非常方便，如图 2.22 所示，输入后，单击"保存"按钮。

图 2.22　修改标记

6）预览窗格

Windows 7 操作系统虽然能通过大尺寸图标实现文件的预览，但会受到文件类型的限制，比如查看音乐类型文件时，图标就无法起到实际作用。

7）打开和关闭窗口

每当用户在使用 Windows 7 时，经常会用到打开程序、文件夹、文件等操作，这些操作都是在一个窗口中打开。当需要关闭当前已经打开的窗口时，可以单击标题栏右侧的"关闭"按钮，实现关闭的操作。

8）最大化和最小化窗口

当用户打开一个 Windows 窗口后，窗口占据了屏幕的一部分，这时就可以根据操作者对窗口的需求进行调整，调整的内容包括最大化和最小化。单击窗口标题栏的"最小化"按钮，窗口最小化到任务栏中。此时，如果要恢复原来的窗口大小，只要单击任务栏中对应的按钮即可。当窗口处于非全屏的状态下，单击标题栏的"最大化"按钮，可以实现窗口全屏显示。此时，标题栏的最大化按钮变成了"还原"按钮，单击此按钮，即可将窗口还原到最大化之前时的大小。

9）切换和排列窗口

同时打开多个窗口后，如果要对其中的某一个窗口进行操作，或者是要对所有窗口在一个屏幕中显示出来，就要对窗口进行切换和排列。

在多个窗口并存时，如果要对某个窗口进行编辑，首先需要把这个窗口变成当前活动窗口，在 Windows 7 中，切换窗口的方法有：

图 2.23　切换面板

（1）单击窗口可见区域。当非活动窗口有一些区域是可见时，单击可见区域，就能够把这个窗口变成活动窗口。

（2）通过切换面板。用户同时按下 Alt+Tab 组合键（Alt 不能松开），即可调出切换面板，单击 Tab 键，就会在各个窗口之间进行切换，如图 2.23 所示。

（3）在任务栏中切换。当一个程序打开多个窗口后，用户完全可以用鼠标选取任务栏上的窗口图标，针对专门的程序窗口进行切换，而不用再与其他程序及窗口混合切换。

通过窗口的排列功能，可以对多个窗口进行快速排列，并排显示窗口以及用任务栏命令排列窗口都可以实现。

并排显示窗口的操作方法是，用鼠标将窗口拖动到屏幕左侧，当鼠标指针与屏幕边缘碰撞出气泡，这时松开鼠标左键，即可让窗口占据屏幕的一半。如果要还原窗口，只要将窗口拖回到系统桌面中央即可。

在系统任务栏的空白处右击，在弹出的快捷菜单中就可选择"层叠窗口""堆叠窗口""并排窗口"，单击相应的命令，就可以实现相应的操作。

三、使用 Windows 7 的桌面小工具

与 Windows XP 相比，Windows 7 又增添了桌面小图标工具。在 Windows 7 操作系统中，用户只要将小工具的图片添加到桌面上，即可快捷地使用。有时候，小工具打不开，出现了这样的提示（图2.24），笔者从网上找到了一种解决方法，如下：

图 2.24　桌面小工具提示

打开记事本，输入以下代码 Windows Registry Editor Version5.00[HKEY_CURRENT_USER\Software\Microsoft\Windows\CurrentVersion\Policies\Windows\Sidebar]"Turn OffSidebar"=-[HKEY_LOCAL_MACHINE\SOFTWARE\Microsoft\Windows\CurrentVersion\Policies\Windows\Sidebar]"TurnOffSidebar"=，保存为 fix.reg，双击运行它。

Windows 7 中的"桌面小工具"里包含了多个程序，例如日历、时钟、天气、货币、游戏等，这些程序都可以在桌面上显示，不仅增加了桌面的美观，还为用户提供了便捷的途径。

四、文件和文件系统概述

1. 文件和文件系统的分类

1）文件

文件是指存放于计算机中、具有唯一文件名的一组相关信息的集合。文件表示的范围很广，计算机中所有信息都是以文件的形式存放的。文件可以作为一个独立单位进行相应的操作，例如，打开、关闭、读、写等。

2）文件系统

文件系统是管理和操作文件的系统。有了文件系统，用户可以用文件名对文件实施存取控制，这为用户与外存之间提供了友好的接口。

3）文件的分类

在文件系统中为了有效、方便地管理文件，常常把文件按其性质和用途等进行分类。但由于不同系统对文件的管理方式不同，因而对文件的分类方法也有很大差异。下面介绍几种常用的文件分类方法。

（1）按性质及用途分类。

系统文件：这类文件主要由操作系统核心和各种系统应用程序及数据组成。用户只能通过系统调用来执行这类文件，不允许对其读/写和修改。

库文件：这类文件由标准子程序库组成。允许用户调用，但不允许用户修改。

用户文件：这类文件是用户委托系统保存的文件。例如，源程序文件、可执行文件等。该类文件只有文件的所有者或所有者授权的用户才能使用。

（2）按文件的操作权限分类。

只读文件：允许文件主和核准的用户读，但禁止未核准的用户读。

读/写文件：允许文件主和核准的用户读/写，但禁止未核准的用户读/写。

不保护文件：所有用户都可以存取。

（3）按文件中数据形式分类。

文本文件：通常是由 ASCII 字符或汉字组成的文件。例如，数据文件、总结报告。

可执行文件：是计算机系统可以直接识别并执行的文件。目标文件指源程序经编译后产生的二进制代码文件。

文件上的信息是由创建者定义，并根据使用情况定义文件的结构。一种情况是，操作系统提供其支持的文件类型，它将根据文件的结构，用适当的方法管理它们，但操作系统本身的代码量及复杂性将增加。另一种情况是，操作系统不提供其支持的文件类型，即将文件当作一个由字符组成的序列，操作系统不对这些字符作任何解释，因而提供了最大的灵活性，但对用户只提供最小的支持。这样用户程序将包含用以将输入文件转换成相应结构的代码，系统本身代码减少。

4）文件系统的类型

（1）FAT 文件系统。FAT 文件系统是 MS-DOS 操作系统使用的文件系统，也能由 Windows98/NT、Linux、UNIX 等操作系统访问。文件地址以 FAT（文件分配表）表结构存放，文件目录为 32B，文件名由 8 个基本名字符加一个"."和 3 个字符的扩展名组成。

如果用户的计算机上运行的是 MS-DOS、OS/2 或 Windows 95 以前的版本，那么 FAT 文件系统的格式是最佳的选择。不过，需要注意的是，FAT 文件系统最好被用在较小的卷上。因为，在不考虑簇大小的情况下，使用 FAT 文件系统的卷不能大于 4GB。

（2）FAT32 文件系统。FAT32 文件系统提供了比 FAT 文件系统更为先进的文件管理特性。增加了对长文件名（最多 256B）的支持。支持超过 32GB 的卷以及通过使用更小的簇来更有效率地使用磁盘空间。作为 FAT 文件系统的增强版本，它可以在容量从 512MB 到 2TB 的驱动器上使用。

FAT 和 FAT32 可以与 Windows 7 之外的其他操作系统兼容。如果设置了双重启动配置，有必要选择 FAT 或 FAT32 文件系统。选择的标准如下。

① 如果安装分区小于 2GB，或者如果希望双重启动配置 Windows XP 和 MS-DOS、Windows 3.X、Windows 95 或 Windows NT 较早的版本，将安装分区格式化为 FAT。

② 在大于或等于 2GB 的分区上使用 FAT32 文件系统。如果在 Windows 7 安装程序中选择使用 FAT 格式化，并且安装分区大于 2GB，安装程序将自动按 FAT32 格式化。对于大于 32GB 的分区，建议使用 NTFS 而不用 FAT32 文件系统。

（3）NTFS 文件系统。NTFS 文件系统是 Windows 7 操作系统使用的文件系统，提供了 FAT 和 FAT32 文件系统所没有的、全面的性能。NTFS 文件系统的设计目标就是用来在很大的硬盘上能够很快地执行诸如读、写和搜索这样的标准文件操作。NTFS5.0 可以支持的分区（如果采用动态磁盘则称为卷）大小最大可以达 2TB。

NTFS 文件系统具有很强的可靠性、兼容性和安全特性。具体来说就是具有文件系统的恢复功能；更好的磁盘压缩性能；支持多种文件系统；支持对于关键数据完整性十分重要的数据访问控制和私有权限，除了可以赋予 Windows 7 计算机中的共享文件夹特定权限外，

NIFS 文件和文件夹无论共享与否都可以赋予权限。NTFS 是 Windows 7 中唯一允许为单个文件指定权限的文件系统。然而，当用户从 NTFS 卷移动或复制文件到 FAT 卷时，NTFS 文件系统权限和其他特有属性将会丢失。

运行 Windows 7 的计算机的磁盘分区可以使用三种类型的文件系统：NTFS、FAT 和 FAT32。安装 Windows XP 的用户建议使用 NTFS 文件系统。FAT 和 FAT32 很相似，只是 FAT32 更适合于较大容量的硬盘（对于大硬盘来说，最佳的文件系统是 NTFS）。

只有一种情况，即双重启动配置系统时（在同一台计算机上同时安装有 Windows XP Professional 和其他操作系统），用户需要使用 FAT 或 FAT32 文件系统。在这种情况下，用户就应该在硬盘上用 FAT 或 FAT32 分区作为主分区（启动分区）。这是因为早期的操作系统不能访问采用最新版本 NTFS 格式的本地硬盘分区，唯一的例外就是 Windows NT 4.0 加上 Service Pack 4 或更高版本，它能够访问这种硬盘分区，但也有所限制。

Windows 7 新版本的 NTFS 文件系统在原有灵活的安全特性（比如域和用户账户数据库）之上又加入了新的特性，如活动目录、文件加密、其他的数据存储模式，而且，NTFS 的性能和存储效率并不像 FAT 那样随着磁盘容量的增大而降低。

（4）CD-ROM 文件系统。CD-ROM 文件系统是符合 ISO 9660 标准的，且支持 CD-ROM 的文件系统。

（5）通用磁盘格式文件系统。通用磁盘格式（Universal Disk Format，UDF）文件系统是依据光学存储技术协会（Optical Storage Technology Association，OSTA）的通用磁盘格式文件系统规格 1.02 版制定的。它提供了对 UDF 格式媒体的只读访问（如 DVD 光盘）。Windows 98 提供对 UDF 文件系统的支持。

2. 文件系统的功能和文件的结构

1）文件系统的功能

文件系统的功能从操作系统管理资源的角度看一般应具备以下五种功能。

（1）使用户能按文件名对存储介质上的信息进行访问，文件系统负责完成对文件的按名存取。

（2）实现用户要求的各种操作。包括文件的创建、修改、复制、删除等。

（3）对文件提供共享功能及保护措施。

（4）文件存储空间的管理。

（5）文件系统应提供转储和恢复的能力，尽量减少系统发生故障时所造成的损失和破坏。

2）文件的组织结构

在文件系统中，采用什么样的组织形式才便于对文件进行操作呢？文件的组织形式有两种结构：从用户的角度看称为文件的逻辑结构，用户按文件的逻辑结构组织自己的文件信息；从系统实现的角度看称为文件的物理结构，文件系统是按不同的物理结构对文件信息进行组织和管理的。

（1）文件的逻辑结构。文件的逻辑结构又分为两种形式。

① 一种是有结构的记录式文件，它由一组相关记录组成。文件中的记录可按顺序编号为记录 1、记录 2、……、记录 n，例如，数据库文件。记录式文件中的记录又分等长和变长记录。

② 另一种是无结构的流式文件，它是指由字符序列集合组成的文件，例如，一个源程

序文件。可以把流式文件看作记录式文件的一个特例。在 UNIX 中，所有文件都被看作流式文件，包括打印机、显示器等输入输出设备。

（2）文件的物理结构。文件的物理结构是指逻辑文件在文件存储设备上的存放形式。为了有效地管理存储空间，通常把文件存储设备（磁盘或磁带等）划分为大小相等的物理块，以物理块作为存储分配的基本单位。例如，一个物理块为 1024B 或 512B。文件在逻辑上是连续的，但在存储设备上存放时却有几种不同形式。

① 连续文件又称顺序文件，其特点是文件存放在存储设备的相邻的物理块中，即连续存放。

② 串联件又称链表文件，它采用非连续的物理块来存放文件信息，将文件的所有物理块串联组成一个链表，块之间通过指针链接。

③ 索引文件要求系统为每一个文件创建一张索引表，索引表的表项给出文件的逻辑块号和物理块号的对应关系。

④ Hash（散列）文件是目前应用较为广泛的一种文件形式。它采用计算寻址方法，将记录键值通过 Hash 函数计算转换成相应记录的地址。

3）文件目录结构

在现代操作系统中，往往面临对大量文件的管理。为了实现对文件的有效管理，要对它们进行周密的组织。采用"树形"文件目录结构是最常用的一种文件组织形式。文件系统的目录结构的作用与图书中目录的作用完全相同，可实现快速检索。同时，对文件目录管理还要求具有：按名存取（用户只需给出文件名，系统就能快速准确地找到它的存储位置）；快速检索（通过合理地组织目录结构，实现快速检索）；文件共享（允许多个用户共享一个文件）；允许文件重名（允许不同用户按自己的习惯和实际需要命名文件）等功能。

（1）文件控制块。在文件系统中采用文件控制块（FCB）来管理文件。一般文件系统的 FCB 包括了文件的特征信息，如文件名、文件类型、存储位置、长度、访问权限、文件建立日期和时间等。在文件系统中，每个文件在 FCB 中都有一个目录项。

（2）文件目录结构。由于文件系统中存放了很多文件，故文件目录占用的空间也很大，因此文件目录通常是存放在外存中。文件目录可分为一级目录、二级目录和多级目录等形式。

一级目录结构是在整个系统中只建立一个目录表（线性表），每个文件占据其中的一个表项。它能够实现"按名存取"且简单，但是查找速度慢、不允许文件重名，也不便于实现文件共享。因此，一级目录结构只适用于单用户环境。

在二级目录结构中创建两个表：一个是用户文件目录表，每个用户有一个表，表中存放该用户所有文件的 FCB 信息；另一个是主文件目录表 MFD，每个用户目录文件占一个表项，表项中存放用户名以及指向该用户目录文件的指针。

将二级目录的层次关系加以推广便形成了多级目录，也称为树形目录结构。现代文件系统中多采用树形目录结构。在多级目录结构中，第一级目录称为根目录，目录树中的非叶子结点均为子目录，树叶结点均为文件，如图 2.25 所示。

在多级目录中，用户要访问某个文件时往往使用该文件的路径名来标记文件。文件的路径名又分绝对路径和相对路径：绝对路径是指从根目录出发到指定文件所在位置的目录名序列；相对路径是从当前目录出发到指定文件位置的目录名序列，目录左侧有"+"号的表示其下有子目录，单击"+"号展开目录，"+"号变为"-"号，单击"-"号折叠目录，

"–"号又变为"+"号。

图 2.25　文件目录结构

五、文件和文件夹基本操作

1. 文件和文件夹的创建与选择

1）文件、文件夹的选择

在 Windows 7 中无论是打开文档、运行程序、删除文件或复制文件等操作，都要首先选择文件或文件夹。

（1）选择单个文件或文件夹。在文件夹窗口中，用鼠标单击要操作的文件或文件夹图标，使其反色显示，则表示选中了该文件或文件夹。

（2）选择一组连续的文件或文件夹。首先单击欲选择的第一个文件或文件夹，使其反色显示，然后按住 Shift 键不放，单击欲选择的最后一个文件或文件夹即可。

（3）选择一组非连续的文件或文件夹。首先单击欲选择的第一个文件或文件夹，使其反色显示，然后按住 Ctrl 键不放，单击欲选择的其他文件或文件夹即可。

（4）选择某一区域中的文件或文件夹。首先将鼠标指针指向欲选文件或文件夹外的空白区域，按住鼠标左键不放，拖动鼠标指针，此时可以看到鼠标移动过的地方出现了矩形框，并且矩形框覆盖的文件或文件夹呈反色显示，表明这些文件或文件夹已被选中。

（5）选择窗口中的所有文件或文件夹。选择"编辑"|"全部选定"命令，或者按快捷键 Ctrl+A，窗口中的所看文件或文件夹均变为反色显示，说明该窗口中的所有文件或文件夹均被选中。

（6）反向选择文件或文件夹。首先使用选择非连续文件或文件夹的方法，选择若干个文件或文件夹，然后选择"编辑"|"反向选择"命令，窗口中原先被选中的文件或文件夹将去掉反色显示，而原来未被选中的文件或文件夹则呈反色显示，表示它们已被选中了。

（7）取消文件或文件夹的选择。若要取消已被选中的文件或文件夹，只需在本窗口内任一空白处单击，则窗口中已呈反色显示的文件或文件夹将恢复到正常显示的状态，表明取消了已被选中的文件或文件夹。

2）创建一个新文件夹

新建文件夹的操作方式有以下几种。

（1）选中欲在其下建立文件夹的驱动器或文件夹，在"文件和文件夹任务"下，单击"创建新文件夹"，将出现一个被选中并以默认名为"新建文件夹"的文件夹，在文件夹旁的矩形框中，可直接键入新文件夹的名称。

（2）通过右击文件夹窗口或桌面上的空白区域，把鼠标指向"新建"，然后单击"文件夹"，也可以创建新文件夹。

（3）在文件夹窗口中单击菜单栏中的"文件"菜单，在弹出的菜单中指向"新建"，在其子菜单中单击"文件夹"，也可以创建新文件夹。

2. 文件和文件夹的操作

1）更改文件或文件夹名称

如何更该文件或文件夹名称，有下列操作方式。

（1）单击选中欲重新命名的文件或文件夹，在"文件和文件夹任务"|"重命名此文件"或"重命名此文件夹"，在文件夹旁的矩形框中，键入新文件夹的名称，按回车键或在空白处单击确定即可。

（2）也可以通过右击文件或文件夹，然后单击"重命名"来更改文件或文件夹的名称。但不能随意更改系统文件或系统文件夹的名称，例如，Documents and Setting、System32，这些文件夹是正确运行 Windows 所必需的。

2）文件或文件夹的复制

对文件和文件夹的复制有许多种操作，这里介绍 4 种常用的方法。

（1）使用"文件和文件火任务"。首先选中要复制的文件或文件夹，然后选择"文件和文件夹任务"下的"复制这个文件"或"复制这个文件夹"命令。会弹出"复制项目"对话框，在"复制项目"对话框中，选择想要复制到的目标驱动器或文件夹，单击"复制"命令按钮。

（2）使用鼠标拖放。在不同的磁盘驱动器、文件夹或窗口之间复制。选中要复制的文件或文件夹，然后把所选的文件或文件夹拖放到目标磁盘驱动器、文件夹或窗口，即开始复制。

（3）利用"复制"和"粘贴"命令。选中要复制的文件或文件夹，将鼠标置于被选中的文件或文件夹上右击，在出现的快捷菜单中选择"复制"命令，或者下拉出窗口菜单栏的"编辑"菜单，选择"复制"命令；然后转到复制的目标位置，如磁盘驱动器、文件夹或窗口，右击空白区域，在弹出的快捷菜单中单击"粘贴"，或者下拉出窗口菜单栏的"编辑"菜单，选择"粘贴"命令。

（4）使用快捷键。选中要移动的文件或文件夹，按 Ctrl+C 组合键复制，然后转到复制的目标位置，再按 Ctrl+V 组合键粘贴。

在移动的过程中，可以一次复制多个文件或文件夹。

3）文件或文件夹的移动

（1）使用"文件和文件夹任务"。首先选中要移动的文件或文件夹，然后选择"文件和文件夹任务"下的"移动这个文件"或"移动这个文件夹"命令。会弹出"移动项目"对话框，在"移动项目"对话框中，选择想要移动到的目标驱动器或文件夹，单击"移动"按钮。

（2）使用鼠标拖放。在不同的磁盘驱动器、文件夹或窗口之间移动。选中要复制的文件或文件夹，然后用鼠标左键把所选的文件或文件夹拖放到目标磁盘驱动器、文件夹或窗口，即开始移动。

（3）利用"剪切""粘贴"命令。选中要移动的文件或文件夹，将鼠标置于被选中的文件或文件夹上右击，在出现的快捷菜单上选择"剪切"命令，或者下拉出窗口菜单栏的"编辑"菜单，选择"剪切"命令；然后转到移动的目标位置，如磁盘驱动器、文件夹或窗口，右击空白区域，在弹出的快捷菜单中单击"粘贴"，或者下拉出窗口菜单栏的"编辑"菜单，选择"粘贴"命令。

（4）使用快捷键。选中要移动的文件或文件夹，按 Ctrl+X 组合键剪切，然后转到移动的目标位置，再按 Ctrl+V 组合键粘贴。

4）文件或文件夹的删除

为节省磁盘空间，应及时删除不需要的文件或文件夹。在 Windows 7 中，文件或文件夹的删除分为逻辑删除和物理删除两种方式。逻辑删除是先把被删除的文件或文件夹放入回收站，实际上这些文件或文件夹并没有真正被删除，此时并不释放磁盘空间，需要时还可以打开回收站还原恢复。确实需要删除的再清空回收站，清空后将无法恢复，此时磁盘空间被释放。

删除文件夹时，会将它的全部内容，包括文件夹内的文件都删除掉。

（1）逻辑删除的方法：

① 选中要删除的文件或文件夹，用鼠标左键将其拖曳到回收站并释放鼠标键。

② 选中要删除的文件或文件夹，选择"文件和文件夹任务"|"删除这个文件"或"删除这个文件夹"命令，在弹出的"确认文件或文件夹删除"的对话框中，单击"是"确认。

③ 选中要删除的文件或文件夹，右击出现快捷菜单，或者下拉出菜单栏上的"文件"菜单，选择"删除"命令，在弹出的"确认文件或文件夹删除"的对话框中，单击"是"确认。

④ 选中要删除的文件或文件夹，按 Delete 键，在弹出的"确认文件或文件夹删除"对话框中，单击"是"确认。

（2）物理删除的方法：

① 选中要删除的文件或文件夹，按住 Shift 键，再按 Delete 键，要删除的文件或文件夹不会被送入回收站，而被直接永久删除。

② 双击桌面上的"回收站"图标，打开回收站窗口，选择"清空回收站"命令，回收站中被逻辑删除的所有文件和文件夹都被清除，不能再恢复。

5）文件或文件夹的属性

在 Windows 7 中，文件和文件夹的属性有只读、隐藏和其他高级属性。右击某一文件或文件夹，在弹出的快捷菜单中，选择属性命令，打开某文件或文件夹的属性对话框，见图 2.26，即可查看和修改该文件或文件夹的属性。

图 2.26　文件属性对话框

要想显示出属性被设置为隐藏的文件或文件夹，可在"资源管理器"和"计算机"窗口，打开菜单栏上的"工具"下拉菜单，执行文件夹选项命令，打开"文件夹选项"对话框，通过"查看"选项卡中的"不显示隐藏的文件或文件夹"与"显示所有文件和文件夹"单选框的选择，就可以显示或隐藏文件或文件夹。

任务实施

一、重命名练习

（1）用"资源管理器"或"计算机"打开本实验素材中的"任务2"文件夹。

（2）右击要更改文件名的文件 README.TXT。

（3）在弹出的对话框中，选择"重命名"。

（4）输入新的文件名 HELP.TXT，见图 2.27。

二、复制练习

（1）用"资源管理器"或"计算机"打开本实验素材中的"实验一"文件夹。

（2）右击文件 INDEX.IDX，选择"复制"，将其复制到剪贴板。

（3）用"资源管理器"或"计算机"打开文件夹 UCDOS。

（4）在 UCDOS 文件夹的空白处右击，选择"粘贴"即可，见图 2.28。

图 2.27　文件重命名　　　　　　　　　　图 2.28　文件复制

三、新建文件夹练习

（1）用"资源管理器"或"计算机"打开本实验素材中的"实验一"文件夹。

（2）双击打开文件夹 EXAM，在该文件夹空白处右击，选择"新建"，再选择"文件夹"。

（3）输入新的文件名 BACKUP 即可，见图 2.29。

四、删除练习

（1）用"资源管理器"或"计算机"打开本实验素材中的"实验一"文件夹。

（2）单击要删除的文件 BOOK.TXT。

（3）左手按住 Ctrl 键的同时，单击文件 COUNT.TXT，两个文件被选中。

（4）在选中的文件图标上右击，选择"删除"即可，见图 2.30。

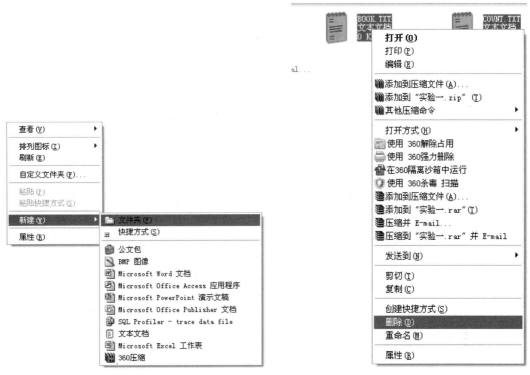

图 2.29 新建文件夹   图 2.30 删除文件

五、移动练习

（1）用"资源管理器"或"计算机"打开本实验素材中的"实验一"文件夹。

（2）找到要移动的文件 SORT.DBF，在该文件图标上右击，选择"剪切"。

（3）用"资源管理器"或"计算机"打开文件夹 FOX1。

（4）在 FOX1 文件夹的空白处右击，选择"粘贴"即可，见图 2.31。

六、更改文件属性

（1）用"资源管理器"或"计算机"打开本实验素材中的"实验一"文件夹。

（2）找到要更改属性的文件 PCDOS.TXT，在该文件图标上右击，选择"属性"。

（3）选择"只读"，最后单击"确定"即可，见图 2.32。

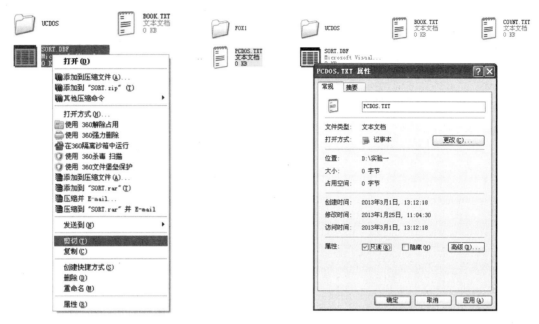

图 2.31　移动文件　　　　　　　　　　　图 2.32　更改文件属性

知识拓展

一、回收站的管理

回收站是 Windows 操作系统用来存储被删除文件的场所，在管理文件和文件夹的过程中，系统将被删除的文件自动移动到回收站中，而不是彻底删除，这样可以保证重要文件的可恢复性，避免因误删除而造成的麻烦。

1. 还原回收站中的内容

回收站中的内容可以还原至原来的存储位置，下面详细介绍还原回收站中的内容的操作方法。

（1）双击 Windows 7 桌面上的"回收站"图标，如图 2.33 所示。

（2）打开"回收站"窗口，单击准备还原的文件或文件夹，右击选中的文件或文件夹，在弹出的快捷菜单中单击"还原"菜单项，如图 2.34 所示。

（3）此时文件（或文件夹）将还原到原来位置。

2. 删除回收站中的内容

回收站中的内容不准备再使用时，可以通过删除回收站内容的操作来完成。在回收站中可以删除所有的文件或文件夹，可以删除部分文件或文件夹。下面介绍方法。

（1）在"回收站"窗口中，右击准备删除的文件或文件夹，在弹出的快捷菜单中，选择"删除"菜单项。

（2）弹出"删除文件"对话框，单击"是"按钮，如图 2.35 所示。

（3）通过以上步骤即可完成删除回收站内容的操作。

图 2.33　回收站图标

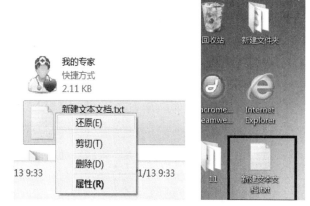

图 2.34　回收站还原文件

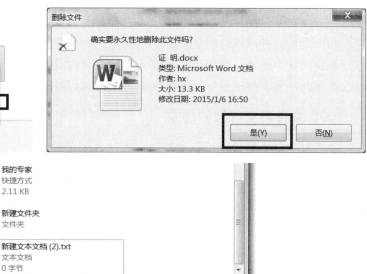

图 2.35　删除回收站文件

3. 设置回收站属性

用户可以根据需要自定义设置回收站属性,包括回收站的容量、删除文件是否经过回收站以及是否确认清空回收站等(图 2.36)。其具体操作方法如下。

(1)右击回收站图标。

(2)在弹出的快捷菜单中单击"属性"菜单项。

(3)设置回收站的属性。

(4)单击"确定"按钮即可。

设置回收站大小:用户可以自定义设置回收站在每个磁盘分区中占用的空间大小。在

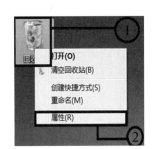

图 2.36　设置回收站属性

列表框中逐个选择磁盘分区，选中列表框下方的"自定义大小"单选按钮，在"最大值"文本框中输入大小值即可。

　　删除文件不经过回收站：选中"不将文件移到回收站。移除文件后立即将其删除"单选按钮，则删除计算机中的文件或文件夹时，将不经过回收站而直接永久删除。

　　删除时无须确认：取消选中"显示删除确认对话框"复选框，则删除计算机中的文件或文件夹时，将不弹出提示框而直接将文件删除到回收站中。

二、文件与文件夹的搜索

　　文件与文件夹被保存后，如果用户忘记了所需要的文件或文件夹位置，使用文件夹搜索功能可以快速将其找到。

1. 根据关键字搜索文件或文件夹

　　如果用户记得所需文件或文件夹的名称或扩展名，则可以使用搜索关键字的方法进行搜索，方法如下。

　　（1）双击系统桌面的"计算机"图标，打开"计算机"窗口。

　　（2）在搜索区输入要搜索的关键字，如".mp3"，在窗口中就会显示与搜索关键字相匹配的文件，如图 2.37 所示。

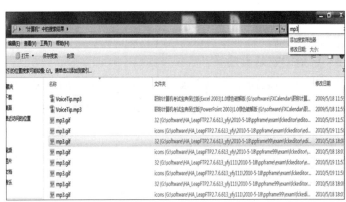

图 2.37　搜索 mp3 文件

2. 使用搜索筛选器搜索文件或文件夹

为了让搜索结果更加快速和准确，可以在搜索时使用搜索筛选器来限定搜索范围。

（1）在搜索区输入要搜索的关键字，如".mp3"，然后再输入"|"。

（2）单击搜索框下方相应的筛选器，如"大小"。

（3）单击选择一个合适的搜索值，如图 2.38 所示。

图 2.38 搜索 100KB~1MB 大小的 mp3 文件

通过上述设置后，搜索的结果就会减少很多，更便于用户查找。重复执行上面的操作，可以建立多个属性的组合搜索，从而进一步缩小搜索范围。

任务 3 Windows 7 的控制面板操作

任务描述

（1）打开控制面板并且以"大图标"方式查看控制面板。

（2）更改系统桌面、屏幕保护程序、分辨率、刷新率、系统图标。

（3）更改系统的"注销"声音、更改系统的鼠标和键盘属性、卸载 360 安全卫士。

（4）"搜狗拼音"输入法的添加和设置。

（5）"行楷体"字体的安装与卸载。

（6）增加账户和更改账户密码。

任务目标

◆ 掌握控制面板的设置方法。
◆ 掌握桌面的设置方法。
◆ 掌握系统的设置方法。
◆ 掌握输入法的设置方法。
◆ 掌握系统字体的设置方法。
◆ 掌握用户账户增加和更改密码的设置方法。

🛠 知识介绍

控制面板是专门用于 Windows 7 外观和系统设置的工具。Windows 7 的控制面板提供按类别、大图标和小图标的查看方式，默认是按类别进行查看。

一、外观和个性化环境设置

外观和个性化设置，主要是对桌面的整体外观，包括主题、背景、显示、桌面小工具等进行设置，以更好地体现用户对计算机设置的个性化。

1. 个性化设置

个性化设置影响桌面的整体外观，包括主题、背景、屏幕保护程序、图标、窗口颜色、鼠标指针和声音等。Windows 7 提供了 Aero 主题，默认一般为 7 个，可以联机下载。

1）主题

桌面主题是计算机上的图片、颜色和声音的组合。下面介绍主题的应用、更改、共享与删除操作。

（1）应用主题。用户使用主题，只需要一次选择"控制面板"|"外观和个性化"|"更改主题"，在列表框中选择新的主题，可以立即更改桌面的背景、窗口颜色、声音和屏幕保护程序。

（2）更改主题。当用户对系统提供的主题不满意时，可以在"个性化"窗口中更改主题的每一个部分，包括桌面背景、窗口颜色、声音和屏幕保护程序，单击"保存修改"按钮，则主题应用于桌面显示。如果用户对自己更改的主题满意时，单击"保存主题"按钮，输入主题名称将其保存起来。

（3）共享与删除主题。用户可以将满意的主题与他人共享。指向"我的主题"中自己定义的主题，右击主题，在快捷菜单中选择"保存主题用于共享"选项，然后输入主题的名称，单击"保存"即可。对不常使用或不满意的主题，用户可以右击主题，在弹出的快捷菜单中选择"删除主题"选项即可。

2）桌面背景

桌面背景也被称为壁纸，即用户打开计算机进入 Windows 7 系统后所出现的桌面背景颜色或图片，用户可以选择单一的颜色或系统提供的图片或其他图片文件作为桌面背景。

2. 显示的设置

在"外观与个性化"选项中，显示的设置主要包括屏幕分辨率和刷新率。对屏幕分辨率的设置有 2 种方法。第一种，在桌面空白处右击，在弹出的快捷菜单中选择"屏幕分辨率"即可。第二种，通过"控制面板"|"外观和个性化"|"调整屏幕分辨率"进行设置。对屏幕的刷新率也可以设置。刷新率表示屏幕的图像每秒在屏幕上刷新的次数，刷新率越高，屏幕上的图像闪烁感就越小。刷新率的设置方法是，打开"屏幕分辨率"，单击"高级设置"按钮，在"高级设置"对话框中选择"监视器"，进行更改即可。

3. 任务栏和"开始"菜单的设置

任务栏和"开始"菜单的设置包括自定义"开始"菜单、自定义任务栏上的图片和更改"开始"菜单上的图片选项。对"开始"菜单和"任务栏"设置的方法有 2 种。第一种，右击桌面最下面的"任务栏"，选择"属性"选项，对"开始"菜单和"任务栏"进行设置。

第二种，通过"控制面板"|"外观和个性化"|"任务栏和开始菜单"进行设置。

4．字体的设置

字体是指系统中字符的外观样式，如"楷体""宋体"等就是指系统字体。Windows 7中虽然自带了很多中英文字体，但是在对文字的编辑和设计时，还需要安装更多的第三方字体。

二、时钟、语言和区域的设置

通过控制面板中的"时钟、区域和语言"选项可以更改显示日期、时间、货币、数字和带小数点数字的格式等。

1．设置输入法

在"时钟、区域和语言"窗口中，选择"区域和语言"选项中的"安装或卸载显示语言"，可以对显示语言进行安装和卸载。

选择"更改显示语言"选项，单击"更改键盘"按钮，打开"文本服务和输入语言"对话框，可以设置系统默认的输入法，在"已安装的服务"中列出了本机上已经安装的输入法，可以添加和删除输入法。选择某一输入法，单击"属性"按钮，可以查看和设置该输入法的一些属性值。

2．设置数字、时间和日期

"区域和语言"选项还包括对数字格式、时间和日期格式以及当前位置的更改。选择"区域和语言"选项，可以对当前位置的日期、时间、数字格式进行更改。

3．调整日期和时间

在计算机系统中，默认的时间和日期是根据计算机中 BIOS 的设置得到的。有些计算机因为 BIOS 电池掉电等原因而显示错误的日期和时间，用户可以调整日期、时间和区域。在"时钟、语言和区域"窗口中，选择"日期和时间"选项，可以设置日期和时间，更改时区，附加时钟和同步"Internet 时间"，但必须在计算机与 Internet 连接时才能同步。

三、硬件和声音的设置

硬件和声音的设置，主要包括设备和打印机的添加、鼠标和键盘属性的设置、声音属性的设置等。其中鼠标和键盘属性的设置，也可以通过"个性化"进行管理。可以通过"开始"|"控制面板"|"硬件和声音"打开，然后进行管理和设置。

1．添加打印机

在"设备和打印机"选项中，选择"添加设备"，可以添加设备，例如 USB 接口驱动等；选择"添加打印机"，可以添加两种类型的打印机：本地打印机和网络打印机。

2．声音

打开"控制面板"窗口，选择"硬件和声音"|"声音"，在窗口中可以进行的设置包括"调整系统音量""更改系统声音"和"管理音频设置"操作。

四、卸载程序

"卸载/更改程序"主要用于管理计算机上的程序和组件，可以通过"开始"|"控制面板"|"程序"打开它。主要包括卸载程序，查看已经安装的程序，卸载已经安装的更新，

安装新程序，设置默认程序等。

1. 更改或删除程序

在"程序"窗口中，选择"程序和功能"选项中的"卸载程序"选项，可以看到系统中所有已经安装的程序列表。要从系统中删除一个程序，只要右击该程序名称，然后单击"卸载/更新"按钮，就可以对已安装的程序进行卸载或更新操作。

在"程序"窗口中，选择"程序和功能"选项中的"查看已安装的更新"选项，将可以看到系统已经安装的所有更新程序，可以选择其中一个，进行卸载或更新，操作方法与卸载程序的方法类似。

2. 添加新程序

在"程序"窗口中，选择"程序和功能"选项中的"如何安装程序"选项，进入"Windows帮助和支持"窗口，该窗口提供了安装程序的帮助信息，并可以用以下 2 种方法安装程序：第一种，"从 CD-ROM 或软盘安装程序"选项，从已经插入的光盘上寻找安装程序进行安装；第二种，"从 Internet 安装程序"选项，可以通过 Web 浏览器进行程序下载或在线安装，前提是计算机已经联网。

3. 设定程序访问和默认值

通过"开始"|"控制面板"|"程序"|"默认程序"，可以设定程序的访问和默认值，包括"更改'自动播放'设置""将文件类型或协议与程序关联""设置程序访问和计算机的默认值"等。

五、用户账户的设置

用户账户主要包括更改账户图片、添加/删除账户、更改账户密码以及家庭安全方面的操作。在 Windows 7 中，一台计算机可以允许多个用户使用，建立多个账户，从而使每个用户都可以有自己的专用工作环境。下面我们将详细地介绍账户管理的方法。一台计算机如果准备要多个用户使用，那么应先创建新的用户账户，让每个用户账户都拥有对应的工作界面，并且互不干扰。下面介绍添加新的用户账户的操作方法。用户账户主要包括更改账号图片、添加/删除账户、更改账户密码以及家庭安全方面的操作。

1. 用户账户

用户账户用于为共享计算机的每个用户设置个性化的 Windows，可以选择自己的账户名、图片和密码，并选择只适用于自己的其他位置。有了用户账户，在默认情况下，用户创建或保存的文档将存储在自己的"我的文档"中，而与使用该计算机的其他人的文档分隔开。

在 Windows 7 中，用户账户被分为两大类：一类是计算机管理员账户；另一类是标准账户。

计算机管理员账户拥有计算机的安全访问权，可以做任何需要的更改。例如，对计算机进行系统更改、系统设置、安装程序和访问计算机上所有的文件等。

计算机管理员账户是专门为可以对计算机系统更改、安装程序和访问计算机上所有文件的用户而设置的。也只有拥有此类账户的计算机用户才有添加或删除用户账户、更改用户账户类型、更改用户登录方式或注销方式等权限。

标准账户可以使用大多数软件以及更改不影响其他用户或计算机安全的系统设置。此外，没有账户的用户可以使用来宾账户登录计算机。来宾账户没有密码，所以他们可以快速登录，以检查电子邮件或浏览网页。

2. 管理用户账户

在安装 Windows 7 的过程中，安装向导会在安装完成之前要求管理员指派用户名，然后系统会根据这些用户自动创建用户账户。

在"控制面板"窗口中，单击"用户账户和家庭安全"，打开"用户账户和家庭安全"窗口。选择"用户账户"选项，进入"更改用户账户"窗口，在这里就可以对用户账户进行添加、删除更改图片操作。

1）更改账户

用户在"更改用户账户"窗口中，可以更改账户的图片、更改账户名称，管理员账户还可以更改其他账户类型等。

2）添加账户

在"更改用户账户"窗口中，单击"管理其他账户"按钮，进入"管理账户"窗口，选择"创建一个新账户"，输入名称，选择类型，然后单击"创建账户"按钮即可。

3）删除账户

在"用户账户"窗口中，选择"管理其他账户"，进入"管理账户"窗口，在其中可以看到计算机上的所有用户，直接单击需要删除的用户，然后选择"删除账户"就可以将该用户删除。需要注意的是：对 Guest 账户只能更改图片，设置是否启用，不能删除；自己登录的账户，不可删除，只能删除其他账户；普通账户不能删除管理员账户。

3. 家庭控制

为了计算机的使用安全，管理员可以对标准账户操作计算机的权限进行控制。但是，管理员不能对管理员用户进行控制。可以使用家长对儿童使用计算机的控制方式进行协助管理。例如，可以限制儿童使用计算机的时段、可以玩的游戏类型以及可以运行的程序。

操作步骤如下：

（1）管理员用户登录后，在"控制面板"中选择"用户账户和家庭安全"|"家长控制"，进入"家长控制"窗口。

（2）选择一个标准账户，例如 hzi 或新建一个标准账户，然后对该账户控制进行设置。

在"家长控制"窗口中，需要先启用家长控制，然后对用户 hzi 进行 Windows 设置，包括时间限制、游戏、允许和组织特定程序等。

📥 任务实施

一、控制面板的显示操作

1. 打开控制面板并且以"大图标"方式查看控制面板

打开控制面板的方法很多，最常用的是：单击"开始"菜单，选择"控制面板"项目，如图 2.39 所示。控制面板默认是以分类方式显示设置选项，但有些选项并没有在控制面板中显示出来，如键盘与鼠标设置、系统属性等，这时就可以通过更改控制面板查看方式，来显示 Windows 7 中所有的控制面板选项，在打开的控制面板界面下，其具体操作如下。

（1）左击"类别"按钮右侧的下拉按钮；

（2）左击选择"大图标"或"小图标"命令，在窗口中即可显示所有控制面板选项，如图 2.40 所示。

图 2.39　打开控制面板

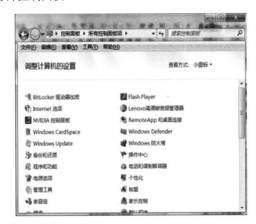

图 2.40　查看控制面板

2. 更改系统桌面、屏幕保护程序、分辨率、刷新率、系统图标

Windows 7 自带了很多精美的桌面背景和主题，用户可以通过"个性化"窗口，对 Windows 7 的桌面进行设置。

1）更改桌面背景

（1）右击桌面，在弹出的快捷菜单中选择"个性化"菜单项，如图 2.41 所示。

（2）弹出"个性化"窗口，在窗口下方单击"桌面背景"链接项，如图 2.42 所示。

（3）弹出"桌面背景"窗口，首先选择准备使用的图片，然后单击"保存修改"按钮，如图 2.43 所示。

（4）返回到桌面，可见桌面背景已经改变，这样即可修改桌面背景，如图 2.44 所示。

2）设置屏幕保护程序

（1）在桌面上，在右击弹出的快捷菜单中选择"个性化"菜单项。

（2）在弹出的"个性化"窗口中，单击"屏幕保护程序"链接项，如图 2.45 所示。

（3）弹出"屏幕保护程序设置"对话框，首先单击"屏幕保护程序"下拉按钮，选择准备使用的屏幕保护效果，如"彩带"，然后在"等待"微调框中调节屏保需要的时间，如 1 min，最后，单击"确定"按钮，如图 2.46 所示。

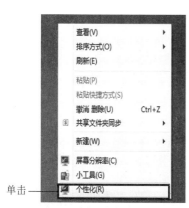

单击——

图 2.41　个性化设置第一步

单击

图 2.42　个性化设置第二步

1

2

图 2.43　个性化设置第三步

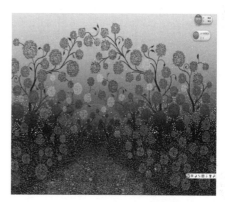

图 2.44　个性化设置效果

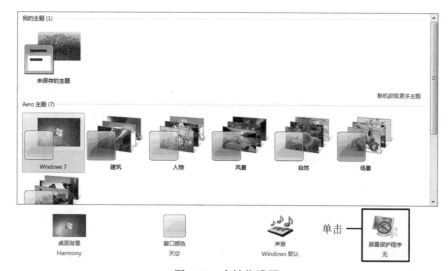

单击

图 2.45　个性化设置

（4）屏幕保护效果将在已设置的屏保时间，如 1min 后，在无人操作的情况下出现，这样即可以设置屏幕保护程序，如图 2.47 所示。

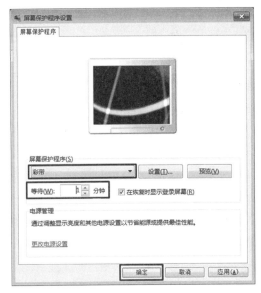

图 2.46　屏幕保护设置

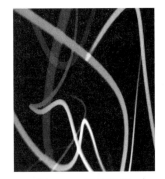

图 2.47　屏保效果

注意，在"屏幕保护程序设置"对话框中，用户可以单击"预览"按钮，观看当前的屏幕保护的效果，还可以通过"更改电源设置"链接项，设置屏幕保护程序启动后唤醒计算机时需要的密码，保证计算机的安全性。

3）设置显示器的分辨率和刷新率

（1）在计算机桌面上，首先右击，然后在弹出的快捷菜单中选择"屏幕分辨率"菜单项，如图 2.48 所示。

（2）弹出"屏幕分辨率"窗口，首先单击"分辨率"下拉按钮，选择准备使用的分辨率，如"1440×900（推荐）"。然后单击"确定"按钮，这样即可设置显示器的分辨率，如图 2.49 所示。

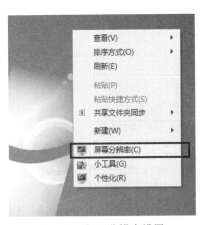

图 2.48　打开分辨率设置

图 2.49　设置分辨率

计算机应用基础任务驱动教程

（3）设置屏幕刷新率，在"屏幕分辨率"窗口，单击窗口右侧的"高级设置"链接项，如图 2.50 所示。

（4）弹出"通用即插即用监视器"对话框，首先选择"监视器"选项卡，然后在"屏幕刷新频率"下拉列表框中选择准备使用的刷新频率，最后单击"确定"按钮，这样即可设置屏幕刷新频率，如图 2.51 所示。

图 2.50　刷新频率

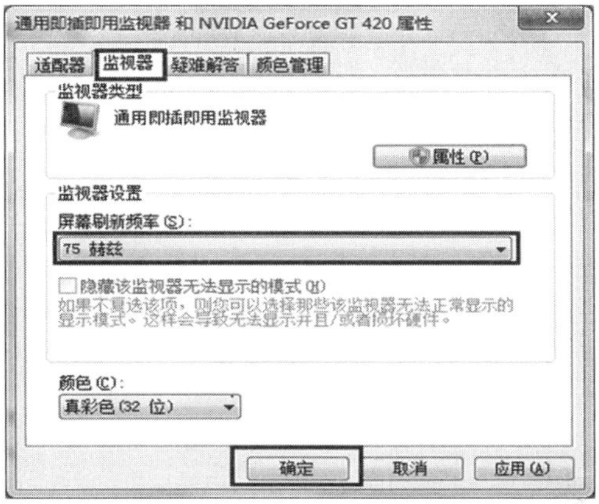

图 2.51　设置刷新频率

4）添加系统图标

（1）在桌面上右击，在弹出的快捷菜单中选择"个性化"菜单项，如图 2.52 所示。

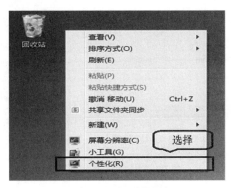

图 2.52　添加系统图标

（2）打开"个性化"窗口，在"控制面板主页"区域中，单击"更改桌面图标"链接项，如图 2.53 所示。

（3）在弹出的"桌面图标设置"对话框中，首先选取需要添加的图标，如"计算机"和"回收站"图标，然后单击"确定"按钮，如图 2.54 所示。

（4）返回桌面，可见"计算机"和"回收站"的系统图标已经添加到计算机桌面上，这样即可添加系统图标，如图 2.55 所示。

二、键盘鼠标声音操作

1. 更改系统声音

（1）右击桌面，在弹出的快捷菜单中选择"个性化"，打开个性化设置窗口。

图 2.53　添加系统图标

图 2.54　添加系统图标

图 2.55　显示效果

（2）在个性化窗口最下面，找到"声音 Windows 默认"图标，单击它。

（3）在程序事件中选择"Windows 注销"选项。

（4）单击"声音"一栏右侧的下拉按钮，在列表框中选择要采用的声音。

（5）单击"测试"按钮。

（6）单击"确定"按钮，如图 2.56 所示。

2.　更改鼠标的指针

（1）在桌面上右击，在弹出的快捷菜单中单击"个性化"。

（2）单击左侧的"更改鼠标指针"选项。

（3）在"指针"选项卡中，单击"方案"一栏右侧的下拉列表按钮，在列表中选择一个鼠标方案。

（4）单击"确定"按钮即可。

图 2.56　更改系统声音

3. 更改鼠标按键属性

如果要更改鼠标的按键属性，在图 2.57 界面中可以按照以下步骤进行。

图 2.57　更改鼠标指针

（1）单击"鼠标"属性对话框中的"鼠标键"标签。

（2）设置鼠标按键的一些参数。

（3）单击"确定"按钮，如图 2.58 所示。

如果要交换左右按键的功能，在"鼠标键配置"一栏中选中"切换主要和次要的按钮"复选框即可。

如果要更改鼠标双击的速度，在"双击速度"一栏中将"速度"滑块向"慢"或"快"方向拖动即可。

如果选中"启用单击锁定"复选框，用户可以不用一直按着鼠标左键就能突出显示或拖曳目标。

4. 更改鼠标移动方式

如果要更改鼠标的移动方式，可以按照下面的步骤进行。

（1）单击"鼠标属性"对话框中的"指针选项"标签。

（2）设置鼠标的移动方式。

（3）单击"确定"按钮，如图 2.59 所示。

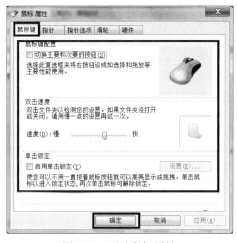

图 2.58　更改鼠标属性　　　　　　　　图 2.59　更改鼠标移动方式

5. 更改键盘重复属性

通过自定义设置，可以确定键盘字符重复时需要按下键的时间长度、键盘字符重复的速度以及光标闪烁的频率。在图 2.40 的基础上，具体方法见图 2.60。

（1）选择"所有控制面板选项"窗口中的"键盘"选项。

（2）设置键的时间长度、键盘字符重复的速度以及光标闪烁的频率。

（3）单击"确定"按钮。

在"字符重复"一栏中，将"重复延迟"滑块向左或向右移动，以增加或减少键盘字符重复，更改之前用户必须按下键的时间长度。在"光标闪烁速度"一栏中，将其下方的滑块向右或向左移动可以加快或减慢在输入文本时光标闪烁的速度，如果将滑块一直向左移动，则光标会停止闪烁。

图 2.60　更改键盘重复属性

6. 卸载程序

卸载程序主要用于管理计算机上的程序和组件。它是在图 2.39 的基础上操作的，见图 2.61。卸载程序的操作方法如下。

计算机应用基础任务驱动教程

图 2.61　卸载程序

（1）在"控制面板"中，单击"卸载程序"，打开"卸载和更新程序"窗口。

（2）右击要卸载的程序，在弹出的菜单中单击"卸载/更新"。

（3）按照提示一步一步操作即可。

三、输入法字体和账户操作

1. "搜狗拼音"输入法的添加和设置

1）添加输入法

具体步骤如图 2.62 所示。

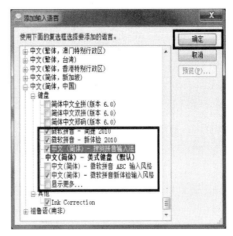

图 2.62　添加输入法

（1）右击语言栏任意位置。

（2）选择快捷菜单中的"设置"命令。

（3）单击"添加"按钮。

（4）选中要添加的输入法前面的复选框。

（5）单击"确定"按钮。

2）设置默认输入法

Windows 7 默认的输入法为英文输入法，如果用户需要经常输入中文字符，则可以将系统的默认输入法更改为中文输入法，见图 2.63，具体步骤如下。

（1）右击任务栏中的输入法，在弹出的菜单中单击"设置"进入"文本服务和输入语言"对话框。

（2）单击"文本服务和输入语言"对话框中的"默认输入语言"一栏的下拉按钮。

（3）选择默认的输入语言选项。

（4）单击"确定"按钮。

2. "行楷体"字体的安装与卸载

1）安装新字体

安装字体之前，需要先从网络、光盘、U 盘中获取要安装的字体，然后将其添加到 Windows 7 字体文件目录中，下面以安装"行楷体"为例介绍一下具体方法，见图 2.64。

（1）右击要安装的字体文件。

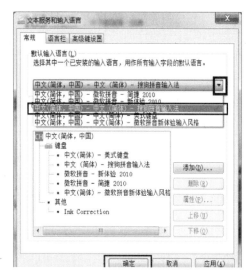

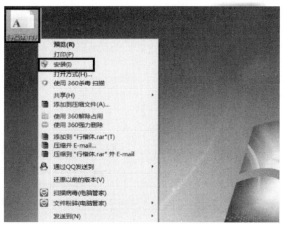

图 2.63　设置默认输入法

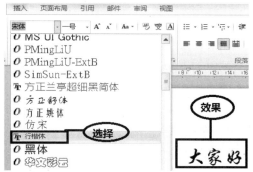

图 2.64　安装新字体

（2）单击"安装"命令。

（3）系统将自动安装字体文件。

（4）新建一个 Word 文件查看效果。

除了上述方法外，用户也可以直接将字体文件复制到"系统盘：\Windows\Fonts"目录中实现字体的安装。

2）卸载字体

在 Windows 7 中删除字体的操作方法也很简单，直接将字体从"字体"文件夹中删除即可，见图 2.65，具体步骤如下。

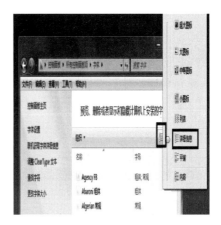

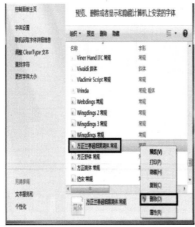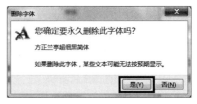

图 2.65　卸载字体

（1）选择"所有控制面板项"窗口中的"字体"选项，打开"字体"窗口。

（2）右击要删除的字体文件。

（3）选择快捷菜单中的"删除"命令。

（4）单击"是"按钮。

3. 更改账户密码和添加账号

1）更改账户密码

更改系统账号的密码，如图 2.66 所示，具体步骤如下。

（1）打开"控制面板"窗口。

（2）选择"用户账户和家庭安全"命令。

（3）单击"用户账户"中的"更改 Windows 密码"。

（4）单击"更改密码"。

（5）输入当前密码，然后输入新密码并确认新密码。

（6）单击"更改密码"即可。

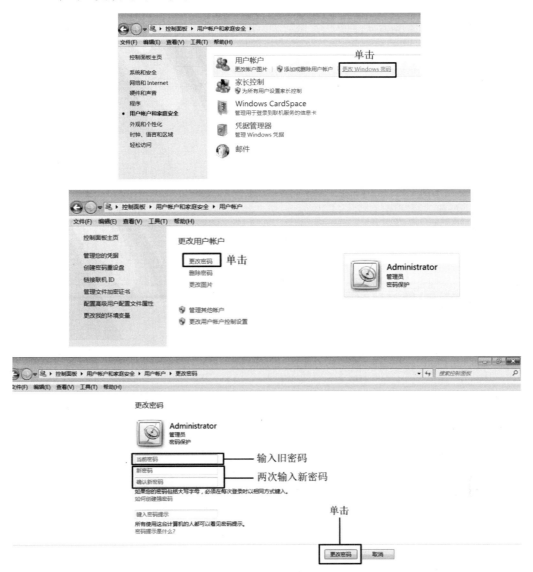

图 2.66　更改密码

2）添加用户账户

在安装 Windows 7 的过程中，安装向导会在安装之前要求管理员指派用户名，然后系统会根据这些用户自动创建用户账户。

添加账户，如图 2.67 所示，具体步骤如下。

（1）打开"控制面板"窗口。

（2）选择"用户账户和家庭安全"下面的"添加或删除用户账号"命令。

（3）单击"创建一个新账户"。

（4）输入新账户名称，并选择账户类型，然后单击"创建账户"即可。

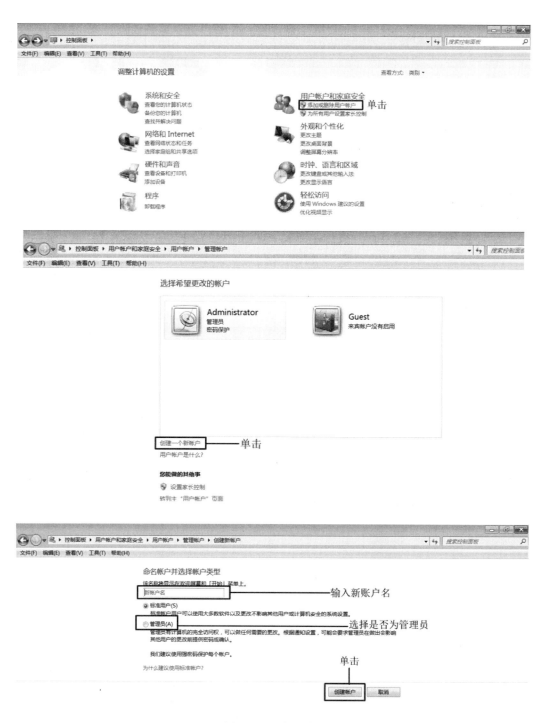

图 2.67 添加账户

在"控制面板"窗口中，单击"用户账户和家庭安全"，打开"用户账户和家庭安全"窗口。选择"用户账户"选项，进入"更改用户账户"窗口，在这里就可以对用户账户进行添加、删除、更改图片操作了。

知识拓展

一、鼠标指针设置

如果要更改鼠标指针移动的速度，在"移动"一栏中将"选择指针移动速度"滑块向"慢"或"快"方向移动。如果要在缓慢移动鼠标时指针工作更精确，在"移动"一栏中选中"提高指针精确度"复选框。如果要在出现对话框时，加快选择选项的过程，在"对齐"一栏中选中"自动将指针移动到对话框中的默认按钮"复选框。如果要在移动指针时使指针明显显示在"可见性"一栏中，则选中"显示指针踪迹"复选框，然后将滑块向"短"或"长"方向移动以减小或增加指针踪迹的长度。若要确保指针不会阻挡用户看到输入的文本，在"可见性"一栏中选中"在打字时隐藏指针"复选框。如果要通过按 Ctrl 键查找放错位置的指针，在"可见性"一栏中选中"当按 Ctrl 键时显示指针的位置"复选框。

二、调整和设置系统日期和时间

当用户将鼠标指针指向 Windows 7 任务栏中的时间区域时，将弹出浮动框，显示当前系统日期和星期，单击时间区域，则弹出浮动框，显示日期与时钟。如果当前系统时间与日期出现了误差，就需要重新进行设置。具体步骤如下。

（1）选择"控制面板"窗口中的"时钟、语言和区域"选项。

（2）选择"日期和时间"选项。

（3）单击"更改日期和时间"按钮。

（4）设置准确的日期和时间。

（5）单击"确定"按钮即可。

任务 4　Windows 7 附件程序的使用

任务描述

Window 7 为用户提供了功能强大的小程序，可以通过任务栏的"开始"|"所有程序"|"附件"打开。

（1）使用记事本输入 Windows 7 的功能，并进行排版保存。

（2）使用写字板输入 Windows 7 的功能，并插入一张图片并且设置打印。

（3）使用画图程序处理一份图片并且把结果保存起来。

（4）使用便签工具，设置开会提醒。

任务目标

◆ 掌握记事本对文本进行编辑排版的方法。

◆ 掌握记事本编辑文本图片和设置打印的方法。

◆ 掌握画图程序处理图片的方法。

◆ 掌握便签工具使用的方法。

知识介绍

一、记事本和写字板

1. 记事本

记事本是一个用来创建简单文档的文本编辑器，只能完成纯文本文件的编辑，无法对文本进行特殊的格式编辑，默认情况下，文件保存后的扩展名为 ".txt"。

一般情况下，源程序代码文件、某些系统的配置文件（".ini" 文件）都可以使用记事本编辑。

2. 写字板

Windows 7 写字板是一个能够进行图文混排的文字处理程序，在功能上较一些专业的文字处理程序相对简单，但比 "记事本" 功能强大。利用它可以完成大部分的文字处理工作，如文档格式化，对图形进行简单的排版，并且与微软销售的其他文件处理软件兼容。

写字板默认的文件格式为 RTF 格式（Rich Text Format），但是它也可以读取纯文本文件（*.txt）、书写器文件（*.wri）以及 Word 文档（*.docx）等。

二、画图程序和截图工具

1. 画图程序

Windows 7 中的 "画图" 程序是一个简单的绘图软件，使用该软件可以绘制、编辑图片以及为图片着色。可以像使用数字画板那样使用图画工具来绘制简单的图片、有创意的设计，或者将文本和设计图案添加到其他图片中。

2. 截图工具

截图工具在 Windows 7 操作系统中有了很大的改进，用户可以使用截图工具捕获屏幕上任何对象的屏幕快照和截图，然后添加注释，并对其进行保存或者共享操作。捕获截图后，可以在标记窗口中单击 "保存截图" 按钮将其保存，默认保存格式为 ".png" 格式，也可以将截图另存为 ".html" ".gif" ".jpeg" 格式的文件。

三、计算器和数学输入面板

1. 计算器

计算器可以用于基本的算数运算，如加法、减法、乘法、除法等运算。同时它还具有科学计算器的功能，如对数运算、阶层运算、十六进制运算、二进制运算等。

2. 数学输入面板

在人们的日常生活中，经常会使用到一些数学公式，虽然 Word 办公软件可以输入数学公式，但是在遇到比较复杂的数学公式时，却比较麻烦。Windows 7 的数学输入面板采用 Windows 7 内置的数学识别器，可以用来识别手写的数学表达式。有时程序会有识别错误的情况，此时可以利用面板上的选取修正功能，对手写的数学公式进行修正。

🐚任务实施

一、记事本和写字板的操作

1. 使用记事本输入 Window 7 的功能，并进行排版保存

1）打开记事本程序

记事本程序位于菜单中的"附件"子菜单中，需要使用记事本时，只要在"附件"菜单中选择即可，如图 2.68 所示，其具体操作方法如下。

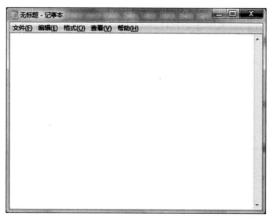

图 2.68　打开记事本

（1）单击"开始"按钮，选择"所有程序"命令。

（2）选择"附件"命令。

（3）选择"记事本"命令。

2）输入和编辑文本

打开记事本后，就可以在其中输入与编辑文本了，输入文本后，还可以对文本进行简单的设置，如图 2.69 所示，具体操作如下。

（1）将光标移动到"记事本"窗口中，切换输入法，再输入文本文档的内容。

（2）单击"格式"菜单按钮。

（3）选择"自动换行"命令。

（4）单击"格式"菜单按钮。

（5）选择"字体"命令。

（6）设置字体的"字形"及"大小"等选项。

（7）单击"确定"按钮。

3）保存文本文档

在记事本中编排完文本后，就可以将编排的内容以文本文档形式保存到计算机中，便于以后查看，见图 2.70，其具体操作方法如下。

（1）单击"文件"菜单按钮。

（2）选择"保存"命令。

（3）在"另存为"对话框中选择文档的保存位置。

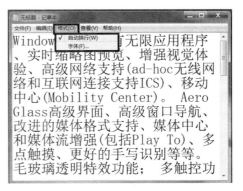
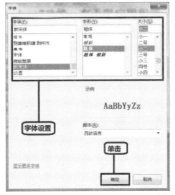
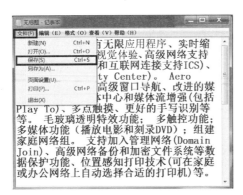

图 2.69　编辑记事本

图 2.70　保存记事本

（4）输入要保存的文本文档名称。

（5）选择"保存"命令。

在记事本中直接保存的文档默认格式为".txt"，这类文档能够在其他任意一款文本编辑软件中打开。如果要将记事本内容保存为其他格式的文件，则在"保存类型"下拉列表中选择相应的文件格式即可。

2. 使用写字板输入 Window 7 的功能，插入一张图片并且设置打印

1）打开写字板和输入内容

写字板程序同样位于"附件"菜单中，在"附件"菜单中选择"写字板"命令，即可启动写字板程序，其打开方法、编辑保存方法与记事本相同。输入内容与记事本类似，见

图 2.71。

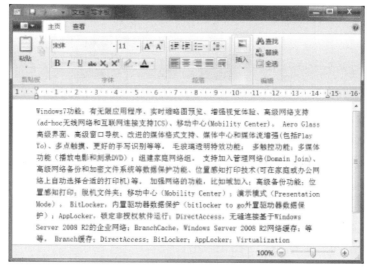

图 2.71 写字板输入内容

对于已经存在的或要重复使用的文档内容，可以将其选中后，按 Ctrl+C 组合键进行复制，再将光标移动到需要粘贴的位置，按 Ctrl+V 组合键粘贴即可。

2）将图片插入写字板

Windows 7 写字板中还提供了插入图片与绘图功能，能够让用户编排出图文并茂的文档，见图 2.72，具体操作方法如下。

（1）单击文档中需要插入图片的位置。

（2）单击"插入"组中的"图片"。

（3）选择"图片"命令。

（4）选择要插入到当前文档中的图片。

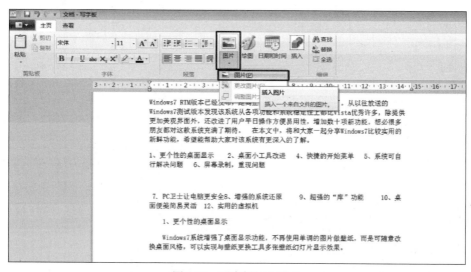

图 2.72 写字板插入图片

图 2.72（续）

（5）单击"打开"按钮。

（6）可以通过图片四周的控点来调整图片大小。

在写字板中插入图片后，如果要保持原图片的比例而不至于在调整时变形，应当按住 Shift 键再用鼠标拖动图片控点进行调整。

3）页面设置与打印

在文档编排完成后，就可以通过打印机将文档打印出来如图 2.73 所示，具体操作方法如下。

（1）单击"文件"菜单按钮。

（2）选择"页面设置"命令。

（3）单击"纸张大小"下拉按钮，在列表中选择纸张。

（4）设置页边距。

（5）单击"确定"按钮。

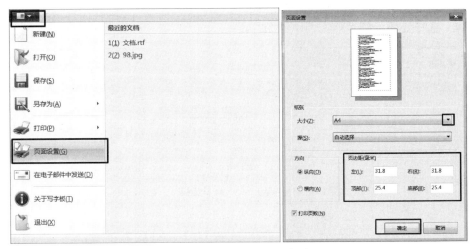

图 2.73　写字板页面设置和打印

二、画图和便签的操作

1. 使用画图程序处理一张图片并且把结果保存起来

画图工具是 Windows 自带的一款简单的图形绘制工具，用户可以用它来绘制各种简单的图形，或者对计算机中的照片进行简单处理。

画图工具同样位于"开始"菜单中的"附件"子菜单中，需要使用画图工具时，即可通过"开始"菜单来启动程序，其具体操作方法参考记事本的启动方法即可。

1）处理图片

启动画图工具后，用户可以使用画图工具中提供的各种绘图功能来绘制出自己想要的图形。使用画图工具除了可绘制图形外，还可以对计算机中的图片进行简单处理，见图2.74和图2.75，具体操作如下。

（1）单击"文件"菜单按钮。

（2）选择"打开"命令。

（3）选择要打开的图片。

（4）单击"打开"按钮。

（5）滑块调整图片比例。

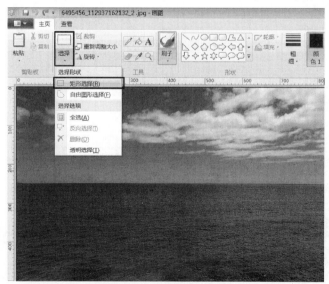

图2.74　处理图片1

（6）单击"图像"组中的"选择"下拉按钮。

（7）选择要裁剪的区域。

（8）选择"图像"组中的"裁剪"命令。

（9）选择"图像"组中的"旋转"下的"水平翻转"命令。

（10）选择"工具"组中的"文本"命令。

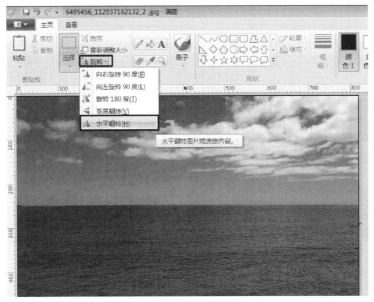

图 2.75　处理图片 2

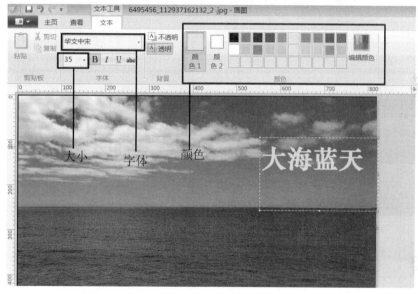

图 2.75（续）

（11）拖动鼠标选择文本框区域，输入相应的文本内容，设置文本的字体、颜色、大小等。

2）保存图片

当绘制或编辑完图像后，用户需要将最终的结果保存起来。要避免在保存时不影响原图片，最好选择"另存为"命令，将编辑后的图片另行保存，如图 2.76 所示。具体操作方法如下。

（1）选择"文件"菜单中的"另存为"命令。

（2）选择相应的图片保存格式。

（3）选择图片的保存位置和名称。

（4）单击"保存"按钮。

通过画图工具的"另存为"功能，可以方便地转换图片格式，如打开 BMP 格式的图片，而后另存为 JPG 格式。

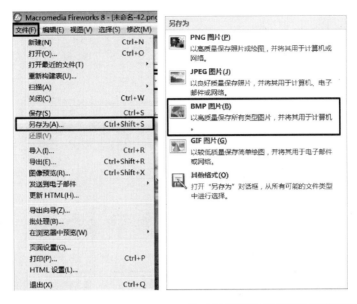

图 2.76　保存图片

2.　使用便签工具，设置开会提醒

Windows 7 不仅保留和改进了以往 Windows 中常用的附件程序，还新增加了许多实用的小程序，下面就来介绍几个用户常会用到的小工具程序。

用户可以使用便签工具编写待办事项列表、记下电话号码，或者记录其他任何可用便签纸记录的内容，并将其粘贴到桌面上，如图 2.77 所示，具体操作方法如下。

（1）单击"开始"按钮，单击"所有程序"命令，单击"附件"命令，单击"便签"命令。

（2）输入需要记录的内容。

（3）单击加号按钮，添加新的空白便签。

（4）单击叉号按钮，即可删除当前便签。

（5）右击便签，更改颜色。

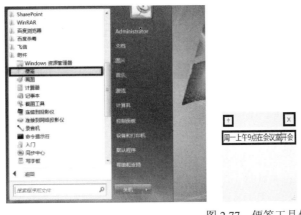
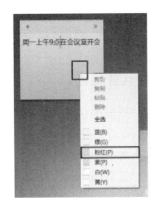

图 2.77 便签工具使用

知识拓展

一、截图工具

使用 Windows 7 的截图工具,能够将屏幕中显示的内容截取为图片,并保存为文件或复制应用到其他程序中。启动截图工具后,可以看到如图 2.78 所示界面。

"截图工具"提供了 4 种截图方式,分别为"任意格式截图""矩形截图""窗口截图"和"全屏幕截图"。开始截图前,用户应当先选择采用哪种方式来截取图片。

使用"任意格式截图"方式,在屏幕中可用选择任意形状、任意范围的区域,并将所选区域截取为图片。使用"矩形截图"方式,可以将屏幕中任意部分截取为矩形的图形。使用"窗口截图"方式,可将当前屏幕中打开的窗口截取为完整的图片,但要注意必须是窗口所有区域均在屏幕中显示出来。使用"全屏幕截图"方式,可以将整个显示器屏幕中的图像截取为一张图片,启动截图工具,单击"新建"菜单旁的下拉按钮,单击"全屏幕截图"命令,就会自动截取全屏并显示在"截图工具"窗口中。

如果要继续或重新截取图片,则单击界面中的"新建"按钮,返回到截图工具条后选择截取方式继续截取。使用截图工具继续截图时,会直接将先前截取的图像覆盖,因此如果要保留截图,则应先保存,然后继续截取。

二、远程连接桌面

利用远程桌面连接,可以轻松地连接到 Windows 的远程计算机上,所需要的就是网络访问和连接到其他计算机的权限。也可以为连接制订特殊设置,并保存该设置以便下次连接时使用,见图 2.79。

图 2.78 "截图工具"界面

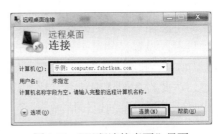

图 2.79 "远程连接桌面"界面

任务 5 Windows 7 系统的软硬件管理

任务描述

（1）查看计算机的基本配置。
（2）查看系统硬盘的属性。
（3）在 Windows 7 系统下安装 HP1020 打印机驱动程序。
（4）在 Windows 7 系统下安装 QQ 2015 软件。

任务目标

◆ 掌握查看系统配置和硬件属性的方法。
◆ 掌握在 Windows 7 下安装驱动程序。
◆ 掌握在 Windows 7 下安装常用软件。

知识介绍

一、软件和硬件的关系

在计算机运行过程中，系统设备是必不可少的，它把硬件和其驱动程序紧密地联系起来，能够保证系统正常高效地工作。系统设备中存放着硬件和设备的信息，用户可以使用"硬件向导"安装、卸载新硬件或配置硬件。在设备管理器中会显示计算机上安装的设备并允许更改设备属性，用户还可以为不同的硬件配置创建硬件配置文件。

如果硬件是计算机的"躯壳"，软件就是计算机的"灵魂"，所以操作系统与应用软件和硬件设备协同工作的能力将直接影响到用户的操作体验。Windows 7 在软件和硬件的管理上进行了诸多的思考和改良。

在 Windows 7 中，用户可以通过设备管理器方便地查看计算机中硬件设备的属性，从而让用户更进一步地了解计算机的性能，并根据实际需要禁用暂时不需要使用的硬件。

二、硬件管理

如果用户要查看自己计算机系统上的所有设备，或者需要排除硬件故障、安装新的硬件设备等，可在桌面上右击"计算机"图标，在弹出的快捷菜单中选择"属性"命令，即可出现"系统"对话框，选择"硬件"选项卡，在"添加新硬件向导"选项组中单击"添加新硬件向导"按钮，打开"添加新硬件向导"对话框，用户可依据提示，正确选择相应信息，即可添加一个新的硬件。

如果对已设置好的某个设备进行改动，可在该选项上右击，在弹出的快捷菜单中选择"停用"或者"卸载"。当用户选择"属性"命令时，会出现该设备的属性对话框，在对话框中显示了此设备的详细信息，比如设备名称、生产商和位置等内容。在"设备状态"列表框中显示了该设备的运转情况。

三、管理硬件驱动程序

通常，操作系统会自动为大多数硬件安装驱动，无须用户安装，但对于主板、显卡等设备，在新安装操作系统时往往需要为其安装厂商提供的最新驱动，这样才能最大限度地发挥硬件性能。此外，当操作系统没有自带某硬件的驱动时，便无法自动为其安装正确的驱动，这就需要手动安装，例如某些声卡，以及打印机、扫描仪等。

用户在使用计算机的过程中，可能会根据不同需要在计算机中安装一些其他硬件设备，或者将无用的设备移除。下面就来介绍如何对系统硬件驱动程序进行管理。

1. 驱动程序基础

驱动程序全称为"设备驱动程序"，它是一种特殊程序，相当于硬件的接口，操作系统只有通过这个接口，才能使硬件设备正常工作。一般情况下，版本越高的操作系统需支持的硬件设备也越多，比如 Windows 7 系统就可以自动查找和安装大部分硬件设备的驱动程序。

2. 自动安装驱动程序

Windows 7 中集成了绝大多数主流硬件的驱动程序，对于多数硬件都可以自动识别并安装驱动程序。用户无须进行任何操作，仅仅需要短暂地等待，就可以使用安装的新硬件了。Windows 7 在自动安装硬件过程中，会在通知区域显示硬件驱动程序的安装状态，如图 2.80 所示。

图 2.80　自动安装驱动程序

3. 手动安装驱动程序

Windows 7 虽然集成了大部分硬件的驱动程序，但当连接最新的硬件或者特殊设备时，用户还是要手动安装硬件附带的驱动程序。

四、安装应用程序

安装好操作系统后，用户还应根据各自实际需要，安装相应的程序。下面就来介绍在 Windows 7 中安装应用程序的具体方法。虽然不同应用程序有不同的安装方法，但是大致遵循如下的安装流程：选择安装路径→阅读许可协议→附件选项→选择安装组件。

任务实施

一、查看计算机基本硬件配置

Windows 7 中，用户可以很方便地查看计算机基本硬件配置的性能规格，如图 2.81 所示，具体操作方法如下。

（1）右击"计算机"图标。

（2）左击"属性"命令。

（3）查看内容。

在"系统"窗口中显示 Windows 7 的"分级"评分，是根据系统计算机硬件的综合评测生成的，评分越高说明计算机综合性能就越好。

二、查看系统硬盘的属性

设备管理器是 Windows 7 中查看与管理硬件的操作平台，要管理系统硬件，就先要学会如何使用设备管理器，如图 2.82 所示，其具体操作方法如下。

图 2.81　查看计算机基本配置

图 2.82　使用设备管理器

（1）在上一个界面（查看计算机配置）的基础上，选择"系统"窗口左侧的"设备管理器"选项，打开"设备管理器"窗口，窗口中以树形结构的方式显示计算机中的所有设备。

（2）单击"类型"列表中的箭头标记，即可展开列表，查看对应的设备信息。

（3）右击某个设备，然后单击"属性"，打开对应的"设备属性"对话框，单击相应的标签即可查看该设备的详细属性信息。

三、安装HP1020打印机驱动程序

安装 HP1020 打印机驱动程序，介绍在 Windows 7 操作系统下安装驱动程序的方法，见图 2.83，具体步骤如下。

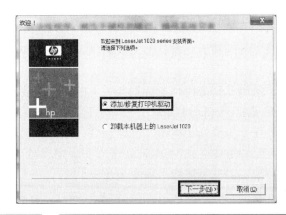
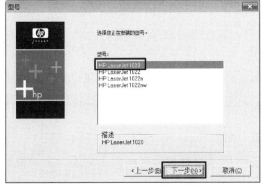
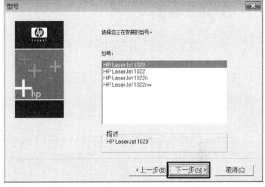
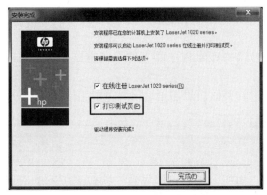
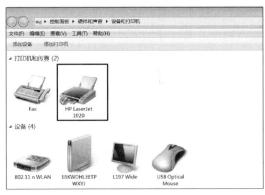

图 2.83　安装打印机驱动程序

（1）右击 autorun.exe 安装文件，在弹出的快捷菜单中单击"以管理员身份运行"。

（2）在"欢迎"对话框里，选择"添加/修复打印机驱动"前面的单选按钮，然后单击"下一步"命令按钮。

（3）在"型号"对话框里，选择 HPLaserJet1020，然后单击"下一步"命令按钮。

（4）在"开始复制"对话框中，单击"下一步"命令按钮。

（5）开始复制文件，然后在"安装完成"对话框中，选择"打印测试页"前面的单选按钮，然后单击"完成"命令按钮，打印机打印出一张内容为测试页的纸张。

（6）在"控制面板"中"设备和打印机"窗口中，找到了 HP1020 打印机的图标，表示安装成功。

四、安装 QQ 2015 软件

以最常用的聊天工具软件 QQ 为例，讲解在 Windows 7 操作系统下安装应用程序的具体过程。

（1）从腾讯官方网站下载最新版本的 QQ 安装程序。

（2）双击 qq6.8.exe 文件，然后快速闪过"qq 安全向导"检查安装环境对话框。

（3）在安装界面上单击"立即安装"按钮，出现安装进度的窗口。

（4）安装进度达到 100%时，进入安装完成对话框，根据需要选择要安装的其他相关软件，最后单击"安装完成"命令按钮。

（5）弹出 QQ 登录窗口，输入 QQ 号和密码，在能上网的情况下，就可以使用 QQ 了。

知识拓展

一、运行与打开应用程序

软件安装完毕后，就可以开始运行了。在 Windows 7 操作系统中，如果遇到不能正常运行的程序，还能使用兼容模式让其正常运行，同时还可以以不同的用户权限来运行应用程序，下面就来介绍具体使用方法。

运行软件的方法有很多，较为常用的有如下几种。

（1）从桌面快捷图标运行程序。软件安装完毕后，都会自动在桌面上创建一个快捷图标，双击图标即可运行相应的程序，这也是最常用的运行程序的方法。

（2）从"开始"菜单中运行程序。"开始"菜单为安装在系统中的所有程序提供了一个选项列表，通过开始菜单运行程序。

（3）从"搜索程序和文件"文本框中运行程序。"搜索程序和文件"文本框是开始菜单的选项之一，一般用来运行一些系统程序。

（4）从程序安装目录中运行程序。如果在开始菜单和桌面上都找不到应用软件的快捷图标，用户可以在该软件的安装目录中双击可执行文件运行。

二、运行不兼容的应用程序

由于 Windows 7 操作系统使用了全新的核心构架，所以可能导致一些较老版本的应用程序无法使用，这时就可以使用 Windows 7 的兼容模式让程序正常运行。

1．手动选择兼容模式

在 Windows 7 系统中出现程序不兼容的情况时，就需要根据程序所对应的操作系统版本来选择一种兼容模式。为了避免应用程序无法与 Windows 7 的用户控制机制兼容，建议选中"属性"对话框中的"以管理员身份运行此程序"复选框，单击"更改所有用户的设置"按钮，可以让以上设置对所有用户账户都有效。

2. 自动选择兼容模式

对于刚开始接触计算机的用户来说，可能并不了解 Windows 操作系统不同版本之间的区别，这时可以让 Windows 7 操作系统来自动选择以何种兼容模式来运行程序。

三、以不同用户权限运行应用程序

在 Windows 7 操作系统中，如果用户执行超越当前权限的应用程序或操作时，将会导致操作失败，这时用户就应该以不同的用户权限运行程序。

1. 以管理员权限运行程序

在 Windows 7 中，所有自行创建的用户都默认运行在标准权限下，所以当用户执行的操作超越当前标准权限范围时，就会弹出"用户账户控制"对话框，要求提升权限，这时就需要以管理员权限来运行程序。

2. 以其他用户身份权限运行程序

除了使用高级管理员权限运行应用程序外，用户还可以以其他账户身份来运行应用程序。

小　　结

本章设计了 5 个任务，从操作系统的基础知识讲起，涉及文件和文件夹的操作、控制面板的使用、附件程序的使用、系统软硬件的管理等内容。通过这 5 个任务，使学生学会 Windows 7 操作系统的安装，熟练掌握文件及文件夹的基本操作，理解并学会控制面板中常用内容的管理，学会使用附件中提供的一些软件，对软硬件管理有深刻的认识，掌握软、硬件的基本操作。

习　　题

1．用户正在从一个 Windows XP Professional 的桌面上安装 Windows 7。在 Windows 7 的 DVD 光盘上可以执行（　　　）操作。

    A．在 DVD 光盘上运行 setup.exe 启动 Windows 7 安装

    B．使用 DVD 光盘的自动运行功能来启动安装

    C．执行 Windows 7 完整安装

    D．执行 Windows 7 升级安装，保存所有 Windows XP 的设置

2．（　　　）不是 Windows 7 安装的最小需求。

    A．1Gb/s 或更快的 32 位（x86）或 64 位（x64）处理器

    B．4Gb/s（32 位）或 2G（64 位）内存

    C．16Gb/s（32 位）或 20G（64 位）可用磁盘空间

    D．带 WDDM 1.0 或更高版本的 DirectX 9 图形处理器

3．在 Windows 7 的安装过程中，（　　　）会导致在线兼容性检查失败。

    A．512MB 内存　　　　　　　　　B．支持 WDDM 的显卡

    C．不支持 WDDM 但支持 SVIDEO 的显卡　　D．一块 80GB 的硬盘

4．用户想配置一台新的计算机来进行软件的兼容性测试。这台计算机需要能够在 Windows 7、Windows XP 和 Windows Vista 操作系统下启动。下列（　　）安装操作系统的顺序不必使用 BCDedit 工具编辑启动项就能够满足用户的目标。

    A．Windows 7，Windows XP，Windows Vista

    B．Windows Vista，Windows 7，Windows XP

    C．Windows XP，Windows 7，Windows Vista

    D．Windows XP，Windows Vista，Windows 7

5．用户的计算机正在运行着 Windows XP 系统，假如想再安装 Windows 7 支持双系统启动，那么计算机最少应该有（　　）个卷。

    A．1   B．2   C．3   D．4

6．在以下（　　）情况下必须执行迁移，而不能升级安装（选择所有正确的选项）。

    A．Windows XP Professional （x64） to Windows 7 Professional （x64）

    B．Windows Vista Business （x86） to Windows 7 Professional （x64）

    C．Windows Vista Enterprise （x64） to Windows 7 Enterprise （x64）

    D．Windows Vista Home Premium （x64） to Windows 7 Home Premium （x86）

7．一个用户想在 PC 上安装 Windows 7 包含的游戏。这些游戏默认没有安装，在 Windows 7 中要添加或移除组件应（　　）。

    A．选择“开始”菜单|“控制面板”|“添加/删除”程序，并单击“Windows 组件”按钮

    B．选择“开始”菜单|“控制面板”|“程序”，然后单击“打开或关闭 Windows 功能”按钮

    C．选择“开始”菜单|“设置”|“Windows 控制中心”命令

    D．右击“计算机”图标，选择“属性”命令，选择“计算机管理”命令，在左窗格中选择“添加/删除 Windows 组件”命令

8．某台运行着 Windows 7 的计算机。判断它安装了哪些应用程序，在（　　）Windows 组件中可以找到这些信息。

    A．在“控制面板”中查看 Windows 系统变动日志

    B．在“控制面板”|“系统和安全”下的系统日志中查看应用程序日志

    C．在“控制面板”|“程序”中查看“添加/删除程序”日志

    D．在系统性能监视控制台中查看 Windows 系统诊断报告

    E．在可靠性监视器中检查信息日志

9．在 Windows 7 中要修改文件关联应（　　）。

    A．打开“控制面板”|“程序”|“默认程序”，然后单击“设置关联”按钮

    B．打开“计算机”，选择“工具”|“选项”命令，选择“关联标签”命令

    C．桌面上右击，选择“管理”命令，在“计算机管理”左窗格中选择“文件设置”命令，在右窗格中可以修改设置

    D．打开“计算机配置”，在本地组策略中单击“软件设置”按钮

10．以下（　　）卷类型不能用在 Windows 7 上。

    A．FAT   B．FAT32   C．EXFAT   D．NTFS

E．允许以上所有类型

11．现在有多个用户登录到 Windows 7 操作系统中。你需要拒绝一个用户访问计算机上的可移动设备，而其他用户可以访问驱动器。你应执行（　　　）。

A．在"设备管理器"中修改每一个要移动设备的设置

B．在"本地组策略"中修改应用程序控制策略

C．在"本地组策略"中修改可移动设备接入策略

D．在"控制面板"中修改 Bitlocker 驱动器加密策略

12．一个没有管理员权限的用户在一台运行着 Windows 7 系统的计算机上安装了一个设备，这个设备要满足（　　　）才能被正确地安装。

A．设备驱动必须有数字签名

B．设备驱动必须存放在可信任发行商程序的集中存储区域

C．设备的驱动程序必须保存在驱动程序的集中存储区域

D．设备必须通过 USB 接口连接

E．设备驱动必须有微软的数字签名

13．用户正在解决一台 Windows 7 旗舰版计算机运行不稳定的问题，怀疑这和内存的硬件错误有关。访问系统恢复选项，（　　　）项最有可能解决问题。

A．Windows 内存诊断   B．Startup repair

C．System Restore   D．System image Recovery

14．Sam Abolrous 在一台 Windows 7 系统客户机上有一个用户账户。这个账户不是本地管理员用户组里的成员。Sam（　　　）设置电源任务。

A．选择一个不同的电源计划   B．创建一个新的电源计划

C．更改电源按钮的作用   D．更改唤醒密码

15．在 Windows 7 中可以控制孩子登录账户的时间。（　　　）最准确地描述了配置这些选项位置。

A．无法选择这个功能，除非连接到域

B．从"开始"菜单|选择"控制面板"|"用户账户和家庭安全"，设置家长控制，并选择时间控制

C．在"开始"菜单|"控制面板"|"用户配置文件"，然后设置时间控制

D．设置一个家庭组并选择离线时间

第三部分　字处理软件 Word 2010

作为最优秀的文字处理程序，Word 可以编排出精美的文档、插入图片、排版，也可以方便地编辑和发送电子邮件，还能进行网页制作等工作，是 Office 套件中应用最广的组件。Word 系列软件在文字处理领域具有绝对的垄断地位，被广泛应用于各种办公和日常事务处理中。本部分以 Office 2010 环境下的 Word 2010 为蓝本，讲述 Word 的各种功能及操作方法。

Microsoft Word 2010 改进了"查找"功能，重新定义针对某个文档协同工作的方式，可以从多个位置使用多种设备访问和共享文档，可将文档转换为醒目的图表，提供了新型的图片编辑工具，并可以直接从 Word 2010 中捕获和插入屏幕截图。

任务 1　文档的创建与保存

🎖任务描述

首先要求创建一个名为"我的家乡.docx"的 Word 文档，保存在"D:\文档"文件夹中。通过完成本任务，可以认识 Word 2010 的工作界面，掌握文档的创建与保存及文本的录入等操作。

🐾任务目标

◆ 掌握 Word 2010 启动和退出。
◆ 熟悉 Word 2010 的工作界面，各选项卡的组成及功能。
◆ 掌握 Word 2010 文档的创建、打开与保存。

🎨知识介绍

Word 2010 是 Microsoft 公司开发的办公软件 Office 2010 的一个重要组件。Word 集成了文字编辑、表格制作、图文混排、文档管理、网页设计和发布等多项功能，具有简单易学、界面友好、智能程度高等特点，是一款使用广泛、深受用户欢迎的文字处理软件。

一、Word 2010 的安装

虽然 Word 2010 是一款可以单独使用的软件，但是它没有独立的安装程序。作为 Office 2010 中的一个组件，Word 2010 必须使用 Office 2010 的安装程序。Office 2010 中除 Word 2010 外还有许多组件，用户可以有选择地安装。

安装 Office 的过程与安装较低版本的 Office 大致相同，只要按照 Office 2010 安装向导的提示进行操作就可轻松完成安装。也可以任选需要的组件进行安装，在以后的使用过程

中遇到尚未安装的程序或命令时，Office 2010 会自动弹出对话框，询问是否立即进行安装，此时只需把 Office 2010 的安装光盘放入 CD-ROM 中，单击对话框中的"安装"按钮，安装过程即可自动完成。

二、Word 2010 的启动和退出

1. Word 2010 的启动

在安装了 Office 2010 以后即可启动 Word 2010。启动 Word 2010 可以采用以下方法：

（1）单击任务栏左边的"开始"按钮，选择"程序"|"所有程序"| Microsoft Office | Microsoft Office Word 2010 命令，即可打开 Word 工作窗口。再根据需要选择"文件"菜单建立新文件或打开旧文件。

（2）单击任务栏左边的"开始"按钮，从"文档"选项中单击某一个 Word 文档名，就可以直接启动 Word 并打开已编辑过的文档。

（3）如果桌面上有指向 Word 2010 的快捷方式图标，也可直接双击打开。

2. Word 2010 的退出

退出 Word 的操作非常简单，用户可以采用以下几种方法之一退出 Word。

（1）选择"文件"|"退出"命令。

（2）单击窗口右上角的"关闭"按钮 ✕。

（3）双击窗口左上角的控制菜单图标 ⓦ。

（4）在任务栏中的当前窗口的按钮上右击，在弹出的快捷菜单中选择"关闭"命令。

（5）在当前编辑窗口为工作窗口的情况下，直接按下组合键 Alt+F4。

三、Word 2010 的工作界面

启动 Word 2010 之后，将打开 Word 2010 的窗口，如图 3.1 所示。

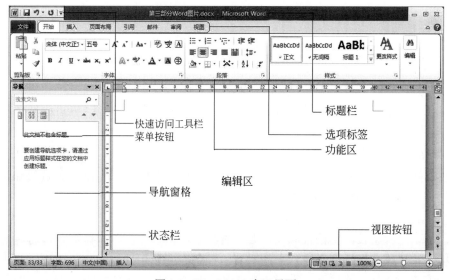

图 3.1　Word 2010 窗口界面

窗口由标题栏、快速访问工具栏、选项标签、功能区、导航窗格、标尺、编辑区和状

态栏等部分组成。下面将对窗口中的各个主要组成部分进行简要的介绍。

1. **标题栏**

标题栏位于窗口的最顶端，其中有当前文档的名称（如图 3.1 中，标题名称为"第三部分 Word 图片"），控制菜单（点击控制菜单图标 ，可显示控制菜单），其右侧的"最小化"按钮 、"最大化"按钮 /"还原"按钮 和"关闭"按钮 ，分别用于窗口的最小化、最大化/还原和关闭操作。

2. **快速访问工具栏**

该工具栏显示常用工具图标，单击图标即可执行相应命令。添加或删除快速访问工具栏上的图标，可通过单击 ，在弹出的"自定义快速访问工具栏"菜单中重新勾选。

3. **选项标签**

Microsoft Office 2007 将功能菜单改为功能区选项卡，Microsoft Office 2010 继续采用这种设计，通过单击选项卡可以显示功能区组的按钮和命令，默认情况下 Word 2010 包含"文件""开始""插入""页面布局""引用""邮件""审阅"和"视图"等功能区选项卡。

4. **功能区组**

功能区选项卡以组的形式管理命令，每个组由一组相关的命令组成。例如"插入"选项卡包括"页""表格""插图""链接""页眉和页脚""文本"和"符号"等组。

5. **标尺**

标尺分为水平标尺和垂直标尺，标尺主要用来查看正文、表格、图片等的高度和宽度。也可以使用标尺对正文进行排版，如进行段落缩进、首行缩进、设置制表位等操作。可以通过"视图"|"显示"|"标尺"命令显示标尺。

6. **编辑区**

也称为文档窗口。用户可以在工作区内输入文本，或者对文档进行编辑、修改和格式化等操作。

7. **视图按钮区**

位于状态栏右侧，用于切换文档的不同视图。具有"页面视图""阅读版式视图""Web 版式视图""大纲视图"和"草稿"5 个按钮。

8. **状态栏**

显示出当前文档的页数、当前页码、插入点所在的位置、插入/改写状态等文档相关信息。

9. **导航窗格**

导航窗格是 Word 中一项很有用的功能。它可以通过单击"视图"，勾选"显示"栏的"导航窗格"即可在编辑窗口的左侧打开"导航窗格"。

用 Word 编辑文档，有时会遇到长达几十页，甚至上百页的超长文档，在以往的 Word 版本中，浏览这种超长的文档很麻烦，要查看特定的内容，必须双眼盯住屏幕，然后不断滚动鼠标滚轮，或者拖动编辑窗口上的垂直滚动条查阅，用关键字定位或用键盘上的翻页键查找，既不方便，也不精确，有时为了查找文档中的特定内容，会浪费很多时间。随着 Word 2010 的到来，这一切都得到改观，Word 2010 新增的"导航窗格"会为用户精确"导航"。Word 2010 新增的文档导航功能的导航方式有四种：标题导航、页面导航、关键字（词）

导航和特定对象导航，让用户轻松查找、定位到想查阅的段落或特定的对象。

1）文档标题导航

文档标题导航是最简单的导航方式，使用方法也最简单，打开"导航"窗格后，单击"浏览你的文档中的标题"按钮 ▤ ，将文档导航方式切换到"文档标题导航"，Word 2010会对文档进行智能分析，并将文档标题在"导航"窗格中列出，只要单击标题，就会自动定位到相关段落。文档标题导航有先决条件，打开的超长文档必须事先设置有标题。如果没有设置标题，就无法用文档标题进行导航，而如果文档事先设置了多级标题，导航效果会更好、更精确。

2）文档页面导航

用Word编辑文档会自动分页，文档页面导航就是根据Word文档的默认分页进行导航，单击"导航"窗格上的"浏览你的文档中的页面"按钮 ▦ ，将文档导航方式切换到"文档页面导航"，Word 会在"导航"窗格上以缩略图形式列出文档分页，只要单击分页缩略图，就可以定位到相关页面查阅。

3）关键字（词）导航

除了通过文档标题和页面进行导航，Word 还可以通过关键（词）导航，单击"导航"窗格上的"浏览你当前搜索的结果"按钮 ▤ ，然后在文本框中输入关键字（词），"导航"窗格上就会列出包含关键字（词）的导航链接，单击这些导航链接，就可以快速定位到文档的相关位置。

4）特定对象导航

一篇完整的文档，往往包含有图形、表格、公式、批注等对象，Word 的导航功能可以快速查找文档中的这些特定对象。单击搜索框右侧放大镜后面的"▼"，选择"查找"栏中的相关选项，就可以快速查找文档中的图形、表格、公式和批注。

Word 提供的四种导航方式都有优缺点，标题导航很实用，但是事先必须设置好文档的各级标题才能使用；页面导航很便捷，但是精确度不高，只能定位到相关页面，要查找特定内容还是不方便；关键字（词）导航和特定对象导航比较精确，但如果文档中同一关键字（词）很多，或者同一对象很多，就要进行"二次查找"。如果能根据自己的实际需要，将几种导航方式结合起来使用，导航效果会更佳。

四、文档的基本操作

使用 Word 的主要目的是创建、编辑和打印文档。文档是指各种文件、报表、信件、表格、备忘录等。本节将介绍文档的上述基本操作。

1. 创建新文档

通常情况下，当进入 Word 主窗口时，系统会自动创建一个名为"文档1"的空白文档，标题栏上显示"文档 1-Microsoft Word"。与 Word 以往的版本不同，Word 2010 文档的扩展名为".docx"。在 Word 中允许用户同时编辑多个文档，而不必关闭当前的文档。新建文档还可以采用以下方法。

（1）选择"文件"|"新建"|"可用的模板"|"空白文档"，界面如图 3.2 所示，单击"创建"按钮，新建文档。

（2）使用模板创建文档。

Word 2010 提供了丰富的模板供用户选择，如图 3.2 所示，在"可用模板"区，选择"博客文章""最近打开的模板""样本模板""我的模板""根据现有内容新建"等项，可利用在本地计算机存储的模板文件来创建新的文档。

如果要从网络上获取模板，可以从"Office.com 模板"中选择模板类别，如图 3.3 所示，再选择所需的模板，然后单击"下载"按钮，将模板文件下载到本地计算机，然后再创建文档。

图 3.2　利用"文件"选项卡新建 Word 文档

图 3.3　利用模板创建文档

计算机应用基础任务驱动教程

2. 打开文档

在编辑一个已经存在的文档之前，必须先将其打开。打开文档可以按以下步骤操作。

（1）用下列三种方法之一弹出"打开"文档对话框；第一种方法是单击"常用"工具栏中的"打开"按钮 ；第二种方法选择"文件"|"打开"命令，在弹出的对话框中设置打开文件的信息；第三种方法是按快捷键 Ctrl+O。

（2）在"打开"对话框的"查找范围"列表框中选择驱动器、路径、文件类型和文件名。Word 文档的扩展名是".docx"，确定后单击"打开"按钮。此时指定的文档被打开，文档的内容将显示在文档编辑区内。

3. 文档的保存和关闭

在完成文本的输入编辑工作后，需要将文档存储在磁盘上。由于用户所输入的内容仅存放在内存中并显示在屏幕上，所以要将输入的内容保存起来，即需要把输入的内容以文档的形式保存到磁盘上，以便日后使用。

1）文档的存储。

在编辑文件时，正在编辑的内容处于内存中，如果不及时保存，有可能会造成数据的丢失。有经验的用户每隔一段时间（如 10 分钟）做一次存档操作，以免在断电等意外事故发生时未存盘的文档内容丢失。文档的存储有以下几种情况。

（1）保存新建文档。单击快速访问工具栏上的"保存"按钮 或选择"文件"|"保存"命令，打开"另存为"对话框，如图 3.4 所示；在"另存为"对话框中指定驱动器、目录、文件名和文件类型；单击"保存"按钮，存盘后并不关闭文档窗口，继续处在编辑状态下。

图 3.4 "另存为"对话框

（2）保存已有的文档。如果当前编辑的文档是打开的已有文档，那么按 Ctrl+S 组合键或单击快速访问工具栏中的"保存文件"按钮 或单击"文件"|"保存"命令后，即按照原来的驱动器、目录和文件名存盘，不出现"另存为"对话框。存盘后并不关闭文档窗口，同样继续处在编辑状态下。

（3）以其他新文件名存盘。如果当前编辑的文档是已有文档，文件名是 F1.docx，现在希望既保留原来的 F1.docx 文档，又要将修改后的文档以 F2.docx 存盘，则操作步骤如下：选择"文件"|"另存为"命令，弹出"另存为"对话框；在"另存为"对话框内指定存储修改后的新文件 F2.docx 的驱动器、目录和文件名；单击"另存为"对话框中的"确定"按钮，则当前编辑的文档内容以新的文件名存盘，而原文件仍保留。

（4）自动保存文档。Word 有自动保存文档的功能，即每隔一定时间就会自动地保存一次文档。系统默认时间是 10 分钟，用户可以自己修改间隔时间，方法是：选择"文件"|"选项"命令，打开"选项"对话框，再打开"保存"选项卡，选中"保存"选项组中的"自动保存时间间隔"复选框，并在右边的微调框中输入时间，单击"确定"按钮即可，如图 3.5 所示。

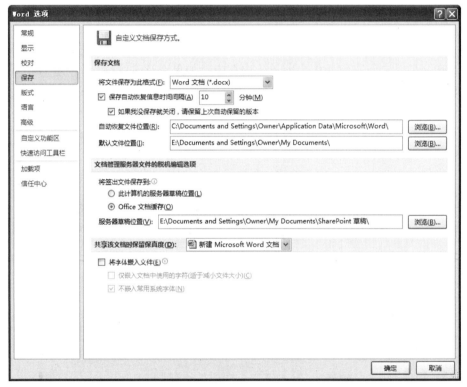

图 3.5　设置自动保存文件

2）关闭 Word 文档编辑窗口

当完成文档编辑之后，可以用下列任何一种方法关闭文档窗口。

（1）双击文档窗口左上角的控制框，相应的文档窗口被关闭。

（2）单击文档窗口右上角的关闭按钮，相应的文档窗口被关闭。

（3）单击"文件"|"关闭"命令。

（4）使用快捷键 Alt+F4 键，可将当前活动窗口关闭。

如果要关闭的文档尚未保存，屏幕将显示保存文件对话框，以提醒用户是否需要保存当前文档，如图 3.6 所示。

图 3.6　关闭 Word 文档提示对话框

任务实施

完成任务 1 的具体操作步骤如下。

1. 启动 Word 2010

（1）单击屏幕左下角"开始"按钮。

（2）在弹出的菜单中选择"所有程序"命令。

（3）在弹出的下级菜单中单击 Microsoft Office 命令。

（4）在弹出的下级菜单中单击 Microsoft Office Word 2010 命令。

2. 创建 Word 2010 空白文档

（1）单击"文件"选项卡中的"新建"命令。

（2）在"可用模板"选项区域中双击"空白文档"。

3. 保存新创建的文档

（1）单击"文件"选项卡中的"保存"命令。

（2）在弹出的"另存为"对话框中"保存位置"列表框中选择文档的保存位置"D:\文档"，在"文件名"文本框中输入新建文档的文件名"我的家乡.docx"，单击"保存"按钮。

4. 退出 Word 2010

单击"文件"选项卡中的"退出"命令。

知识拓展

一、自定义模板

Word 2010 内置了多种文档模板，如"博客文章""书法字帖""样本模板"和"根据现有内容创建"等。另外，Office.com 网站还提供了证书、奖状、名片、简历等特定功能模板。借助这些模板，用户可以创建比较专业的 Word 2010 文档。

我们在任务 1 中要求创建的是空白文档，大家对于文档有特殊格式要求时，根据自己的需要可以使用 Word 自带的已设置好的背景、格式、字体等元素的模板，也可自行设计模板。这样创建的文档给大家提供了很多方便，方法如下：单击"文件"选项卡中"新建"命令，在"可用模板"中进行选择。

二、视图

Word 提供了"视图"选项卡，为了编辑文档的需要可以在此选项卡中进行视图的调整。

1. 文档视图

包含"页面视图""阅读版式视图""Web 版式视图""大纲视图"及"草稿"几种视图

形式，可根据需求自行选择。

2. 显示

可以控制"标尺""网格线""导航窗格"是否显示。

3. 显示比例

调整当前窗口的"显示比例""单面/双面/宽页"等。

4. 窗口

在进行多个文档编辑时，可以选择"拆分""重排"等按钮，还可以实现"并排查看"文档。在进行"并排查看"文档时，"同步滚动"是默认选中状态，适用于两篇文档对比查看。

5. 宏

宏具有可自动执行任务的功能，很多的病毒就是出宏编写的，所以一般的系统安全等级中是禁止宏运行的。

HELICOPTER 任务 2 文档的基本操作

📚任务描述

在任务 1 中，我们创建了一个名为"我的家乡.docx"的 Word 文档，该文档没有任何内容，我们只是将其保存在相应的路径下。本任务将在"我的家乡.docx"中添加如下内容，并进行相应的格式设置。

> 四平市位于吉林省西南部，地处东北亚区域的中心地带，是吉林、黑龙江及内蒙东部地区通向沿海口岸和环渤海经济圈最近的城市和必经之路，是东北地区重要交通枢纽和物流节点城市，军事上的战略要地，有"英雄城"和"东方马德里"之称，历史悠久，工农业基础雄厚。
>
> 四平市为吉林省第三大城市，位于东北中部，吉林省的西南部，辽宁省与吉林省的交界处。东依大黑山，西接辽河平原，北邻长春，南近沈阳，以京哈铁路为界，东部属丘陵地区，西部为松辽平原的一部分，地势稍有起伏。
>
> 四平地区按自然气候区划处于北温带，属于东部季风区中温带湿润区，大陆性季风气候明显，四季分明，春季干燥多大风，夏季湿热多雨，秋季温和凉爽，冬季漫长寒冷。
>
> 土地资源比较丰富，地貌类型多样，地域性差异明显。山地约占总面积的 6%，丘陵占总面积的 15%，平原约占总面积的 79%。全市有农作物总播种面积 647312 公顷，其中水田 37962 公顷。地势平坦，土壤肥沃，适宜生长多种农作物。

（1）将文本中所有的"市"替换为浅蓝色的 City。

（2）在文本的最前面插入一行标题"四平概况"，设置为"标题 1"样式并居中。

（3）将正文各段文字设置为楷体_GB2312、五号，行距 18 磅，每段首行缩进 2 字符。

（4）将正文第一段文字设置首字下沉，下沉行数为 3，"东方马德里"设置为繁体字，标题进行拼音标注，正文第三段设置为图 3.7 所示的边框和底纹（边框宽度为 3 磅，底纹样式为 15%，颜色为灰色-25%）。

（5）在正文最后添加文字："四平地势平坦，土壤肥沃，适宜生长多种农作物，主要品种有：玉米、大豆、水稻、高粱、谷子、小麦"。字体格式设置为"幼圆"，字号大小"小四"，图 3.7 所示项目编号，两栏之间加分隔线，页面设置为每行 32 个字符、每页 40 行，并以文件名 w2.doc 保存至"D:\sy"目录下。

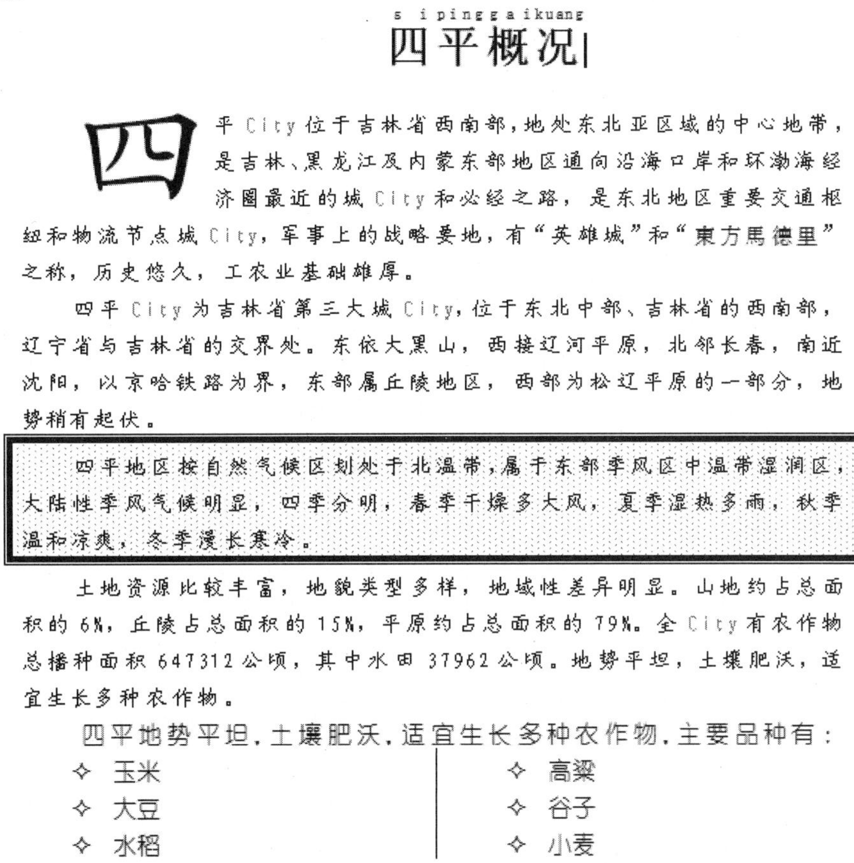

s i ping g a ikuang
四平概况|

四平 City 位于吉林省西南部，地处东北亚区域的中心地带，是吉林、黑龙江及内蒙东部地区通向沿海口岸和环渤海经济圈最近的城 City 和必经之路，是东北地区重要交通枢纽和物流节点城 City，军事上的战略要地，有"英雄城"和"東方馬德里"之称，历史悠久，工农业基础雄厚。

四平 City 为吉林省第三大城 City，位于东北中部、吉林省的西南部，辽宁省与吉林省的交界处。东依大黑山，西接辽河平原，北邻长春，南近沈阳，以京哈铁路为界，东部属丘陵地区，西部为松辽平原的一部分，地势稍有起伏。

四平地区按自然气候区划处于北温带，属于东部季风区中温带湿润区，大陆性季风气候明显，四季分明，春季干燥多大风，夏季湿热多雨，秋季温和凉爽，冬季漫长寒冷。

土地资源比较丰富，地貌类型多样，地域性差异明显。山地约占总面积的 6%，丘陵占总面积的 15%，平原约占总面积的 79%。全 City 有农作物总播种面积 647312 公顷，其中水田 37962 公顷。地势平坦，土壤肥沃，适宜生长多种农作物。

四平地势平坦，土壤肥沃，适宜生长多种农作物，主要品种有：

✧ 玉米	✧ 高粱
✧ 大豆	✧ 谷子
✧ 水稻	✧ 小麦

图 3.7 "文档编辑与排版"实验样张

（6）在奇偶页设置不同的页眉和页脚，并以 w3.doc 为文件名另存至"D:\sy"目录。

🖹 任务目标

◆ 掌握文档的基本编辑、文本的查找和替换等操作。
◆ 掌握字体、段落和页面格式的设置。
◆ 掌握分栏、项目符号及编号、页眉和页脚、样式和格式的设置。

📖 知识介绍

一、录入文本

在打开文档之后，可以在文档窗口内输入文字、特殊字符、当前日期、当前时间，也可以插入其他文件的内容，输入这些内容的操作称为输入文本。

1. 插入点的移动

启动 Word 后，即出现一个空白文档，在新文档窗口中，有一个不断闪烁的光标，它所在的位置就是文本输入的插入点。

1）使用鼠标移动和定位插入点

（1）单击垂直滚动条上的上箭头或下箭头，可以使窗口中显示的文本上移或下移一行。再单击可见部分的任意位置，即可定位插入点。

（2）上下手动垂直滚动条上的滚动框，可以使窗口中显示的文本上移或下移任意行。再单击可见部分的任意位置，即可重新定位插入点。

（3）上下滚动鼠标滚轮，可以使窗口中显示的文本上移或下移，移动后再单击可见部分的任意位置，也可重新定位插入点。

2）使用键盘移动和定位插入点

当用户敲击键盘录入文字时，光标依次向后移动一个字的位置，到达右边界后，不必按回车键，接下来输入的文本会随光标的移动而自动转至下一行。当一个段落结束时，需按回车键换行。可以使用方向键等方法移动光标，具体操作控制键如表 3.1 所示。

表 3.1　常用的光标控制键

类别	光标控制键	作　　用
水平	←、→	向左、右移动一个字或字符
	Ctrl+←、Ctrl+→	向左、右移动一个词
	Home、End	到当前行首、尾
垂直	↑、↓	向上、下移动一行
	Ctrl+↑、Ctrl+↓	到上、下段落的开始位置
	Page Up、Page Down	向上、下移动一页
	Ctrl+PgUp、Ctrl+PgDn	到当前屏幕顶端、底端
文档	Ctrl+Home、Ctrl+End	到文档的首、尾

2. 使用输入法输入文字

可以用以下方法切换不同的输入法：单击任务栏中的"语言栏"按钮▦，选取要使用的输入法；用 Ctrl+Shift 组合键也可以在英文和各种中文输入法之间进行切换；用 Ctrl+Space（空格）组合键可以快速切换中英文输入法。在输入文档时还应注意两种不同的工作状态，即"改写"和"插入"。在"改写"状态下，输入的文本将覆盖光标右侧的原有内容，而在"插入"状态下，将直接在光标处插入新输入的文本，原有内容依次右移。按 Insert 键或用鼠标双击状态栏右侧的"改写"标记，可切换"改写"与"插入"状态。

3. 插入符号及特殊字符

在 Word 文档中经常要插入字符，例如插入运算符号、单位符号和数字序号等。具体插入方法是：在 Word 文档中确定插入点的位置，选择"插入"|"符号"命令，或右击插入点，在快捷菜单中选择"插入符号"命令，打开"符号"对话框，选择"符号"选项卡或者"特殊字符"选项卡，从中选择所需符号或者特殊字符。也可以通过中文输入法提供的软键盘输入一些特殊符号。

4．输入当前日期和时间

在 Word 文档中可以用不同的格式插入当前的日期和时间，具体操作步骤如下。

（1）选择"插入"|"日期与时间"命令，弹出"日期与时间"对话框，如图3.8所示。

（2）在"日期与时间"对话框中，选择所需的日期和时间后，再单击"确定"按钮，当前的日期和时间以所选的形式插入到文档的插入点位置上。

在文档录入检查过程中，都需要使用Word提供的各项编辑功能来纠正录入时的失误，使文档规范和正确。另外在录入文字时，合理使用复制、移动等编辑工具，也能提高录入效率。下面将介绍这些基本操作。

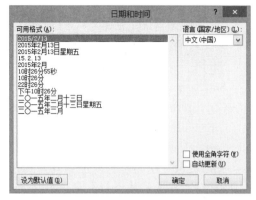

图3.8 插入"日期和时间"对话框

二、编辑文档

1．文本的选定

"选定文本"的目的是为 Word 指明操作的对象。Word 中的许多操作都遵循"选定—执行"的操作原则，即在执行操作之前，必须指明操作的对象，然后才能执行具体的操作。

1）利用鼠标选择文本

用鼠标选定文本的最基本操作是"拖动"，即按住鼠标左键拖过所要选定的所有文字。"拖动"可以选定任意数量的文字，但在实际使用中，当选定较大范围的文本时，用这种方法并不方便，以下介绍多种用鼠标选定文本的方法：

将光标移到被选择内容的开始位置，按下鼠标左键，将鼠标光标拖到被选择文本的结束位置，再松开鼠标左键。开始位置与结束位置之间的文本将被"选择"。

（1）选定一个单词：双击该单词。

（2）选择一个句子：按住 Ctrl 键，同时将鼠标光标移到待选句子上，单击鼠标左键，则鼠标所在的句子被"选择"，出现一个句号，为一个句子结束。

（3）选择一行：将鼠标移到一行的左边空白处，这时鼠标指针形状为指向右上角的空心箭头，单击鼠标左键，便选定了该行的全部内容。

（4）选择多行：将鼠标移到一行的左边空白处，这时鼠标指针形状为指向右上角的空心箭头，按住鼠标左键不放，沿垂直方向拖动鼠标。

（5）选择整个段落：将鼠标移到段落的左侧空白处，双击，则整个段落被选择；或者将鼠标移到要选择的段落中任意字符处连续三次单击左键，则光标所在的段落被选择。

（6）选择多个段落：将鼠标移到段落的左侧空白处，按下鼠标左键沿垂直方向拖动，则经过的若干个段落被选择。

（7）选择一大片连续区域：单击被选内容的开始位置，利用滚动条找到被选内容的结束位置，按住 Shift 键并单击此处，则以该两点为对角线的矩形被选中。

（8）选定不连续的多个文本区：先选定一部分内容，按下 Ctrl 键的同时，再在不同的位置选取其他文本区域。

（9）选定全部文档：将鼠标光标移到段落的左侧空白处连续单击鼠标左键三下。

（10）选定矩形文本：将鼠标指针移动要选定文本的起始位置处，按住 Alt 键，再拖动鼠标到终止位置处即可。

2）使用键盘选定文本

首先将输入光标定位到要选定文本的开始位置，再使用下面的组合键选取。

Shift+ →：选定当前位置右侧的一个字符。

Shift+ ←：选定当前位置左侧的一个字符。

Ctrl+Shift+ →：选定从当前位置开始到单词结尾的部分。

Ctrl+Shift+ ←：选定从当前位置开始到单词开头的部分。

Shift+Home：选定从当前位置开始到行首的位置。

Shift+End：选定从当前位置开始到行尾的位置。

Shift+↑：选定从当前位置开始到上一行同一位置的部分。

Shift+↓：选定从当前位置开始到下一行同一位置的部分。

Ctrl+Shift+↑：选定从当前位置开始到段首的部分。

Ctrl+Shift+↓：选定从当前位置开始到段尾的部分。

Shift+PageUp：选定从当前位置到上一屏同一位置的部分。

Shift+ PageDown：选定从当前位置到下一屏同一位置的部分。

Ctrl+Shift+Home：选定从当前位置开始到文档开头的位置。

Ctrl+Shift+End：选定从当前位置开始到文档结尾的位置。

Alt+Ctrl+Shift+ PageDown：选定从当前位置开始到窗口结尾的部分。

Ctrl+A：选定整个文档。

2. 插入、复制与粘贴文本

1）插入文本

在编辑义档的过程中经常会插入文本，如果要插入的文本是已存在的独立文档，前面已经提到过，在插入状态下，直接在插入点插入文件即可。如果要插入的文本是非独立文档，在输入点直接输入即可。

2）复制与粘贴文本

如果文档中某一部分内容与另一部分的内容相同，可以使用复制功能将这部分内容复制到目标位置上，从而节约时间，加快录入速度。复制与粘贴是一个互相关联的操作，一般来说，复制的目的是为了粘贴，而粘贴的前提是要先复制。

（1）当要复制的源文本距离粘贴位置较近时，可以通过拖动鼠标的方法来复制文本，具体操作步骤如下：选定要复制的文本，按住 Ctrl 键，同时用鼠标将选定的文本拖动到要复制的位置，然后释放鼠标左键即可实现复制。

（2）当要复制的文本距离粘贴位置较远时，需要使用"复制"命令，具体操作步骤如下：选定需要复制的文本；选择"开始"|"复制"命令，也可以按 Ctrl+C 组合键；把光标移动到要插入文本的位置，然后选择"开始"|"粘贴"命令，也可以按 Ctrl+V 组合键。"复制"命令是把要复制的文本复制到剪贴板中，因此在"复制"一次之后可以多次地粘贴。

3. 移动与删除文本

1）移动文本

在编辑文档时，有时需要把一段已有文本移动到另外一个位置。

（1）当要移动的文本距离新位置较近时，可以通过拖动鼠标的方法来移动文本，具体操作步骤如下：选定要移动的文本；把鼠标指针移到所选文本上，当鼠标变为空心指针时拖动文本到新的位置，释放鼠标左键即可实现移动。

（2）当要移动的文本距离粘贴位置较远时，需要使用"剪切"命令或 F2 功能键，具体操作如下：选定需要移动的文本；选择"开始"|"剪切"命令，也可以按 Ctrl+X 组合键；把光标移动到要插入文本的新位置，然后选择"开始"|"粘贴"命令，也可以按 Ctrl+V 组合键。"剪切"命令也是把要移动的文本剪切到剪贴板中，因此，在"剪切"一次之后也可以多次地粘贴。

（3）另外还可以通过使用 F2 功能键移动文本。在选好要移动的文本以后，按 F2 功能键，此时，在状态栏的最左边将会显示"移至何处"的文字，然后再到要移入的目标位置处单击鼠标左键，这时光标变为一条垂直的虚线，按 Enter 键即可完成所选文本的移动。

2）删除文本

对于文档中不需要的部分文本，应该将其删除。删除文本的方法有以下几种。

（1）要删除插入点左侧的一个字符（包括一个汉字），只需直接按下 BackSpace 键。

（2）要删除插入点右侧的一个字符（包括一个汉字），只需直接按下 Delete 键。

（3）要删除大段文字或多个段落，可以先选定要删除的文本，再按 Delete 键或 BackSpace 键进行删除。

4. 撤销与恢复操作

在进行文档录入、编辑或者其他处理时，难免出现误操作。比如，误删除或移动部分文本。此时，利用 Word 的"撤销"和"恢复"功能，可以及时纠正。Word 2010 可以记录多达 100 次用户进行过的操作。每单击一次快速访问工具栏中的"撤销"按钮，就撤销一个上一次的操作。

1）撤销操作

撤销操作的方法有以下两种。

（1）要撤销最后一步操作，可以选择"编辑"|"撤销"命令或单击"常用"工具栏中的"撤销"按钮 ，即可恢复上一次的操作，也可以按下快捷键 Ctrl+Z。

（2）要撤销多步操作，可重复按快捷键 Ctrl+Z，或者单击"撤销"按钮 ▼右侧的下拉按钮，可以从弹出的下拉列表中选择要撤销的多次操作，直到文档恢复到原来的状态。

2）恢复操作

当使用"撤销"命令撤销了本应保留的操作时，可以使用"恢复"命令恢复刚做的撤销操作。恢复操作的方法是：选择"编辑"|"恢复"命令或单击"常用"工具栏中的"恢复"按钮 ，就可以恢复上一次的撤销操作，或者使用快捷键 Ctrl+Y。如果撤销操作执行过多次，也可单击恢复按钮 ▼右侧的下拉按钮，在弹出的下拉列表中选择恢复撤销过的多次操作，或重复按 Ctrl+Y 键。

5. 查找与替换

用户在编辑较长的文档时，可能会遇到查找某个字或词，或者是把多处同类错误的字或词替换为正确的内容等情况。这些工作如果由用户自己来完成，显然是很麻烦的，Word 提供的查找和替换功能可以很方便地解决上面的问题。Word 的查找与替换功能不止这些，还可以查找和替换指定格式、段落标记、图形之类的特定项，以及使用通配符查找等。

1）查找文本

查找文本功能可以帮助用户找到所需的文本以及该文本所在的位置。查找文本的具体操作步骤如下。

（1）选择"开始"|"查找"命令，或按 Ctrl+F 组合键，打开"导航"对话框，如图 3.9 所示。

（2）在"搜索文档"下拉列表框内输入要查找的文本。

（3）单击"查找选项和其他搜索命令"按钮 🔍，Word 即开始查找文本。

（4）当 Word 找到第一处要查找的文本时，就会停下来，并把找到的文本反白显示，再次单击"查找下一处"按钮可继续查找。按 Esc 键或单击"取消"按钮，可取消正在进行的查找操作并关闭此对话框。

（5）可以单击 🔍 旁的下拉按钮对查找选项设置，并进行"高级查找""替换""转到"等操作，亦可以选择不同的查找内容。

2）替换文本

替换文本功能是用新文本替换文档中的指定文本。例如用 Word 2010 替换"Word"，具体操作步骤如下。

图 3.9 "导航"对话框

（1）选择"开始"|"替换"命令，或者按 Ctrl+H 组合键，打开"查找和替换"对话框的"替换"选项卡，如图 3.10 所示。

图 3.10 "查找和替换"对话框

（2）在"查找内容"下拉列表框中输入要查找的文本，例如：Word。

（3）在"替换为"下拉列表框中输入替换文本，例如：Word 2010。

（4）如果需要设置高级选项，可单击"更多"按钮，然后设置所需的选项。

（5）这时单击"查找下一处"按钮或"替换"按钮，Word 开始查找要替换的文本，找到后会选中该文本并反白显示。如果替换，可以单击"替换"按钮；如果不想替换，可以单击"查找下一处"按钮继续查找。如果单击"全部替换"按钮，Word 将自动替换所有需要替换的文本而不再询问。

按 Esc 键或单击"取消"按钮，则可以取消正在进行的查找、替换操作并关闭此对话框。

6. 多窗口操作

在文档的编辑过程中，用户有可能需要在多个文档之间进行交替操作。例如：在两个文档之间进行复制和粘贴的操作，这就需要在具体操作之前将所涉及的两个文档分别打开。下面将介绍多窗口的基本操作。

1）多个文档的窗口切换

可以在 Word 中同时打开多个文档进行编辑，每个文档都会在系统的任务栏上拥有一个最小化图标。多个文档窗口之间的切换方法是：在任务栏上单击相应的最小化图标；或打开"视图"|"切换窗口"菜单，单击下面的下拉菜单按钮，在列出的文件列表中单击所需的文档名称，也可以在当前激活的窗口中，按 Ctrl+Shift+F6 组合键可将当前激活窗口切换到"切换窗口"菜单文件名列表上的下一个文档，并且可按窗口文档标号顺序切换。

2）排列窗口

Word 可以同时显示多个文档窗口，这样用户可以方便地在不同文档之间转换，提高工作效率。要在窗口中同时显示多个文档，可以选择"视图"|"切换窗口"|"全部重排"命令，这样就会将所有打开了的未被最小化的文档显示在屏幕上，每个文档存在于一个小窗口中，标题栏高亮显示的文档处于激活状态，如果要在各文档之间切换，则单击所需文档的任意位置即可。

在 Word 中，若要使用并排比较功能，对两个文档进行编辑和比较，具体操作步骤如下：

（1）打开要并排比较的文档。

（2）选择"视图"|"并排查看"命令，如果此时仅打开了两个文档，菜单内容就会提示用户与另一篇打开的文档进行比较，如果打开了多个文档，这时就会打开一个如图 3.11 所示的"并排比较"对话框。

（3）用户可从中选择需要并排比较的文档，然后单击"确定"按钮即可将当前窗口的文档与所选择的文档进行并排比较。打开并排比较文档的同时，也可以实施"同步滚动""重置窗口"和"关闭并排比较"等操作。

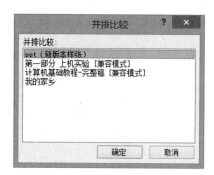

图 3.11 "并排比较"对话框

默认情况下，录入到 Word 中的中文文本采用五号宋体字，每个段落也采用没有任何缩进的两端对齐格式，因此显得十分单调。利用 Word 强大的格式设置功能，可以为文档中的字符和段落设置各种格式，使文档美观大方。一个文档，好的格式设计可以给人以赏心悦目的感觉，因此在文本输入完成后，要进行格式的设置。设置格式在文本的编辑中是一项非常重要的工作，下节将介绍这方面的操作。

三、文档排版

1. 设置字符格式

字符格式主要包括字体、字号、字形、上标、下标、字间距、边框和底纹等设置。以下是 Word 设置的几种字符样例。

五号宋体　**四号黑体三号**　隶书　**宋体加粗**

宋体倾斜 下画线点画线 上标 下标
字符间距加宽 字符间距紧缩 字符加底纹 字符加边框

字符^{提升} 字符_{降低} 字符缩90% **放 200%**

1）利用"格式"选项标签进行设置

在 Word 窗口的"开始"|"格式"组中有设置字符格式的工具按钮，如图 3.12 所示。

图 3.12　"格式"组

利用"格式"组来设置字符格式的方法是：首先选择需要设置格式的文本，然后单击"格式"组上的相应按钮，就可以对所选文本进行相应的设置。

"格式"组中常用的一些字符格式设置按钮如表 3.2 所示。

表 3.2　"格式"组功能

按钮	含　义
纯文本 + ⑴ ▾	设置所选文本样式
宋体　　　▾	设置所选文本字体
五号　▾	设置所选文本字号
B	设置/取消所选文本加粗
I	设置/取消所选文本斜体
U ▾	对所选文字设置下画线或取消下画线，可以在下拉列表中选择线型
A	设置/取消所选文本的边框
A	设置/取消所选文本的字符底纹
☆ ▾	对所选文本进行字符缩放
▤	设置所选段落为"两端对齐"
▤	设置所选段落为"居中对齐"，一般应用于标题的居中设置
▤	设置所选段落为"右对齐"
▤	对所选文字进行分散对齐
▤	对所选段落添加编号
▤	对所选段落添加项目符号
A ▾	设置所选文字的颜色，可通过下拉列表进行选择

2）利用"字体"对话框进行设置

在设置字符格式时，除了利用前面提到的"格式"组以外，还可以利用"字体"对话框进行字符格式的统一设置，具体操作步骤如下。

（1）首先选定需要设置的文本。

（2）选择"开始"|"字体"命令，打开"字体"对话框，如图 3.13 所示。

（3）在该对话框的"字体"选项卡中可以对选中文本的字体、字号、颜色、上下标、下划线、着重号、阴文、阳文、字母大小写等进行设置。

（4）在该对话框的"高级"选项卡中可以对选中文本的字符间距、字符缩放比例和字符位置进行设置。

（5）在该对话框的"文字效果"命令按钮可以为选中文本设置动态效果，但是，这些效果只能在屏幕上显示，而不能打印出来。

（6）设置完毕后单击"确定"按钮，就可以改变所选文本的格式。

2. 设置段落格式

多数情况下，一篇 Word 文档是由多个自然段组成的，而段落是指两个段落标记（即回车符）之间的文本内容。构成一个段落的内容可以是一个字、一句话、一个表格，也可以是一个图形。段落可以作为一个独立的排版单位，设置相应的格式。段落格式主要包括对齐方式、缩进、行间距和段间距等设置。在设置段落格式时，首先把光标定位在要设置的段落中的任意位置上，再进行设置操作，后面就不再重复叙述。

1）段落水平对齐

设置段落水平对齐一般包括：两端对齐、居中对齐、左对齐、右对齐、分散对齐。简便的设置方法是：根据实际需要单击"格式"工具栏中的■、■、■、■按钮，也可以选择"开始"|"段落"命令，打开"段落"对话框，如图 3.14 所示。在打开的对话框中打开"缩进和间距"选项卡，在"常规"选项组内的"对齐方式"下拉列表框中选择所需要的对齐方式。5 种对齐方式的特点如下。

（1）左对齐：对齐正文行的左端。

（2）右对齐：对齐正文行的右端。

（3）两端对齐：对齐正文行的左端和右端。

（4）居中对齐：在左右页边之间居中正文行。

（5）分散对齐：使文字均匀地分布在该段的页边距或单元格之间。

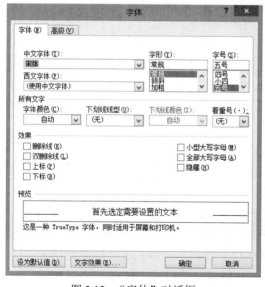

图 3.13 "字体"对话框

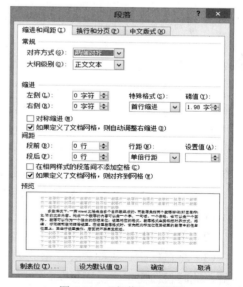

图 3.14 "段落"对话框

2）段落缩进

Word 2010 默认整个文档以页边距为边界。用户可以修改整个文档的左右边界值，也可以分别为各段落设定不同的左右边界。段落的左边界可以大于页面的左边距。此时，两个边距之间的空白处称为"左缩进"。同样,段落的右边界也可以小于页面的右边距,段落的右边界与页面的右边距的空白称为"右缩进"。

段落缩进有 4 种形式,分别是首行缩进、悬挂缩进、左缩进和右缩进。设置段落缩进可以使用"标尺"和"段落"对话框两种方法。

(1)使用"标尺"设置段落缩进。

在 Word 窗口中,可以选择"视图"|"标尺"命令来显示或隐藏标尺。在水平标尺上有几个和段落缩进有关的游标,分别为左缩进、悬挂缩进、首行缩进、右缩进,如图 3.15 所示。

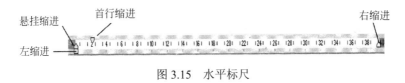

图 3.15 水平标尺

首行缩进游标可以设置每个段落的第一行第一个字的起始位置;悬挂缩进游标可以设置每个段落中除首行以外的其他行的起始位置;左缩进游标可以设置段落左边界缩进位置;右缩进游标可以设置段落右边界缩进位置。

操作方法:根据需要用鼠标在标尺上移动相应的游标即可。

(2)使用"段落"对话框设置段落缩进。

在图 3.14 所示的"段落"对话框中单击"缩进和间距"选项卡,在"缩进"选项组中,"左"微调框用于设置左端的缩进,"右"微调框用于设置右端缩进,在"特殊格式"下拉列表框中有"无""首行缩进""悬挂缩进"3 个选项:"首行缩进"选项用于设置首行的左缩进量;"悬挂缩进"选项用于设置段落除首行之外其余行的缩进量,造成一种悬挂效果;"无"选项用于取消缩进设置。"度量值"微调框用于精确设置缩进量。

3)设置行间距与段间距

行间距是指段落中行与行之间的距离;段间距是指段落与段落之间的距离。行间距和段间距的设置方法是:打开"段落"对话框,打开"缩进和间距"选项卡,在"间距"选项组中,"段前"和"段后"两个微调框用于设置段前间距和段后间距。"行距"下拉列表框和"设置值"微调框,用来设置各种行间距。

3. 格式刷的使用

如果文档中有多处需要设置相同的文档格式,可以使用"格式刷"按钮。"开始"|"剪贴板"中的"格式刷"按钮 既可以复制字符格式、段落格式,也可以复制项目符号和编号、标题样式等格式。文本格式复制的具体操作步骤如下:

(1)选定要复制格式的文本,或将光标置于该文本中任意位置。

(2)单击"开始"|"剪贴板"中的"格式刷"按钮 ,此时鼠标指针变为刷子形状。

(3)将鼠标指针指向要设置格式的文本开始位置,按下鼠标左键,拖动到该文本结束位置,此时目标文本呈反相显示,然后释放鼠标,完成文本格式的复制操作。

如果要复制格式到多个目标文本上,则需双击"格式刷"按钮 ,锁定"格式刷"状态,然后逐个拖动复制,全部复制完毕后,再次单击"格式刷"按钮 或按 Esc 键,结束格式复制。

4. 设置边框和底纹

前面提到过使用"开始"|"字体"中"字符边框"按钮 和"字符底纹"按钮 ,设

置字符边框和底纹，如果设置段落或整篇文档的边框和底纹，就要单击"开始"|"段落"中的"边框和底纹"按钮 📄 ▾。

1）设置文本边框

设置文本边框的具体操作步骤如下。

（1）选定要加边框的文本。

（2）选择"开始"|"段落"命令，打开"边框和底纹"对话框，打开"边框"选项卡，如图3.16所示。

（3）从"设置"选项组的"无""方框""阴影""三维"和"自定义"5种类型中选择需要的边框类型。

（4）从"线型"列表中选择边框线的线型。

（5）从"颜色"下拉列表框中选择边框框线的颜色。

（6）从"宽度"下拉列表框中选择边框框线的线宽。

（7）在"应用于"下拉列表框中选择效果应用于文字或段落。

（8）设置完毕后单击"确定"按钮，即可设置边框。

2）设置页面边框

设置页面边框是在"边框和底纹"对话框中，打开"页面边框"选项卡，其设置方法与设置文本边框相类似，只是多了一个"艺术型"下拉列表框，用来设置具有艺术效果的边框。

3）设置底纹

设置段落底纹是在"边框和底纹"对话框中，打开"底纹"选项卡，在该选项卡中包含"填充"和"图案"选项组，分别用来设置底纹颜色和底纹样式。在"应用于"下拉列表中包含"文字"和"段落"两个选项，如果设置文本底纹必须先选定该文本，如果设置段落底纹光标必须置于该段落内的任意位置。

5. 设置首字下沉

在Word中，可以把段落的第一个字符设置成一个大的下沉字符，以达到引人注目的效果，具体操作步骤如下。

（1）将光标定位于待设置首字下沉的段落中。

（2）选择"插入"|"首字下沉"命令，打开"首字下沉"下拉菜单，也可选择"首字下沉选项"命令，打开"首字下沉"对话框，如图3.17所示。

（3）在"位置"中选择"下沉"，并在选项中设置下沉的行数和距离正文的位置。

（4）设置完毕后单击"确定"按钮，即可设置首字下沉。

四、文档高级编排

1. 分页、分节和分栏

1）分页

默认情况下，Word根据纸张大小和页边距来控制一页的内容。当前页已满时，Word自动插入分布符，并将多余的内容放到下一页中。这种分页符称为自动分页符或软分页符。如果要在特殊的位置分页，也可以人工插入分页符，该分页符称为人工分页符或硬分页符。

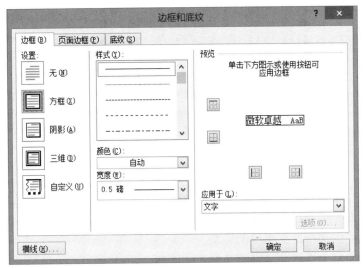

图 3.16　"边框和底纹"对话框

图 3.17　"首字下沉"对话框

插入人工分页符的操作步骤如下。

（1）将插入点移到要插入分页符的位置。

（2）执行"插入"|"分页"命令，也可选择"页面布局"中的分隔符按钮 ，在弹出的下拉菜单中选择"分页符"命令。

2）分节

节是文档中可以独立设置某些页面格式选项的部分。一般情况下，Word 认为一个文档为一节。所谓分节就是将一个文档分成几个部分，每部分分为一"独立"节，每一节可以有自己独立的页面格式。节是以分节符进行分隔的。

在文档中插入分节符的操作步骤如下。

（1）将插入点移到要插入分节符的位置。在"页面布局"菜单中选择"分隔符"命令，选择"分节符"命令，如图 3.18 所示。

（2）在"分节符类型"框中选择新节的起始位置。其中的选项有几种。①下一页：表示插入的新节接着上一节，不产生分页；②连续：表示插入的新节接着上一节，不产生分页；③偶数页：表示插入的新节从下一个偶数页开始显示；④奇数页：表示插入的新节从下一个奇数页开始显示。

（3）单击相应按钮即可插入对应分节符。

（4）双击分节符可以快速打开"页面设置"对话框，对该节进行页面设置。

3）分栏

（1）分栏就是将一段文本分成并排的几栏。分栏操作多用于报刊编辑。具体操作步骤如下：选择"页面布局"|"分栏"

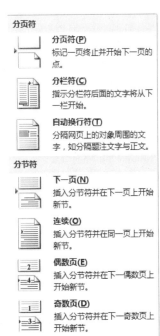

图 3.18　"分隔符"下拉菜单

命令，打开"分栏"下拉菜单，如图 3.19 所示。在该菜单中可以设置分栏数、位置，若要详细设置可以选择"更多分栏"命令。

（2）如果要取消已设置的分栏，其具体操作步骤如下：选定需要取消分栏版式的文本，选择"页面布局"|"分栏"|"更多分栏"，打开"分栏"对话框，单击"预设"选项组中的"一栏"版式图标。

图 3.19 "分栏"对话框

2. 项目符号和编号

1）设置项目符号和编号

Word 可以使用"开始"|"段落"中的按钮☰或☰快速地为选定的文本行添加项目符号或编号，也可以使用上述按钮右侧的下拉按钮弹出相应的下拉菜单进行设置项目符号或编号。

2）删除项目符号及编号

如果文档中的项目符号及编号是自动添加的，而用户不需要此项设置。可以按下列操作方法删除项目符号或编号。

（1）选择需要删除项目符号或段落编号的段落。

（2）单击"开始"中"编号"或"项目符号"按钮，使该按钮取消被选状态，编号或符号即被删除。

📥 任务实施

一、录入文本

（1）启动 Word，熟悉其工作界面和各个组成部分。

（2）利用自己熟悉的输入法输入文本内容。

二、文本替换

（1）查找与替换操作，选择"开始"|"替换"命令，弹出"查找和替换"对话框。

（2）定位光标在"替换"选项卡上，在"查找内容"组合框中输入"市"，然后在"替换为"组合框中输入 City，单击"更多"按钮，单击"格式"按钮，选择"字体"命令，在弹出的对话框中进行格式设置，如图 3.20 所示。

三、文本修饰

（1）标题样式设置，首先选择要格式化的内容，然后选择"开始"|"样式"，单击右侧的下拉按钮。

（2）选择"样式和格式"命令，打开"样式和格式"任务窗格（或者选择"格式"菜单下的"样式和格式"命令），并从格式列表框中选择所需样式。

（3）选择正文各段所有文字，选择"开始"|"字体"命令（或者右击，在弹出的快捷菜单中选择"字体"命令）进行字体格式设置，如图 3.21 所示。

（4）选择"开始"|"段落"命令（或采用快捷菜单操作），进行段落格式设置，如图 3.22 所示。

图 3.20 "查找和替换"对话框

图 3.21 "字体"格式设置

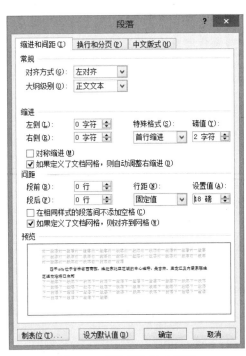

图 3.22 "段落"格式设置

（5）设置首字下沉、标注拼音及底纹。首先光标定位在第一段，选择"插入"｜"首字下沉"命令进行首字下沉效果设置，位置选择为"下沉"，"下沉行数"设置为"3"。选中"东方马德里"使其呈高亮显示，单击"审阅"中的"简转繁"按钮 进行相应转换。选择标题文字，选择"开始"中的"拼音指南"按钮 进行标注，如图 3.23 所示。

选择第三段文字，选择"开始"中的"下框线"按钮右下方的下拉按钮，选择"边框和底纹"命令，选中"边框"标签页进行段落边框的设置，选中"底纹"标签页设置第三段文字的背景,"填充"位置无任何颜色设置,如图 3.24 所示。

图 3.23 "拼音指南"格式设置

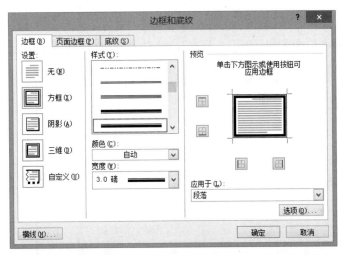

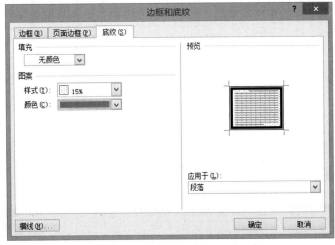

图 3.24 "边框和底纹"格式设置

四、页面布局设置

1. 添加文字及项目符号

（1）将光标定位在需要输入文本的位置，输入"四平地势平坦，土壤肥沃，适宜生长多种农作物，主要品种有：玉米、大豆、水稻、高粱、谷子、小麦"。

（2）选择操作对象，选择"开始"中的项目符号按钮进行项目符号设置。

2. 分栏设置

（1）在文章末尾先按 Enter 键后，选取需要设置分栏的文本。

（2）选择"页面布局"进行分栏设置。

3. 页面设置

（1）单击"页面布局"|"页面设置"按钮，在弹出的"页面设置"对话框中选择"文档网格"选项卡，在"网格"区域选择"指定行和字符网格"单选按钮进行相应的页面设置，如图 3.25 所示。

（2）将光标置于第四段段首，选择"页面布局"|"分隔符"命令，并在弹出的"分隔符"下拉菜单中选择"分页符"单选按钮，单击"确定"按钮。

（3）选择"插入"中的"页眉""页脚"，针对页眉和页脚设置不同的页眉和页脚。

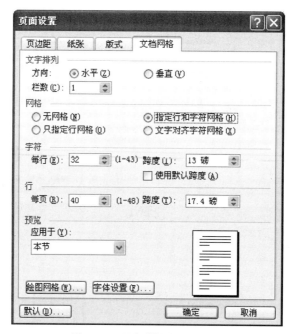

图 3.25　"页面设置"对话框

知识拓展

一篇 Word 文档，经过前面介绍的基本编辑过程之后，还有最后的两个重要的工作需要完成，也就是页面设置和打印输出两项操作。页面设置主要包括设置页面大小、插入页眉和页脚、插入页码和分栏排版等；文档打印主要包括打印预览和打印设置等。本节将介绍这些内容。

计算机应用基础任务驱动教程

一、设置页边距和页眉、页脚

设置页边距，包括调整上、下、左、右边距以及页眉和页脚与页边距的距离。页眉位于页面的顶部，页脚位于页面的底部，可以为页眉和页脚设置日期、页码、章节的名称等内容。用户可以根据自己的需要添加页眉和页脚，具体操作步骤如下。

（1）选定要设置页边距的文档或其中的某一部分。

（2）选择"插入"|"页眉"|"编辑页眉"，打开"页眉和页脚"工具，如图3.26所示。

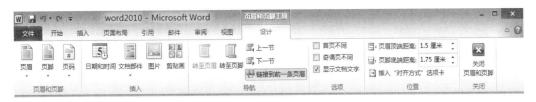

图3.26 "页眉和页脚工具"选项卡

（3）在该工具栏中对页眉、页脚、页码进行相应设置。

（4）在"页面布局"|"页边距"中对页面边距进行设置。

二、纸张设置

设置打印纸张的具体操作步骤如下。

（1）选定要设置打印纸张的文档或其中的某一部分。

（2）选择"页面布局"|"纸张方向"命令，设置纸张的横向与纵向。

（3）选择"页面布局"|"纸张大小"命令，设置打印所使用的纸张型号。

（4）如果"纸张大小"选择"其他页面大小"选项，则弹出"页面设置"对话框，如图3.27所示，需要在"宽度"和"高度"微调框中输入需要的纸张大小数值。

三、设置打印版式

"页面设置"对话框中的"版式"选项卡，主要用于设置页眉和页脚、分节符、垂直对齐方式等选项。

设置打印版式的具体操作步骤如下。

（1）选定要设置打印版式的文档或其中的某一部分。

（2）选择"纸张大小"|"其他页面大小"命令，打开"页面设置"对话框。

（3）在"页面设置"对话框中打开"版式"选项卡，如图3.28所示。

（4）在"节的起始位置"下拉列表中选择节起始位置。

（5）在"页眉和页脚"选项组中设置页眉和页脚的位置。

（6）单击"行号"或"边框"按钮，将会给文本行添加编号或给文本添加边框。

（7）单击"确定"按钮，返回文档编辑窗口。

四、设置文档网格

"页面设置"对话框中的"文档网格"选项卡，主要用于设置有关每页显示的行数、每行显示的字数、文字的排版方向等。

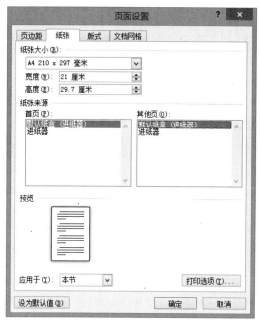

图 3.27 "页面设置"对话框 |"纸张"选项卡

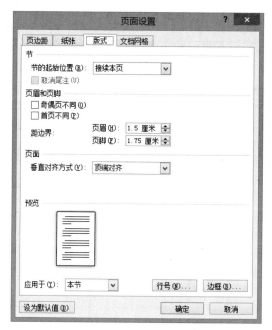

图 3.28 "页面设置"对话框 |"版式"选项卡

设置文档网格的具体操作步骤如下。

（1）选定要设置网格的文档或其中一部分。

（2）选择"纸张大小"|"其他页面大小"命令，打开"页面设置"对话框。

（3）在"页面设置"对话框中打开"文档网格"选项卡，如图 3.29 所示。

图 3.29 "页面设置"对话框 |"文档网格"选项卡

（4）在"网格"选项组中有"无网格""只指定行网格""指定行和字符网格"和"文

计算机应用基础任务驱动教程

字对齐字符网格" 4 个单选按钮，根据需要进行选择。

（5）设置每页中行数和每行中的字数（包括指定每行中的字符数、每页中的行数、字符跨度和行跨度）。

（6）单击"绘图网格"按钮，打开"绘图网格"对话框，在该对话框中选中"在屏幕上显示网格线"复选框。

（7）在"预览"选项组中的"应用于"下拉列表中选取"整篇文档"或"插入点之后"选项。

（8）单击"确定"按钮，返回文档编辑窗口。

任务 3　表格操作

任务描述

创建如图 3.30 所示的课程表，并以 w4.doc 为文件名保存到"D:\sy"目录下。

任务目标

◆ 掌握表格的建立、内容的编辑。
◆ 掌握 Word 表格的编辑、格式化。

知识介绍

在日常生活中，经常用到各种表格，如课程表、履历表等。表格都是以行和列的形式组织信息，其结构严谨，效果直观，而且信息量很大。Word 提供了强大的表格处理功能，用户可以非常轻松地制作和使用各种表格。本节将介绍表格的绘制和编辑功能。

一、创建表格

Word 中提供了多种创建表格的方法，包括使用"插入"中的表格按钮 ⊞，弹出"插入表格"下拉菜单，如图 3.31 所示，然后可使用"插入表格"菜单中的"插入表格"命令；

图 3.30　"课程表"样张　　　　　图 3.31　"插入表格"下拉菜单

还可以使用"绘制表格"命令绘制表格，也可利用鼠标拖曳创建表格。下面分别进行介绍。

1. 使用鼠标创建表格

在使用鼠标创建表格时，首先要确定在文档中插入表格的位置，并将光标置于此处，再按以下步骤操作：

（1）单击"插入"中的表格按钮 📊 旁边的下拉按钮，下拉菜单中就会弹出如图 3.32 所示的示意网格。

（2）将鼠标指针指向网格，向右下方拖动鼠标，鼠标指针掠过的单元格将被选中。同时在网格底部提示栏中显示选定表格的行数和列数。当达到所需的行数和列数后释放鼠标就会在文本区中出现如图 3.33 所示的表格。

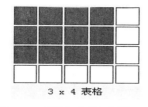

图 3.32 "插入表格"网格

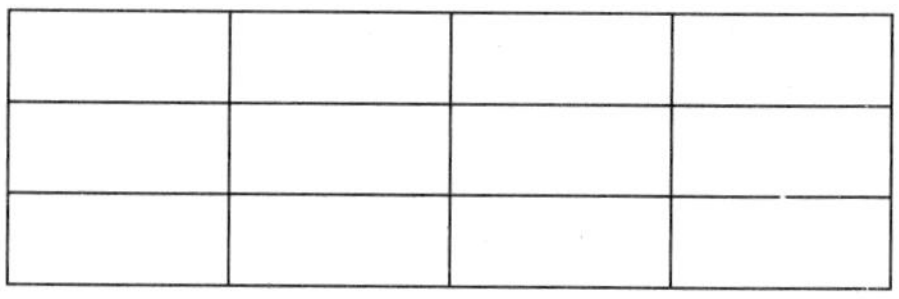

图 3.33 3×4 表格

2. 利用工具按钮创建表格

利用插入表格方法创建出来的表格都是固定的格式，也就是单元格的高度和宽度都是相等的，这种简单的表格在实际应用中并不常见，而是经常用到单元格不同的表格。对于这些复杂的不固定格式的表格，需要使用 Word 提供的绘制表格功能来创建。Word 提供了强大的绘制表格功能，可以像用铅笔一样随意绘制复杂的或非固定格式的表格。

绘制表格的具体操作步骤如下：

（1）单击"插入"中的表格按钮 📊 旁边的下拉按钮，在弹出的下拉菜单中单击"绘制表格"命令，则鼠标指针变为铅笔形状，这时就可以使用笔状鼠标绘制各种形状的表格。

（2）用铅笔型鼠标指针在页面拖拽后，出现"表格和边框"工具栏，如图 3.34 所示。在绘制表格时，首先设置线条的样式、颜色以及粗细。通常先绘制外围边框。将笔状鼠标指针移动到文本区内，按下鼠标左键拖动鼠标，到适当的位置释放鼠标，就绘制出一个矩形，即表格的外围边框。

图 3.34 "表格和边框"工具栏

（3）在外围框内绘制表格的各行和各列。在需要画线位置按下鼠标左键，横向、纵向或斜向拖动鼠标，就可以绘制出表格的行线、列线或斜线。

（4）当绘制了不必要的框线时，可以单击"表格和边框"工具栏上的"擦除"按钮 📝，此时鼠标指针变为橡皮形状。将橡皮形状的鼠标指针移动到要擦除的框线的一端时按下鼠标左键，然后拖动鼠标到框线的另一端再释放鼠标，即可删除该框线。

另外，实际使用 Word 表格时，经常利用"插入表格"按钮绘制固定格式的表格，再根据需要利用"表格和边框"工具栏中"绘制表格"按钮和"擦除"按钮来修改已创建的表格。

3. 使用菜单创建表格

使用菜单创建表格时，同样要先确定在文档中插入表格的位置，并将光标置于此处，具体操作步骤如下。

（1）选择"插入"|"表格"|"插入表格"命令，打开"插入表格"对话框，如图 3.35 所示。

（2）在对话框中，可以通过"表格尺寸"选项组内的"列数"和"行数"微调框，分别设置所创建表格的列数和行数；通过"自动调整"选项组来设置表格每列的宽度，默认选项是"固定列宽"，默认值是"自动"，即表格各列的宽度等于文本区宽度的均分。

（3）单击"确定"按钮，即可创建表格。

4. 插入 Excel 表格

Word 2010 可以直接插入 Excel 电子表格，并且可以向表中输入数据和处理数据，对数据的处理就像在 Excel 中一样方便。插入 Excel 电子表格可通过两种方法来实现，具体操作步骤如下：选择"插入"|"表格"|"Excel 电子表格"命令，拖动鼠标选择电子表格的行数和列数，对图 3.35 所示。松开鼠标左键，在光标位置出现如图 3.36 所示的电子表格，窗口中出现了 Excel 软件的环境，对它的操作同 Excel 是完全一样的。

图 3.35 "插入表格"对话框

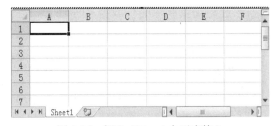

图 3.36 插入"Excel 电子表格"

二、编辑表格的内容

1. 在表格中输入文本

创建一个空表格之后，就需要在表格内输入内容。在表格中输入内容是以单元格为单位的，也就是需要把内容输入到单元格中，每输入完一个单元格，按 Tab 键，插入点会移到本行的下一个单元格，或者是下一行第一个单元格，也可以用鼠标直接定位插入点。当插入点到达表格中最后一个单元格时，再按 Tab 键，Word 会为此表格自动添加一个空行。

2. 表格中文本的选定

在对表格中文本的编辑和排版时，也与普通文本一样需要首先选定文本，在表格中选定文本的方法有以下几种。

（1）拖动鼠标选定单元格区域：与选择文本一样，在需要选择的起始单元格按下鼠标并拖动，拖过的单元格就会被选中，在选定所有内容之后释放鼠标即可完成选定。

（2）选定单元格：将鼠标指针移动到单元格左侧，鼠标指针变成指向右上角的实心箭头形状时，单击就可以选定当前单元格，这时如果按下鼠标拖动则可以选定多个连续的单元格。

（3）选定一行单元格：将鼠标指针移动到表格左侧的行首位置，光标变成指向右上角的空心箭头形状时，单击鼠标就可以选定当前行，这时如果按下鼠标拖动则可以选定多行。

（4）选定一列单元格：将鼠标指针移动到表格上侧的列上方，鼠标指针变成指向下端的实心箭头形状时，单击鼠标就可以选定当前列，这时如果按下鼠标拖动则可以选定多列。

（5）选定整个表格：将鼠标指针移动到表格左上角的控制柄 ⊞ 上，单击鼠标就可以选定整个表格。

三、编辑表格的结构

一个建立好的表格，在使用时经常需要对表格结构进行修改，比如插入单元格或删除单元格、插入行或插入列、拆分单元格或合并单元格等操作。下面将介绍如何对表格结构编辑。

1. 插入和删除行与列

在表格中插入行或列的具体操作步骤如下。

（1）在表格中选定与需要插入行的位置相邻的行（或列），选定的行数和需要增加的行数相同。

（2）右击，在弹出的快捷菜单中选择"插入"命令中的对应命令，都可以完成插入行操作，如图 3.37 所示。

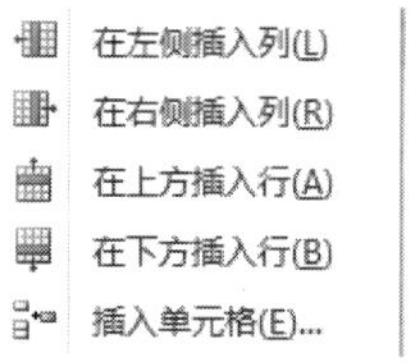

｜ 在左侧插入列(L)
｜ 在右侧插入列(R)
｜ 在上方插入行(A)
｜ 在下方插入行(B)
｜ 插入单元格(E)...

图 3.37　表格"插入"级联菜单

在表格中删除行的具体操作步骤如下。

（1）选定需要删除的行或将光标置于该行的任意单元格中。

（2）右击弹出的快捷菜单中选择"删除行"命令。

在表格中删除列的操作与删除行的操作方法基本相同。

2. 插入和删除单元格

在表格中插入单元格的具体操作步骤如下。

（1）选定要插入单元格的位置。

（2）单击鼠标右键弹出快捷菜单，选择"插入"|"插入单元格"命令，弹出如图 3.38 所示的对话框。

（3）在该对话框中选择一种操作方式。

（4）完成选择插入方式后，单击"确定"按钮就可以插入单元格。

要删除单元格，可以先选定单元格，右击弹出的快捷菜单中选择"删除单元格"命令，打开"删除单元格"对话框，如图 3.39 所示。在其中选择一种删除方式，单击"确定"按钮即可。

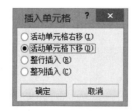

图 3.38　"插入单元格"对话框

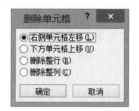

图 3.39　"删除单元格"对话框

3. 调整表格的行高和列宽

在表格中要调整行高和列宽，可以使用标尺或拖动鼠标的方法来实现，下面对这两种方法分别进行介绍。

（1）使用标尺调整：必须确保在屏幕上显示标尺。首先选定要调整的行或列，或者将光标置于该行或列的任意位置。然后，将鼠标指针移动到对应的行或列的垂直标尺或水平标尺上，当鼠标指针变为垂直双向箭头或水平双向箭头形状时，此时屏幕上会出现一条水平或垂直的虚线，可根据需要向对应的方向拖动鼠标，如果是按住 Alt 键的同时按住鼠标左键在标尺上拖动，在标尺上会出现动态的大小值。

（2）使用鼠标调整：将鼠标指针置于要调整的行或列的边框上，当鼠标指针变为双向箭头形状时拖动鼠标，到达所需位置时释放鼠标即可实现行高或列宽的调整。

4. 自动调整表格

使用上面的方法调整表格行高或列宽之后，会出现表格的行高或列宽不一致的情况，这时可以使用 Word 提供的自动调整功能，利用这一功能，可以方便地调整表格。

操作方法是：首先选定要调整的表格，选择"自动调整"命令，就会弹出如图 3.40 所示的菜单。

这个菜单中列出了"根据内容调整表格""根据窗口调整表格"和"固定列宽"3 个命令，用户可以根据自己的需求，选择相应的命令，即可完成相应的自动调整。

5. 合并和拆分单元格

合并单元格就是把两个或多个单元格合并为一个单元格；拆分单元格是把一个单元格拆分为若干个单元格。

（1）合并单元格：首先选择需要合并的单元格，右击，在弹出的快捷菜单中选择"合并单元格"命令，就可以合并单元格了。

（2）拆分单元格：首先将光标置于要拆分的单元格中，右击打开快捷菜单，选择"拆分单元格"命令，就会弹出如图 3.41 所示的"拆分单元格"对话框，指定拆分行数和列数，单击"确定"按钮即可。

图 3.40 "自动调整"表格菜单

图 3.41 "拆分单元格"对话框

四、设置表格的格式

创建好的表格还可以进一步设置表格的格式，进而美化和修饰表格。表格的格式设置与段落的格式设置很相似，可以设置底纹和边框，还可以自动套用已有格式来修饰表格。

1. 设置表格边框和底纹

使用"边框和底纹"按钮和快捷菜单中的"边框和底纹"命令，可以方便地设置表格框线。具体方法请参考段落的边框底纹设置方法。

2. 表格自动套用格式

使用表格自动套用格式的操作方法是：将光标置于表格中任意位置，单击标题栏上方的"表格工具"，在"表格样式"列表框中选择一种表格样式，或者单击列表框右下角的"其他"按钮 ▼ ，弹出"表格自动套用格式"对话框，如图 3.42 所示，选择对应格式。

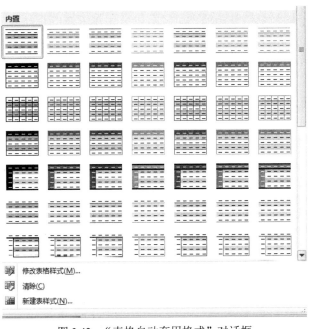

图 3.42　"表格自动套用格式"对话框

📖 任务实施

一、创建基本表格

先创建一个 10 行 9 列的有规律表格，然后利用 "合并单元格"和"拆分单元格"等命令实现相应样张表格的操作。

创建表格的三种方式如下所示。

（1）利用"插入"|"表格"中的拖拽操作拖动出行、列数。

（2）选择"插入"|"表格"|"插入表格"命令，在弹出的"插入表格"对话框中输入所需的行数和列数。

（3）选择"插入"|"表格"|"绘制表格"命令，弹出"表格和边框"工具栏，单击"绘制表格"按钮，直接画出自由表格。

二、绘制斜线表头

通过"插入"|"表格"|"绘制表格"命令，弹出"表格和边框"工具栏，利用画笔绘出斜线表头。

三、单元格格式设置

1．单元格对齐方式设置

选中整张表格，右击，在弹出的快捷菜单中选择"单元格对齐方式"命令，在级联菜单中单击第 2 行第 2 列（水平方向和垂直方向都居中）。

2．各列宽度设置

将第 3 列至第 9 列选中，右击，在弹出的快捷菜单中选择"平均分布各列"命令。也可以按照上述方法将第 1、2 列调整为相同的列宽。

3．设置斜线表头

斜线表头处列标题"星期""时间"是通过在一行中输入"星期""时间"，光标定位在两个词中间，按 Enter 键形成两行，在"星期"所在行进行右对齐，"时间"所在行进行左对齐实现的。

4．课程表学校图标及标题格式设置

（1）选择"插入"菜单｜"图片"命令插入图标。在弹出的"插入图片"对话框中选择学校图标存放在"C:\大学计算机基础实验素材"下的 logo.jpg 文件，也可以通过学校网站下载。

（2）标题文字，字体设置为黑体，字号大小"小二"，加粗，在"字体"设置对话框中的"字符间距"选项卡中设置适当的提升文字位置，使其与图片位置相适宜。

5．合并单元格

由于样张中课程为每两小节实行一次授课，所以需要多次合并单元格，可以采用选中一列中对应的相邻单元格，右击，在弹出的快捷菜单中选择"合并单元格"命令；也可以在弹出的"表格和边框"工具栏上单击"擦除"按钮，擦除对应相邻两个单元格中间的横线，使其成为一个单元格。

6．表格线的设置

要为表格设置不同的线型，首先要选择画线的区域，然后单击"开始"中的"下框线"按钮，弹出"边框和底纹"对话框，选择相应的线型的宽度。

知识拓展

一、自动生成目录

目录通常是书稿中不可缺少的一部分。目录列出了书稿中的各级标题以及每个标题所在的页码，通过目录即可以了解当前文档的纲目，同时还可以快速定位到某个标题所在的位置，浏览相应的内容。要在 Word 文档中创建目录，必须已在文档中使用了样式。

1．创建目录

具体操作步骤如下。

（1）将光标定位到要放目录的位置。

（2）单击"引用"中的目录按钮，在弹出的下拉菜单中选择"插入目录"命令，随后出现的"索引和目录"对话框，再打开"目录"选项卡，如图 3.43 所示。

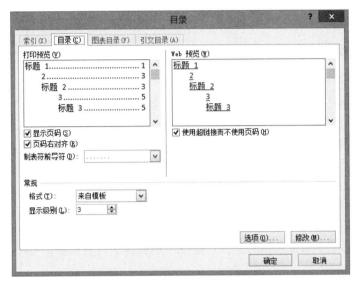

图 3.43　"索引和目录"对话框

（3）在"格式"下拉列表框中选择目录的格式；在"显示级别"微调框中选择目录中要包含的标题的最高层数，在"制表符前导符"下拉列表框中选择标题与页码之间的符号。

（4）单击"确定"按钮，即可在光标处自动插入该文档的目录，目录如图 3.44 所示。

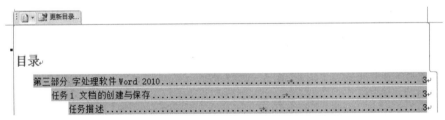

图 3.44　"目录"示例

2. 更改目录

如果对已经生成目录的文章进行了修改，出现了内容及页码的更改，可以利用目录的自动更新功能完成。

单击已经生成的目录，在目录上部如图 3.44 所示，出现"更新目录"按钮，单击该按钮在弹出的"更新目录"对话框中选择"更新整个目录"选项即可。

二、显示级别

目录生成的前提条件是，该文档中已经设置了相应的大纲级别。级别可以通过"样式""大纲级别"等方法设置完成。

1. 样式级别

Word 中提供的样式中，已经设置了相应的"标题"，"标题 1"对应"1 级标题"，"标题 2"对应"2 级标题"，"标题 3"对应"3 级标题"。一般情况下，目录生成的默认级别是

计算机应用基础任务驱动教程

3 级标题显示在目录中。

设置级别的方法：利用鼠标拖动选取对应的标题；选择"开始"|"样式"中的相应样式即可。

2. 大纲级别

选择"视图"|"文档视图"|"大纲视图"命令，此时将进入"大纲视图"模式，并启动"大纲"选项卡，如图 3.45 所示。

图 3.45　"大纲"选项卡

（1）首先选取需要进行级别设置的文本。

（2）在"大纲工具"组中选择"正文文本"右侧的下拉箭头，选取级别。

（3）若已经选的级别需要更改，可以单击"正文文本"左右两侧的箭头实现级别的升降。

在"显示级别"按钮后的下拉箭头处可以选择文本可以显示的大纲级别，这样可以方便对长文本的整个设置及控制。

单击"关闭大纲视图"按钮，即可退出"大纲视图"，返回常用的"页面视图"形式。

任务 4　图 文 混 排

🏯任务描述

创建如图 3.46 所示的样张。

🏯任务目标

◆ 熟练掌握插入图片、图片的编辑和格式化。
◆ 掌握绘制简单的图形和格式化。
◆ 掌握艺术字和文本框的使用。
◆ 掌握公式编辑和图文混排。

🏯知识介绍

Word 不仅是一个强大的文字处理软件，同时 Word 还具有很强的图形处理功能，它可以将其他软件的图形、表格、数据插入到 Word 文档内，使得一个 Word 文档图文并茂，生动美观。

一、插入图片

下面介绍在 Word 文档中插入图片的两种方法，一种是插入系统提供的剪贴画，另一种是插入图片文件。

四平市位于吉林省西南部，地处东北亚区域的中心地带，是吉林、黑龙江及内蒙东部地区通向沿海口岸和环渤海经济圈最近的城市和必经之路，是东北地区重要交通枢纽和物流节点城市，军事上的战略要地，有"英雄城"和"东方马德里"之称，历史悠久，工农业基础雄厚。

四平市为吉林省第三大城市，位于东北中部、吉林省的西南部，辽宁省与吉林省的交界处。东依大黑山，西接辽河平原，北邻长春，南迫沈阳，以京哈铁路为界，东部属丘陵地区，西部为松辽平原的一部分，地势稍有起伏。

四平地区按自然气候区划处于北温带，属于东部季风区中温带湿润区，大陆性季风气候明显，四季分明，春季干燥多大风，夏季温热多雨，秋季温和凉爽，冬季漫长寒冷。

土地资源比较丰富，地貌类型多样，地域性差异明显。山地约占总面积的 6%，丘陵占总面积的 15%，平原约占总面积的 79%。全市有农作物总播种面积 647312 公顷，其中水田 37962 公顷，地势平坦，土壤肥沃，适宜生长多种农作物。

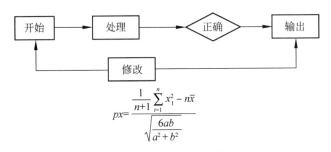

$$px = \frac{\dfrac{1}{n+1}\sum_{t=1}^{n} x_1^2 - n\bar{x}}{\sqrt{\dfrac{6ab}{a^2 + b^2}}}$$

图 3.46　"图文混排"样张

1. 插入剪贴画

Word 中提供了许多剪贴画，从剪辑库中插入剪贴画的具体操作步骤如下。

（1）将光标定位于要插入图片的位置。

（2）选择"插入"|"剪贴画"命令，打开"剪贴画"任务窗格，如 3.47 所示。

（3）在任务窗格的"搜索文字"文本框中输入图片的名称，或者是某一类型的名称，如"植物"。也可以使"搜索文字"文本框中空白。

（4）打开"搜索范围"下拉列表框，选择图片要搜索的位置。

（5）打开"结果类型"下拉列表框，选择图片搜索的媒体文件类型。

（6）指定搜索名称、位置和类型后，单击"搜索"按钮，在下面的预览列表框中会出现搜索结果，如图 3.47 所示。

（7）可从预览列表框中选择一张剪贴画，直接单击即可插入。

2. 插入图片文件

如果硬盘空间中有漂亮的图片，可以选择"插入图片"命令。插入图片文件的具体操作步骤如下。

（1）将光标定位于要插入图片的位置。

（2）选择"插入"|"图片"|"来自文件"命令，打开"插入图片"对话框，如图 3.48

所示。在该对话框中选择要插入的图片。

（3）单击"插入"按钮，即可将图片插入到文档中指定的位置。

图 3.47　插入"剪贴画"对话框

图 3.48　"插入图片"对话框

二、编辑图片

图片插入到文档中后，还需要对其进行编辑，比如调整图片的大小、位置和设置环绕方式等。

在编辑图片时，需要启动"图片"工具栏，显示"图片"工具栏的方法是：执行插入图片操作后，图片工具栏自动出现。"图片"工具栏如图 3.49 所示。

图 3.49　"图片"工具栏

1. "图片"工具栏中常用工具按钮的介绍

（1）亮度按钮 ☀：可以调整图片的亮度。

（2）对比度按钮 ◑：可以调整图片的对比度。

（3）重新着色按钮 🖎：单击该按钮可以弹出下拉菜单，如图 3.50 所示。

（4）自动换行：用于设置文字环绕方式。单击该按钮会弹出文字环绕类型的下拉菜单，菜单中共有 8 种环绕类型的图标，由图标不难看出各种环绕类型的效果。进行文字环绕时先选定一幅图片，然后选择下拉菜单中的环绕方式即可，如图 3.51 所示。

（5）"裁剪"按钮：用于裁剪图片。具体操作方法是，首先选定要裁剪的图片，然后单击"图片"工具栏中的"裁剪"按钮，再拖动图片四周的 8 个控制点即可控制裁剪图片的大小。

如果要对图片进行精确裁剪，可以在其右侧的对话框中输入图片的高度和宽度的具体数值。

（6）"旋转"按钮 🔄：用于对图片进行旋转。

2. 调整图片的大小

在 Word 中可以对插入的图片进行缩放。直接单击图片，移动鼠标指针到图片四边的句柄上，鼠标指针显示为双向箭头，此时拖动鼠标使图片边框移动到合适位置，释放鼠标，即可实现图片的整体缩放。如果要精确地调整图片的大小，可在图片上右击，打开如图 3.52 所示的"设置图片格式"对话框。在该对话框中输入精确数值。

图 3.50　"重新着色"对话框　　　图 3.51　"环绕方式"菜单　　　图 3.52　"图片设置"工具栏

三、绘制基本图形

除了提供插入图片的功能以外，在 Word 中还提供了强大的绘图功能，用户可以方便地利用这些工具在文档中绘制出所需要的图形。

要在 Word 文档中使用绘图工具，首先要打开"绘图"工具栏。打开"绘图"工具栏的方法是：单击"插入"上的"形状"按钮，打开 "绘图"图形列表框，选择所需的形状进行拖曳后，出现绘图工具栏，如图 3.53 所示。

图 3.53　"绘图"工具栏

1．"绘图"工具栏中常用工具按钮的介绍

"绘图"工具栏中的工具按钮，是绘制图形和设置图形格式的便捷工具。这些工具的功能如下。

（1）"文本框"按钮：在指定位置插入水平或垂直的文本框。

（2）"编辑形状"按钮：更改绘图的形状，将其转换成任意多边形，或编辑环绕点以文字环绕的绘图方式。

（3）"形状填充"按钮：使用纯色、渐变、图片或纹理填充选定图片。

（4）"形状轮廓"按钮：用于指定选定形状轮廓的颜色、宽度和线型。

（5）"形状效果"按钮：对选定形状应用外观效果。

（6）"位置"按钮：将所选对象放在页面上。文字将自动设置成环绕方式。

（7）"自动换行"按钮：更改所选对象周围的文字环绕方式。

（8）"上移一层"按钮：将所选对象上移，使其不被前面的对象遮挡。

（9）"下移一层"按钮：将所选对象下移，使其被前面的对象遮挡。

（10）"选择窗格"按钮：显示选择窗格，帮助选择单个对象，并改变其顺序和可变性。

（11）"对齐"按钮：将所选多个对象边缘对齐，也可居中对齐，或在页面中均匀地分散对齐。

2. 图形设置

在实际操作中，经常需要对绘制好的图形进行各种调整、设置等工作。下面介绍常用的图形设置操作。

（1）选定图形：和对文本操作一样，要对绘制好的图形进行设置，也必须先选定该图形。选定图形的操作方法是，将鼠标指针移动到该图形上单击，此时图形周围会出现 8 个控制点，表明此图形已被选定。

如果需要同时选定多个图形，可以先按住 Shift 键，然后依次对每个图形操作，使每个图形四周都出现 8 个控制点即可。

取消选定只需在文本区域中，按 Esc 键或在选定图形以外的任意位置上单击即可。

（2）设置填充效果：绘制好的图形可以填充颜色、图案、纹理或图片，这样做可以使图形增加美感。设置填充的方法是，选定要设置填充的图形，单击"绘图"工具栏上的"形状填充"按钮 右侧的下拉按钮，弹出填充色调色板，从中可以选择填充颜色，如果没有需要的颜色可以选择"其他填充颜色"命令，打开"颜色"对话框选择其他颜色。要想设置填充图案、纹理或图片时，选择"图片""渐变""纹理"命令，打开相应的填充效果对话框。图 3.54 为各种填充的效果图。

图 3.54 "填充"效果图

（3）组合：当在文本中有多个图形时，可以将多个图形组合为一个形状。先按住 Shift 键将多个图形选中，然后在被选中的图形中单击右键，在弹出的菜单中选择"组合"命令。当需要拆开组合时，可先选择组合对象，然后单击右键，在弹出的菜单中选择"组合"|"取消组合"命令。

文本框是一种可移动、可调节大小的文字或图形容器。使用文本框，可以在一页上设置多个文字块，也可以使文字按照与文本中其他文字不同的方向排列。Word 把文本框看作特殊图形对象，它可以被放置于文档中的任何位置，其主要功能是用来创建特殊文本，比如书中图或表的说明。

四、使用文本框

1. 插入文本框

插入文本框的具体操作步骤如下。

（1）将光标置于需要插入文本框的位置。

（2）在"插入"菜单中的"文本框"按钮 中弹出的对话框中选择对应的内置对话框样式；或者选择"插入"菜单中的"文本框"按钮中弹出的"绘制文本框"或"绘制竖排文本框"命令。

（3）按住鼠标左键并拖动鼠标，绘制出文本框。

（4）调整文本框的大小并将其拖动到合适位置。

（5）单击文本框内部的空白处，使光标闪动，然后输入文本。

（6）单击文本框以外的地方，退出文本框。

2. 设置文本框格式

在 Word 中文本框是作为图形处理的，用户可以通过与设置图形格式相同的方式对文本框的格式进行设置，包括添加颜色、填充及设置边框、设置大小与旋转角度，以及调整位置等。

用户也可以通过"绘图"工具栏对文本框格式进行设置。

五、制作艺术字

Word 提供的艺术字功能是图形效果的文字，是浮动式的图形，对艺术字的编辑、格式化、排版与图形类似。

1. 添加艺术字

添加艺术字的具体操作步骤如下：

（1）在"绘图"工具栏中单击"插入艺术字"按钮 A，打开"艺术字库"对话框，如图 3.55 所示，在其中选择所需的艺术字效果。

（2）在"绘图"工具栏中单击"文本填充""文本轮廓"或"文本效果"按钮设置相应的艺术字效果。

（3）在"艺术字库"中选择第 4 行第 5 列，选择"文本效果"|"转换"|"跟随路径"第二个选项。添加艺术字后的效果如图 3.56 所示。

2. 设置艺术字

插入艺术字之后，如果用户要对所插入的艺术字进行修改、编辑或格式化，操作方法是：双击需要设置的艺术字，打开"图片"工具栏来设置，选中要设置的艺术字进行设置。

📥 任务实施

一、插入图片与文字

1. 插入标题艺术字"四平概况"，加边框线

（1）单击"绘图"工具栏的"插入艺术字"按钮（或者选择"插入"菜单|"图片"|"艺术字"命令），弹出"艺术字库"对话框，选择第 4 行第 3 列的样式、隶书、36 号字、加粗、居中对齐。

（2）先设置艺术字"四平概况"版本为嵌入式，然后选择"开始"|"边框和底纹"按钮添加样张所示边框。

2. 插入图片与文本

（1）在文章末尾输入"英雄广场"四个字，并选择"插入"|"图片"命令，选择"C:\大学计算机基础实验素材\英雄广场.jpg"，将其插入文件。

（2）选择文字与图片，选择"插入"菜单 |"文本框"|"绘制文本框"命令，将文字与图片放在文本框中，右击文本框,弹出的格式菜单如图 3.57 所示,单击"形状轮廓"按钮 ✍ ▾ 旁的下拉按钮，选择"其他轮廓颜色""粗细"或"虚线"命令，设置文本框的线条，设置

如样张所示文本框。

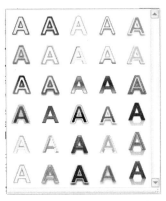

图 3.55　"艺术字库"对话框

图 3.56　"艺术字"效果图

图 3.57　"设置文本框格式"对话框

（3）选择文本框内的"英雄广场"四个字，选择"开始"|"字体"命令，在弹出的"字体"对话框的字体选项卡中将字体设置为楷体、三号、加粗，在"字符间距"选项卡中设置，适当提升文字位置。

（4）将文本框拖动至样张图示位置。

3.　制作水印

单击"页面布局"|"水印"按钮，选择"自定义水印"命令，单击"选择图片"按钮，插入图片"C:\大学计算机基础实验素材\四平夜景.jpg"，对图片设置为水印效果。

二、插入流程图及公式

1.　绘制流程图

（1）绘制流程图可单击"插入"|"形状"按钮，在"流程图"子菜单中选择所需的图形。

（2）右击自选图形，在弹出的快捷菜单中选择"添加文字"命令，并单击"格式"工具栏上的"居中"按钮使文字处于自选图形的正中。

（3）分别单击各个自选图形，弹出的快捷菜单中选择"设置自选图形格式"命令，在"大小"选项卡调整各个图形高度和宽度，使各自选图形大小一致。

（4）按 Shift 键的同时，逐个单击各个自选图形，使其全部处于选中状态，单击"绘图"工具栏上"对齐"按钮 ，调整各自选图形的对应位置。

（5）各自选图形之间的连线单击"插入"|"形状"按钮，选择对应"线条"。

（6）将流程图的各个成员组合成一个整体以便于操作，只需选择所有的自选图形并右击，在快捷菜单中选择"组合"命令。若要单独编辑组合图中的某个成员，必须要取消组合后才能进行所需的编辑操作，然后再将自选图形进行组合。

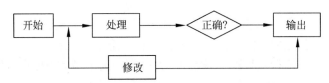

2.　插入数学公式

在文末输入公式：

$$px = \frac{\dfrac{1}{n+1}\sum_{i=1}^{n}x_1^2 - n\overline{x}}{\sqrt{\dfrac{6ab}{a^2+b^2}}}$$

选择"插入"菜单 | "公式" | "插入新公式"命令即可完成公式输入。

知识拓展

一、绘制图表

对于表格中的数据，有时使用图表更能直观地显示数据和分析数据。创建图表的具体操作步骤如下。

（1）选择"插入" | "图表"命令，打开"插入图表"对话框，选择所需的图表类型，如图 3.58 所示。

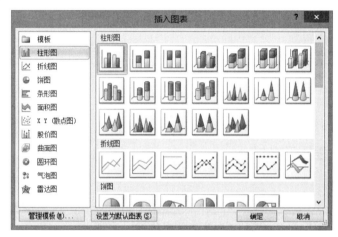

图 3.58 "插入图表"对话框

（2）此时打开如图 3.59 所示的"图表"工具栏，在数据表中修改数据，图表会自动改变，数据表修改完毕后，单击工作区空白处即可建立图表。

图 3.59 "图表"工具栏

二、插入 SmartArt 图形

与文字相比，插图和图形更有助于理解和记住信息，SmartArt 图形是信息和观点的视觉表示形式。可以通过从多种不同布局中进行选择来创建 SmartArt 图形，从而快速、轻松、有效地传达信息。可以在 Excel、PowerPoint、Word 或 Outlook 的电子邮件中创建 SmartArt 图形。并且可以将 SmartArt 图形作为图像复制并粘贴到其他程序中。创建 SmartArt 图形时，系统会提示选择一种类型，如"流程""层次结构"或"关系"。

三、邮件合并

在日常办公过程中，可能有很多数据表，同时又需要根据这些数据信息制作出大量信函、信封或者是工资条。借助 Word 提供的一项功能强大的数据管理功能——"邮件合并"，完全可以轻松、准确、快速地完成这些任务。具体地说就是在邮件文档（主文档）的固定内容中，合并与发送信息相关的一组通信资料（资料来源于数据源如 Excel 表、Access 数据表等），从而批量生成需要的邮件文档，因此大大提高工作的效率。

若要制作多张请柬，请柬内容、格式相同，只是需要输入不同的姓名。并且，所有的受邀请人名单在 Excel 表格中。利用邮件合并实现操作方法如下。

1. 完成邮件的基本格式

输入邀请函的内容，并设置好格式，不要输入被邀请人姓名。

2. 邮件合并向导

（1）首先将光标置入要插入姓名的位置。单击"邮件"|"开始邮件合并"|"开始邮件合并"按钮，在展开的列表中选取"邮件合并分步向导"，打开"邮件合并"任务窗格，如图 3.60 所示。

（2）在"邮件合并"窗格中"选择文档类型"中选择"信函"，单击"下一步:正在启动文档"。

（3）在"邮件合并"窗格中"选择开始文档"中选择"使用当前文档"，单击"下一步:选取收件人"。

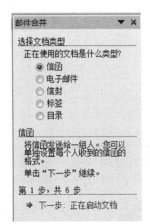

图 3.60 "邮件合并"任务窗格

（4）在"邮件合并"窗格中"选择收件人"中选择"使用现有列表"，单击"浏览"启动"读取数据源"对话框，找到被邀请人名单文档，单击"打开"弹出如图 3.61 所示对话框。勾选需要的收件人，单击确定。在"邮件合并"窗格中单击"下一步：撰写信函"。

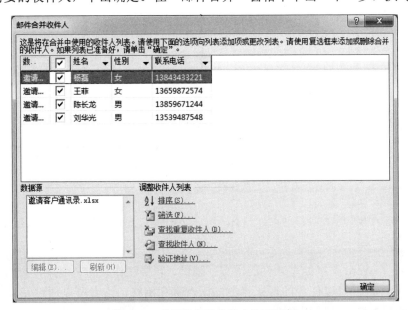

图 3.61 "邮件合并收件人"对话框

（5）选择"邮件"|"编写和插入域"的下拉列表中"姓名"项，将"《姓名》域"插入到邀请函中，单击"下一步：预览信函"。

（6）在"邮件"选项卡|"预览结果"组中，通过左右箭头按钮可以切换不同的人名。或者在"邮件合并"任务窗格中，单击左右切换按钮完成不同人名的切换查看。单击"编辑收件人列表"还可以增加、修改人名。单击"下一步：完成合并"。

（7）完成邮件合并，可以将此文档进行保存。也可以将单个信函进行编辑和保存。在"邮件合并"任务窗格中单击"编辑单个信函"选项，可以启动"合并到新文档"对话框，如图 3.62 所示。

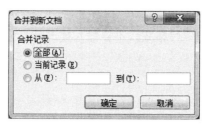

图 3.62　"合并到新文档"对话框

选择全部，单击确定即可按不同的人名生成一个多页文档（一个人名一页）。可以将此多页文档另存，结果如图 3.63 所示，完成邮件合并。

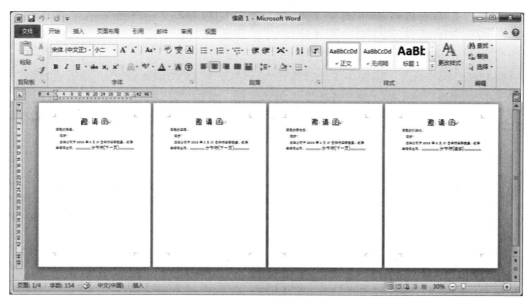

图 3.63　多页文档

小　　结

本章介绍了 Word 文字处理软件的，文字编辑、表格制作、图文混排、文档管理、邮件合并等多项功能，并且以任务的形式将各知识点贯穿始终，读者可以通过完成任务的方式掌握 Word 的基本操作及技巧。

习 题

一、选择题

1. 在 Word 的编辑状态中，使插入点快速移动到文档尾的操作是（ ）。
   A. PageUp   B. Alt+End   C. Ctrl+End   D. PageDown

2. 在 Word 的编辑状态中，打开文档 ABC.docx，修改后另存为 ABD.docx，则文档 ABC.docx（ ）。
   A. 被文档 ABD 覆盖   B. 被修改未关闭
   C. 被修改并关闭   D. 未修改被关闭

3. 要将文档中一部分选定文字的字体、字形、字号、颜色等各项同时进行设置，应使用（ ）。
   A. "格式" 菜单下的 "字体" 命令   B. 工具栏中的 "字体" 列表框选择字体
   C. "工具" 菜单   D. 工具栏中的 "字号" 列表框选择字号

4. 以只读方式打开 Word 文档，做了某些修改后，要保存时，应使用 "文件" 菜单下的（ ）。
   A. 保存   B. 全部保存   C. 另存为   D. 关闭

5. Word 文档中，选定文本块后，如果（ ）拖拽鼠标到需要处可实现文本块的移动。如果（ ）拖曳鼠标到需要处可实现文本块的复制。
   A. 按住 Ctrl 键   B. 按住 Shift 键   C. 按住 Alt 键   D. 无须按键

6. 在 Word 中，（ ）用于控制文档内容在屏幕上显示的大小。
   A. 全屏显示   B. 显示比例   C. 缩放显示   D. 页面显示

7. 在 Word 编辑状态下，如要调整段落的左右边界，用（ ）方法最为直观、快捷。
   A. 格式栏   B. 格式菜单
   C. 拖动标尺上的缩进标记   D. 常用工具栏

8. 要把插入点光标快速移到 Word 文档的头部，应按组合键（ ）。
   A. Ctrl+PageUp   B. Ctrl+↑   C. Ctrl+Home   D. Ctrl+End

9. 在 Word 的编辑状态中，文档窗口显示出水平标尺，则当前的视图方式为（ ）。
   A. 普通视图或页面视图   B. 页面视图或大纲视图
   C. 全屏显示视图   D. 全屏显示视图或大纲视图

10. 在 Word 的编辑状态中，当前编辑的文档是 C 盘中的 d1.docx，要将该文档保存到软盘，应当使用（ ）。
    A. "文件" 菜单中的 "另存为" 命令   B. "文件" 菜单中的 "保存" 命令
    C. "文件" 菜单中的 "新建" 命令   D. "插入" 菜单中的命令

二、实验题

1. 在 D 盘根目录下使用 Word 建立文件 test1.docx，录入如下内容，并按要求完成格式设置，标题：宋体小五号，居中对齐，正文：首行缩进 0.74 厘米，单倍行距，宋体小四号字，两端对齐。

落叶与野草

秋天，一片树叶离开大树，悄然落在地上。它是第一片枯叶，于是引起身旁野草的议论。

"它是第一个飘落下来的，其中必有缘故！"

"这缘故肯定是严重的，它一定出了什么差错！"

"也许它是一个传播病害的毒叶，被大树赶下来！"

"多好的大树，作为大树的叶子，多体面。可它为什么要飘落下来？"

秋天，草木是要枯萎凋零的，这野草们是最清楚不过的。它们所以对枯叶有种种揣测，仅仅是因为这片枯叶是第一个飘落下来的。为了集体，自觉自愿地做对自己不利的事，这对野草们来说却是无法理解的。

枯叶听了众草的议论，并不辩解，其实，原因很简单，它在秋天离开大树是为了大树来年的早发新枝。

2. 在 D 盘根目录下使用 Word 建立文件 test2.doc，录入如下内容，并按括号中的要求完成格式设置：(首字下沉两行，首行缩进 2 个字符，单倍行距，宋体小五号字，两端对齐)

福 娃是北京 2008 年第 29 届奥运会吉祥物，其色彩与灵感来源于奥林匹克五环、来源于中国辽阔的山川大地、江河湖海和人们喜爱的动物。福娃是五个可爱的亲密小伙伴，他们的造型融入了鱼、大熊猫、奥林匹克圣火、藏羚羊以及燕子的形象。

每个娃娃都有一个朗朗上口的名字："贝贝""晶晶""欢欢""迎迎"和"妮妮"，在中国，叠音名字是对孩子表达喜爱的一种传统方式。当把五个娃娃的名字连在一起，你会读出北京对世界的盛情邀请"北京欢迎您"。

➢ 贝贝传递的祝福是繁荣。在中国传统文化艺术中，"鱼"和"水"的图案是繁荣与收获的象征，人们用"鲤鱼跳龙门"寓意事业有成和梦想的实现，"鱼"还有吉庆有余、年年有余的蕴涵。

➢ 晶晶是一只憨态可掬的大熊猫，无论走到哪里都会带给人们欢乐。作为中国国宝，大熊猫深得世界人民的喜爱。

➢ 欢欢是福娃中的大哥哥。他是一个火娃娃，象征奥林匹克圣火。欢欢是运动激情的化身，他将激情散播世界，传递更快、更高、更强的奥林匹克精神。欢欢所到之处，洋溢着北京 2008 对世界的热情。

➢ 迎迎是一只机敏灵活、驰骋如飞的藏羚羊，他来自中国辽阔的西部大地，将健康的美好祝福传向世界。迎迎是青藏高原特有的保护动物藏羚羊，是绿色奥运的展现。

➢ 妮妮来自天空，是一只展翅飞翔的燕子，其造型创意来自北京传统的沙燕风筝。"燕"还代表燕京（古代北京的称谓）。妮妮把春天和喜悦带给人们，飞过之处播撒"祝您好运"的美好祝福。

第四部分　电子表格处理软件 Excel 2010

Microsoft Office Excel 2010 是 Microsoft Office 2010 软件的重要组件，是全球最流行的电子表格处理软件之一。利用 Excel 2010，可以有效地组织数据、构建表格，可以通过计算公式和函数提高数据处理的效率，还可以通过图表工具使数据图形化、直观化等，完成日常工作和生活中的表格数据的处理。

本章以中文版 Excel 2010 为例，以任务驱动的方法介绍 Excel 的主要功能与基本操作方法。主要内容包括 Excel 2010 基本操作、工作表的建立和修饰、公式与函数的运用、图表、数据排序和筛选、数据分析、预览和打印等。

Excel 2010 比以前的版本增加了很多实用功能，例如屏幕截图、迷你图、切片器等。操作界面更加直观，图表更具有视觉冲击力。

任务 1　制作学籍信息表

任务描述

刚刚进入大学生活的新同学，需要填写自己的学籍信息，我们常利用 Excel 完成学籍信息表的制作。请完成如图 4.1 所示的表格，以“学籍信息表.xlsx”命名电子表格，并保存在“D:\电子表格”文件夹中。

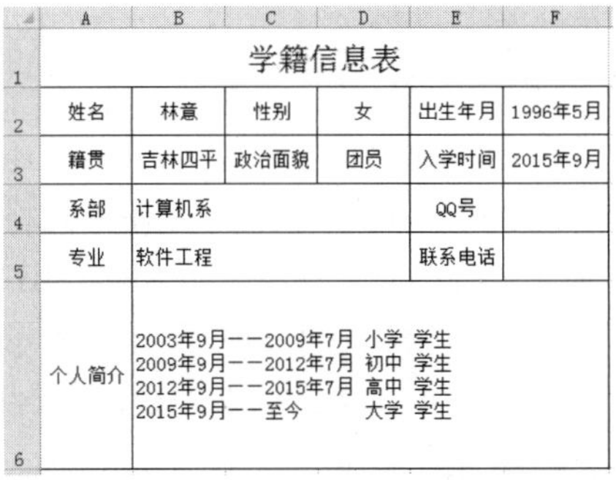

	A	B	C	D	E	F
1	学籍信息表					
2	姓名	林意	性别	女	出生年月	1996年5月
3	籍贯	吉林四平	政治面貌	团员	入学时间	2015年9月
4	系部	计算机系			QQ号	
5	专业	软件工程			联系电话	
6	个人简介	2003年9月——2009年7月 小学 学生 2009年9月——2012年7月 初中 学生 2012年9月——2015年7月 高中 学生 2015年9月——至今 大学 学生				

图 4.1　学籍信息表

任务目标

- ◆ 掌握 Excel 的创建与保存。
- ◆ 熟悉 Excel 的工作界面、各选项卡的组成及功能。
- ◆ 掌握工作表的基本概念。
- ◆ 掌握单元格的基本概念。
- ◆ 能够对工作表进行简单修饰。

知识介绍

一、基本概念

1. 工作簿

所谓工作簿（Book），是指在 Excel 中用来保存和处理工作数据的文件，是 Excel 的基本存储单位，它的扩展名为".xlsx"。在第一次存储时，默认的工作簿名称为"工作簿 1.xlsx"。

2. 工作表

工作簿中的每一张表称为工作表（Sheet）。默认情况下，一个新工作簿打开 3 个工作表，且分别用 Sheet1、Sheet2、Sheet3 命名。根据需要，可以随时插入新工作表，一个新工作簿中默认可有 0～255 个工作表，多于 255 个工作表可以由"插入工作表"按钮添加，工作表的数目由内存的大小决定。

每张工作表由 1048576 个行和 16384 个列所构成，工作表的行编号由上到下为（1，2，…，1048576），列编号从左到右为（A，B，…，AA，AB，…，XFD），行列的交叉称为单元格，单元格是 Excel 的基本元素。每张工作表有 16384×1048576 个单元格，每个单元格用列标"字母"和行号"数字"进行编址，如 A1、E2 等。

工作表的名字以标签形式显示在工作簿窗口的底部。单击标签可以进行工作表切换。当工作表数量较多时，可通过左侧的标签移动按钮将其移动到显示的标签中。

3. 单元格

工作表中的每个格称为单元格（Cells），单元格是组成工作表的最小单位。在单元格内可以输入由文字、字符串、数字、公式等组成的数据。每个单元格的长度、宽度及单元格中的数据类型都可以在单元格设置中进行设置。

每个单元格由所在的列标（字母）和行号（数字）标识，以指明单元格在工作表中所处的位置。如工作表最左上角的单元格位于 A 列 1 行，则其位置为 A1 单元格，表示位于表中第 A 列第 1 行。

在对单元格进行引用时，使用单元格的名称进行引用，还可以利用单元格的名称进行公式等编辑。在对不同工作表间的单元格引用时，可在单元格地址前加上工作表名实现，例如，若要引用 Sheet3 工作表中的 B3 单元格，采用 Sheet3!B3 表示被引用的单元格。

单元格区域是用两个对角（左上角和右下角）单元格表示的多个相邻连续的单元格区域。例如，单元格区域 A1：C2 表示 A1、A2、B1、B2、C1、C2 的 6 个单元格。

二、Excel 2010 启动和退出

1. Excel 2010 的启动

可以通过以下 4 种方法启动 Excel。

（1）利用"开始"按钮中的"所有程序"项启动。在 Windows 界面下，单击"开始"按钮，选择"所有程序"项，在该项的二级菜单中有 Microsoft Office 项，在其下的三级菜单中出现 Microsoft Office Excel 2010 快捷方式，单击该快捷方式即可启动 Excel。

（2）利用快捷图标启动。如果桌面上已经装有 Excel 的快捷方式图标，启动 Windows 操作系统后，直接用鼠标双击该快捷方式图标即可。

（3）利用已有的 Excel 文件启动。在计算机里找到已有的 Excel 文件，双击该文件即可启动 Excel 2010，同时打开该电子表格文件。

（4）利用资源管理器启动。打开资源管理器，利用资源管理器文件夹窗口的树状目录，在指定的磁盘上找到 Excel 2010 文件名，双击即可。

2．Excel 2010 的退出

可以通过以下 3 种方法退出 Excel。

（1）单击"文件"选项卡，选择左下角"退出"按钮。

（2）单击 Excel "标题栏"右侧的"关闭"按钮。

（3）对当前窗口按快捷键 Alt+F4 关闭。

三、Excel 2010 的工作界面

启动 Excel 后，可以看到 Excel 电子表格的工作界面，如图 4.2 所示。它由快速访问工具栏、功能区、编辑栏、工作表标签、状态栏、工作表区等部分组成，各组成部分作用如下。

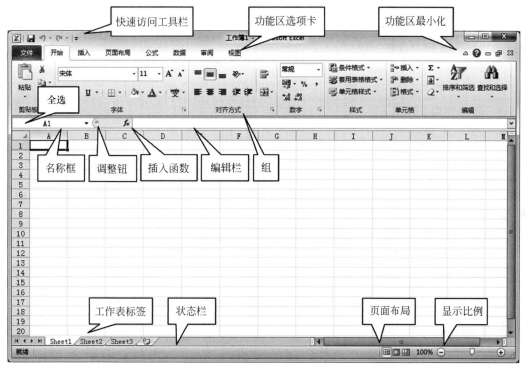

图 4.2　电子表格工作界面

1．标题栏

位于 Excel 窗口最顶端，用来显示当前工作簿文件的名称和"最小化""最大化"及"关闭"按钮。

2．快速访问工具栏

默认位置在标题栏的左边，可以设置在功能区下边。快速访问工具栏体现一个"快"字，栏中放置一些最常用的命令，例如新建文件、保存、撤销等。可以增加、删除快速访问工具栏中的命令项。

3. 功能区

Office 2010 的全新用户界面就是把下拉式菜单命令更新为功能区命令工具栏。在功能区中，将原来的下拉菜单命令，重新组织在"开始""插入""页面布局""公式""数据""审阅"和"视图"7个选项卡中。功能区可以通过"功能区最小化"按钮将其隐藏，以增加表格区域的空间。

4. 名称框

名称框用来显示当前单元格（或区域）的地址或名称。

5. 编辑栏

编辑栏主要用于输入和编辑单元格或表格中的数据或公式。

6. 工作表

工作表编辑区占据了整个窗口最主要的区域，也是用户在 Excel 操作时最主要的工作区域。

7. 工作表标签

工作簿底端的工作表标签用于显示工作表的名称，单击工作表标签将激活相应工作表。

8. 状态栏

状态栏位于文档窗口的最底部，用于显示所执行的相关命令、工具栏按钮、正在进行的操作或插入点所在位置等信息。

四、Excel 2010 的创建

1. 新建空白工作簿

启动 Excel，系统将自动创建一个新的工作簿。用户需要重新创建工作簿，可以选择"文件"选项卡中的"新建"命令，如图 4.3 所示，在"新建"界面中单击右下方的"创建"按钮即可新建一个空白工作簿。

图 4.3　新建空白工作簿

2. 利用模板建立工作簿

Excel 提供了很多精美的模板，是有样式和内容的文件，用户可以根据需要，找到适合的模板，然后在此基础上快速新建一个工作簿。

（1）选择"文件"选项卡中的"新建"命令，显示"新建"界面。

（2）在"可用模板"列表中选择一个需要的模板，例如，选用"样本模板"，打开如图 4.4 所示的界面，选择所需要的模板，单击右下角的"创建"按钮。

（3）根据实际需要进行修改，保存即可。

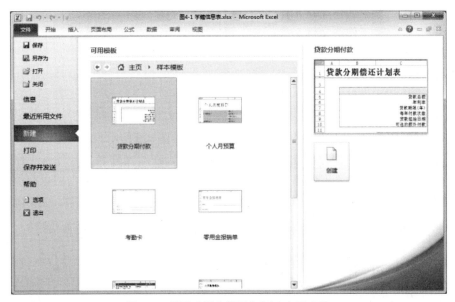

图 4.4　利用"样本模板"创建电子表格

如果要从网络上获取模板，可以从"Office.com 模板"中选择模板类别，如图 4.5 所示，

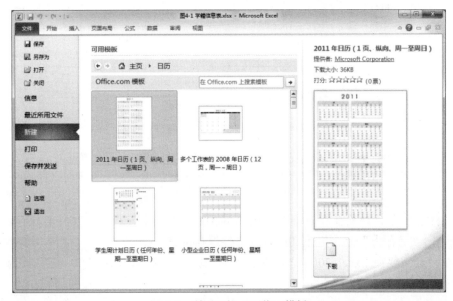

图 4.5　利用网络"下载"模板

再选择所需的模板，然后单击"下载"按钮，将模板文件下载到本地计算机，然后再创建电子表格。

3. 工作簿文件的打开

打开工作簿的具体操作步骤如下。

（1）选择"文件"|"打开"命令。

（2）用快捷键 Ctrl+O 打开。

4. 工作簿文件的保存

用户可以根据自己的需要对工作簿进行保存，另外，我们应该养成边做边保存的习惯，以防止突发事件导致工作簿文件丢失。

可以通过以下 3 种方法实现工作簿的保存。

（1）选择"文件"|"保存"命令。

（2）在"快速访问"工具栏中选择"保存"选项。

（3）利用快捷键 Crtl+S 保存。

对于新建的工作簿，将打开"另存为"对话框，如图 4.6 所示。在"地址栏"中选择工作簿的保存位置（默认的保存位置是"库"|"文档"），在"文件名"处输入工作簿保存的文件名（默认的文件名为"工作簿 1.xlsx"），在"保存类型"处选择适当的保存类型后，单击对话框右下角的"保存"按钮完成工作簿的保存。

图 4.6 "另存为"对话框

需要注意的是，再次保存时不会弹出"另存为"对话框，只以原文件名保存，可以通过"文件"|"另存为"命令更改文件名或文件保存位置。

说明：若需要在 Excel 2003 之前的版本中编辑这个文件，保存的时候需要选择文件类型为"Excel 97-2003 工作簿"。

5. 工作簿文件的关闭

对于已经编辑完成的工作簿，要将其关闭，一般分为以下两种情况。

（1）关闭当前工作簿，但不退出 Excel 的运行环境。在打开多个工作簿的情况下，如果只想关闭多个中的一个或几个，可采用"关闭窗口"的方式，保留运行环境。

具体操作方法：单击"文件"选项卡，如图 4.7 所示。选择"关闭"选项，退出当前工作簿，保留运行环境。也可单击"标题栏"右侧的 ✕ 按钮，完成关闭。

图 4.7 "关闭"和"退出"选项

（2）不仅关闭当前工作簿，同时退出 Excel 的运行环境。

具体操作方法：单击"文件"选项卡，选择"退出"选项实现退出，或者利用快捷方式 Alt+F4 实现退出。

五、工作表的选取和切换

1. 工作表的选取

在对工作表进行编辑时，经常需要对工作表进行选取操作，可以通过以下 4 种方法对工作表进行快速有效的选择。

（1）在工作簿窗口的底部工作表标签栏中，单击需要选择的工作表标签，完成对工作表的选择。

（2）如果要完成对多个连续工作表的选择，需要利用功能键 Shift 完成。首先单击选中第一个工作表标签，然后按住 Shift 键，并单击最后一个工作表标签。

（3）如果要选择多个不连续的工作表，需要利用功能键 Ctrl 完成。首先单击其中一个工作表标签，然后按住 Ctrl 键，再单击选择其他的工作表标签。

（4）如果要完成对全部工作表标签的选择，可右击任意一个工作表标签，在弹出的快捷菜单中选择"选定全部工作表"命令即可，工作表标签的快捷菜单如图 4.8 所示。

2. 工作表的切换

在一个工作簿中可以包含多个工作表，当需要使用工作簿中的其他工作表时，可以单

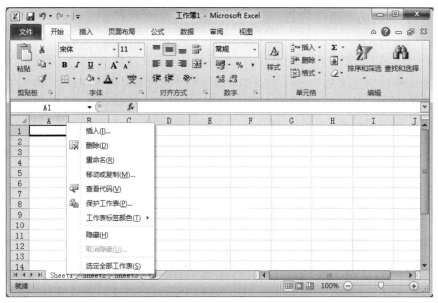

图 4.8　工作表标签的快捷菜单

击目标工作表，直接进行切换。如果想要切换到的工作表标签已经显示在工作簿窗口底端，则单击工作表标签即可从当前工作表切换到所选工作表中。

在一个工作簿中如果有多个工作表，由于屏幕长度的限制，这些工作表的标签名称不可能完全显示在工作簿底端，可能有一些被遮盖了，通常有以下两种办法可以切换到用户希望编辑的工作表。

1）使用工作表标签切换到目标工作表

（1）单击以下按钮，将想要切换到的工作表标签显示出来，如图 4.9 所示。

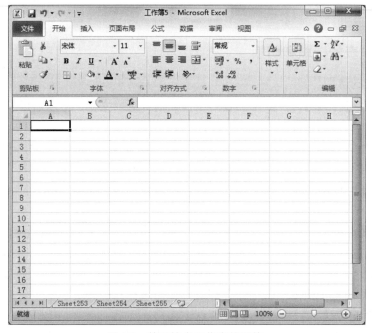

图 4.9　数目较多工作表的切换

计算机应用基础任务驱动教程

: 可以显示第一张工作表和其后的能够显示的工作表标签。

: 工作表标签将向右移动一个。

: 工作表标签将向左移动一个。

: 可以显示最后一张工作表和其前面的能够显示的工作表标签。

（2）当想切换到的工作表标签显示出来后，单击工作表标签，即可将其切换到当前状态。

2）使用快捷菜单也可以切换到用户希望编辑的工作表

右击工作表标签栏左端的任意一个滚动按钮，显示如图 4.10 所示的快捷菜单，在快捷菜单中选择要切换的工作表名称选项即可从当前工作表切换到所选工作表。

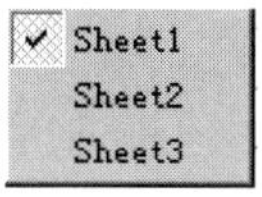

图 4.10　切换快捷菜单

六、单元格或单元格区域的选择

Excel 在执行绝大部分命令之前，必须选定要对其进行操作的单元格或单元格区域。单元格选取是电子表格的常用操作，主要包括选取单个单元格、选取多个连续单元格以及选取多个不连续单元格，各种选取方法如表 4.1 所示。

表 4.1　单元格及单元格区域的选取方法

选取区域	操 作 方 法
单元格	单击该单元格；在名称框中直接输入单元格的名称
整行（列）	单击工作表相应的行号（列标）
整张工作表	单击工作表左上角行列交叉位置的"全选"快捷键 Ctrl+A
相邻行（列）	指针拖过相邻的行号（列标）
不相邻行（列）	选定第一行（列）后，按住 Ctrl 键，再选择其他行（列）
相邻单元格区域	单击区域左上角单元格，拖至右下角（或按住 Shift 键再单击右下角单元格）；在名称框中输入单元格区域的左上角单元格名称：右下角单元格名称（例如：A1:E2）
不相邻单元格区域	选定第一个区域后，按住 Ctrl 键，再选择其他区域
取消区域选定	单击工作表内任意一个单元格，这时各单元格又成为单独的个体；利用 Esc 键取消选择

🖱️任务实施

一、启动 Excel 2010

（1）单击屏幕左下角"开始"按钮。

（2）在弹出的菜单中选择"所有程序"命令。

（3）在弹出的下级菜单中选择 Microsoft Office 命令。

（4）在弹出的下级菜单中选择 Microsoft Office Excel 2010 命令。

二、创建 Excel 2010 空白工作簿

（1）单击"文件"选项卡中的"新建"命令。

（2）在"可用模板和主题"选项区域右下角单击"创建"按钮。

三、合并单元格

（1）选中 A1:F1 单元格区域。

（2）单击"开始"|"对齐方式"|"合并后居中"按钮，如图4.11所示。

（3）将 B4:D4、B5:D5、B6:F6 分别合并。

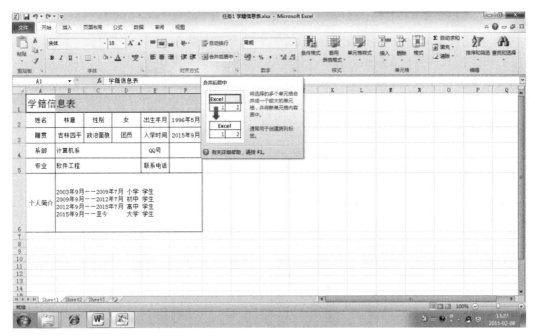

图4.11　合并后居中按钮

四、输入数据

（1）选取要输入数据的单元格，利用中文输入法输入相应的数据。

（2）B6 单元格是一个已经合并后的大格子，里面的内容为多行文本。

如何将多行文本输入到一个单元格中？可以利用 Alt + Enter 组合键完成一个单元格内的文本换行。

五、调整单元格的高度、宽度及添加边框

（1）将光标放置在电子表格的"列标"字母之间，拖动鼠标完成宽度的调整。

（2）将光标放置在电子表格的"行号"数字之间，拖动鼠标完成高度的调整。

（3）选取 A2:F6 的单元格区域。

（4）选择"开始"|"字体"|"边框"|"所有框线"命令，如图4.12所示。

六、保存及退出新创建的电子表格

（1）选择"文件"|"保存"命令。

（2）在弹出的"另存为"对话框中单击左侧目录中的"计算机"|"D:"，如果 D 盘中没有名为"电子表格"的文件夹，可以单击"新建文件夹"按钮，如图4.13所示，重命名

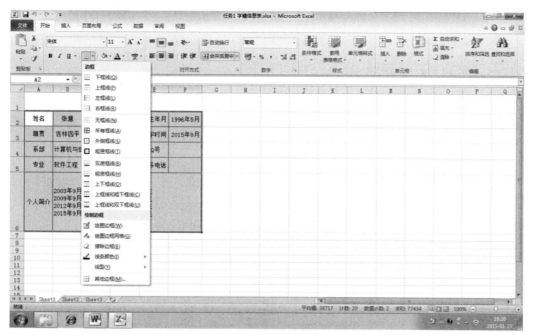

图 4.12　添加边框按钮

为"电子表格"即可。此时，在列表框中选择电子表格的保存位置"D:\电子表格"，在"文件名"文本框中输入新建电子表格的文件名"学籍信息表.xlsx"，单击"保存"按钮。

图 4.13　在"另存为"对话框中选择"新建文件夹"

（3）选择"文件"|"退出"命令。

知识拓展

一、启动 Excel 帮助

Excel 2010 提供了强大的帮助系统,可以随时随地帮助我们使用。

单击右上角的"?"按钮,启动 Excel 帮助,如图 4.14 所示。考虑到搜索内容的方便,专门按大小类别制作了目录。单击"显示目录"按钮,将显示帮助的树状目录。

图 4.14 "Excel 帮助"对话框

二、对工作表进行常规设置

单击"文件"选项卡,选择左侧列表中的"选项"项目条,打开"Excel 选项"对话框,如图 4.15 所示。可进行"用户界面选项""新建工作簿"及"个性化设置"内容的设定。单

图 4.15 "Excel 选项"对话框

击"确定"按钮，完成设置。

任务 2　学生成绩表制作

任务描述

在学校的教学过程中，对学生成绩的处理是必不可少的。本学期结束时，辅导员老师要为本班同学制作本学期的学生成绩表，如图 4.16 所示，将制作的电子表格以"学生成绩表.xlsx"命名，并保存在"D:\电子表格"文件夹中。

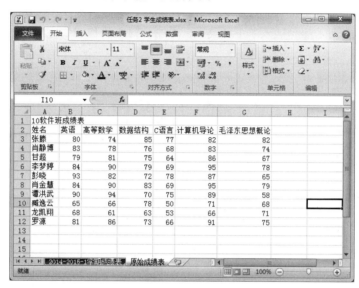

图 4.16　学生成绩表

具体要求如下：

（1）将 Sheet1 工作表命名为"原始成绩表"，并将该工作表标签标记为"蓝色"。复制"原始成绩表"，将其更名为"2014-2015-1 学期成绩表"，标签记为"红色"。

（2）在"2014-2015-1 学期成绩表"工作表中将"姓名"列左侧插入一个空列，输入列标题为"学号"，并以 001001、001002、001003、…的方式向下填充该列到最后一个数据行。

（3）将"2014-2015-1 学期成绩表"工作表标题跨列合并后居中并适当调整其字体，加大字号，并改变字体颜色。适当加大数据表行高和列宽，设置对齐方式及各科成绩数据列的数值格式（保留 1 位小数），并为数据区域增加边框线和底纹使工作表更加美观。

（4）删除多余工作表：Sheet2、Sheet3。

任务目标

◆ 掌握工作表的基本操作。

◆ 熟练单元格及单元格区域引用。

◆ 能够熟练录入各种类型的数据。

◆ 掌握序列填充、自动填充功能。

◆ 能够灵活修改数据。

◆ 能够对工作表进行修饰。

知识介绍

一、工作表的基本操作

1. 新工作表的插入

在 Excel 默认状态下，1 个工作簿中有 3 个工作表。如果需要更多的工作表，可以再向原工作簿中插入新的工作表，通常使用以下 4 种方法。

（1）在"开始"选项卡中选择"单元格"功能组，单击"插入"按钮右侧的下拉箭头，此时展开如图 4.17 所示的"插入"下拉菜单，单击"插入工作表"完成新工作表的插入。

图 4.17 "插入"下拉菜单

（2）右击工作簿底端工作表标签，在弹出的"快捷菜单"中选择"插入"选项，显示插入对话框，如图 4.18 所示。

图 4.18 "插入"对话框

（3）单击工作簿底端工作表标签右侧的"插入工作表"按钮 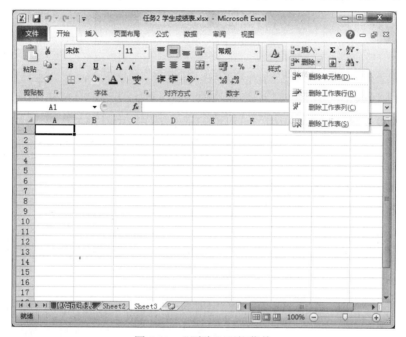，直接在已知工作表的右侧插入一个新工作表。

（4）利用 Shift+F11 组合键可以直接在当前工作表后新建一个工作表。

2. 工作表的删除

编辑工作簿时应该养成好的习惯，将工作簿中不用的工作表删除，以节约存储空间方便管理。

首先选中需要删除的工作表标签，然后进行删除工作表的操作，方法有以下几种。

（1）在"开始"选项卡中选择"单元格"功能组，单击"删除"按钮右侧的下拉箭头，此时展开如图 4.19 所示的"删除"下拉菜单，单击"删除工作表"完成当前工作表的删除。

图 4.19　"删除"下拉菜单

（2）在要删除的工作表标签上右击，在弹出的快捷菜单中选择"删除"选项，也可将所选工作表删除。

3. 移动工作表

在工作中为了快捷地复制数据，经常需要在一个工作簿或不同工作簿之间移动或复制工作表。

移动工作表，具体操作步骤如下。

（1）右击工作簿底端需要移动的工作表标签，然后在显示的快捷菜单中选择"移动或复制工作表"选项，显示"移动或复制工作表"对话框，如图 4.20 所示。

（2）在"移动或复制工作表"对话框的"下列选定工作表之前"列表中，选择工作表要移动的位置，然后单击"确定"按钮即可。

（3）在不同工作簿之间移动工作表，具体操作步骤如下：将目标工作簿打开；右击源工作簿底端工作表标签，然后在显示的快捷菜单中选择"移动或复制工作表"选项，显示"移动或复制工作表"对话框；单击"移动或复制工作表"对话框中的"工作簿"下拉列表，在显示的"工作簿"列表中选择目标工作簿,然后在"下列选定工作表之前"列表中选择工作表移动的位置。设置完毕后,单击"确定"按钮即可。

图 4.20 "移动或复制工作表"对话框

4. 复制工作表

复制工作表与移动工作表相同,可以在同一个工作簿中复制工作表,也可以在不同工作簿之间复制工作表,具体的操作是在进行上述移动工作表的操作时,在"移动或复制工作表"对话框中选中"建立副本"复选框,即可实现对工作表的复制。

5. 用拖动实现工作表的移动或复制

(1)用拖动实现在同一个工作簿中移动或复制工作表。

单击选中需要移动或复制的工作表,按住鼠标左键并拖动该工作表标签,然后移动到目标位置松开鼠标,即可将工作表移动到此位置;按住 Ctrl 键后拖动该工作表的标签,将鼠标在目标位置松开,即可将工作表复制到此位置。

(2)用拖动实现在不同工作簿中移动或复制工作表。

首先要选择"视图"选项卡中"窗口"组的"全部重排"按钮,在显示的"全部重排"对话框中选择"平铺"选项,使原工作簿和目标工作簿并列显示在屏幕当中;然后使用鼠标按上述方法即可将原工作簿中的工作表复制或移动到目标工作簿中。

6. 重命名工作表

在系统默认状态下,工作簿中的每个工作表标签都是以"Sheet1,Sheet2,…"命名,这种命名方式有一定的弊端,用户很难在短时间内找到需要的工作表,为了解决这一问题,用户可以对工作表的标签进行重命名。有下列几种方法。

(1)利用"单元格"功能组实现。单击需要重命名的工作表标签;在"开始"选项卡的"单元格"功能组中,单击"格式"按钮,选择"组织工作表"组内的"重命名工作表"选项,如图 4.21 所示;单击选择"重命名工作表",为当前工作表标签改名;按回车键确定修改。

(2)利用快捷菜单实现。右击所选工作表标签,然后在显示的快捷菜单中选择"重命名"选项;双击工作表标签,此时所选标签将变黑;利用键盘输入工作表的新名称,然后按回车键即可。

7. 工作表标签颜色

在完成比较复杂的工作簿文档时,为了便于完成对工作表的快速查找,除了对其进行

"重命名"外，还可以对工作表标签进行颜色更改，利于更快找到不同类别的工作表。具体操作方法及步骤如下。

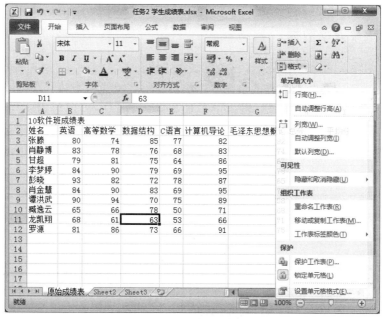

图 4.21 "格式"选项

（1）利用"单元格"功能组实现。单击需要更改颜色的工作表标签。在"开始"选项卡的"单元格"功能组中，单击"格式"按钮，选择"组织工作表"组内的"工作表标签颜色"选项，如图 4.21 所示。选取所需要设置的颜色按钮完成设置。

（2）利用快捷菜单实现。

右击需要设置颜色的工作表标签，在弹出的快捷菜单中选择"工作表标签颜色"命令，选取工作表标签颜色即可。

8. 工作表隐藏

一个工作簿中所包含的所有工作表在默认状态下是全部可见的，如果需要将某个工作表设置为不可见，可将该工作表"隐藏"，需要时再把该工作表"取消隐藏"。具体操作方法步骤如下。

（1）利用"单元格"功能组实现。单击需要隐藏的工作表标签。在"开始"选项卡的"单元格"功能组中，单击"格式"按钮，选择"可见性"组内的"隐藏和取消隐藏"选项，如图 4.21 所示。选取所需要隐藏的内容，完成设置。

（2）利用快捷菜单实现。右击需要设置隐藏的工作表标签（若隐藏内容为行或列，请单击需要隐藏的行号或列标），在弹出的快捷菜单中选择"隐藏"命令即可完成隐藏。

（3）在"开始"选项卡的"单元格"功能组中，单击"格式"按钮，选择"可见性"组内的"隐藏和取消隐藏"选项，在级联菜单中选取"取消隐藏的工作表"选项，弹出如图 4.22 所示的"取消隐藏"对话框，选择需要"取消

图 4.22 "取消隐藏"对话框

隐藏"的工作表，单击"确定"即可。

也可以利用鼠标单击任意工作表标签，在弹出的快捷菜单中选择"取消隐藏"选项，同样可以打开"取消隐藏"对话框。

二、编辑单元格数据

在 Excel 中输入的内容可以是多种数据类型，如文本、数字、日期和时间、公式等。输入数据时需要先选定要输入数据的单元格，然后就可在单元格中输入数据。输入的内容会同时出现在当前活动单元格和编辑栏上。如果输入过程中出现错误，可以在确认前按 Backspace 键从后向前删去字符，或单击数据编辑栏中的"取消"按钮删除单元格中输入的内容。单击数据编辑栏中的"输入"按钮，或按回车键完成数据输入，也可以直接将单元格光标移到下一个单元格，准备输入下一项。

如果向多个单元格中输入相同的数据，首先按住 Ctrl 键，并拖动鼠标选中要输入相同数据的多个单元格，然后利用键盘输入数据，最后按下 Ctrl+Enter 键，即可在所选中的多个单元格中输入相同的数据。

1. 数字的输入

在工作表中有效的数据由 0～9、"+""–""（）"","""\$""%" 及 "." 等组成。在默认状态下所输入单元格的数据将自动右对齐。

在单元格中输入数据，具体输入情况如下。

正数的输入：数字前面的正号被忽略。

负数的输入：如果所输入的数字为负数，需要在所输入的数据前面加上负号"–"，或使用括号将数据括起来，如输入"–9"或"（9）"都可在单元格中得到-9。

分数的输入：如 1/2 需要输入"0 1/2"，得到 1/2。

小数的输入：直接在指定的位置输入小数点即可。

百分数的输入：直接在数值后输入百分号。

日期和时间的输入：日期的格式为月/日/年；时间的格式为小时：分：秒。

美元数据的输入：数字前面加上"\$"符号，例如，\$1999。

人民币数据的输入：数字前面加上"￥"，例如，￥1999。

千以上数据的输入：在数字的千分位后加上千分号"，"，例如，1999999 可以记作 1,999,999。

科学计数法的输入：例如，1990000 可以记作 1.99E+6。

在"开始"选项卡中"数字"功能组可以完成对常规数字的快捷设置。

2. 文本的输入

Excel 中输入的文本可以是任何字符或字符串，在单元格中输入文本时自动左对齐。有时候我们会遇到输入身份证号码或学生的学号等情况。身份证号码一般为 18 位数字，在默认的情况下 Excel 将其视为数字形式，并以"科学计数法"显示，如图 4.23 所示。"E"表示以 10 为底，"+17"表示 10 的 17 次幂，并自动右对齐。

这说明 Excel 将其视为数字，若要其能够正确显示，需要将数字作为文本输入，应在其前面加上单引号，如：'220303195011115345；或者在数字的前面加上一个等号并把输入的数字用双引号括起来，如：="220303195011115345"。

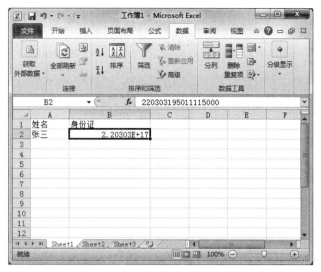

图 4.23　身份证号码默认输入状态

若是输入以"0"开头的学号内容（例如：001001），Excel 默认状态下会将该学号视为数字处理，将"0"省去变为 1001。处理方法是将该单元格设置为文本格式，即可正确输入以"0"开头的学号信息。

3. 数据的自动填充

除了按照数据要求输入内容以外，Excel 提供了一种自动填充功能，可以对有一定规律的数据进行快速填充，大大提高数据的输入速度。

1）填充相同数据

（1）方法 1：选中需要输入相同数据的行或列的第一个单元格。在单元格中输入需要填充的数据，将鼠标移动到该单元格右下角的"填充句柄"处，此时光标由原来的白色空心"✛"变成黑色实心"+"时，按住鼠标左键不放，向目标位置拖动即可，如图 4.24 所示。

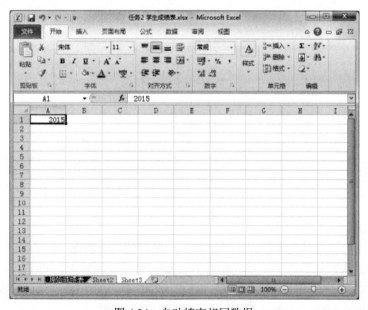

图 4.24　自动填充相同数据

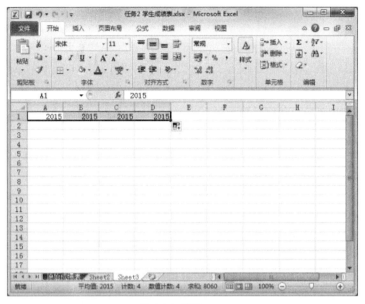

图 4.24（续）

（2）方法 2：选中需要填充相同数据的单元格区域，输入需要填充的数据，利用快捷键 Ctrl＋Enter，即可完成相同数据的填充。

2）填充有规律的数据

对于一些有规律的数据，如等差序列、等比序列、日期等序列内容，Excel 提供按序列填充功能，其方法和操作步骤如下：

（1）选中填充有规律数据的第一个单元格并输入初始数据，单击"开始"选项卡中的"编辑"功能组，单击"填充"按钮｜选择"序列"选项，弹出"序列"对话框。在"序列产生在"单选框中选择"行"或"列"的填充方向，在"类型"单选框中选择填充类型，如选择了"日期"类型，还需进一步选择"日期单位"，最后在"步长值"和"终止值"中填写所需数据，"确定"完成。例如：在行的方向上填充 1～20 的数据，可以对"序列"对话框进行如图 4.25 所示设置。

图 4.25　"序列"对话框

（2）我们还可采用"自动填充选项"来完成数据的自动填充。

选中准备输入数据的第一个单元格，并在单元格中输入数据，将光标移动到该单元格右下角的"填充句柄"，用鼠标左键按住"填充句柄"向行或列的方向进行拖动，到达目标单元格后松开鼠标左键，单击出现的"自动填充选项"按钮选择填充类型即可，如图 4.26

所示。

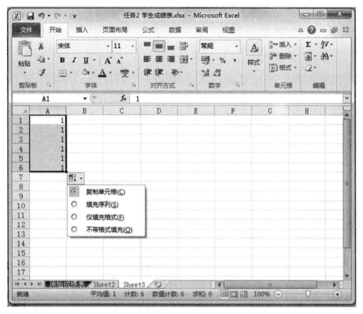

图 4.26　自动填充选项

（3）对于一般的等差序列的填充，还可以采用快捷键的方式进行序列填充。

选中第一个单元格并输入数据，按住功能键 Ctrl+鼠标左键拖动"填充句柄"，可完成以"1"为步长的等差填充。

在序列开始的第一、二单元格中输入数据，将这两个单元格同时选中，利用右下角的"填充句柄"拖动填充，可完成以输入的两个数据的差值作为步长的等差序列填充，如图 4.27 所示。

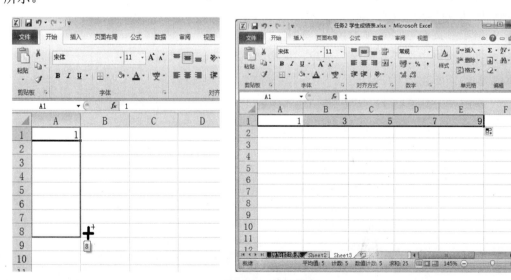

图 4.27　快捷填充

3）自动填充

自动填充可以自动完成输入类似"星期一"到"星期日"，"一月"到"十二月"这样有规律的数据。如果用户需要在相邻的单元格中输入相同或有规律的一些数据，可以利用自动填充方法实现数据自动输入。

单击需要录入数据的起始单元格，输入"星期一"确认后，选中该单元格，将光标移动到单元格右下角处的"填充句柄"，拖动"填充句柄"可自动循环填充星期，如图 4.28 所示。

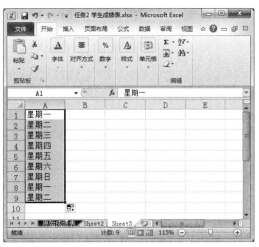

图 4.28　自动填充序列

4）自定义序列填充

对于经常使用的特殊数据系列，用户可以通过自定义序列功能，将其定义为一个序列。当使用自动填充功能时，就可以将这些数据快速输入工作表。

具体操作方法及步骤如下。

（1）单击"文件"|"选项"按钮，打开"Excel 选项"对话框。

（2）在对话框中选择"高级"选项，单击"编辑自定义列表"按钮，打开"自定义序列"对话框，如图 4.29 所示。

图 4.29　"自定义序列"对话框

计算机应用基础任务驱动教程

（3）可以利用"输入序列"输入序列内容，也可以利用下部的"从单元格导入序列"的方法导入已有序列，如图 4.30 所示。

① 在"输入序列"表框中分别输入要自定义的序列，每输入完一项，按回车键。如果一行输入多项，项与项之间用逗号分隔；输入完成后，单击"添加"按钮，将其添加到左侧"自定义序列"列表框中。

② 单击 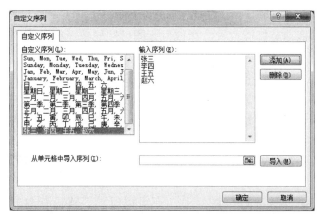 导入前的折叠按钮，将"自定义序列"对话框暂时折叠起来，利用此时的光标选择自定义序列的内容，完成选择后再次单击折叠按钮回到"自定义序列"对话框，单击"导入"按钮，将其添加到左侧"自定义序列"列表框中。

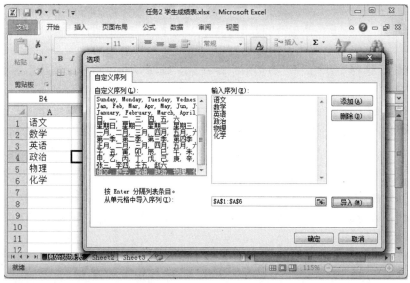

图 4.30　添加"自定义序列"

（4）单击"确定"按钮，返回到"Excel 选项"对话框中。

（5）单击"确定"按钮，完成自定义序列设置。

三、编辑单元格

在 Excel 系统中，大部分操作都是对单元格进行的，在单元格中输入数据后，可以对单元格进行移动、复制、删除单元格数据等操作，以完成对单元格的编辑。

1．移动单元格

移动单元格内数据的方法与步骤如下。

（1）利用功能选项实现。

首先选定工作表中需要移动数据的单元格，将光标定位至目标单元格处，然后单击"开始"｜"剪切板"｜"粘贴"按钮，即可完成单元格数据的移动。

对单元格的剪切操作除了利用上述方法来实现外，还有以下几种方法：使用快捷键Ctrl+X；选中要移动的单元格，右击单元格，在弹出的快捷菜单中选择"剪切"命令。

（2）利用鼠标拖动实现。

单击要移动数据的单元格，将鼠标移到该单元格的边框上，当鼠标指针变为箭头形态时，按住鼠标左键并拖动至目标位置，释放鼠标即可完成单元格数据的移动。

2．修改数据

若想对已经有数据的单元格内容进行修改，可以采用以下两种方法实现。

（1）选中需要修改数据的单元格后，单击编辑栏中数据即可对原数据进行修改。

（2）直接双击需要修改数据的单元格，双击后光标将定位在单元格内的数据中，此时可对单元格内数据进行修改。

按键盘上的 Enter 键完成修改，或单击编辑栏前的"√"完成修改。

3．复制单元格

用户不但可以进行整个工作表的复制，还可以对单元格进行复制，具体方法和步骤如下。

（1）利用功能选项完成单元格的复制。首先选定需要复制数据的单元格，选择"开始"｜"剪切板"｜"复制"命令按钮。单击目标单元格（目标单元格可以是多个不连续的单元格或单元格区域）。选择"开始"｜"剪切板"｜"粘贴"命令，即可将单元格内容粘贴到目标单元格上。

（2）利用快捷方式完成单元格的复制。首先选中要复制的单元格（可以是一个或多个单元格）。将鼠标指针移到选中单元格的黑色光标框上，此时鼠标指针将变为箭头形状。按住鼠标左键同时按下 Ctrl 键并拖动到目标位置，即可实现复制操作。

（3）对于复制操作，还有以下几种方法：利用快捷键：Ctrl + C；或选中要移动的单元格，右击，在弹出的快捷菜单中选择"复制"命令。

另外，还可以通过"粘贴"命令的下拉列表完成针对不同需求的内容粘贴，如图 4.31 所示。

完成复制或剪切后，单击选中目标单元格，选择"开始"｜"剪切板"｜"粘贴"命令下拉菜单，在菜单中可直接进行粘贴内容的选择；也可选择最下端的"选择性粘贴"选项，在弹出的"选择性粘贴"对话框中进行内容的选择，如图 4.32 所示，设置后单击"确定"即可。

4．插入

在工作表的编辑过程中，可以利用插入命令完成单元格的修改。下面对插入单元格、行、列，合并单元格等设置详细说明。

1）插入单元格

在建立的工作表中插入单元格的具体步骤如下。

图 4.31　选择粘贴格式

图 4.32　"选择性粘贴"对话框

（1）在工作表中单击选择需要插入单元格的位置。

（2）选择"开始"|"单元格"|"插入"命令按钮 |"插入单元格"选项（或右击，在弹出的快捷菜单中选择"插入"命令），弹出如图 4.33 所示的"插入"单选对话框。

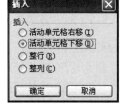

图 4.33　"插入"对话框

（3）在"插入"对话框中单击所需的选项，即可完成插入。

"插入"对话框除可完成插入单元格外，还可完成"整行"或"整列"的插入。

2）插入单元格区域

如果需要插入的单元格是一个连续的单元格区域，可采用以下方法完成。

（1）利用鼠标拖动选定需要插入单元格的区域，插入单元格的个数应与选定的个数相等。

（2）选择"开始"|"单元格"|"插入"命令按钮下拉菜单中的"插入单元格"选项，或右击，在弹出的快捷菜单中选择"插入"选项，弹出"插入"对话框；选择单元格插入的方式，单击"确定"按钮。插入后，原有单元格做相应移动。

3）插入行或列

在工作表创建完成后，如果需要对已有单元格的结构做修改，插入一行或一列数据，而这一行或列的数据又位于表格的中间，这时可以使用 Excel 的行列插入功能，将行或列插入工作表指定位置。

在表格中插入行（列），具体操作步骤如下。

（1）在工作表中单击选择需要插入行（列）单元格，插入的行（列）将位于所选单元格的上一行（前一列）。

（2）选择"开始"|"单元格"|"插入"|"插入工作表行/插入工作表列"选项，即可将一个空白的行（列）插入到指定位置。

也可利用快捷菜单完成行或列的插入，方法是：右击需要插入行（列）的行号（列标），在弹出的快捷菜单中选择"插入"命令，可直接完成行（列）的插入。

5. 修改

在编辑工作表时，如要对已经输入完成的工作表内容进行修改时，可以采用以下的方法及步骤实现。

方法 1：选中需要修改的单元格，在"编辑栏"中需要修改的位置单击鼠标定位后，即可进行修改。

方法 2：直接双击该单元格，定位光标后即可进行修改。

如果单元格中的数据内容过长，无法正常显示，可以利用"开始"|"对齐方式"|"自动换行"选项完成过长文字的自动换行。

如果想通过操作者自行设置换行位置时，可以通过快捷键完成，具体步骤如下。

（1）将光标定位在单元格中需要换行的字符位置。

（2）利用 Alt+Enter 组合键即可完成换行。

6. 删除

1）删除单个单元格

具体操作步骤如下。

（1）单击选中要删除的单元格。

（2）选择"开始"|"单元格"|"删除单元格"命令选项，或右击所选的单元格，选择快捷菜单中的"删除"命令，弹出如图 4.34 所示"删除"对话框。

（3）在"删除"对话框中：选择"右侧单元格左移"命令，所选单元格删除后，右侧单元格向左移动；选择"下方单元格上移"命令，所选单元格删除后，下面单元格向上移动；选择"整行"或"整列"命令，删除所选单元格所在的"行"或"列"。

（4）选择单元格数据的移动方向后单击"确定"按钮即可删除所选单元格。

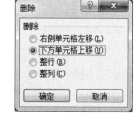

图 4.34 "删除"对话框

2）删除整行或整列单元格

具体操作步骤如下。

（1）单击选择工作表中需要删除行或列上的一个单元格。

（2）选择"开始"|"单元格"|"删除工作表行/删除工作表列"命令，可以将所选单元格所在的行/列删除。

7. 清除

利用清除工具处理工作表已有数据，清除包括：全部清除、清除格式、清除内容、清除批注及清除链接等，如图 4.35 所示。具体操作步骤如下。

（1）选中要进行清除的数据所在的单元格或单元格区域。

（2）选择"开始"|"编辑"|"清除"命令的下拉菜单。

（3）选择需要清除的选项。

若只是清除单元格或单元格区域内的数据，在选中清除区域后，可以按键盘上的 Delete 键实现。

四、修饰工作表

Excel 2010 中为工作表提供的各种格式化的操作和命令，其中包括调节行高和列宽、数

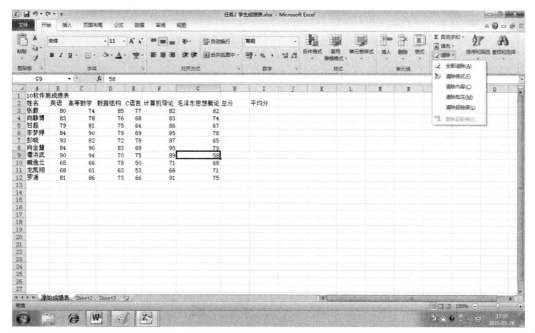

图 4.35　清除选项

据的显示、文字的格式化、边框的设置、图案和颜色填充等。

1. 设置数字格式

在工作表中有各种各样数据，它们大多以数字形式保存，如数字、日期、时间等，但由于代表的意义不同，因而其显示格式也不同。用数字格式改变数字外表，而不改变数字本身。设置数字格式有以下两种方法。

1）用数字格式功能组进行设置

选定需要设置数字格式的单元格或单元格区域，单击"开始"|"数字"|"常规"按钮右侧的向下箭头，打开"常规"下拉列表框，如图 4.36 所示，根据需要单击相应的按钮即可。

2）用"设置单元格格式"对话框对数字设置

"设置单元格格式"对话框共有 6 个选项卡，分别是"数字""对齐""字体""边框""图案"和"保护"选项卡。

选定需要设置数字格式的单元格或单元格区域，启动"设置单元格格式"对话框，选择其中的"数字"选项卡进行设置。

启动"设置单元格格式"|"数字"对话框的方法有以下几种。

（1）单击"开始"|"数字"|"常规"下拉列表框，选择最下面的"其他数字格式"选项。

（2）单击"开始"|"单元格"|"格式"按钮右侧的下拉箭头，打开"格式"下拉列表框，单击"设置单元格格式"。

（3）单击"开始"|"数字"功能组右下角的小按钮，如图 4.37 所示，直接启动"设置单元格格式"|"数字"对话框。

（4）右击，在弹出的快捷菜单选择"设置单元格格式"选项。启动"设置单元格格式"|"数字"选项卡后，根据需要设置相应的选项，设置完毕，单击"确定"按钮即可。

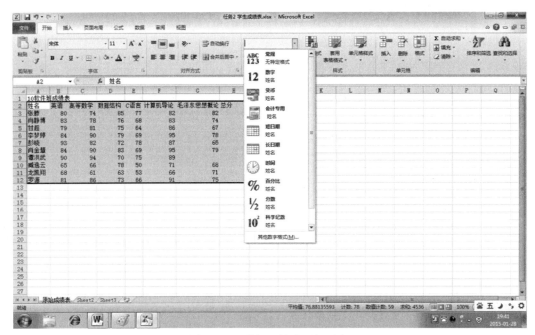

图 4.36 "常规"格式下拉列表

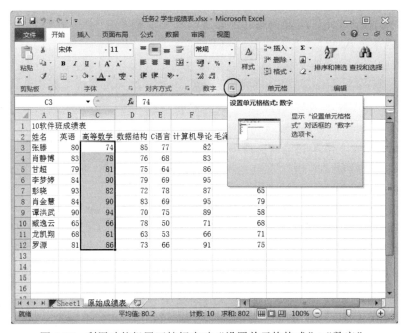

图 4.37 利用功能组展开按钮启动"设置单元格格式"|"数字"

2. 设置字体

设置字体有以下几种方法。

（1）在"开始"|"字体"组中，有设置修饰文字的下拉列表框和按钮，如图 4.38 所示，根据需要进行相应设置即可。

（2）在"设置单元格格式"|"字体"对话框中，根据需要设置相应的选项，设置完毕，单击"确定"按钮即可。打开"字体"对话框可以单击"开始"|"字体"功能组右下角的

展开功能小按钮，启动"设置单元格格式"|"字体"对话框。或者右击，在弹出的快捷菜单选择"设置单元格格式"选项。

图4.38 "字体"组

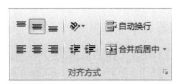

图4.39 "对齐方式"组

3. 设置对齐格式

在工作表中输入数据时，默认是文字左对齐，数字右对齐，文本和数字都在单元格下边框水平对齐。若要改变对齐格式有以下几种方法：

（1）在"开始"|"对齐方式"中，有设置文本的对齐方式、自动换行、合并居中等下拉列表框和按钮，如图4.39所示，根据需要进行相应设置即可。

（2）在"设置单元格格式"|"对齐"对话框中，根据需要设置相应的选项，设置完毕，单击"确定"按钮即可。打开"对齐"对话框可以单击"开始"|"对齐"功能组右下角的展开功能小按钮，启动"设置单元格格式"|"对齐"对话框；或者右击，在弹出的快捷菜单选择"设置单元格格式"选项，选择"对齐"选项卡。

4. 设置边框线

默认情况下，Excel的表格线框是无法正常打印的，在打印预览时看不见表格线，如果需要可以进行专门的设置。

具体方法有以下几种。

（1）选定需要设置单元格边框的单元格区域，单击"开始"|"字体"|"边框"按钮田，为已有单元格区域添加边框线。

（2）右击鼠标，在弹出的快捷菜单中选择"设置单元格格式"，或者单击"开始"|"单元格"|"格式"按钮右侧的下拉箭头，打开"格式"下拉列表框，单击"设置单元格格式"，打开"设置单元格格式"对话框，从中选择"边框"选项卡，如图4.40所示；设置完毕，

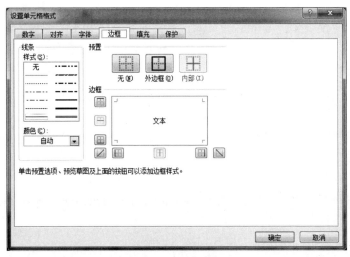

图4.40 "边框"选项卡

单击"确定"按钮，即可设置出需要的边框线。

5. 设置填充

为电子表格设置合适的填充图案可以使表格显得更为美观大方、层次分明。

1）设置单元格背景色

右击选定需要设置的单元格区域，在弹出的快捷菜单中选择"设置单元格格式"，或者单击"开始"|"单元格"|"格式"按钮右侧的下拉列表箭头，打开"格式"下拉列表框，单击"设置单元格格式"，打开"设置单元格格式"对话框，从中选择"填充"选项卡，如图 4.41 所示。

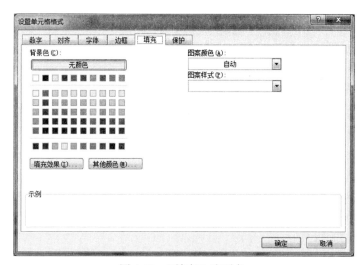

图 4.41 "填充"选项卡

在"背景色"组中选择一种颜色，或者单击"其他颜色"按钮，从打开的对话框中选择一种颜色。单击"填允效果"按钮，打开"填充效果"对话框，可设置不同的填充效果，设置完毕，单击"确定"按钮，返回到"填充"选项卡。

2）设置单元格背景图案

在"填充"选项卡中，单击"图案样式"下拉列表框，在打开的图案样式中选择一种图案样式；单击"图案颜色"下拉列表框，在打开的图案颜色中选择一种图案颜色。设置完毕，单击"确定"按钮，所选的单元格可设置为所需要的背景图案。

6. 设置行高和列宽

在建立的工作表中，单元格默认的高度为 13.5，宽度为 8.38。可以对单元格的高度和宽度进行设置，方便调整工作表中的内容。

调整行高和列宽有以下两种方法。

（1）使用鼠标拖动调整。

将鼠标指针移动到工作表两个行序号之间，此时鼠标指针变为"—"形且带有上下箭头状态。按住鼠标左键不放，向上或向下拖动，就会缩小或增加行高。放开鼠标左键，则行高调整完毕。调整列宽的方法相同。

（2）使用"单元格"组中的"格式"按钮调整。

选定要调整列宽或行高的相关列或行，单击"开始"|"单元格"|"格式"按钮右侧的

向下箭头，打开下拉列表框。选择"列宽"或"行高"项，打开"列宽"或"行高"对话框，在对话框中输入要设定的数值，然后按"确定"按钮即可。

📚任务实施

一、启动电子表格设置标签

（1）可以采用前面讲过的任一种方法新建电子表格工作簿。

（2）为工作表 Sheet1 标签重命名，设置标签颜色。双击电子表格 Sheet1 标签，将标签重命名为"原始成绩表"。右击"原始成绩表"标签，在快捷菜单中选择"工作表标签颜色"，在展开的级联菜单中设置标签颜色为"蓝色"。

（3）复制"原始成绩表"，将其重命名并设置标签颜色。右击"原始成绩表"标签，选择快捷菜单中的"移动或复制"选项，弹出"移动或复制"对话框，选中"建立副本"按钮，单击"确定"，建立名为"原始成绩表(2)"的副本。双击该副本标签，重命名为"2014-2015-1学期成绩表"。右击该工作表标签，在弹出的快捷菜单中选择"工作表标签颜色"，更改标签颜色为"红色"。

二、插入空列、设置格式

（1）选择"2014-2015-1 学期成绩表"标签，在该工作表中选中"姓名"单元格，单击"开始"选项卡|"单元格"组|"插入"命名选项下拉菜单|"插入工作表列"选项，完成插入一个空列。

（2）将"学号"列设置为"文本"格式。输入列标题为"学号"，选取 A3:A12 单元格区域。选择"开始"|"数字"|"常规"下拉列表中的"文本"，将该区域设置为"文本"格式以便输入以"0"开头的学号。

三、利用填充句柄完成学号的快捷填充

在 A3 单元格输入 001001 后，将光标放置在该单元格右下角的"填充句柄"上，当光标由"白色十字"变为"黑色十字"时，拖动鼠标至最后一行，实现序列填充。

四、设置单元格外观样式

1. 标题的跨列合并及居中
选取 A1:H1 单元格区域，选择"开始"|"对齐方式"|"合并后居中"按钮，完成标题跨列合并。

2. 对标题、数据的字体、字号、字体颜色做设置
（1）利用鼠标拖动选取需要做设置的单元格区域；
（2）在"开始"|"字体"中对工作表的标题、数据等进行字体、字号、颜色的设置。

3. 设置数值的小数保留位数
（1）选取 C3:H12 单元格区域。
（2）在"开始"|"数字"|"常规"下拉列表中选择"数值"，默认的数值小数保留位数为 2 位小数。

（3）单击"开始"|"数字"|"减少小数位数"按钮，将其减小到 1 位小数。

4. 设置数据对齐方式

（1）选取需要进行设置的单元格或单元格区域。

（2）在"开始"|"对齐方式"中，对工作表进行对齐方式的设置，可设置为居中、垂直居中等。

5. 调整行高和列宽

利用光标拖动行号及列标间的调整按钮，调整数据表的行高和列宽。

6. 为数据区加边框和底纹

选取 A2:H12 单元格区域，在"开始"|"字体"中，利用"边框"按钮设置边框，利用"填充颜色"按钮设置底纹。

五、删除多余工作表并保存

1. 删除多余工作表

分别右击 Sheet2、Sheet3，在快捷菜单中选择"删除"，将空的 Sheet2、Sheet3 工作表删除。

2. 保存工作簿

单击"文件"选项卡，选择"保存"选项，在列表框中选择电子表格的保存位置"D:\电子表格"，在"文件名"文本框中输入新建电子表格的文件名"学生成绩表.xlsx"，单击"保存"按钮完成。

知识拓展

在对较多内容的工作表进行查看和编辑时，可以使用 Excel 中的查找和替换功能迅速准确地"查找和选择"所需要的数据内容。选择"开始"|"编辑"|"查找和选择"下拉菜单，展开如图 4.42 所示下拉菜单列表，可完成查找、替换、定位等相关操作。

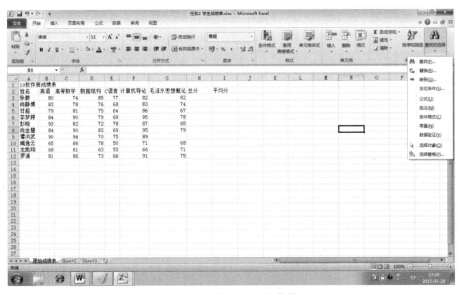

图 4.42　"查找"下拉菜单

一、对工作表数据进行查找

（1）选择"开始"｜"编辑"｜"查找和选择"｜"查找"命令选项，弹出"查找和替换"对话框，如图 4.43 所示。

图 4.43 "查找和替换"对话框

其中的"选项"按钮默认为关闭状态，单击"选项"按钮则展开查找的高级选项对话框，如图 4.44 所示。

图 4.44 带选项的"查找"选项卡

在该选项卡中的"查找内容"输入框中，输入要查找的数据内容，然后在"范围""搜索"和"查找范围"选项的下拉列表中选择查找条件。

"范围"：下拉式列表中可以选择在"工作簿"中还是在"工作表"中进行元素查找。

"搜索"：下拉式列表中选择"按列"选项，查找将沿着列向下进行；选择"按行"选项，查找将按行向右进行。

"查找范围"：在显示的下拉式列表中可以选择查找元素的范围，查找"公式""值"及"批注"。

（2）设置完毕后，单击"查找下一个"按钮，即可在工作表中查找在"查找内容"输入框中所输入的内容，查找到的数据所在单元格将被选中。单击"查找全部"按钮，将弹出查找范围内共有多少个符合条件的数据内容。

二、对工作表数据进行替换

（1）选择"开始"｜"编辑"｜"查找和选择"｜"替换"命令选项，弹出如图 4.45 所示的"替换"对话框。

（2）在该对话框中的"查找内容"输入框中输入要查找的数据内容，然后在"替换为"输入框中输入所要替换的数据内容。

（3）单击"全部替换"按钮，将工作表中所有与查找内容相同的数据替换成"替换为"输入框中所输入的数据。

图 4.45　"替换"选项卡

单击"替换"按钮，将查找到的当前的数据替换，然后单击"查找下一个"按钮继续查找。

单击"选项"按钮则展开替换的高级选项对话框，如图 4.46 所示，在"查找内容"和"替换为"后部的"格式"按钮可对"查找内容"和"替换为"的内容限定修饰格式，"范围""搜索"和"查找范围"项目的运用方法与"查找"的高级选项对话框相同。

图 4.46　带选项的"替换"选项卡

任务 3　制作成绩标识汇总表

任务描述

李强是一位大学教师，负责软件专业学生管理工作。现在，第一学期学生的考试已经结束，需要将本专业的学生成绩进行统计，将制作完成的表格以"成绩标识汇总.xlsx"为名保存在"D:\电子表格"文件夹中。

（1）对工作表"第一学期期末成绩"中的数据列表进行格式化操作：将第一列"学号"列设为文本，将所有成绩列设为保留两位小数的数值；适当加大行高列宽，改变字体、字号，设置对齐方式。

（2）利用"自动套用格式"对数据列表进行外观设计，使其美观。

（3）利用"条件格式"功能进行下列设置。

① 将各科成绩中低于 60 分的成绩所在的单元格以一种颜色填充，高于 90 分的以一种颜色填充。

② 将语文最高的 20% 的学生以一种颜色填充。

③ 将政治以"图标集"中的"等级"类型自行设定 5 级，分别是：≥90、89～80、79～70、69～60、59 及以下。

🐾 任务目标

◆ 掌握单元格样式的设置方法。
◆ 掌握自动套用格式的设置方法。
◆ 掌握条件格式的设置方法。
◆ 能够运用工具按钮完成总分和平均分的计算。

📖 知识介绍

Excel 提供了专门用来对单元格数据进行修饰的"样式"功能组，如图 4.47 所示。在该功能组中可以完成单元格样式、套用表格格式、条件格式等的设置，为工作表的修饰带来方便。

图 4.47 "样式"功能组

一、单元格样式

可以完成对选定单元格或单元格区域的格式修饰，具体方法及步骤如下：
（1）选定需要设置格式的单元格或单元格区域。
（2）选择"开始"|"样式"|"单元格样式"选项，展开如图 4.48 所示的"单元格样式"下拉列表。

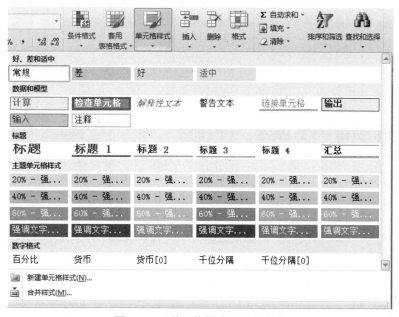

图 4.48 "单元格样式"下拉列表

（3）在"样式"选区中选择需要的样式即可。

"单元格样式"中还可以对数据进行百分比、货币、千位分隔符的添加等快捷设置；同时，也可自行"新建单元格样式"以满足个性化的设置；"合并样式"功能可将已有的 Excel 工作表中的样式应用到当前的工作表中，运用此项功能前，需要将"源工作表"打开后才可应用。

二、套用表格格式

Excel 提供了多种漂亮的表格格式，可以帮助我们快速地实现工作表的美化。设置表格格式的具体操作步骤如下。

1. 建立套用表格格式

（1）选中工作表中要添加表格格式的数据区域，单击"开始"选项卡"样式"组中的"套用表格格式"下拉按钮，在展开的列表中选择一种表格格式，如图 4.49 所示。

（2）选择喜欢的样式后，弹出"套用表格式"对话框如图 4.50 所示，确认"表数据的来源"，如数据来源有变，可单击右侧的折叠按钮，重新选取数据区域。

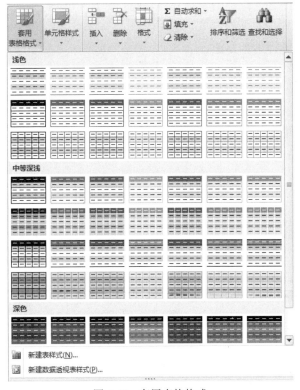

图 4.49　套用表格格式

图 4.50　"套用表格式"对话框

（3）选取是否"表包含标题"，如果数据区域内没有标题，去掉该项选择。

（4）选择完成，单击"确定"按钮即可。

此时生成的表格格式是自带标题"筛选"功能的，如果不需要标题"筛选"功能，可以在"数据"选项卡"排序和筛选"组中单击"筛选"按钮，取消筛选功能。

2. 修改套用表格格式

建立表格的套用格式的同时，在工作表的选项卡中出现名为"设计"的选项卡，该选项卡中内容是针对"套用表格格式"的，可以在此选项卡中完成对"套用表格格式"的修改。如图 4.51 所示。

选项卡中包括属性、工具、外部表数据、表格样式选项同、表格样式等功能区，可根据需要进行设置。

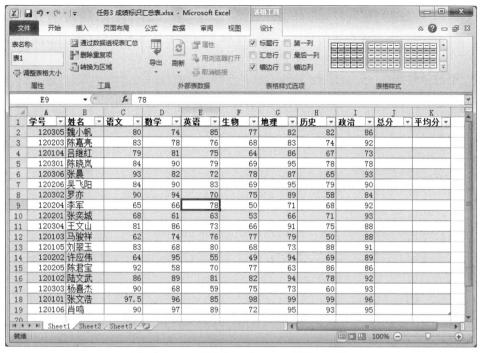

图 4.51 "套用表格格式"——设计选项卡

三、条件格式

所谓使用条件格式化显示数据，就是指设置单元格中数据在满足预定条件时的显示方式。具体方法步骤如下。

1．建立条件格式

（1）选择要使用条件格式化显示的单元格区域。

（2）单击"开始"选项卡中"样式"组的"条件格式"按钮右侧的下拉箭头，打开"条件格式"下拉列表框，如图 4.52 所示。

图 4.52 "条件格式"下拉列表

（3）在下一级选项中选择需要的条件格式，实现多种"条件格式"的设置方法。

注意，利用条件格式设置的格式，在"字体"格式中是不能修改和删除的，如果要修改和删除设置的条件格式，只能在设置"条件格式"的状态下进行。

2．更改条件规则

如果提供的规则都不能满足需求，则可以自行新建规则，也可以对现在规则进行修改及清除。选择"开始"|"样式"|"条件格式"下拉列表的"管理规则"选项，弹出"条件格式规则管理器"对话框，如图4.53所示。

图4.53　"条件格式规则管理器"对话框

该对话框中可以完成设置新建规则、编辑已有规则、删除已有规则、修改规则的格式、设置应用的数据范围等。

任务实施

一、打开工作簿

在教材所提供的素材中双击打开"成绩标识汇总.xlsx"工作簿。

二、数据列表格式化

（1）右击Sheet1标签，将其更名为"第一学期期末成绩"。

（2）选取第一列"学号"列，选择"开始"|"数字"|"常规"下拉列表，在其中选择"文本"将"学号"列设置为文本格式。

（3）将C2:I19单元格区域选中，选择"开始"选项卡|"数字"组|"常规"下拉列表，在其中选择"数字"将该区域设置为数字格式，默认保留两位小数。

（4）利用鼠标拖动行高及列宽的调整按钮，完成加大行高列宽。

（5）选择"开始"|"字体"选项设置字体、字号；在"对齐方式"组中设置数据的对齐方式。

三、利用套用表格格式来修饰数据

（1）将表格数据全部选中，在"开始"|"样式"|"套用表格格式"选项弹出的下拉列表中，选择需要的样式。

（2）选择"数据"|"排序与筛选"组，将"筛选"按钮的选中状态去除。

四、利用"条件格式"功能进行设置

（1）选取 C2:I19 单元格区域，在"开始"|"样式"|"条件格式"选项的下拉列表，选择"突出显示单元格规则"项下级列表"小于"选项，在窗口中输入"60"后，选择一种颜色填充；再次选择"突出显示单元格规则"项下级列表"大于"选项，设置高于90分的以一种颜色填充。

（2）选取"语文"列的数据，在"开始"|"样式"|"条件格式"选项的下拉列表，选择"项目选择规则"项下级列表"值最大的10%项"选项，在弹出的对话框中，将"10"%更改为"20"%，并设置一种颜色填充。

（3）选取"政治"列数据，在"开始"|"样式"|"条件格式"选项的下拉列表中，选择"新建规则"选项，打开"新建格式规则"对话框，如图4.54所示。

图 4.54　"新建格式规则"对话框

在"编辑规则说明"部分对新规则进行设定。

（1）格式样式：选择"图标集"。

（2）图标样式：选择具体5级的相关样式。

（3）类型：类型下拉列表中选择"数字"类型。

（4）值：根据任务要求设置取值范围，确定即可。

知识拓展

一、插入图形和批注

1. 插入图形

Excel 提供了强大的图形功能，集中在"插入"|"插图"中，具有图片、剪贴画、形状、SmartArt 及屏幕截图功能，其中 SmartArt 和屏幕截图是 Excel 2010 新增功能。

"插图"功能组如图 4.55 所示，运用插图的方法及步骤如下。

（1）选中需要插入插图的单元格或单元格区域。

（2）选择"插入"|"插图"组，单击组中对应的项目。

（3）该组中插入的内容与 Word 中的插入相同。

（4）插入的内容可以在产生的"格式"选项卡中进行修改、设置。

图 4.55　"插图"功能组

2. 插入批注

Excel 提供了审阅功能，可以对电子表格进行插入批注、修订等功能，详细内容如图 4.56 所示。

图 4.56　"批注"功能组

选取需要添加批注的单元格或单元格区域，选择"审阅"|"批注"组，"新建批注"命令可以对选定区域添加批注。我们还可对已有批注进行修改和管理，皆可在"批注"功能组中完成设置。

二、格式的复制和删除

1. 格式的复制

格式复制是指对所选对象所用的格式进行复制。具体操作步骤如下。

（1）选中有相应格式的单元格作为样板单元格。

（2）单击"开始"|"剪贴板"|"格式刷"，鼠标指针变成刷子形状。

（3）用刷子形指针选中目标区域，即完成格式复制。

如果需要将选定的格式复制多次，可双击"格式刷"，复制完毕之后，再次单击"格式刷"或按键盘上的 Esc 键即可。

2. 格式的删除

要删除单元格中已设置的格式，具体操作步骤如下。

（1）选取要删除格式的单元格区域。

（2）单击"开始"|"编辑"|"清除"按钮右侧的向下箭头，打开"清除"下拉列表框。

（3）在列表框中，选择"清除格式"，即可把应用的格式删除。格式被删除后，单元格中的数据仍以常规格式表示，即文字左对齐，数字右对齐。

计算机应用基础任务驱动教程

任务 4 建立学生成绩统计表

任务描述

小琳是一位中学教师，负责初一学生的成绩管理工作，请你根据要求帮助小琳老师对学生成绩进行分析和统计，原始成绩已经录入到"**任务 4 学生成绩统计表.xlsx**"电子表格中，请按要求完成后，以原文件名保存到"**D:\电子表格**"文件夹下。

（1）利用 SUM 和 AVERAGE 函数计算每一个学生的总分及平均分。

（2）利用计算出的平均分成绩进行评定：平均分成绩 85 分以上优秀，70～85 分良好，60～70 分及格，60 分以下不及格。

（3）利用 RANK 函数对该班学生成绩进行排名。

（4）计算出每门功课的平均分、最高分、最低分，统计各分数段人数。

任务目标

◆ 学会使用公式、函数。

◆ 掌握单元格地址的相对引用和绝对引用。

◆ 学会使用 RANK 函数进行排名。

◆ 掌握统计函数的使用。

◆ 掌握利用函数实现等级的评定。

知识介绍

Excel 系统具有非常强大的计算功能，公式和函数是电子表格系统的核心内容，利用公式和函数可以完成对工作表中数据的计算，从而提高工作效率。

一、普通公式计算

1. 公式运算符

公式是利用单元格引用地址对存放在单元格中的数据进行计算的等式。所有的公式都是以"＝"开头，其后由单元格引用、数值、函数和运算符等构成。在工作表中可以使用公式进行工作表数据的加、减、乘、除等运算。

公式中使用的运算符包含 4 类运算符，分别是算术运算符、比较运算符、文本运算符和引用运算符。

（1）算术运算符：用来进行基本的数学运算，如加、减、乘、除等。

（2）比较运算符：用来比较两个数值的大小，结果返回逻辑值 TRUE 或 FALSE。

（3）文本运算符：利用符号"&"对文本字符串进行连接。

（4）引用运算符：利用符号"："对单元格或单元格区域进行合并运算。

以上运算符及其具体含义如表 4.2 所示。

表 4.2　Excel 中的运算符

运算符	含　义	示　例
+	加法运算符	5+5
−	减法运算符或负数	8-5 或-5
*	乘法运算符	5*5
/	除法运算符	5/5
%	百分比	5%
^	幂运算符	10 ˆ 2
=	等于	A1=B1
>	大于	A1>B1
<	小于	A1<B1
>=	大于等于	A1>=B1
<=	小于等于	A1<=B1
<>	不等于	A1<>B1
&	字符连接符号，用于将两个文本或多个文本连接成为一个	A1&B1
:	区域运算符，对两个单元格引用之间的所有单元格进行引用	A1:D3
,	联合运算符，将多个引用合并为一个引用内容	SUM（A1:B2，C3:D4）

2. 运算顺序

当公式中存在有多种运算符同时运用时，就要考虑到运算符的运算顺序，即运算符的优先级。根据运算符的级别不同规定，高优先级的运算符先进行运算，低优先级的运算符后运算，如果在公式中运算符处于同一优先级别，那么按照从左到右的顺序进行依次运算。

运算符按优先级排列为算术运算符（%、^、*、/、+、−）、文字连接符（&）、关系运算符（=、>、<、>=、<=、<>）。

3. 公式的引用

单元格的引用有三种方式：相对引用、绝对引用和混合引用。这三种方式运用的方法及步骤如下。

（1）相对引用：是指在公式移动或复制时，公式中的单元格引用地址会根据引用的单元之间的相对位置而变化。

例如：在单元格 D1 中输入公式内容为"=A1+B1+C1"，如图 4.57 所示。

将 D1 单元格中的公式"复制"后，"粘贴"到 E2 单元格后，目标单元格的行号 D→E，列标 1→2，行号和列标的相对位置变化均为 1，所以公式变为"=B2+C2+D2"。

（2）绝对引用：是指在引用的单元格的行号和列标前加上"$"，在公式移动或复制时，绝对引用的单元格不会随着公式位置的变化而变化。

上面的例子中，把 D1 单元格中的公式写成绝对引用"=$A$1+$B$1+$C$1"，"复制"，在 E2 单元格中进行"粘贴"，E2 单元格中的公式依然为"=$A$1+$B$1+$C$1"，如图 4.58 所示。

（3）混合引用：是指在引用的某个单元格的行号或列标前加上"$"，在公式移动或复制时，加上"$"的行号或列标不会随着公式位置的变化而变化，没有"$"的行号或列标

计算机应用基础任务驱动教程

会随着公式位置的变化而改变列或行的相对位置。

上例中将 D1 单元格中的公式写成混合引用的形式"=A$1+$B1+C1"，目标单元格为 E2，对于没有"$"的行号和列标要发生相对位置的变化，有"$"的行号和列标不发生任何变化，公式变为"=B$1+$B2+D2"，如图 4.59 所示。

图 4.57　相对引用

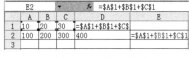
图 4.58　绝对引用

图 4.59　混合引用

4. 公式的录入和删除

1）公式的录入

公式录入有以下两种方法。

（1）选中要录入公式的单元格，在编辑栏中输入公式，然后单击"编辑栏"前面的"输入"按钮 ✓ 完成录入。

（2）选中单元格，在单元格中直接输入以"="开始的公式内容，按回车键完成录入。

2）删除公式

删除公式有以下两种方法。

（1）选中要删除公式的单元格，选择"开始"|"编辑"|"清除内容"命令，即可将所选单元格中的公式清除。

（2）选中要删除公式的单元格，按 Backspace 或 Delete 键即可。

5. 公式的修改和复制

1）公式的修改

将公式输入完成后，可以根据需要对公式进行修改，修改公式的具体方法有以下两种。

（1）选中要修改公式的单元格，单击"编辑栏"中公式，此时光标定位到公式要修改的位置或按 F2 键，即可对公式进行必要的修改，修改完毕按回车键完成。

（2）双击需要修改公式的单元格，使其处于编辑状态，同时在编辑栏中也可看到要修改的公式内容，修改完毕按回车键完成。

2）公式的复制

复制公式是在单元格之间进行公式的备份过程，其具体操作步骤如下。

（1）选中要复制公式的单元格。

（2）选择"开始"|"剪贴板"|"复制"命令，或按快捷键 Ctrl+C。

（3）选中需要备份公式的目标单元格。

（4）选择"开始"|"剪贴板"|"粘贴"命令，或按快捷键 Ctrl+V 即可将公式从原来的单元格复制到新的单元格中。

二、带有函数的公式计算

Excel 提供了许多内置函数，为用户对数据进行运算和分析带来极大的方便。

函数是预定义的公式。函数的一般格式为

函数名（参数 1，参数 2，…）

参数可以是常量、单元格、区域名、公式或其他函数。参数最多可使用 255 个，总长度不能超过 1024 个字符。

1. "自动求和"按钮

单击"开始"选项卡中"编辑"组中的"自动求和"按钮，可以完成求和计算，在其下拉列表中还可以选择求平均值、计数、最大值、最小值等。也可以利用"其他函数"命令打开"插入函数"对话框，如图 4.60 所示。"自动求和"按钮使用的方法步骤如下。

（1）选取求和单元格。

（2）选择"自动求和"按钮后，此时的鼠标变为自动拾取求和数据状态。利用鼠标拖动选择求和数据。

（3）按回车键或单击编辑栏前的"确定"按钮即可。

图 4.60 "自动求和"按钮

2. 插入函数

在工作表的单元格中插入函数方法有多种，具体有以下 3 种方法：

（1）选中工作表中需要插入函数的单元格，选择"公式"|"插入函数"命令，弹出"插入函数"对话框，如图 4.61 所示。

（2）单击"编辑栏"中的"插入函数"按钮 f_x。

（3）单击"常用"工具栏中的"自动求和"按钮，在下拉列表中选择"其他函数"命令。

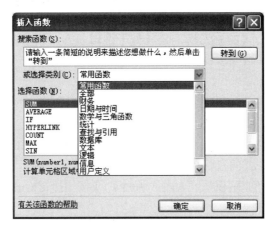

图 4.61 "插入函数"对话框

3. 选择函数

（1）选择函数的类别：在弹出的"插入函数"对话框中，在"搜索函数"部分可以输入关于需要函数的说明，单击"转到"进行函数的搜索。也可以在"或选择类别"下拉列表框中选择函数的类别，在"选择函数"列表框中选择需要的函数。单击"确定"按钮即可。

（2）用函数的开头字母搜索函数：如果记得函数的开头字母，直接利用键盘输入函数的开头字母，在"选择函数"下拉列表框中就会移动到以该字母开头的函数部分。

4. 函数的功能

选择所需要的函数，在"选择函数"列表的下部会出现该函数的功能介绍，可以根据相关的介绍了解函数的功能及格式等。

5. 使用函数

在完成函数的选择后，单击"确定"按钮弹出"函数参数"对话框，如图 4.62 所示，以求和函数 SUM 为例进行说明。

图 4.62　SUM 函数参数

1）SUM 区域

Number1、Number2 后的文本输入框中用来输入待求和的数值，SUM 函数允许有最多 255 个求和数值。

折叠按钮：单击折叠按钮，"函数参数"对话框被折叠成一条，此时可以通过光标拾取待求和的数值，其功能等同于 Number1 后的文本输入框功能。

2）功能提示区

对应光标出现在"函数参数"对话框中参数的位置，功能提示区会给出该参数的具体功能及相关注意事项。

3）计算结果区

在准确设置多个参数后，该区会给出函数计算的结果。

此时，单击"确定"按钮完成函数计算。

6. 常用函数

我们利用"常用函数"对函数使用方法和步骤进行详细说明。

1）SUM 函数

SUM 函数用于计算单元格区域中所示数据的和。

SUM 函数的格式如下：

SUM（Number1，Number2，…）

Number1，Number2，…（1～255 个求和的数值）

SUM 函数示例：计算图 4.63 中每位同学的总成绩。

E2 =SUM(C2:D2)

	A	B	C	D	E	F	G
1	学 号	姓 名	机试成绩	笔试成绩	总成绩		
2	12703601	车 颖	93	94	187	机试最低	
3	12703602	陈 兵	84	89		机试最高	
4	12703603	陈 超	85	81		机试平均	
5	12703604	陈彬	72	95		人数	
6	12703605	陈春生	68	76			
7	12703606	陈华杰	58	74			
8	12703607	陈丽旋	89	85			
9	12703608	程艳	80	88			
10	12703609	冯文辉	64	75			
11	12703610	雷亮	41	62			

图 4.63 SUM 函数示例

（1）选中需要插入函数的单元格 E2。

（2）打开“插入函数”对话框，在“或选择类型”下拉列表选择“常用函数”中的 SUM 函数，弹出如图 4.62 所示的函数参数对话框。

（3）单击 Number1 后面的折叠按钮，利用光标拾取单元格 C2 和 D2，再次单击折叠按钮回到函数参数对话框。

（4）单击“确定”按钮完成函数。

此时“编辑栏”中公式显示为“=SUM（C2:D2）”。在计算完第一位同学的“总成绩”后，可以利用之前讲过的“填充句柄”将公式自动填充到其他同学的“总成绩”对应的单元格内。

2）AVERAGE 函数

AVERAGE 函数，返回其参数的算术平均值；参数可以是数值或包含数值的名称、数组或引用。

AVERAGE 函数的格式如下：

```
AVERAGE（Number1，Number2，…）
Number1，Number2，…（用于计算平均值的 1～255 个数值参数）
```

AVERAGE 函数示例：计算图 4.63 中全体同学的机试成绩的平均值。

（1）选中需要插入函数的单元格 G4。

（2）打开“插入函数”对话框，在“或选择类型”下拉列表中选择“常用函数”中的 AVERAGE 函数，弹出函数参数对话框。

（3）单击 Number1 后面的折叠按钮，利用光标拾取单元格区域 C2:C11，再次单击折叠按钮返回函数参数对话框。

（4）单击“确定”按钮完成函数。

此时“编辑栏”中公式显示为“=AVERAGE（C2:C11）”。

对于其他函数的使用可以借助“函数参数”中的功能提示了解参数的使用方法及要求。

任务实施

一、计算总分

（1）选中 K3 单元格，单击“开始”|“编辑”|“自动求和”按钮，利用光标拾取数据区域 C3:J3；按回车键确认公式录入。

（2）选取 K3 单元格，将鼠标放置在单元格右下角，利用填充句柄拖动到数据末尾，完成自动填充公式。

二、计算平均分

（1）选中 L3 单元格，单击"开始"|"编辑"|"自动求和"按钮下拉列表，选取平均值命令，利用光标拾取数据区域 C3:J3；按回车键确认公式录入。

（2）选取 L3 单元格，将鼠标放置在单元格右下角，利用填充句柄拖动到数据末尾，完成自动填充公式。

其他平均分的计算请参考以上所述。

三、成绩评定

（1）选中 M3 单元格，单击"公式"|"插入"函数按钮，弹出"插入函数"对话框。

（2）选取 IF 函数，实现成绩评定，如图 4.64 所示。

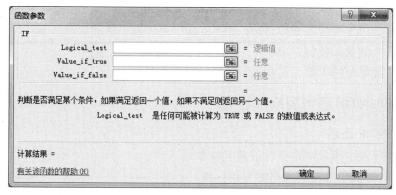

图 4.64 IF "函数参数"对话框

Logical_test：判断条件是否成立；

Value_if_true：当条件成立时的取值；

Value_if_false：当条件不成立时的取值。

可以利用折叠按钮拾取数据区域，也可以直接书写公式实现；且如果一个条件无法符合具体要求，IF 函数允许嵌套使用，具体公式如下：

```
=IF（Logical_test, [Value_if_tru], [Value_if_tru]）
```

任务要求：平均分成绩 85 分以上优秀，70～85 分良好，60～70 分及格，60 分以下不及格。

M3 单元格是评定 L3 的平均值是否在某一分数段上，具体公式如下：

```
=IF(L3>=85, "优秀", IF(L3>=70, "良好", IF(L3>=60, "及格", "不及格")))
```

注意：公式输入所用符号均应为英文符号。

（3）确定输入，拖动 M3 单元格的填充名柄，将公式自动填充至数据末尾。

四、RANK 函数完成排名

RANK 函数：排位函数，返回某数字在一列数字的大小排名。

$$=RANK（L3, \$L\$3:\$L\$32, 0）$$

公式含义:返回 L3 单元格数据在\$L\$3:\$L\$32 单元格区域中的排名,0 含义为降序排名,若为其他值则升序排名。

其他函数可利用拖动 L3 单元格的填充句柄的形式自动填充完成,由于进行排位的区域为固定区域,所以该公式中使用了绝对地址定位数据区域。

五、MAX、MIN 求最高分及最低分

1. 计算英语成绩中的最高分

（1）选取 Q4 单元格,选择"开始"|"编辑"|"自动求和"|"最大值"选项。

（2）此时利用光标拾取 C3:C32 单元格区域作为求最大值的数据区域。

（3）单击"确认"按钮完成。

其他科目最高分的求取方法相同。

2. 计算机英语成绩中的最低分

（1）选取 Q5 单元格,选择"开始"|"编辑"|"自动求和"|"最小值"选项。

（2）此时利用光标拾取 C3:C32 单元格区域作为求最小值的数据区域。

（3）单击"确认"按钮完成。

其他科目最低分的求取方法相同。

六、COUNTIF 函数完成统计

1. COUNTIF 函数

统计某个区域中满足给定条件的单元格数目。

Range:计算其中非空单元格数目的区域。

Criteria:以数字、表达式或文本形式定义的条件。

英语成绩大于 85 分以上人数:=COUNTIF（C3:C32, ">=85"）

2. COUNTIFS 函数

用于统计某个区域中一组满足给定条件的单元格数目。

Criteria_range1:计算其中非空单元格数目的区域。

Criteria1:以数字、表达式或文本形式定义的条件。

Criteria_range2:计算其中非空单元格数目的区域。

Criteria2:以数字、表达式或文本形式定义的条件。

英语成绩 60~85 分人数:=COUNTIFS（C3:C32, ">=60", C3:C32, ">85"）

其他人数统计参考上述内容编写公式。

知识拓展

一、常用函数

表 4.3 列出了常用函数及其名称,可以通过插入函数找到对应的函数,在"插入"对话框内可根据提示应用函数。

表 4.3　常用函数列表

函数	名称	函数	名称
SUM	求和函数	AVERAGEIFS	多条件平均函数
SUMIF	条件求和函数	COUNTA	计数函数
SUMIFS	多条件求和函数	COUNTIF	条件计数函数
ABS	绝对值函数	COUNTIFS	多条件计数函数
INT	向下取整函数	MAX	最大值函数
ROUND	四舍五入函数	MIN	最小值函数
TRUNC	取整函数	RANK	排位函数
VLOOKUP	垂直查询函数	CONCATENATE	文本合并函数
IF	逻辑判断函数	MID	截取字符串函数
NOW	日期和时间函数	LEFT	左侧截取字符串函数
TODAY	当前日期函数	RIGHT	右侧截取字符串函数
YEAR	年份函数	TRIM	删除空格函数
AVERAGEIF	条件平均函数	LEN	字符个数函数

二、公式的显示与隐藏

公式录入完成后，在 Excel 默认情况下，单元格中显示的是公式的运算结果而不是所输入的公式。如果需要在单元格中显示具体的公式内容，可以对单元格进行公式的显示和隐藏的设置，方法是选择"公式"|"公式审核"|"显示公式"选项，可控制公式的显示，如图 4.65 所示。

图 4.65　"显示公式"按钮

三、公式选项设置

在"文件"选项卡中选择"选项"命令，打开"Excel 选项"对话框，在左侧的选项中选择"公式"，可按照需要进行公式的相关选项设置。

任务 5　整理分析成绩单

📚任务描述

第一学期期末考试结束，常老师要对本专业学生的成绩进行统计分析，请根据下列要求帮助常老师对该成绩单进行整理和分析，并将结果以原文件名保存在"D:\电子表格"文件夹下。

（1）学号第 3、4 位代表学生所在的班级，例如："1402018"代表 14 级 2 班 18 号。请通过函数提取每个学生所在的班级并按下列对应关系填写在"班级"列中。

"学号"的 3、4 位对应班级

    01   1 班

    02   2 班

    03   3 班

（2）在最后一列插入"总分"列标题，并利用求和公式计算每名学生的总分成绩。

（3）为"2014 级法律"工作表建立副本，将副本命名为"总分排序"；根据总分由高到低进行排序，总分相同时英语成绩高者排名在前。

（4）为"2014 级法律"工作表建立副本，将副本命名为"自动筛选"；利用"自动筛选"筛选出总分高于平均值的数据项。

（5）为"2014 级法律"工作表建立副本，将副本命名为"高级筛选"；利用"高级筛选"筛选出"性别"为"男"且"总分"高于 780 分的数据项，并将筛选结果设置在"筛选结果"工作表的 A110 单元格起始位置。

（6）为"2014 级法律"工作表建立副本，将副本命名为"成绩汇总表"；通过分类汇总功能求出每个班各科的平均成绩，并将每组结果分页显示。

（7）新建工作表，命名为"简单成绩查询器"，如图 4.66 所示输入数据。

图 4.66　成绩查询器

① 将"2014 级法律"工作表中 A3:N102 区域定义名称为"数据"；A3:A102 定义名称为"学号"。

② 利用"数据有效性"限制学号的输入。

③ 利用 VLOOKUP 垂直查询函数实现按学号查询成绩，并在公式中引用所定义的名称"数据"。

📌 任务目标

◆ 掌握对数据进行排序。
◆ 掌握对数据进行高级筛选和条件筛选。
◆ 学会为数据区域定义名称及名称管理。
◆ 学会利用"数据有效性"限制输入。

🔧 知识介绍

Excel 具有强大的数据管理和分析的功能，如对数据进行排序、数据筛选、分类汇总等。电子表格软件中的数据文件一般称为列表或者是数据清单。在对列表进行管理时，可以把列表看成一个数据库。数据的管理与分析必须在列表基础上才能实现。

一、数据排序

对数据进行排序是日常生活中常用到的数据管理方法，例如，按学生总分的高低进行排序，按姓名首字母排序等。在对数据进行排序前，不要忘记要先建立好对应的数据列表，才能够按要求对数据进行相关操作。

1. 利用"开始"选项卡"升序""降序"按钮

Excel 在"开始"|"编辑"组中提供了"排序和筛选"按钮，使用户能够方便、快捷地完成简单排序。具体操作步骤如下。

（1）单击数据区域中需要排序关键字列的任意一个单元格。

（2）选择"开始"|"编辑"|"排序和筛选"|"降序"或"升序"选项，即可完成。

2. 利用"排序"对话框

通过上面的工具栏按钮排序是很方便快捷的，但是，当出现多个数据相同的情况时，就不能再进一步分出前后顺序，这种情况下可以利用"排序"对话框进行多个关键字的排序。

具体操作步骤如下。

（1）单击数据列表中的任意位置。

（2）选择"数据"|"排序和筛选"|"排序"选项，弹出如图 4.67 所示的对话框。

图 4.67 "排序"对话框

（3）单击"主要关键字"下拉箭头，选择排序的主要关键字。

（4）单击"排序依据"下拉箭头选择排序的依据。

（5）次序下拉箭头处选择"升序""降序"或"自定义"序列形式。

（6）当指定的主要关键字中出现相同值，可以根据需要再多次指定"次要关键字"。最后单击"确定"按钮。

在"我的数据区域"选区的单选项目："有标题行"表示排序数据列表中的第一行作为标题不参与数据排序；"无标题行"则表示排序时"包含"第一行。

二、数据筛选

数据筛选的功能可以将不满足条件的记录暂时隐藏起来，只显示满足条件的数据。Excel提供了"自动筛选"和"高级筛选"两种方法。

1. 自动筛选

自动筛选是一种快速的筛选方法，具体操作步骤如下。

（1）单击数据列表中的任意一个单元格。

（2）选择"数据"|"排序和筛选"|"筛选"选项，此时数据列表中各字段名的右下角会出现一个下拉列表按钮，单击此按钮，弹出相应的下拉列表。

（3）单击要设置条件的字段的下拉列表按钮。下拉列表根据数据的格式会给出升序、降序、日期筛选、数据筛选或其他格式的筛选选项。

（4）如果取消筛选，选择"数据"|"排序和筛选"，再次单击"筛选"命令按钮即可取消筛选，显示全部数据。

2. 高级筛选

可以通过高级筛选完成一些比较复杂条件的筛选。下面举例说明"高级筛选"的具体方法及步骤。

（1）首先要建立一个条件区域用来存放筛选的条件。

① 筛选条件是由字段名行和存放筛选条件的行组成，可以放置在工作表的任何空白位置，但是条件区域与列表区域不能紧靠在一起，最少要与列表区域之间有一个空行或空列。

② 条件区域的字段名必须与列表区域的字段名完全一致，但其排列的顺序可以不相同。

③ 条件区域中用来存放条件的行位置在字段名行的下方，写在同一条件行的不同单元格的条件互为"与"的逻辑关系，不同条件行单元格的条件互为"或"的逻辑关系。

（2）在适合的区域输入筛选条件。

按照要求将条件输入到指定条件区域，两个条件要同时满足，属于"与"的关系，两个条件只满足其中一个，属于"或"的关系，如图4.68所示输入条件。

（3）选择"数据"|"排序与筛选"|"高级"命令，弹出"高级筛选"对话框，如图4.69所示。

① 方式：可选择"在原有区域显示筛选结果"或"将筛选结果复制到其他位置"。

② 列表区域：单击后面的折叠按钮，在工作表中选定数据列表区域 A3:N13，再次单击折叠按钮返回"高级筛选"对话框。

③ 条件区域：单击其后的折叠按钮，在工作表中选定已经输入筛选条件的 P3:Q5 单元格区域。

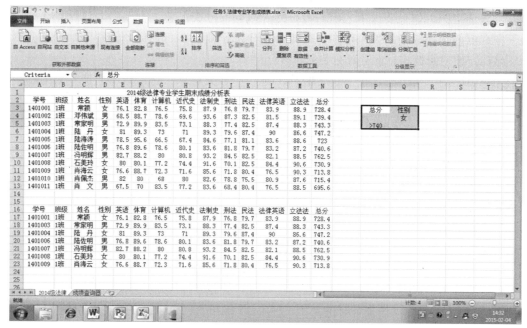

图 4.68 列表区域及条件区域

④ 复制到: 指的是将筛选结果放置的位置,单击折叠按钮,在工作表选定 A16 作为输出区域。

⑤ 若选中"选择不重复的记录"复选框,则显示的结果不包含重复的行。

(4) 单击"确定"按钮,筛选结果复制到指定的输出区域。

三、数据分类汇总

所谓分类汇总,就是对数据分类进行汇总,利用分类汇总可以对数据进行求和、求平均值等操作。在进行分类汇总前,要根据分类的要求对数据进行排序;进行分类汇总的数据所在的单元格不可以有合并过的单元格。

图 4.69 "高级筛选"对话框

具体操作步骤如下。

(1) 单击数据列表中的任意一个单元格。

(2) 按要求对分类字段进行排序。

(3) 选择"数据"|"分级显示"|"分类汇总"命令,弹出"分类汇总"对话框,如图 4.70 所示。

(4) 在"分类字段"下拉列表框中选择已经完成排序的"分类字段"选项;在"汇总方式"下拉列表框中选择需要的汇总方式。

(5) 在"选定汇总项"复选框中选择需要汇总的项目。

(6) 单击"确定"按钮。

在"分类汇总"对话框中,"替换当前分类汇总"和"汇总结果显示在数据下方"复选框是默认选定的。如果要保留之前对数据列表执行的分类汇总，则要将"替换当前分类汇总"复选框的选择取消。如果选中"每组数据分页"复选框，则每个类别的数据会分页显示，这样方便对数据进行保存和分类打印。

如果要删除分类汇总，单击选中数据，进入"分类汇总"对话框中选择"全部删除"按钮即可。

四、定义和使用名称

在 Excel 中代表单元格、单元格区域、公式或常量值的单词或字符串都可以定义为名称。使用名称可使公式更加容易理解和维护。在工作簿中使用名称的做法，可轻松地更新、审核和管理这些名称。

1. 定义名称

定义名称的方法如下。

（1）方法 1：鼠标快捷方法。利用光标拖动选取数据区域。在已选数据区域中右击，在展开的快捷菜单中选择"定义名称"选项。弹出"新建名称"对话框，如图 4.71 所示，在"名称"框中输入名称，选择适合的范围，"确定"即可。

图 4.70　"分类汇总"对话框

图 4.71　"新建名称"对话框

（2）方法 2：功能组方法。利用光标拖动选取数据区域。选择"公式" | "定义的名称" | "定义名称"命令。弹出"新建名称"对话框，进行相应的设置即可。

默认情况下，引用位置的数据区域都用绝对引用地址形式；名称定义最多 255 个字符，并且区分大小写，名称中的第一个字符必须是字母、下画线（ _ ）或反斜杠（ \ ）。名称中的其余字符可以是字母、数字、句点和下画线。

2. 使用名称

可以通过"定义的名称"组对工作簿中的名称进行新建、修改、删除、使用等操作。

（1）选择"公式" | "定义和名称" | "名称管理器"命令可打开"名称管理器"对话框，如图 4.72 所示；在对话框中可完成"新建""编辑""删除"名称的各项操作。

（2）选择"公式" | "定义和名称" | "用于公式"命令，可将已定义的名称应用于公式、函数中，既方便了公式引用数据，又方便了数据的更新。

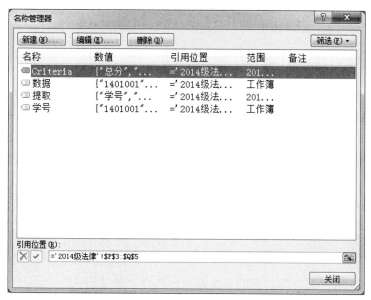

图 4.72 "名称管理器"对话框

任务实施

一、MID 截取字符串函数提取数据

（1）MID 返回文本字符串中从指定位置开始的特定数目的字符，该数目由用户指定。

语法：MID（text，start_num，num_chars）

text：包含要提取字符的文本字符串。

start_num：文本中要提取的第一个字符的位置。文本中第一个字符的 start_num 为 1，依此类推。

num_chars：指定希望 MID 从文本中返回字符的个数。

（2）提取学号的第 4 位。

① 选取 B3 单元格，选择"公式"|"插入函数"命令，在弹出的"插入函数"对话框中找到 MID 函数，双击打开函数对话框。

② 在 Text 项中，单击其右侧的折叠按钮，利用光标拾取 A3 单元格作为要提取字体的文本数据。

③ 在 start_num 项中，输入 4 作为提取的第一个字符的位置；num_chars 项输入 1，指定从文本中返回字符的个数。

（3）添加"班"。

利用 MID 提取出的数字需要在其后加上"班"字，才能完成任务要求。利用连接字符"&"可以实现添加"班"。

单击 B3 单元格，此时该单元格已经完成学号第 4 位字符的提取。此时，单击"编辑栏"中的公式，对原公式修改为："=MID（A3，4，1）&"班""，确认输入即可。其余单元格可利用自动填充功能完成。

二、对总分排序

（1）右击"2014 级法律"工作表标签，选择"移动或复制"并选中建立副本，改名为"总分排序"。

（2）在 N3 单元格中输入"总分"，利用 SUM 函数完成该列数据的求和。

（3）单击数据区域任意一个数据单元格，选择"数据"|"排序和筛选"|"排序"命令，打开"排序"对话框；主要关键字：总分|数值|降序；次要关键字：英语|数值|降序；确定完成。

三、对总分进行自动筛选

（1）右击"2014 级法律"工作表标签，选择"移动或复制"，建立副本，改名为"自动筛选"。

（2）单击数据区域内任意一单元格，选择"数据"|"排序和筛选"|"筛选"按钮，开启"自动筛选"。

（3）单击"总分"列标题右侧的下拉箭头，选择"数字筛选"|"高于平均值"选项，完成自动筛选。

四、对数据"高级筛选"

（1）利用鼠标右键的快捷菜单为"2014 级法律"工作表建立副本，并将副本命名为"高级筛选"。

（2）在数据区域右侧建立筛选条件。

总分	性别
>780	男

（3）选择"数据"|"排序和筛选"|"高级"命令，打开"高级筛选"对话框。

方式：选择"将筛选结果复制到其他位置"。

列表区域：利用折叠按钮暂时关闭对话框，用鼠标选取数据区域（$A$2:$N$102）。

条件区域：利用折叠按钮暂时关闭对话框，用鼠标选取条件区域（$P$2:$Q$3）。

复制到：利用鼠标选取 A110。

单击"确定"完成高级筛选。

五、对数据"分类汇总"

（1）利用鼠标右键的快捷菜单为"2014 级法律"工作表建立副本，并将副本命名为"分类汇总"。

（2）为汇总字体排序。单击"班级"列中任意一数据，选择"开始"|"编辑"|"排序和筛选"|"升序"命令，完成"班级"为分类字段排序。

（3）分类汇总数据。选择"数据"|"分级显示"|"分类汇总"命令，打开"分类汇总"对话框。

分类字段：选取"班级"。

汇总方式：选取"平均值"。

选定汇总项：将所有科目全部选定。

将"替换当前分类""每组数据分页""汇总结果显示在数据下方"选项框选中，按"确定"按钮完成分类汇总。

六、定义名称

选取"2014 级法律"工作表中 A3:N102 单元格区域，在选定区域内右击"定义名称"选项，打开"新建名称"对话框；取名为"数据"确定即可。选取 A3:A102 区域，右击打开快捷菜单，选择"定义名称"选项，定义该区域为"学号"。

七、应用数据有效性

（1）选择"开始"|"单元格"|"插入"|"插入工作表"选项，新建工作表，双击工作表标签，将其重命名为"成绩查询器"。

（2）输入数值。选取"2014 级法律"工作表中 A2:N2 单元格区域，Ctrl+C 复制区域；选择"成绩查询器"工作表 A2 单元格，选择"开始"|"剪贴板"|"粘贴"|"选择性粘贴"命令，打开"选择性粘贴"对话框，选择"转置"复选框，确定完成列表标题的转置粘贴。

（3）选中 C3 单元格，选择"数据"|"数据工具"|"数据有效性"命令，打开"数据有效性"对话框，如图 4.73 所示。

图 4.73 "数据有效性"对话框

"有效性条件"组"允许"项目：在下拉列表中选择"序列"。

"来源"项目：选择"公式"|"定义的名称"|"用于公式"命令，在展开的下拉列表中选取"学号"。

完成设置后，按"确定"按钮即可实现学号的限定输入。

（4）利用 VLOOKUP 垂直查询函数实现按学号查询成绩。

VLOOKUP 垂直查询函数：搜索某个单元格区域的第一列，然后返回该区域相同行上任何单元格中的值。

语法：

VLOOKUP（Lookup_value，Table_array，Col_index_num，[Range_lookup]）

Lookup_value：要在表格或区域的第一列中搜索的值。

Table_array：包含数据的单元格区域。

Col_index_num：返回 Table_array 匹配值的列号。Col_index_num 参数为 1 时，返回 Table_array 第一列中的值；为 2 时，返回 Table_array 第二列中的值，依此类推。

Range_lookup：是否精确匹配。"函数参数"对话框如图 4.74 所示。

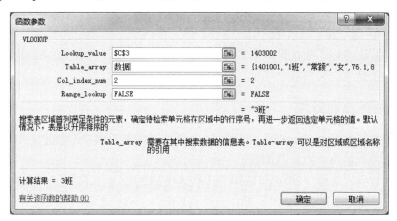

图 4.74　VLOOKUP "函数参数"对话框

（5）运用函数提取对应学号的相关数据。

① 选中 C4 单元格，选择"公式"|"插入函数"命令，选择 VLOOKUP 函数。

② 单击 Lookup_value 选项折叠按钮，选取 C3 单元格，即在某区域内查找 C3 单元格内显示的学号。

③ 单击 Table_array 选项，选择"公式"|"定义的名称"|"用于公式"命令，单击"数据"，确定查找的区域。

④ 单击 Col_index_num，输入列号 2。即返回匹配该学号对应的班级。

⑤ 单击 Range_lookup，输入 FALSE 不需要精确匹配。

C5:C16 单元格区域的公式填充与此类似，可以利用自动填充和手动修改方式完成。

知识拓展

一、自定义排序

在对数据进行排序时，默认的排序是以数字、字母或是笔画的顺序排列。在某些数据排序时，这种排序规则不能满足所需。如图 4.75 所示，想要完成按照"职称"由高到低的顺序排列，即：教授、副教授、讲师、助教的顺序。无论对职称列采用升序还是降序，都不能实现。

可以用自定义序列解决问题，操作过程如下。

（1）选择"数据"|"排序和筛选"|"排序"命令，打开"排序"对话框。

（2）选择：主要关键字——职称，排序依据——数值，次序——自定义。

（3）弹出"自定义序列"对话框，在"输入序列"中逐行输入职称名称，如图 4.76 所示。

（4）单击右侧的"添加"按钮将输入的序列添加到左侧列表中，确定返回"排序"对话框，再次确定即可。

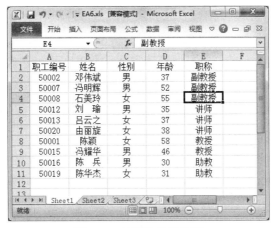

图 4.75　按职称升序排序

图 4.76　自定义序列排序

二、快速排序

　　鼠标右键的快捷菜单中提供了"快速排序"命令，将排序的部分功能放入其中，以备用户使用。方法如下：右击需要排序列数据中的任意一个单元格，在展开的快捷菜单中选择"排序"下拉列表，包括升序、降序、自定义序列等。

三、快速筛选

　　我们也可利用鼠标右键的快捷菜单完成"快速筛选"。右击需要筛选列数据中的单元格，在展开的快捷菜单中选择"筛选"下拉列表包括：清除筛选、重新应用、按所选单元格值（颜色、字体颜色、图标）筛选等选项。

任务 6　家电数据图表化

🏺任务描述

　　小王负责公司的销售统计工作，年终需要将各分店的销售情况进行统计分析。打开"家电销售情况表.xlsx",帮助小王完成以下操作。

（1）将 Sheet1 工作表命名为"家电销售"，将 Sheet2 命名为"家电价格"。

（2）将工作表标题跨列合并适当调整其字体，加大字号，并改变字体颜色。适当加大数据表行高和列宽，设置对齐方式及销售额数据列的数值格式（保留 2 位小数），并为数据区域增加边框。

（3）将工作表"家电价格"中的区域 B3:C5 定义名称为"单价"。运用公式计算工作表"家电销售"中 F 列的销售额，要求在公式中通过 VLOOKUP 函数自动在工作表"家电价格"中查找相关产品的单价，并在公式中引用定义的名称"单价"。

（4）为工作表"家电销售"中的销售数据创建一个数据透视表，放置在一个名为"透视表"的新工作表中，要求针对各类家电比较各分店每个季度的销售额。其中，家电名称为报表筛选字段，分店为行标签，季度为列标签，并对销售额求和。最后对数据透视表进行格式设置，使其更加美观。

（5）根据生成的数据透视表，在透视表下方创建一个簇状柱形图，图表中仅对 3 个分店各季度加湿器的销售额进行比较。

（6）保存"家电销售情况表.xlsx"文件。

任务目标

◆ 学会将数据图表化的方法。
◆ 能够对图表进行修改和设置。
◆ 学会建立数据透视表。
◆ 能够对数据透视表进行修饰和设置。

知识介绍

通过 Excel 建立大量数据，阅读数据总是让人觉得很不直观，枯燥无味。为了使数据具有更好的可读性，同时具有更好的视觉效果，可以利用 Excel 提供的图表功能。

一、创建图表

创建图表要以工作表中的数据为基础，用来建立图表的数据称为数据源。

1. 图表的类型

根据图表创建位置的不同可以分为两类。

（1）嵌入式图表：把图表作为工作表的一部分，与图表的数据源在同一个工作表中。

（2）图表工作表：图表独立于工作表，这种图表与数据源不在同一工作表中，而独立成一个图表工作表，方便单独打印。

2. 利用"图表"功能组创建图表

具体的方法及步骤如下。

（1）在工作表的数据列表中选取要创建图表的单元格区域。利用功能键 Ctrl+鼠标拖动拾取不连续的数据区域。

（2）选择"插入"|"图表"，单击选择"图表"类型对应的下拉列表按钮，选择一种图表类型即可快速完成图表的创建，如图 4.77 所示。

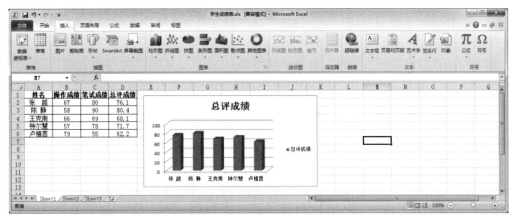

图 4.77　"图表"功能组

3. 利用"创建图表"按钮新建图表

具体的方法及步骤如下。

（1）在工作表的数据列表中选取要创建图表的单元格区域。利用功能键 Ctrl+鼠标拖动拾取不连续的数据区域。

（2）选择"插入"|"图表"，单击该组右下角的小按钮，弹出"插入图表"对话框，如图 4.78 所示。

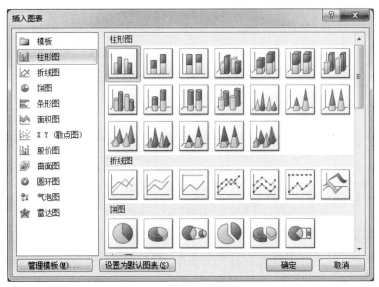

图 4.78　"插入图表"对话框

（3）选择图表的类型，确定即可完成图表创建。

二、图表的编辑和修改

在图表创建完成后，可根据需要对图表进行必要的编辑和修改。

1. 图表的移动和大小调整

图表插入工作表后，可以对图表的位置及大小进行调整，增强图表的可视性和美观程度。

（1）工作表内部位置移动：单击图表的空白位置将图表选中。按住并拖动鼠标将图表移动到适当的位置，然后松开鼠标即可。

（2）将图表移动至新工作表：单击已有图表，Excel 会出现 3 张与图表相关的选项卡，如图 4.79 所示，分别为"设计""布局"和"格式"选项卡。这 3 张选项卡可以完成对已建图表的修改设置。

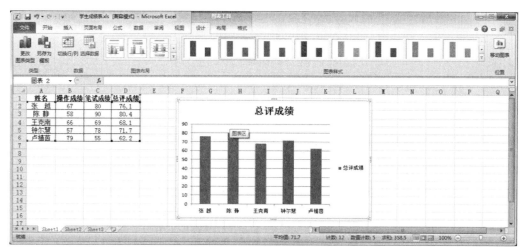

图 4.79　图表相关的选项卡

选择"设计"|"位置"|"移动图表"命令，弹出"移动图表"对话框，可将当前图表作为新工作表形式插入到工作簿中。如图 4.80 所示，在"新工作表"中填写名字即可。

图 4.80　"移动图表"对话框

（3）调整图表大小：单击选中已经建立的图表，将鼠标指针移动到图表边框四个角的任意一个调节句柄上，此时鼠标光标将变换状态，按住并拖动鼠标，即可按比例缩放图表。

2. 图表数据的添加和删除

图表建立完成后，通常需要向图表中添加数据和删除图表中已有的数据。

（1）向图表中添加数据，具体操作步骤如下：将需要添加到图表中的数据选中。单击"开始"选项卡中"剪切板"选项组的"复制"按钮，复制所选数据。右击图表的空白处，然后在显示的快捷菜单中选择"粘贴"选项，即可将所选数据源粘贴到图表中。

（2）删除图表中的某一组数据，具体操作步骤如下：选中图表，然后右击在图表中要删除的数据系列。在弹出的快捷菜单中选择"删除"选项，即可将所选数据系列从图表中删除。

（3）可以采用"选择数据源"对话框进行数据的添加、编辑和删除等操作。选中要修

计算机应用基础任务驱动教程

改的图表，选择"图表工具"中的"设计"选项卡，在"数据"选项组中选择"选择数据"按钮，将弹出"选择数据源"对话框。选择"添加"按钮，然后选择需要添加的数据，将数据加入到图表中；先选择需要删除的数据列后，单击"删除"按钮，可以实现数据删除。选择需要调整显示位置的数据列，然后点击右边的向上的三角按钮或者向下的三角按钮，调节数据列的位置。

（4）删除图表，具体操作步骤如下：右击要删除的图表空白处，选择快捷菜单中的"清除"选项，或者选中图表，然后按 Delete 键，即可将图表删除。

3．图表——"设计"选项卡

在图表创建完成后，如果需要更改图表的类型、位置（插入位置）和数据源，可以通过以下方法步骤完成。

（1）更改图表的类型，具体操作步骤如下：选中要更改类型的图表；选择"图表工具"|"设计"选项，在"类型"选项组中选择"更改图表类型"，弹出"更改图表类型"对话框，选择一种满意的图表类型。单击"确定"按钮，即可将所选图表类型应用于图表。

（2）更改图表的数据源，具体操作步骤如下：选中要进行更改数据源的图表。选择"图表工具"|"设计"选项，在"数据"选项组中选择"选择数据"按钮，显示"选择数据源"对话框。在"图表数据区域"输入框中，更改图表数据源的区域。单击"确定"按钮即可。

4．图表——"布局"选项卡

建立图表后，Excel 提供了一个"布局"选项卡，如图 4.81 所示，在该选项卡中，可以对图表中各部分的布局进行设计与修改。

图 4.81　图表——"布局"选项卡

在"布局"|"当前所选内容"|"图表区"下拉列表中选择需要进行修改的区域，可对其进行"设置所选内容格式""重设以匹配样式"的设置。

5．图表——"格式"选项卡

图表插入工作表后，为了使图表更美观，可以对图表文字、颜色、图案进行编辑和设置。图表建立后，提供的"格式"选项卡中，可以完成对图表各个区域的文本填充、底纹填充、形状填充等，如图 4.82 所示。

图 4.82　图表——"格式"选项卡

在"布局"|"当前所选内容"|"图表区"下拉列表中选择需要进行修改的区域，选择需要设置的选项即可。

三、数据透视表

数据透视表对于汇总、分析、浏览和呈现汇总数据非常有用。数据透视图有助于形象地呈现数据透视表中的汇总数据，以便用户轻松查看比较、模式和趋势。数据透视表和数据透视图报表能让用户对数据做出分析，制定决策。

1. 建立数据透视表

数据透视表是一种可以快速汇总大量数据的交互式方法。使用数据透视表可以深入分析数值数据，并且可以对数据发展的趋势做出判断。具体建立数据透视表的方法步骤如下。

（1）设置数据透视表数据源：单击包含该数据的单元格区域内的一个单元格。

（2）选择"插入"｜"表格"｜"数据透视表"｜"数据透视表"命令，弹出"创建数据透视表"对话框，如图 4.83 所示。

图 4.83   "创建数据透视表"对话框

（3）确认"请选择要分析的数据"项中已经选择"选择一个表或区域"单选按钮；"表/区域"内容为数据源。

（4）在"选择放置数据透视表的位置"下，执行下列操作之一指定位置：

① 若要将数据透视表放置在新工作表中，并以单元格 A1 为起始位置，请单击"新建工作表"。

② 若要将数据透视表放置在现有工作表中，请选择"现有工作表"，然后在"位置"框中指定放置数据透视表的单元格区域的第一个单元格。

按"确定"按钮完成设置。

2. 为数据透视表添加字段

单击选中建立的数据透视表，将会出现"数据透视表工具"的"选项"和"设计"选项卡，如图 4.84 所示。

（1）在窗口右侧"数据透视表字段列表"中选取要进行分析、汇总的字段。

（2）"在以下区域内拖动字段"区域，对已选字段位置进行拖动调整。

（3）在工作表区域内会展示以字段为分析汇总的数据透视表。

3. 修饰数据透视表数据

选中"数据透视表"，在"设计"选项卡中，可对数据透视表外观进行美化设置，如图 4.85 所示。

图 4.84　数据透视表工具

图 4.85　"数据透视表工具——设计"选项卡

"布局"可对数据透视表的整体布局做出调整。

"数据透视表样式选项"可对数据透视表行、列标题等是否显示做出设置。

"数据透视表样式"可对当前数据透视表的外观、颜色、底纹填充、边框等做出设置。

4. 删除数据透视表

（1）在要删除的数据透视表的任意位置单击。

（2）将显示"数据透视表工具"|"选项"选项卡。

（3）在"选项"|"操作"组中，单击"选择"下方的箭头，然后单击"整个数据透视表"。

（4）按 Delete 键，删除数据透视表。

🖥️ 任务实施

一、工作表的外观设置

（1）鼠标双击 Sheet1 工作表标签，将其更名为"家电销售"，双击 Sheet2 标签更名为"家电价格"。

（2）选取 A1:E1 单元格区域，选择"开始"|"对齐方式"|"合并后居中"命令，设置跨行合并单元格。

（3）选取"销售额"数据列，选择"开始"|"数字"|"常规"下拉列表中的"数字"，设置小数位数为 2 位。

（4）选取需要进行格式设置的数据区域，利用"开始"|"样式"|"单元格样式"命令，为选取区域设置样式。

（5）选择数据区域，添加"开始"|"字体"|"边框"。

二、计算销售额

（1）选取工作表"家电价格"中的区域 B3:C5，选择"公式"|"定义和名称"|"定义名称"命令，打开"新建名称"对话框，名称框内输入"单价"。

（2）"家电销售"工作表中：销售额=数量*商品单价。

公式可写为："=D3* VLOOKUP（B3，单价，2）"，利用垂直查询函数查询 B3 单元格的商品在定义的"单价"区域内的价格，再与数量相乘。

三、建立数据透视表

（1）单击"家电销售"工作表中数据区域内一单元格。

（2）选择"插入"|"表格"|"数据透视表"命令，弹出"创建数据透视表"对话框，"选择放置数据表的位置"为"新工作表"，单击"确定"按钮。

（3）双击新建的工作表更名为"透视表"。

（4）在"数据表字段列表"中，将"分店""电器名称""季度"及"销售额"这几项选中。

（5）利用鼠标拖动：将"分店"拖动至行标签处，将"家电名称"拖动至报表筛选处，将"季度"拖动至列标签处，"销售额"放置在数值处。

（6）选取数据透视表区域，单击"设计"选项卡，选择"样式"组为数据透视表做外观修饰。

四、建立图表

（1）选取数据透视表区域，选择"插入"|"图表"|"柱形图"下拉列表，选取一个簇状柱形图，建立如图 4.86 所示的图表。

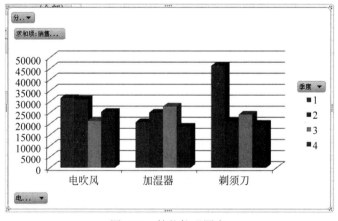

图 4.86 簇状柱形图表

（2）单击图 4.86 中"电器名称"下拉菜单，去掉多余项目的选择，只留下"加湿器"作为比较项目。

（3）保存"家电销售情况表.xlsx"。

知识拓展

一、图表标签

1. 图表标题

图表标题是对图表的说明性文本内容，可以放置在图表顶部居中位置，可以对各类型标签进行设置，添加行、列标题等。

添加图表标题的方法步骤如下。

（1）选中需要添加标题的图表。

（2）在"图表工具"|"布局"|"标签"组中，单击"图表标题"下拉列表。

（3）列表共有 4 项："无""居中覆盖标题""图表上方"和"其他标题选项"，单击"其他标题选项"命令，打开"设置图表标题格式"对话框。如图 4.87 所示。

图 4.87 "设置图表标题格式"对话框

（4）设置图表标题格式的显示，"关闭"对话框。

（5）图表标题即可出现在图表上方，可以单击对其更改内容。

2. 坐标轴标题

通常用于能够在图表中显示的坐标轴，有些图表有坐标轴，但不能显示坐标轴标题，例如，雷达图就无法显示坐标轴标题。

对于有坐标轴的图表，其坐标轴标题可分为横坐标轴和纵坐标轴两部分进行设置。

3. 图例

图例在图表中，可以自由地控制是否显示图例、图例的显示位置、图例的格式等相关设置。在"图表工具"|"布局"|"标签"组中，单击"图例"下拉列表中的"其他图例选项"命令，可打开"设置图例格式"对话框，在其中进行图例的格式设置即可。

4. 数据标签

为图表添加数据标签有利于快速识读图表中的数据。数据标签链接到工作表中的数值，在对数值进行更改时，对应的值会自动更新。

在数据标签中可以显示系列名称、类别名称和百分比等。可以通过在"图表工具"|"布局"|"标签"组中，单击"数据标签"下拉列表中相关选项实现设置。

二、坐标轴

1. 坐标轴

多数的图表都在垂直坐标轴上显示数值，在水平轴上体现分类。可以控制坐标轴的显示和隐藏。选择"图表工具"|"布局"|"坐标轴"组下拉列表中分为"主要横坐标轴"和"主要纵坐标轴"两个选项，通过这两个选项可以完成对坐标轴的显示、格式修饰等的控制。

2. 网格线

为了便于阅读图表中的数据，可以在图表的绘图区显示从任何水平轴和垂直轴延伸出的水平和垂直网格线。在三维图表中还可以显示竖的网格线。可以控制对齐主要和次要刻度等，方便查看数据。

任务 7　打印电子表格

任务描述

李小丽在制作完成电子表格后，需要打印电子表格。打开"打印电子表格.xlsx"，请你帮助李小丽完成电子表格的排版及打印工作。

（1）纸张大小设置为 A4（182mm×257mm），横向放置纸张，上下页边距均为 3cm，左右页边距均为 2cm。

（2）在页脚居中的位置插入页码，起始页码为 200；页眉居中的位置插入"法律专业年度学生成绩表"，字号设置为 14。

（3）如果打印的工作表跨越多页，则在每一页上打印工作表标题和行标题。

任务目标

◆ 掌握电子表格打印设置。
◆ 学会打印行、列标题。
◆ 学会设置页眉、页脚、页码。

知识介绍

我们常常要把工作表中的数据、图表等打印输出，这样就要对工作表进行页面设置、打印预览和打印设置等操作。

一、设置页面、分隔符及打印标题

1. 设置页面

页面设置是在打印工作表时对数据内容等进行设置和编辑。

选择"页面布局"选项卡，如图 4.88 所示，该选项卡有"主题""页面设置""调整为合适大小""工作表选项"和"排列"5 个功能组。

图 4.88　"页面布局"选项卡

单击"页面设置""调整为合适大小"及"工作表选项"组的右下角小按钮，将会打开"页面设置"对话框相应选项卡，如图 4.89 所示。

（1）"页面"选项卡：可以对纸张打印方向、缩放、大小、起始页码等进行设置。

（2）"页边距"选项卡：对页面内容与纸张边缘的距离进行设置，页边距分为"上""下""左""右""页眉"及"页脚"等内容。

（3）"页眉/页脚"选项卡：在该选项卡中，可以利用 Excel 中给出的"页眉/页脚"格式内容设置，也可以根据需要"自定义页眉"或"自定义页脚"。

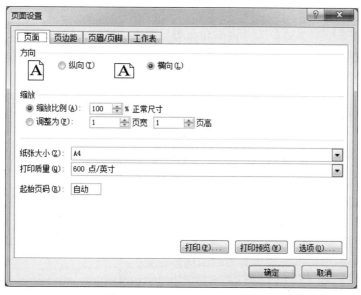

图 4.89　"页面设置"对话框

（4）"工作表"选项卡。

"打印区域"：在工作表中选择需要打印的区域内容，单击"折叠"按钮在工作表中利用光标拾取打印区域，再次单击"折叠"按钮返回该对话框。

"打印标题"：如果一个工作表的内容较长，工作表的标题字段名在第二页以后就无法显示，可以通过该项的设置为每一页工作表设置相同的标题字段。利用"顶端标题行"或

"左端标题列"给工作表设置一个在每页中都能打印出来的标题字段名。

"打印"：提供了"网格线""行号列标""单色打印""按草稿方式"及"是否打印批注"等复选框内容，根据需要自行选择。

"打印顺序"：利用"先列后行"或"先行后列"的单选框，选择打印的顺序。

2. 设置分隔符

要对工作表中的数据进行分页打印时，需要人工对页面设置分页符。分页符分为水平分页符和垂直分页符两种，具体操作步骤如下。

（1）在准备插入分页符的下方（右侧）任选一个单元格。

（2）选择"页面布局"|"分隔符"|"插入分页符"命令，这时将在沿该单元格的左侧边沿和上部边沿分别插入水平和垂直分页符。

（3）删除分页符操作，首先选中插入分页符位置的单元格、行或列，选择"页面布局"|"分隔符"|"删除分页符"命令，即可删除分页符。

3. 设置打印标题

如果一个表很长，第二页以后没有标题，这样打印出来的表看起来很不方便。可以给它设置一个在每页中都能打印出来的标题。

打开"页面设置"对话框，单击"工作表"选项卡，单击"顶端标题行"的编辑区，再单击要作为标题的单元格，最后单击"确定"按钮，后面的页面中就都有标题了。同样道理，如果横向内容特别多，可以选择"左端标题列"进行设置。

二、设置页眉和页脚

（1）选择"插入"|"文本"|"页眉和页脚"命令，窗口中的视图由"普通"视图变为"页面布局"视图形式，并出现页眉和页脚工具——"设计"选项卡，如图 4.90 所示。

图 4.90 "页眉和页脚工具——设计"选项卡

（2）在"页眉和页脚"组中可以添加页眉和页脚，并设置页眉和页脚添加的固定格式的内容。

（3）在"页眉和页脚元素"组中，可以按照所需选择添加在页眉和页脚中控件。

（4）"导航"组中可进行页眉与页脚的切换设置。

三、打印和打印预览

1. 打印预览

一般在打印工作表之前都会先预览一下，这样可以防止打印出来的工作表不符合要求。可以通过单击"文件"选项卡，在弹出菜单中选择"打印"选项，此时会出现与打印相关的部分。右边即打印预览窗口，看到和打印一样的效果。

右下角的"缩放到页面"按钮功能，把显示的图形放大。

右下角的"显示边距"按钮功能,把工作表的边距显示在预览窗口,可以通过鼠标拖动调整边距大小。

2. 打印

单击"文件"选项卡,在弹出的菜单中选择"打印"选项,在右侧出现打印预览窗口,如图 4.91 所示。

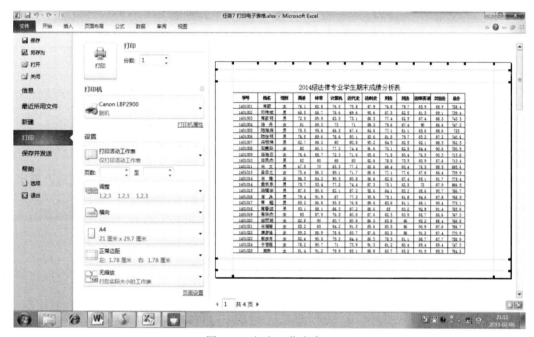

图 4.91 打印工作表窗口

可以在窗口中完成以下设置。

"打印机":在名称下拉列表中选择所需要的打印机,同时可查看该打印机的状态、类型和位置。

"份数":对打印份数进行设置。

"设置":指定打印的内容,"选定区域""整个工作簿"和"选定工作表"等。

"页数":控制打印工作表的页数。

"调整":设置打印的次序。

"横向":调整纸张的方向。

A4:设置纸张的大小。

"正常边距":调整打印边距。

"无缩放":设置打印是否缩放,默认无缩放。

📚任务实施

一、设置页面

(1)打开"打印电子表格.xlsx"电子表格。

(2)选择"页面布局"|"页面设置"|"纸张大小"|A4。

（3）选择"页面布局"|"页面设置"|"纸张方向"|"横向"。

（4）选择"页面布局"|"页面设置"|"页面边距"|"自定义边距"选项，打开"页面设置"|"页边距"选项；设置上下页边距为3厘米，左右页边距为2厘米。

二、设置页眉和页脚

（1）选择"插入"|"文本"|"页眉和页脚"命令，进行页眉和页脚设置窗口，并打开"页眉页脚"|"设计"选项卡，如图4.90所示。

（2）在窗口中单击"页眉"部分，输入"法律专业年度学生成绩表"，选择"文件"|"字体"组为文本设置字号14。

（3）在"页眉页脚"|"设计"选项卡中，单击"导航"|"转置页脚"按钮，跳转到页脚编辑区域，选取中部页脚部分。

（4）在页脚处选择"页眉页脚"|"设计"|"页眉和页脚元素"|"页码"按钮，为页脚添加页码。

（5）选择"文件"|"打印"选项命令，在下部单击"页面设置"按钮，打开"页面设置"对话框，如图4.89所示。

（6）选择"页面设置"|"页面"选项卡，将起始页码设置为200。

三、跨页打印工作表标题

（1）选择"页面布局"|"页面设置"|"打印标题"按钮。

（2）弹出"页面设置"|"工作表"对话框，如图4.92所示。

（3）在"打印标题"区域选取"顶端标题行"右侧折叠按钮，利用鼠标拾取工作表数据区域的标题和行标题部分，即1、2行数据。

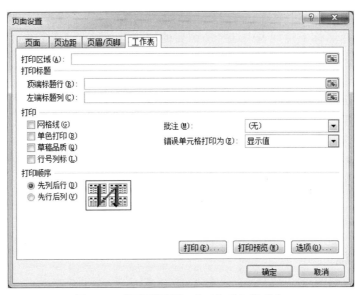

图4.92 "页面设置"|"工作表"选项卡

（4）单击图4.92中"打印预览"按钮，直接跳转到"打印及打印预览窗口"。查看是否产生符合要求的跨页打印行标题。

（5）单击"打印"完成。

知识拓展

一、窗口的状态栏

在查看 Excel 数据时，经常需要临时性地对数值进行统计核算，有时不方便使用公式，可以利用 Excel 的状态栏实现，如图 4.93 所示。

图 4.93　自定义状态栏

1. 状态栏的使用

选取数据区域，状态栏将显示该区域的统计信息，可以通过鼠标选取不同的区域，得到相应的数据。

2. 状态栏的设置

右击"状态栏"，展开"自定义状态栏"快捷菜单，勾选需要的选项即可。

二、冻结窗口

有时在对页面很大的表格进行操作时，需要将某行或者某列冻结，以便于编辑其他行或者列时保持可见。

1. 冻结首行

具体操作步骤如下。

（1）单击"视图"选项卡中的"窗口"选项组中的"冻结窗格"按钮。

（2）在弹出的列表中，选择"冻结首行"，即可实现冻结首行效果。此时拖动右侧的行滚动条，会发现第一行将始终位于首行位置。

取消"冻结首行"效果，单击"视图"选项卡中的"窗口"选项组中的"冻结窗格"按钮，在弹出的列表中，单击"取消冻结窗格"即可。

2. 冻结首列

具体操作步骤如下。

（1）单击"视图"选项卡中的"窗口"选项组中的"冻结窗格"按钮。

（2）在弹出的列表中，选择"冻结首列"，即可实现冻结首列效果。此时拖动下面的列滚动条，会发现第一列将始终位于首列位置。

取消"冻结首列"效果，单击"视图"选项卡中的"窗口"选项组中的"冻结窗格"按钮，在弹出的列表中，单击"取消冻结窗格"即可。

3. 冻结拆分窗格

具体操作步骤如下。

（1）如果需要冻结单元格，冻结边缘在该单元格的上一行和前一列。

（2）单击"视图"|"窗口"|"冻结窗格"按钮，在弹出的列表中，选择"冻结拆分窗格"，即可实现冻结效果。此时拖动行或列滚动条，会发现冻结位置始终保持可见。

取消冻结效果，单击"视图"|"窗口"|"冻结窗格"按钮，在弹出的列表中，点击"取消冻结窗格"即可。

三、拆分窗口

1. 建立拆分窗口

所谓拆分是指将窗口拆分为不同的窗格，这些窗格可单独滚动。拆分窗格的具体操作步骤如下。

（1）选择要拆分定位的基准单元格。

（2）单击"视图"|"窗口"|"拆分"按钮，即可实现拆分效果，如图 4.94 所示。

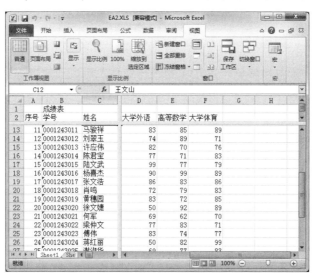

图 4.94　拆分窗口

如果要进行水平拆分，要选择第一列的单元格；如果要进行垂直拆分，要选择第一行

　计算机应用基础任务驱动教程

的单元格。

2. 取消拆分

此时"视图"|"窗口"|"拆分"按钮已经处于选中状态，再次单击"拆分"按钮即可取消拆分效果。

四、保护工作簿

如果工作簿不希望其他人修改或者不想被别人看到内容，则可以对工作簿设置保护。以设置密码保护为例进行说明。

（1）选择"文件"|"信息"选项，选择"保护工作簿"下拉列表中，选择"用密码进行加密"选项。

（2）弹出"加密文档"对话框，在"密码"框中输入密码。

（3）单击"确定"按钮，将弹出"确认密码"对话框，再次输入密码，"确定"。

（4）这时权限区域提示：需要密码才能打开此工作簿。

（5）保存该工作簿，退出 Excel。再次打开时需要输入正确密码才可以。

小　　结

本章主要介绍以下 6 方面的内容。

（1）Excel 的基础知识：电子表格的启动和退出，窗口组成，工作簿、工作表和单元格的基本概念。

（2）Excel 的基本操作：工作簿、工作表的基本操作、数据的输入和编辑。

（3）工作表的修饰：设置单元格格式、条件格式、自动套用格式和工作表的保护。

（4）公式与函数：公式和函数的使用。

（5）数据管理与分析：数据的排序、分类汇总、筛选、建立图表。

（6）页面设置和打印：页面设置、打印预览、打印工作表等。

通过这些内容的学习，用户可以掌握 Excel 电子表格处理软件的使用，可以利用电子表格更好地处理日常工作和生活中实际问题。

习　　题

一、选择题

1. 在 Excel 中，在单元格中输入的数字默认是（　　　）。

    A. 右对齐 　　　　 B. 左对齐 　　　　 C. 居中 　　　　 D. 两端对齐

2. 在 Excel 的单元格中，显示的内容是"####"，则表示（　　　）。

    A. 数字输入出错 　　　　　　　　 B. 输入数字的单元格宽度过小

    C. 公式输入出错 　　　　　　　　 D. 数字输入不符合单元格当前格式设置

3. 在 Excel 工作表中，单击选中一个单元格后按 Delete 键，完成的是（　　　）。

    A. 仅删除该单元格中的数据 　　　　 B. 删除该单元格

    C. 删除该单元格中的数据和格式 　　 D. 仅删除该单元格的格式

4. 在 Excel 中，最多可以设定（　　）个"条件格式"。

 A. 1   B. 3   C. 255   D. 由内存决定

5. 以下对 Excel 的"工作簿"叙述正确的是（　　）。

 A. 只有 1 张工作表

 B. 只有 1 张图表

 C. 包括 1～256 张工作表

 D. 默认有 3 张工作表，即 Sheet1、Sheet2、Sheet3

6. 如要只想关闭当前工作簿，但不想退出 Excel 运行环境，以下操作正确的是（　　）。

 A."文件"下拉菜单中的"关闭"命令

 B."窗口"下拉菜单中的"隐藏"命令

 C. 关闭 Excel 窗口的按钮 ✖

 D."文件"下拉菜单中的"退出"命令

7. 在 Excel 工作表中，表示一个以单元格 A2、F2、A8、F8 为 4 个顶点的单元格区域，正确的表达方式是（　　）。

 A. A2:A8:F2:F8   B. A2:F8

 C. A2:A8   D. A8:F2

8. 在 Excel 中，单击单元格区域中第一个单元格，然后按住功能键（　　），再单击区域的最后一个单元格，可以将单元格区域选中。

 A. Shift   B. Alt   C. Ctrl   D. Tab

9. 在 Excel 中，工作表第 F 列第 3 行交叉位置处的单元格，利用绝对引用地址方式表示为（　　）。

 A. $F$3   B. $F3   C. F3   D. F3

10. 在 Excel 中，在进行分类汇总前，必须对分类汇总的数据进行（　　）。

 A. 筛选   B. 有效计算   C. 排序   D. 设置格式

11. 在 Excel 中，用来求平均值的函数是（　　）。

 A. AVERAGE（　　）   B. COUNT（　　）

 C. IF（　　）   D. SUM（　　）

12. Excel 中，在进行高级筛选时，在筛选条件区域内的条件行位置如图 4.95 所示，说明这两个条件（　　）。

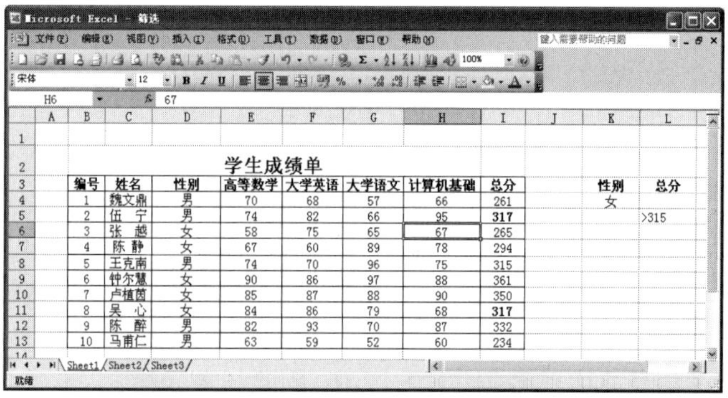

图 4.95 习题 12 图

A. 筛选的数据必须符合所有条件　　B. 筛选的数据至少符合一个条件

C. 筛选的数据至多符合所有条件　　D. 筛选的数据不符合任何条件

13．在 Excel 中，建立一个独立的图表工作表，在默认状态该工作表的名字为（　　）。

A. 无标题　　　　B. Sheet1　　　　C. Book1　　　　D. Chart1

14．在 Excel 中已经建立图表，当工作表中图表数据源的内容变化后，图表中数据（　　）。

A. 发生相应变化　　B. 不出现变化　　C. 自然消失　　D. 生成新图表

15．在对 Excel 2003 工作表进行打印时，如果要完成对工作表第 4 页内容的打印，应该在（　　）对话框中进行设置。

A. 打印内容　　　　B. 页面设置　　　　C. 打印机　　　　D. 打印预览

二、填空题

1．Excel 电子表格在保存后，其扩展名为（　　）。

2．一个新建的工作簿默认状态下有（　　）个工作表，每个工作表最多有（　　）行（　　）列。

3．在对工作表中的数据进行排序操作时，最多可以指定（　　）个关键字段对数据进行排序。

4．如果当前工作表的 D10 单元格是公式"=AVERAGE（C$5:E8）"，则当把该公式复制到单元格 E12 后，E12 单元格的公式应为（　　）。

5．在 Excel 中，单击某一张工作表的标签，再按住（　　）键，单击其他工作表的标签，可以选择两张或者多张不相邻的工作表。

6．在 Excel 中输入身份证号码时，应首先将单元格数据类型设置为（　　）型，以保证数据的准确性。

7．在 Excel 的编辑栏中输入公式时，应先输入的符号是（　　）。

8．在 Excel 常用工具栏中，"∑"按钮的意思是（　　）。

9．在 Excel 中的公式为"= C3+C4+C5"，用 SUM 函数表示为（　　）。

10．在 Excel 的工作表中，根据建立的图表位置，有（　　）图表和（　　）图表两种。

三、实操题

1．在 Excel 环境下，创建工作簿文件，在工作表 Sheet1 中的 A1:E5 单元格区域录入以下内容，并将结果以 EA1.xls 文件名保存在 D 盘的 test 文件夹中。

品名	单位	单价	数量	金额	品名	单位	单价	数量	金额
冰箱	台	7856.00	21		电视机	台	6880.00	9	
洗衣机	台	3850.00	12		电烤箱	台	3999.00	30	

2．在 Excel 环境下，打开工作簿文件 EA2.xls 文件，在工作表 Sheet1 中完成以下操作，并将结果以原文件名存放在 D 盘的 test 文件夹中。

（1）将 A1:F1 表格区域合并及居中，将字号设置为 20，字形为加粗。

（2）将 A2:F2 中的所有单元格内容设置为居中、加粗。

（3）将 A3:B34 中的所有单元格内容设置为居中、斜体。

（4）将 C3:F34 中的所有单元格字体设置为"仿宋_GB2312"、居中。

（5）将第 2 行到第 34 行的行高设置为 16，将 D、E、F 列宽设置为 9。

（6）为工作表的数据区域加上蓝色双实线外边框，黄色单实线内边框。

（7）为 A2:F2 中的所有单元格加上灰度为 6.25% 的黄色底纹。

3．在 Excel 环境下，打开工作簿文件 EA3.xls，完成以下操作，并将结果以原文件名存放在 D 盘的 test 文件夹中。

（1）将该工作表中 Sheet2、Sheet3 工作表删除，将 Sheet1 工作表的标签名改为"计算机基础"，并将该工作表的标签颜色设为蓝色。

（2）为"计算机基础"工作表建立副本，并将建立的副本放置在该工作薄的最后，并改名为"VB 程序设计"，标签设为黄色。

（3）清除"VB 程序设计"工作表中数据的格式。

（4）在"VB 程序设计"工作表中使用"条件格式"设置"总评成绩"列，要求分数大于等于 90 的数据变为红色加粗，分数小于 60 的数据变为蓝色加粗倾斜。

（5）在"VB 程序设计"工作表中用"自动套用格式"中的"古典 3"设置工作表。

4．在 Excel 环境下，打开工作簿文件 EA4.xls，完成以下操作，并将结果以原文件名存放在 D 盘的 test 文件夹中。

（1）在"总分"列，利用函数求出每个学生的总分，总分结果居中显示 1 位小数。

（2）在"大学外语评定"列，通过 IF 函数求出对每个学生的评定：若大学外语成绩大于等于 60，则为"及格"，否则为"不及格"，评定结果居中显示。

（3）在单元格 I2 通过函数求出全班总分的最低分。

（4）在单元格 I3 通过函数求出全班总分的最高分。

（5）在单元格 I4 通过函数求出全班总分的平均分，并设置平均分的数字格式为显示 2 位小数的数值类型。

（6）在单元格 I5 通过函数求出总分小于 200 的人数。

5．在 Excel 环境下，打开工作簿文件 EA5.xls，完成以下操作，并将结果以原文件名存放在 D 盘的 test 文件夹中。

（1）将工作表中的数据水平居中。

（2）在工作表 Sheet1 中以"平均值"为主关键字（递减），"年龄"为次关键字（递减）对工作表数据进行排序。

6．在 Excel 环境下，打开工作簿文件 EA6.xls，完成以下操作，并将结果以原文件名存放在 D 盘的 test 文件夹中。

（1）将数据表中各列水平居中。

（2）用自动筛选将年龄小于 45 岁的副教授记录筛选出来。

7．在 Excel 环境下，打开工作簿文件 EA7.xls，完成以下操作，并将结果以原文件名存放在 D 盘的 test 文件夹中。

（1）用"高级筛选"将性别为女、得分超过 6 分的记录，复制到以 A24 单元格为左上角的输出区域，条件区是以 G1 单元格为左上角的区域。

（2）用"高级筛选"将职业为农民或得分大于 9 分的记录筛选出来，复制到以 A34 单元格为左上角的输出区域，条件区是以 G4 单元格为左上角的区域。

8．在 Excel 环境下，打开工作簿文件 EA8.xls，完成以下操作，并将结果以原文件名存放在 D 盘的 test 文件夹中。

对数据进行分类汇总：将工作表中的数据，以"销售地区"为分类字段，将"销售额"进行"求和"分类汇总。

9. 在 Excel 环境下，打开工作簿文件 EA9.xls，完成以下操作，并将结果以原文件名存放在 D 盘的 test 文件夹中。

（1）根据工作表 Sheet1 的数据创建三维面积图，横坐标为年级，纵坐标为专业，数值（Z）轴标题为"人数"，图例在绘图区中靠右显示，不显示数值轴主要网格线，图表标题为"计算机系学生人数"，把生成的图表作为新工作表插入到名为"学生人数"的工作表中。

（2）图表区所有的字体设置为隶书，蓝色，字号 14；图表区用 "新闻纸"纹理填充，背景区用图片"背景 1.jpg"填充。

第五部分　演示文稿处理软件 PowerPoint 2010

　　PowerPoint 是 Microsoft Office 办公系列软件中的一个重要组成部分，是一款功能强大的演示文稿制作软件，利用它可以制作、维护、播放演示文稿。在演示文稿中还可以插入图形、图表、音频、视频等对象，以增强演示文稿的播放效果，可以把学术交流、辅助教学、广告宣传、产品展示等信息以更轻松、更高效的方式表达出来。它具有简单易学、界面友好、智能程度高等特点，是一个使用广泛、深受用户欢迎的演示文稿处理软件。

　　PowerPoint 2010 比以前的版本增加了很多实用功能，为用户提供了全新的多媒体体验，主要包括动画刷、SmartArt 图形布局、更加丰富的图片、音（视）频编辑功能、支持通过网络共同创作和共享幻灯片等。

任务 1　演示文稿的创建与保存

📀任务描述

　　古代诗歌是前人留给我们的宝贵财富，随着计算机的普及，电子版诗词已必不可少。我们一起来学习使用 PowerPoint 2010 制作一个包含几首古诗的演示文稿。

　　要求学生创建一个名为"古诗鉴赏.pptx"的空白演示文稿，保存在"D:\演示文稿"文件夹中。

　　通过完成本任务，学生可以认识 PowerPoint 2010 的工作界面，掌握演示文稿的创建与保存等操作。

🛠任务目标

◆ 掌握 PowerPoint 2010 启动和退出方法。
◆ 熟悉 PowerPoint 2010 的操作界面。
◆ 了解 PowerPoint 2010 各选项卡的组成及选项的功能。
◆ 掌握 PowerPoint 2010 演示文稿的创建、打开与保存。

🛠知识介绍

一、基本概念

1．演示文稿

　　在 PowerPoint 中，一个完整的演示文稿文件，称为演示文稿，它是由一组幻灯片组成的。

2．幻灯片

　　幻灯片是演示文稿的组成部分，它由文字、图片、表格等制作，再加上一些特效动态显示效果。如果把演示文稿比喻成一本书，那么幻灯片就是组成这本书的每一页。

二、PowerPoint 2010 启动和退出

1. PowerPoint 2010 的启动

在系统中成功安装 PowerPoint 2010 后，可以通过以下几种方法启动程序。

（1）"开始"菜单启动。执行"开始"|"所有程序"| Microsoft Office | Microsoft PowerPoint 2010 命令，如图 5.1 所示。

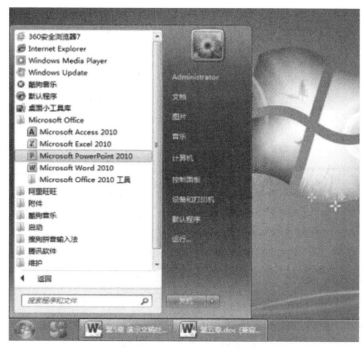

图 5.1　使用"开始"菜单启动

（2）利用已有演示文稿文件打开。如已保存 PowerPoint 2010 演示文稿（扩展名为 .pptx），双击该文件后，计算机在启动 PowerPoint 2010 程序的同时打开该文件。

（3）利用快捷方式启动。如果在"开始"菜单或桌面上已经建立了 PowerPoint 2010 的快捷方式，可以直接启动 PowerPoint 2010。

（4）以创建演示文稿方式启动。在桌面的空白处右击，在弹出的快捷菜单中，单击"新建"命令，在"新建"的下级菜单中选择"Microsoft PowerPoint 演示文稿"命令。

打开的 PowerPoint 2010 窗口，如图 5.2 所示。

2. PowerPoint 2010 的退出

退出 PowerPoint 2010 的方法非常简单，通常使用以下 4 种方法之一。

（1）直接单击 PowerPoint 2010 窗口中的"关闭"按钮。

（2）使用快捷键 Alt+F4。

（3）选择"文件"|"退出"命令。

（4）双击 PowerPoint 2010 窗口标题栏左上角的控制菜单图标。

当对演示文稿进行了操作，在退出之前没有保存文件时，PowerPoint 2010 会显示一个

对话框，询问是否在退出之前保存该文件，单击"保存"按钮，则保存所进行的修改；单击"不保存"按钮，在退出前不保存文件，对文件所进行的操作将丢失；单击"取消"按钮，取消此次退出操作，返回到 PowerPoint 2010 操作界面。如果没有给演示文稿命名，还会出现"另存为"对话框，让用户给演示文稿命名，在"另存为"对话框中键入文件名之后，单击"保存"按钮即可。

图 5.2   PowerPoint 2010 窗口

三、PowerPoint 2010 工作界面

只有熟悉了 PowerPoint 2010 的工作环境，才能灵活地运用 PowerPoint 2010 提供的各种功能。PowerPoint 2010 程序窗口与以往版本的 PowerPoint 有很大不同，界面布局更加紧凑简洁，更便于用户操作，如图 5.3 所示。

1. 标题栏

标题栏位于窗口的顶部，它的最左边是应用程序的控制菜单图标 P 。中间显示的是当前的演示文稿名和应用软件名。如果还没有保存演示文稿且未命名，标题栏显示的是通用的默认名（例如"演示文稿 1"）。最右边的是"最小化"按钮 、"还原 / 最大化"按钮 和"关闭"按钮 。

2. 快速访问工具栏

该工具栏显示常用工具图标，单击图标即可执行相应命令。添加或删除快速访问工具栏上的图标，可通过单击 按钮，在弹出的"自定义快速访问工具栏"菜单中重新勾选。

3. 功能区选项卡

Microsoft Office 2007 将功能菜单改为功能区选项卡，Microsoft Office 2010 继续采用这种设计，通过单击选项卡可以显示功能区组的按钮和命令。默认情况下，PowerPoint 2010 包含 9 个功能区选项卡。

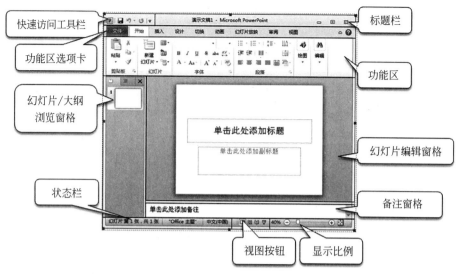

图 5.3　PowerPoint 2010 窗口组成

　　功能区名称的右侧，有两个按钮 △ 和 ?，前者用来"功能区最小化"和"展开功能区"，后者用来获取关于 Microsoft Office 的帮助信息。

4. 功能区组

　　功能区选项卡以组的形式管理命令，每个组由一组相关的命令组成。例如"插入"选项卡包括"表格""图像""插图""链接"等组。

5. 幻灯片编辑窗格

　　在普通视图模式下，中间部分是"幻灯片编辑窗格"，用于查看每张幻灯片的整体效果，可以进行输入文本、编辑文本、插入各种媒体和编辑各种效果，幻灯片编辑窗格是进行幻灯片处理和操作的主要窗口。

6. 备注窗格

　　每张幻灯片都有备注页，用于保存幻灯片的备注信息。

7. 幻灯片/大纲浏览窗格

　　PowerPoint 2010 启动后默认切换到普通视图，该视图左侧是"幻灯片"选项卡和"大纲"选项卡。单击"幻灯片"选项卡将在窗格中显示当前演示文稿所有的幻灯片缩略图；单击"大纲"选项卡将显示当前演示文稿的大纲内容。

8. 状态栏

　　PowerPoint 2010 的状态栏位于窗口的最底部。如果在幻灯片浏览视图中，状态栏会显示出相应的视图模板名称；如果在普通视图中，则还会显示当前的幻灯片编号，并显示整个演示文稿中有多少张幻灯片。

9. 视图切换按钮

　　分别单击状态栏中的 4 个按钮 ⊞⊞⊞♀，可以切换到相应的模式，它们是：普通视图、幻灯片浏览、阅读视图和幻灯片放映（从当前幻灯片开始放映），它们的功能在任务 2 中详细介绍。

四、PowerPoint 2010 的基本操作

前面介绍了 PowerPoint 2010 的启动、退出和 PowerPoint 2010 工作界面，下面将介绍演示文稿的基本操作方法。

1. 创建演示文稿

（1）创建空白演示文稿。

用上一节学到的方法，启动 PowerPoint 2010，系统自动新建一个文件名为"演示文稿 x"的空白演示文稿，默认情况下，该演示文稿只包含一张幻灯片。

除此之外，还可以选择"文件"|"新建"命令，找到"可用的模板和主题"的"空白演示文稿"，界面如图 5.4 所示，单击"创建"按钮，新建空白演示文稿。

图 5.4　利用"文件"选项卡新建演示文稿

（2）使用模板或主题创建演示文稿。

PowerPoint 2010 提供了丰富的模板和主题供用户选择，如图 5.4 所示，在"可用的模板和主题"区，选择"样本模板""主题"及"我的模板"等选项，可利用在本地计算机存储的模板文件来创建新的演示文稿。

如果要从网络上获取模板，可以从"Office.com 模板"中选择模板类别，如图 5.5 所示，再选择所需的模板，然后单击"下载"按钮，将模板文件下载到本地计算机，然后再创建演示文稿。

2. 打开演示文稿

首先找到要打开的演示文稿，双击演示文稿文件，可自动运行 PowerPoint 2010 并打开，也可以选择"文件"|"打开"命令，在"打开"对话框中选择需要打开的演示文稿，单击"打开"按钮，如图 5.6 所示。

3. 保存演示文稿

在建立和编辑演示文稿的过程中，随时注意保存是个很好的习惯。一旦计算机突然断电或者系统发生意外而非正常退出 PowerPoint 2010 的话，可以避免由于断电等意外而引起的数据丢失。

计算机应用基础任务驱动教程

图 5.5　利用模板创建演示文稿

图 5.6　"打开"对话框

演示文稿需要保存在磁盘上，常用的保存方法有。

（1）选择"文件"|"保存"命令。

（2）在"快速访问工具栏"单击"保存"按钮。

（3）同时按 Ctrl+S 快捷键或同时按 Shift+F12 快捷键。

如果是第一次保存该文件，将弹出"另存为"对话框，如图 5.7 所示。操作方法与保存 Word 文件方法相同。默认情况下，PowerPoint 2010 将文件保存为 PowerPoint 演示文稿（扩展名为.pptx）。若要以其他格式保存演示文稿，请单击"保存类型"列表，然后选择所需的文件格式进行保存。

图 5.7 "另存为"对话框

任务实施

一、创建新演示文稿

（1）单击屏幕左下角"开始"按钮。
（2）在弹出的菜单中选择"所有程序"命令。
（3）在弹出的下级菜单中单击 Microsoft Office 命令。
（4）在弹出的下级菜单中单击 Microsoft Office PowerPoint 2010。

二、创建 PowerPoint 2010 空白演示文稿

如果正在运行 PowerPoint 2010 环境，可以使用以下方法创建空白演示文稿。
（1）选择"文件"|"新建"命令，如图 5.4 所示。
（2）在"可用模板和主题"选项区域中双击"空白演示文稿"。

三、保存新创建的演示文稿

（1）选择"文件"|"保存"命令，如图 5.7 所示。
（2）在弹出的"另存为"对话框中"保存位置"列表框中选择演示文稿的保存位置"D:\演示文稿"，在"文件名"文本框中输入新建演示文稿的文件名"古诗鉴赏.pptx"，单击"保存"按钮。

四、退出 PowerPoint 2010

选择"文件"|"退出"命令。

知识拓展

一、使用模板创建演示文稿

在创建演示文稿时，可以使用"样本模板""根据现有内容创建"和"Office.com 模板"。

在任务 1 中要求创建的是空白演示文稿，大家创建其他演示文稿时，根据自己的需要也可以使用 PowerPoint 2010 自带的已设置好背景、版式、配色方案等元素的模板。这样创建的演示文稿给大家提供了很多方便。具体方法如下：

选择"文件"|"新建"命令，在"可用模板"中进行选择。

二、"关闭"命令与"退出"命令

在前面已经讲过 PowerPoint 2010 的退出，关闭演示文稿和 PowerPoint 2010 的退出是有区别的。在"文件"选项卡中有"关闭"命令和"退出"命令。关闭演示文稿只是关闭了当前正在运行的文件，而 PowerPoint 2010 的工作环境未被关闭；PowerPoint 2010 的退出是关闭了演示文稿，同时 PowerPoint 2010 的工作环境也被关闭了。

关闭演示文稿常用的方法是：选择"文件"|"关闭"命令关闭演示文稿。

任务 2　幻灯片的操作

任务描述

在任务 1 中，我们创建了一个带有一张幻灯片的演示文稿，在创作演示文稿时，往往一张幻灯片不能展示所有的内容，请在"古诗鉴赏"演示文稿中插入 4 张幻灯片，并输入相应的文本。

任务目标

◆ 掌握幻灯片的基本操作。
◆ 掌握幻灯片中文本的输入。
◆ 认识文本框与占位符，掌握其有关操作。

知识介绍

一、幻灯片的基本操作

在创作一个演示文稿时，打开一个演示文稿，下一步就要开始进行编辑了。下面介绍幻灯片的管理、文本的输入、文本和段落格式的设置等。

1. 插入新幻灯片

通常，新创建的一个演示文稿中只有一张幻灯片，经常需要在普通视图中插入新幻灯片，具体操作如下：将光标定位在需要插入新幻灯片的位置，选择"开始"|"幻灯片"组，如图 5.8 所示，单击"新建幻灯片"按钮，完成幻灯片插入操作。

图 5.8 "开始"选项卡中的"幻灯片"组

2. 选择幻灯片

（1）选择单张幻灯片。在"普通视图"中可以单击幻灯片窗格右侧滚动条区域的"上一张""下一张"按钮，选择幻灯片。在"普通视图"的"幻灯片/大纲窗格"或"幻灯片浏览"视图中，可直接单击选择幻灯片。

（2）选择不连续幻灯片。在按住 Ctrl 键的同时，分别单击要选择的幻灯片缩略图，即可实现不连续选择。再次单击已选中幻灯片缩略图可取消对其的选择。

（3）选择连续幻灯片。单击要选的第一张幻灯片，按住 Shift 键，再单击最后一张幻灯片，即可实现连续选择。

3. 复制幻灯片

幻灯片可以在同一个演示文稿或不同的演示文稿间进行复制，复制幻灯片常用的方法有以下 3 种。

（1）选中要复制的幻灯片，单击"开始"，在"剪贴板"组找到"复制"按钮，再将光标定位在目标位置，单击"粘贴"按钮，如图 5.9 所示。

（2）选中要复制的幻灯片，按住 Ctrl 键直接拖动到目标位置，可实现复制。

（3）右击选中要复制的幻灯片，从弹出的菜单中选择"复制幻灯片"命令，再将光标定位在目标位置，右击后从弹出的菜单中选择"粘贴选项"命令，完成幻灯片的粘贴。

4. 移动幻灯片

移动幻灯片常用的方法有以下 3 种。

图 5.9 "开始"选项卡中的"剪贴板"组

（1）选中要移动的幻灯片，单击"开始"选项，在"剪贴板"组找到"剪切"按钮，再将光标定位在目标位置，选择"粘贴"按钮，如图 5.9 所示。

（2）用鼠标将选中幻灯片拖曳到目标位置，可实现幻灯片的移动。

（3）右击选中要移动的幻灯片，从弹出的菜单中选择"剪切"命令，再将光标定位在目标位置，右击后从弹出的菜单中选择"粘贴选项"命令，完成幻灯片的粘贴。

5. 删除幻灯片

删除幻灯片的方法有以下两种。

（1）选择要删除的幻灯片，按 Delete 键。

（2）右击选择要删除的幻灯片，在弹出的菜单中选择"删除幻灯片"命令。

6. 修改幻灯片版式

幻灯片版式是 PowerPoint 的一种常规排版格式，它通过放置占位符的方式对幻灯片中的标题、正文、图表等对象进行布局。常见幻灯片版式有标题幻灯片、标题和内容、节标题等 11 种，每种版式占位符的位置和格式有所不同，如图 5.10 所示。

如果要修改幻灯片版式，可选中幻灯片，单击"开始"|"幻灯片"|"版式"按钮 🔳，如图 5.10 所示，或右击幻灯片，从弹出的菜单中选择"版式"，单击所需版式即可，如图 5.11 所示。

图 5.10　"开始"选项卡中的"版式"菜单

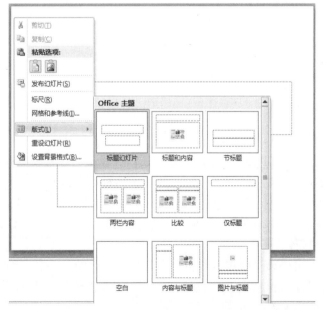

图 5.11　单击右键中的"版式"菜单

7. 利用"节"管理幻灯片

"节"是 PowerPoint 2010 的新增功能，通过添加不同的节，将整个演示文稿划分成若干独立的部分进行管理，有助于规划演示文稿结构，为幻灯片的整体编辑和维护提供便利。

1）插入节

将视图切换为"普通视图"或"幻灯片浏览"视图，选择新节开始所在的幻灯片，在"开始"|"幻灯片"组中，找到"节"|"新增节"，如图 5.12 所示，完成节的插入操作。

插入节后，"幻灯片/大纲窗格"中会出现"无标题节"，可选中它并在右键菜单中实现节的重命名、删除节和幻灯片等操作，如图 5.13 所示。

在实际操作中，可根据文档结构，添加多个节。

图 5.12 新增节

图 5.13 重命名节

2）浏览节

切换到"幻灯片浏览"视图，幻灯片将以节为单位进行显示，这样可以更全面、更清晰地查看幻灯片间的逻辑关系，如图 5.14 所示。

二、文本的输入

文本是组成幻灯片的基本元素，常用输入文本的方法有以下两种。

（1）在编辑幻灯片时，PowerPoint 2010 给用户提供了一种自动版式。自动版式中使用了许多占位符，例如演示文稿的第一张幻灯片通常为标题幻灯片，其中包括两个文本占位符：一个为标题占位符；另一个是副标题占位符，如图 5.15 所示。用户可以根据实际需要用自己的文本代替占位符中的文本。同时，用户可以通过"开始"|"幻灯片"|"版式" 按钮选择适合的占位符。

在幻灯片中，如果要选择文本占位符，只需要单击占位符中的任意位置，此时边框虚线将被加粗的线所代替。占位符的原始示例文本将消失，占位符内出现一个闪烁的插入点，表明可以输入文本了，如图 5.16 所示。

图 5.14　浏览节

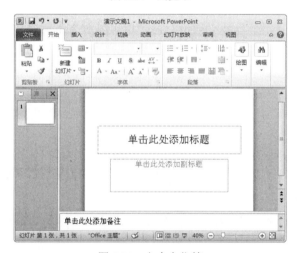

图 5.15　文本占位符

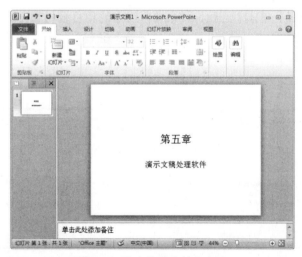

图 5.16　在占位符中输入文本

（2）可以使用文本框输入文本。当需要在幻灯片中的其他位置添加文本时，可以利用"插入"|"文本"|"文本框"按钮完成，如图 5.17 所示。"文本框"的类型有两种："横排"与"竖排"，用户可以根据自己的需要进行选择。

图 5.17　"插入"选项卡中的"文本"组

如果输入完文本，需要对文本进行复制、移动和删除等操作，一种方法是先选中要操作的文本，然后在"开始"|"剪贴板"组找到对应的按钮来完成；另一种方法是在选中的文本上右击，然后在弹出的菜单中选择相应的命令。

三、文本和段落格式化

"开始"选项卡中"字体"和"段落"两个组可以对文本的字体、字号、字形、颜色、段落格式等进行设置，如图 5.18 所示。

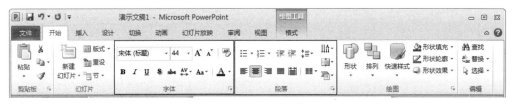

图 5.18　"开始"选项卡中"字体"和"段落"两个组

1. 修改字体格式

选中要修改的文本，单击"开始"|"字体"组中的字体、字号、字形等命令按钮进行设置，或单击"字体"组右下角的 按钮，在弹出的"字体"对话框中进行设置，如图 5.19 所示。

2. 修改段落格式

选中要修改的段落，单击"开始"|"段落"组中的项目编号和符号、行距、文字方向、对齐方式分栏等命令按钮进行设置，或单击"段落"组右下角的 按钮，在弹出的"段落"对话框中进行设置，如图 5.20 所示。

图 5.19　"字体"对话框

图 5.20　"段落"对话框

四、更改显示比例

当发现幻灯片在屏幕上的大小不适合编辑时，可以更改显示比例，常用方法如下。

（1）在"视图"选项卡中找到"显示比例"组，有"显示比例""适应窗口大小"命令，如图 5.21 所示，单击"显示比例"，会出现如图 5.22 所示的对话框，用户可以根据需要进行选择。

图 5.21　"视图"选项卡中的"显示比例"组

（2）在窗口右下角，找到一个缩放级别按钮 50%，这个百分数就是幻灯片的显示比例，单击此按钮，会出现如图 5.22 所示的对话框，选择需要的显示比例。

（3）在窗口的右下角拖动显示比例滑块，可改变显示比例。

（4）在窗口的右下角单击按钮，使幻灯片适应当前窗口大小。

图 5.22　"显示比例"对话框

任务实施

启动 PowerPoint 2010，选择"文件"|"打开"命令，在"打开"对话框中找到"任务 1"中"古诗鉴赏.pptx"所在的文件夹，打开"古诗鉴赏.pptx"文件。

完成任务 2 的操作步骤如下。

一、制作标题幻灯片

（1）选中幻灯片 1。
（2）单击"单击此处添加标题"占位符，输入"古诗鉴赏"。
（3）单击"单击此处添加副标题"占位符，输入"教育系王小月"，如图 5.23 所示。

二、制作内容幻灯片

（1）单击"开始"|"幻灯片"|"新建幻灯片"，插入一张"标题和内容"版式幻灯片（幻灯片 2）。
（2）选中幻灯片 2。
（3）单击"单击此处添加标题"占位符，输入"咏鹅"。
（4）在适当位置插入"文本框"，输入作者姓名。
（5）单击"单击此处添加文本"占位符，输入诗句。
（6）重复上述步骤，再插入 3 张幻灯片，并输入适当的古诗词，如图 5.24 所示。

图 5.23　标题幻灯片　　　　　　　　　　　图 5.24　内容幻灯片

提示：创建新的幻灯片，也可以先选中一张幻灯片，按 Ctrl+C 快捷键，然后连续三次按 Ctrl+V 快捷键完成。

幻灯片制作完成后，按下 Ctrl+S 快捷键，完成保存演示文稿。

知识拓展

一、占位符与文本框

在幻灯片中，占位符就是先占住一个固定的位置，等着你再往里面添加内容的符号。表现为一个虚框，虚框内部往往有"单击此处添加标题"之类的提示语，单击之后，提示语会自动消失。它能起到规划幻灯片结构的作用。"文本框"可以放在幻灯片任意地方，在文本框内可以对文本等进行编辑。

占位符与文本框的主要区别是在占位符中编辑的文本在大纲视图中能显示出来，在文本框中的文本不能在大纲视图显示。

二、PowerPoint 2010 视图模式

在任务 2 中，我们已经创建了 5 张幻灯片，PowerPoint 为观看演示文稿提供了几种视图，视图是演示文稿在计算机屏幕上的显示方式，下面着重介绍以下 5 种视图，即普通视图、幻灯片浏览、阅读视图、幻灯片放映和备注页。

PowerPoint 2010 程序窗口底部状态栏右侧有 4 种视图按钮，分别是"普通视图""幻灯片浏览""阅读视图"和"幻灯片放映"。在"视图"选项卡"演示文稿视图"组中也有 4 种视图按钮，分别是"普通视图""幻灯片浏览""备注页"和"阅读视图"，单击相应按钮即可进行视图切换，如图 5.25 所示。

1. 普通视图

普通视图是主要的编辑视图，普通视图可以查看幻灯片的内容、大纲级别和备注信息，并对幻灯片进行编辑，如图 5.3 所示。

图 5.25　"视图"选项卡中的"演示文稿视图"

（1）"大纲"选项卡。选择"幻灯片/大纲窗格"|"大纲"选项卡，演示文稿将在"幻灯片/大纲窗格"中以大纲形式显示幻灯片文本，并能够对幻灯片和文本进行编辑，如图 5.26 所示。

（2）"幻灯片"选项卡。选择"幻灯片/大纲窗格"|"幻灯片"选项卡，将显示所有幻灯片的缩略图，方便用户查看幻灯片的整体效果，并能对幻灯片进行添加、移动和删除操作，如图 5.27 所示。

（3）"幻灯片编辑"窗格。显示当前幻灯片内容，在此窗格中可对文本、图片、表格、SmartArt 图形、图表、声音、超链接和动画等对象进行添加、修改和删除操作。

（4）"备注"窗格。可以输入备注信息，在幻灯片处于放映状态时备注信息不会显示。

图 5.26　"大纲"选项卡

图 5.27　"幻灯片"选项卡

2. 幻灯片浏览视图

单击"幻灯片浏览"视图按钮 ，演示文稿将以缩略图形式显示幻灯片，如图 5.28 所示。在该视图中，幻灯片呈行列排列，可以对其进行添加、编辑、移动、复制、删除等操作。

在幻灯片浏览视图中，各个幻灯片将按次序排列，用户可以看到整个演示文稿的内容，浏览各幻灯片及其相对位置。与在其他视图中一样，在该视图中，也可以对演示文稿进行编辑，包括改变幻灯片的背景设计和配色方案、重新排列幻灯片、添加或删除幻灯片、复制幻灯片及制作现有幻灯片的副本。但与其他视图不同的是，在该视图中，不能编辑幻灯片的具体内容，类似的工作只能在普通视图中进行。

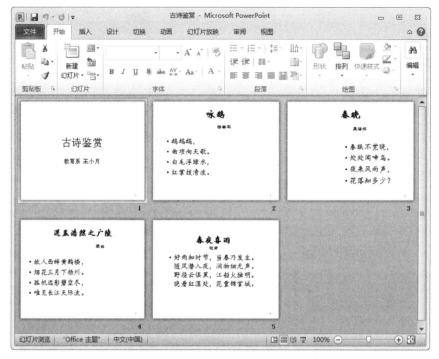

图 5.28　幻灯片浏览视图

3. 阅读视图

单击"阅读视图"按钮 ，打开阅读视图，幻灯片在"阅读视图"中只显示标题栏、状态栏和幻灯片放映效果，该视图一般用于幻灯片的简单预览，如图 5.29 所示。

图 5.29　幻灯片阅读视图

4. 幻灯片放映视图

单击"幻灯片放映"视图按钮 或按 F5 键，可以启动幻灯片放映，该视图可以动态显示幻灯片，包括文字显示、动画、声音效果、切换效果等，演示文稿播放结束或按 Esc 键，可以退出幻灯片放映。

5. 备注页视图

PowerPoint 2010 没有提供"备注页视图"按钮，在普通视图中，幻灯片窗格下方是备注窗格，可为当前幻灯片加入备注信息。选择"视图"|"演示文稿视图"|"备注页"，幻灯片内容和备注信息将会以页面形式显示，如图 5.30 所示。

图 5.30　备注页视图

打开 PowerPoint 2010 之后，默认视图为"普通视图"，如要修改，可以选择"文件"|"选项"|"高级"|"显示"|"在此视图中打开全部文档"列表进行设置。

任务 3　设置主题、背景与幻灯片母版

任务描述

在任务 2 创建的演示文稿基础上，为演示文稿设置"龙腾四海"主题，并对此主题进行颜色和字体的修改，为幻灯片 5 添加背景图片，在每一张幻灯片底端插入幻灯片的编号和"吉林师范大学博达学院"字样（标题幻灯片除外）等操作。

任务目标

◆ 学会利用 PowerPoint 的主题创建演示文稿。
◆ 掌握设置幻灯片背景。
◆ 掌握使用幻灯片母版。
◆ 掌握添加页眉页脚、日期时间和幻灯片编号等。

知识介绍

一、使用"主题"设置演示文稿

PowerPoint 2010 为用户提供了丰富的主题，使幻灯片具有统一美观的显示效果，主题包括对颜色、字体、背景、风格等方面的设计。

用户可以直接使用 PowerPoint 2010 提供的主题库，也可以自定义主题。主题的修改与应用操作在"设计"选项卡中完成。

1. 应用主题

"设计"选项卡中的"主题"组，显示了 PowerPoint 2010 提供的所有内置主题效果，如图 5.31 所示。

单击某一个主题，该主题会应用到整个演示文稿。

图 5.31　所有主题

2. 修改主题

如果用户对内置的主题效果不满意，可以通过"主题"组的"颜色""字体"及"效果"3 个按钮进行修改，如图 5.32 所示。

(a)

(b)　　　　　　　　　　　　　(c)

图 5.32　修改内置主题

(a) 通过"颜色""字体""效果"修改主题；(b) 颜色列表；(c)"新建主题颜色"对话框

3. 保存主题

展开"所有主题"列表，选择"保存当前主题"，在弹出的"保存当前主题"对话框中输入新主题的名称，如图 5.33 所示，单击"保存"按钮，主题文件扩展为".thmx"。

图 5.33 "保存当前主题"对话框

二、利用"背景"工具组设置

幻灯片的背景格式是可以修改的，可以设置背景样式，也可以设置背景格式。

1. 设置背景样式

单击"设计"|"背景"|"背景样式" ^{按钮}按钮，弹出下拉菜单，如图 5.34 所示，PowerPoint 2010 提供了 12 种背景样式，单击所需背景样式即可应用。

2. 设置背景格式

背景格式可通过"设计"|"背景"|"背景样式"|"设置背景格式"对话框进行设置，如图 5.35 所示。在幻灯片非占位符区域右击，在弹出的菜单中选择"设置背景格式"也可弹出该对话框。

图 5.34 背景样式

图 5.35 "设置背景格式"|"填充"

（1）填充。在"设置背景格式"对话框中，单击左侧"填充"，可选择"纯色填充""渐变填充""图片或纹理填充"和"图案填充"等模式，如图 5.35 所示。

（2）图片更正。在"设置背景格式"对话框中，单击左侧"图片更正"，"图片更正"可设置图片的锐化和柔化程度、亮度和对比度，如图 5.36 所示。

（3）图片颜色。在"设置背景格式"对话框中，单击左侧"图片颜色"，"图片颜色"可用来设置图片的颜色、饱和度、色调和重新着色，如图 5.37 所示。

（4）艺术效果。在"设置背景格式"对话框中，单击左侧"艺术效果"，"艺术效果"可为图片设置特殊效果，例如"铅笔灰度""纹理化""发光边缘"图片效果，如图 5.38 所示。

在"设置背景格式"对话框中单击"重置背景"按钮，将取消本次设置；单击"关闭"按钮将只在当前幻灯片中应用背景；单击"全部应用"按钮可在当前演示文稿的所有幻灯片中应用背景。

图 5.36　图片更正

图 5.37　图片颜色

图 5.38　艺术效果

三、设置幻灯片母版

母版是一种特殊的幻灯片，它由标题、文本、页脚、日期和时间等对象的占位符组成，并设置了幻灯片的字体、字号、颜色、项目符号等格式。如修改母版格式，将改变所有基于该母版建立的幻灯片的格式。

PowerPoint 2010 中提供了 3 种母版视图，分别是幻灯片母版、讲义母版和备注母版，如图 5.39 所示。

图 5.39　"视图"选项卡中的"母版视图"

1. 幻灯片母版

幻灯片母版通常用来设置整套幻灯片的格式，幻灯片母版控制了所有幻灯片组成对象的属性，包括文本、字号、颜色、项目符号样式等，如图 5.40 所示。

单击"视图"|"母版视图"|"幻灯片母版"按钮，即可切换到幻灯片母版视图，如

计算机应用基础任务驱动教程

图 5.40 所示。单击"关闭母版视图"按钮，即可结束幻灯片母版编辑。

可以对幻灯片母版格式进行修改，如果幻灯片母版格式改变，那么所有基于该母版建立的幻灯片的格式也会随幻灯片母版格式而发生改变。

2. 讲义母版

演示文稿可以以讲义的形式打印输出，讲义母版主要用于设置讲义的格式，单击"视图"|"母版视图"|"讲义母版"按钮，即可切换到讲义母版视图，如图 5.41 所示。

图 5.40　幻灯片母版

图 5.41　讲义母版

在打印演示文稿时，可以以讲义方式打印，方法是选择"文件"|"打印"|"设置"|"讲义"选项。

3. 备注母版

在放映幻灯片时，备注信息不显示在幻灯片中，但是可以将备注信息打印出来。单击"视图"选项卡中"母版视图"组的"备注母版"按钮，即可切换到备注母版视图，备注母版主要用于设置备注页的格式，如图 5.42 所示。

如要打印备注信息，可选择"文件"|"打印"|"设置"|"备注页"进行设置。

四、页眉页脚、日期时间和幻灯片编号

幻灯片中经常使用页眉页脚、日期时间、幻灯片编号等对象，母版为这些对象预留了占位符，但默认情况下在幻灯片中并不显示它们。

如要显示页眉页脚、日期时间和幻灯片编号等信息，可选择"插入"|"文本"|"页眉和页脚"，在弹出的"页眉和页脚"对话框中勾选"日期和时间""幻灯片编号"等相应选项即可，如图 5.43 所示。设置完毕后，如果想向当前幻灯片或所选的幻灯片添加信息，单击"应用"；如果要向演示文稿中的每个幻灯片添加信息，则单击"全部应用"。

🖐任务实施

启动 PowerPoint 2010 后，选择"文件"|"打开"命令，在"打开"对话框中找到任务 2 中"古诗鉴赏.pptx"所在的文件夹，打开"古诗鉴赏.pptx"文件。

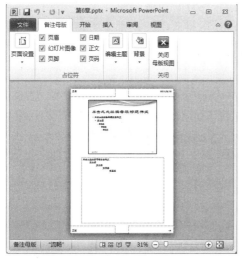

图 5.42 备注母版

图 5.43 "页眉和页脚"对话框

完成任务 3 的操作步骤如下。

一、修饰标题幻灯片

（1）在"设计"选项卡中找到"主题"组，选择"自定义"中的"龙腾四海"主题。
（2）修改主题颜色为"穿越"。
（3）修改主题字体为"暗香扑面"，如图 5.44 所示。

二、修饰内容幻灯片

（1）选择幻灯片 5。
（2）在幻灯片空白处单击鼠标右键，选择"设置背景格式"命令。
（3）在"设置背景格式"对话框中，单击"图片或纹理填充"，如图 5.45 所示。

图 5.44 标题幻灯片

图 5.45 使用"图片或纹理填充"

（4）单击"插入自文件"按钮，在弹出的"插入图片"对话框中，插入所需要的图片"春夜喜雨.jpg"，如图 5.46 所示。

图 5.46　"插入图片"对话框

（5）背景设置成功后，调整幻灯片上文字的位置及大小，以适应背景图片，如图 5.47 所示。

图 5.47　添加背景图片

三、修饰演示文稿

为幻灯片添加日期、编号和"吉林师范大学博达学院"字样。

（1）单击"插入"选项卡。

（2）在"文本"组中，选择"页眉和页脚""日期与时间"或"幻灯片编号"，如图 5.48 所示。

图 5.48　添加"页眉和页脚""日期与时间"与"幻灯片编号"

（3）在弹出的对话框中设置相应内容，"日期和时间"选择"自动更新"，并设置"幻灯片编号""页脚""标题幻灯片中不显示"，如图 5.49 所示。

四、使用幻灯片母版

（1）在"视图"选项卡中找到"母版视图"组，打开"幻灯片母版"，如图 5.50 所示。

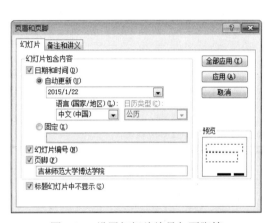

图 5.49　设置幻灯片编号与页脚等

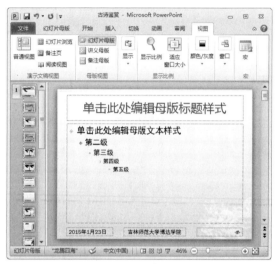

图 5.50　打开"幻灯片母版"视图

（2）在左侧列选中幻灯片母版（第一张幻灯片），将添加的日期、编码、页脚等信息格式设置为黑色、20 号字。

（3）关闭幻灯片母版。

按 Ctrl+S 快捷键，完成保存演示文稿。

知识拓展

一、母版与模板的区别

1. 母版

母版规定了演示文稿（幻灯片、讲义、备注）的文本、背景、日期及页码格式。母版体现了演示文稿的外观，包含了演示文稿中的共有信息。每个演示文稿提供了一个母版集合，包括幻灯片母版、标题母版、讲义母版、备注母版等母版集合。

2. 模板

演示文稿中的特殊一类，扩展名为".pot"。用于提供样式文稿的格式、配色方案、母版样式及产生特效的字体样式等。应用设计模板可以快速生成风格统一的演示文稿。

二、幻灯片添加背景图片的有关设置

在任务 3 中，我们为幻灯片 5 添加背景是通过"设计"|"背景"|"背景样式"|"设置背景格式"对话框进行的，使用这种方法添加的背景，图片自动调整大小以适应幻灯片，图片不会随意移动和修改大小，并且背景图片衬于文字等对象的下方，是为幻灯片添加背景图片的最佳方法。

为幻灯片添加背景图片还有其他方法，例如使用"插入"|"图片"的方法，这种方法插入的图片，如果要作为幻灯片的背景，则需要自行调整图片大小和位置以适应幻灯片，并且要调整图片衬于文字等对象下方才可，在任务 4 中讲解。

任务 4　PowerPoint 2010 的多媒体制作

📖任务描述

任务 3 中的"古诗鉴赏"只是完成了初稿，下面对这个演示文稿进行美化和修饰。

📖任务目标

◆ 掌握常见的图片编辑操作。
◆ 学会在幻灯片中插入艺术字。
◆ 学会幻灯片中的"插图"功能。
◆ 掌握在幻灯片中插入音频和视频。

📖知识介绍

PowerPoint 演示文稿除了能够对文本进行编辑，还可以对一些多媒体对象进行插入和简单的编辑，多媒体对象主要包括图片、表格、图表、SmartArt 图形、声音视频等。需要在"插入"选项卡中完成，如图 5.51 所示。在 PowerPoint 中插入以上对象的操作方法与 Word 类似，以下将分别介绍它们的插入方法。

图 5.51　"插入"选项卡

一、在幻灯片中插入图像

PowerPoint 2010 中可插入的图像可以是图片、剪贴画、屏幕截图和相册等，如图 5.52 所示。现在我们一起来学习。

图 5.52　在幻灯片中插入图像

1. 插入来自文件的图片

单击"插入"|"图像"|"图片" 按钮，弹出"插入图片"对话框，选择所需的图片，单击"打开"按钮，如图 5.53 所示。

图 5.53　"插入图片"对话框

2. 插入剪贴画

Office 2010 内置了大量的剪贴画，方便用户装饰演示文稿，单击"插入"|"图像"|"剪贴画" 按钮，显示"剪贴画"窗格，如图 5.54 所示，在"搜索文字"中输入剪贴画关键字，如"植物""人物""运动"等，单击"搜索"按钮，将搜索出与关键字相关的剪贴画，单击所需剪贴画即可完成插入操作，如图 5.54 所示。

3. 插入屏幕截图

制作演示文稿时，有时需要截取某个程序窗口、电影画面等图片，PowerPoint 2010 新增了屏幕截图工具，使截取和导入此类图片变得更加容易。

单击"插入"|"图像"|"屏幕截图"按钮，这样就打开了"可用视窗"和"屏幕剪辑"，如图 5.55 所示，如果需要插入的程序窗口在"可用视窗"里，那么在可用视窗里直接点击需要的程序窗口即可；如果想进行屏幕剪辑，那么需要单击"屏幕剪辑"命令，PowerPoint

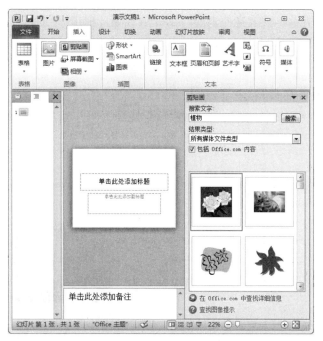

图 5.54　"剪贴画"任务窗格

2010 文档窗口会自动最小化，此时鼠标变成一个"十"字图标，在屏幕上拖动鼠标即可进行手动截图，截图完毕图片自动插入当前幻灯片中，如想退出剪辑，可按 Esc 键。

图 5.55　屏幕截图

图片、剪贴画或屏幕截图插入幻灯片后，会显示"格式"选项卡，如图 5.56 所示，可在该选项卡中设置图片的格式，例如颜色、艺术效果、图片样式、边框、大小等。

4．插入相册

相册是指包含着图片的若干幻灯片构成的演示文稿。PowerPoint 2010 可以快速创建相册，避免了在每一张幻灯片中手工逐一插入图片的麻烦。

找到"插入" | "图像" | "相册"，打开其下拉菜单，单击"新建相册"，弹出"相册"

对话框，如图 5.57 所示，设置文件来源、图片版式等，单击"创建"按钮，自动生成相册文件，如图 5.58 所示。

图 5.56　图片工具"格式"选项卡

图 5.57　"相册"对话框

图 5.58　相册文件

二、在幻灯片中插入艺术字

艺术字在 PowerPoint 中应用很广泛，它是一种具有特殊效果的文字，在演示文稿中插入艺术字的操作方法如下：单击"插入"选项卡中"文本"组，找到"艺术字"命令，如图 5.59 所示。打开"艺术字"下拉菜单，如图 5.60 所示，选择所需的艺术字效果，在幻灯

计算机应用基础任务驱动教程

图 5.59 "插入"选项卡中的"艺术字"命令

片中自动插入艺术字输入框,如图 5.61 所示,输入文字即可。艺术字的样式可通过"格式"选项卡进行修改。

三、在幻灯片中插入表格

PowerPoint 2010 可以独立制作表格,单击"插入"|"表格"|"表格"按钮,在下拉菜单中可进行如下操作,如图 5.62 所示。

1. 插入表格

单击"插入表格"命令,可弹出"插入表格"对话框,输入所需的列数和行数,单击"确定"按钮,即可在当前幻灯片中插入表格。

2. 绘制表格

单击"绘制表格"命令,可在当前幻灯片中手动绘制表格。

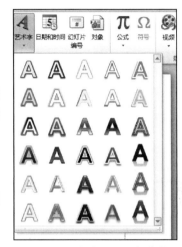

图 5.60 "艺术字"下拉菜单

图 5.61 添加艺术字

图 5.62 插入表格

表格绘制完成后,PowerPoint 2010 功能区会出现"表格工具",其中包含"设计"选项卡和"布局"选项卡。"设计"选项卡用于设置表格样式选项、表格样式、绘图边框等;"布局"选项卡用于设置表格网格线、行列插入、删除、合并与拆分、单元格大小、对齐方式、尺寸、排列方式等。

四、幻灯片中的"插图"功能

在"插入"选项卡中，提供一个"插图"组，可以完成在幻灯片中插入"形状""SmartArt图形"和"图表"，如图 5.63 所示。

图 5.63 "插入"选项卡中的"插图"组

1. 插入形状

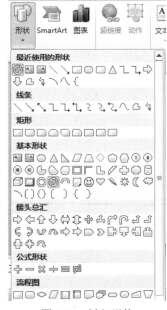

在 PowerPoint 2010 中可插入线条、矩形、箭头、流程图、标注等形状。单击"插入"选项卡中"插图"组的"形状"下拉菜单，选择所需的形状，然后将鼠标移动到正在编辑的幻灯片上，当鼠标变成"＋"时，即可在幻灯片中绘制形状。绘制完成后，可在"格式"选项卡中设置形状的样式，如图 5.64 所示。

2. 插入 SmartArt 图形

组织结构图是以图形方式表示组织的层次关系，如教学内容的章节关系、公司内部上下级关系等，PowerPoint 2010 的SmartArt 图形工具是制作组织结构图的工具。

单击"插入"|"插图"|SmartArt 按钮，弹出"选择 SmartArt图形"对话框，如图 5.65 所示，选择所需的组织结构，单击"确定"按钮，显示"文本窗格"，如图 5.66 所示，在"文本窗格"中输入文本。

SmartArt 图形添加到幻灯片后，将显示"设计"选项卡，可在该选项卡中修改 SmartArt 图形的层级关系、图形布局、样式等。

图 5.64 插入形状

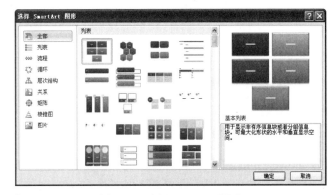

图 5.65 选择 SmartArt 图形

计算机应用基础任务驱动教程

图 5.66　插入并编辑 SmartArt 图形

3. 插入"图表"

第四部分介绍了电子表格 Excel，在 Excel 中，提供了 Excel 图表，Excel 图表可以将数据图形化，能够更直观地显示数据。在 PowerPoint 2010 插入图表的具体操作如下。

单击"插入"|"插图"|"图表" 📊 按钮，弹出"插入图表"对话框，如图 5.67 所示，选择需要的图表类型，单击"确定"按钮，即可启动 Excel，修改 Excel 中的数据并关闭 Excel 程序，即可完成图表插入操作。

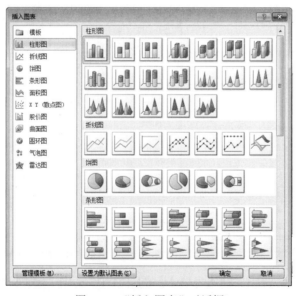

图 5.67　"插入图表"对话框

插入图表后，PowerPoint 2010 功能区会出现"图表工具"，其中包含"设计""布局"和"格式"3 个选项卡，"设计"选项卡用于设置图表的类型、数据、图表布局和样式；"布局"选项卡用于设置当前所选内容的格式，在图表中插入图片、形状、设置标题、背景墙等；"格式"选项卡用于设置图表的形状样式、排列的层次及大小等。

五、在幻灯片中插入音频和视频

在"插入"选项卡中，提供了"媒体"组，幻灯片在放映时可播放音频和视频，如图 5.68 所示。同时 PowerPoint 2010 实现了对音频、视频的简单编辑。

图 5.68　"插入"选项卡中的"媒体"组

幻灯片中可插入来自文件、剪贴画和录制的音频文件，音频文件类型主要有".mp3"".wav"".mid"".wma"等；插入的视频可来自文件、网站或剪贴画，视频文件类型为".avi"".wmv"".swf"".mpeg"".asf"等。

要在幻灯片放映时播放音频、视频文件，需提前在计算机中安装多媒体播放器。

1. 音频和视频插入

选择要添加音频或视频的幻灯片，单击"插入"|"媒体"|"音频"或"视频"按钮，弹出如图 5.69 所示的下拉菜单，根据要插入的音频、视频的类型进行选择。

例如，要插入在计算机中存储的音频，选择"文件中的音频"，弹出"插入音频文件"对话框，如图 5.70 所示，选择文件，单击"插入"下拉按钮，选择将视频"插入"或"链接到幻灯片"。

图 5.69　插入音频和视频

图 5.70　插入音频

"插入"命令可以将音频文件本身插入到幻灯片中，幻灯片放映时不必担心音频文件的丢失；"链接到幻灯片"在幻灯片中插入指向该音频的地址而不是文件本身，这种插入方式可以减小演示文稿的文件大小，但是要使音频在幻灯片中正常播放，必须保证音频文件的存储位置不发生改变。

当插入成功后，音频在幻灯片中以 ◀ 图表显示，视频则显示第一幅画面。当鼠标移动到音频图标或视频的画面上时，就会出现控制条 ▶ ◀ 00:00:00 ◀ 简单地控制音频和视频的播放。

2. 音频和视频的编辑

PowerPoint 2010 支持视频、音频的简单编辑，两类文件的剪辑方法相似，下面主要介绍视频剪辑方法。

选中要剪辑的视频，PowerPoint 2010 将在功能区中显示"格式"和"播放"选项卡，剪辑操作主要在"播放"选项卡进行，如图 5.71 所示。

图 5.71 "视频工具"|"播放"选项卡

1）添加和删除书签

PowerPoint 2010 在剪辑音频、视频文件时借助"书签"来标识某个时刻，可在音频、视频中设置多个书签，以便剪辑中能快速准确地跳转到该时刻。

在视频中添加书签可先播放视频并暂停到希望添加书签的位置，单击"播放"|"书签"|"添加书签"按钮，即可在当前时刻添加一个书签，如图 5.72 所示。

图 5.72 添加书签

删除书签时可选中播放控制条中的书签，单击"播放"|"书签"|"删除书签"按钮。

2）视频编辑

PowerPoint 2010 新增了音频、视频的剪辑功能，在幻灯片中选中要编辑的视频，在"播放"|"编辑"组中可进行简单的视频截取、切换效果设置。

（1）剪裁视频。单击"剪裁视频"按钮，弹出"剪裁视频"对话框，通过设置"开始时间"和"结束时间"截取视频，如图 5.73 所示。

（2）淡化持续时间。以秒为单位，输入"淡入""淡出"时间，控制画面效果如图 5.74 所示。

图 5.73　视频剪辑

图 5.74　"编辑"组及"视频选项"组

3）视频选项

在"播放"|"视频选项"组，PowerPoint 2010 提供了多个视频选项设置视频的播放效果，如图 5.74 所示。

（1）音量控制音频的"低""中""高"和"静音"效果。

（2）设置视频开始播放的方式，可选择"自动"或"单击时"两种方式。

"自动"是指当幻灯片切换到视频所在幻灯片时视频自动播放；"单击时"是指切换到视频所在的幻灯片时，单击鼠标才开始播放视频。

除此之外，还可根据所需情况，设置视频"全屏播放""未播放时隐藏""循环播放""直到停止"和"播完返回开头"。

任务实施

一、新建幻灯片

启动好 PowerPoint 2010 后，选择"文件"|"打开"命令，在"打开"对话框中找到任

务3中"古诗鉴赏.pptx"所在的文件夹,打开"古诗鉴赏.pptx"文件。

完成任务4的操作步骤如下。

(1)选中标题幻灯片。

(2)选中标题"古诗鉴赏",按 Delete 键将其删除。

(3)再按 Delete 键,删除"单击此处添加标题"占位符。

(4)单击"插入"|"文本"|"艺术字"按钮,选择第3行第3列样式,标题幻灯片中出现"请在此处放置您的文字",输入"古诗鉴赏"。

(5)单击"格式"|"艺术字样式"|"文字效果"按钮,选择一种发光变体,如第2行第5列样式。

(6)单击"开始"|"字体"按钮,用字号设置艺术字大小,设置完成后效果如图 5.75 所示。

图 5.75　设置标题幻灯片

二、修改内容幻灯片

(1)选中第二张幻灯片。

(2)单击"插入"|"图像"|"图片"按钮,选择准备好的"咏鹅.jpg"文件插入。

(3)在"格式"|"图片样式"中,选择"柔化边缘椭圆"。

(4)调整图片和占位符的大小和位置,效果如图 5.76 所示。

(5)选中第3张幻灯片。

(6)单击"插入"|"图像"|"图片"按钮,选择准备好的"春晓.jpg"文件插入。

(7)在"格式"|"图片样式"|"图片效果"选项中,选择"弱化边缘"10磅。

(8)调整图片和占位符的大小和位置,效果如图 5.77 所示。

图 5.76　设置第2张幻灯片

图 5.77　设置第3张幻灯片

(9)选中第4张幻灯片。

(10)单击"插入"|"图像"|"图片"按钮,选择准备好的"送孟浩然之广陵.jpg"文件插入。

(11)这张图片比较大,可以将其调整为幻灯片大小,单击"格式"|"排列"|"下移一层"旁边的三角按钮,单击"至于底层",如图 5.78 所示。调整内容占位符位置和大小,效

果如图 5.79 所示。

图 5.78　"格式"|"排列"

图 5.79　设置第 4 张幻灯片

（12）利用图片做背景还有一种方法，在任务 3 中使用"设计"|"背景"右下方的"设置背景格式"按钮，弹出"设置背景格式"对话框，选择"图片或纹理填充"单选按钮，并选中"隐藏背景图形"复选框，单击"插入自文件"按钮，选择"春夜喜雨.jpg"，如图 5.80 和图 5.81 所示。

图 5.80　"设置背景格式"对话框

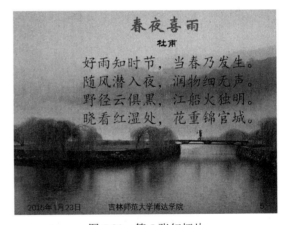

图 5.81　第 5 张幻灯片

三、添加"古诗词朗诵视频"

（1）在左侧幻灯片视图中，选中第 5 张幻灯片，单击"开始"|"幻灯片"|"新建幻灯片"，插入一张"标题和内容"版式幻灯片。

（2）在内容占位符中单击"插入媒体剪辑"按钮，如图 5.82 所示，弹出"插入视频文件"对话框。

（3）选择相应的文件位置和类型，找到已准备好的视频素材"古诗词朗诵.avi"，单击"插入"按钮。

（4）单击此视频下方的播放按钮可以观看视频，如图 5.83 所示。

图 5.82　内容占位符

图 5.83　插入视频文件

（5）在播放时可以看到视频前面有一段黑屏，不太好看，可以将这段黑屏减掉：选中视频，单击"视频工具"|"剪裁视频"按钮，弹出对话框，调整开始时间和结束时间，设置如图 5.84 所示。

图 5.84　"剪裁视频"对话框

四、给演示文稿加入背景音乐

（1）选择标题幻灯片，单击"插入"|"媒体"|"音频"按钮。

（2）选择相应的文件位置和类型，找到已准备好的音频素材"太极.mp3"，单击"插入"按钮。

（3）单击"音频工具"|"播放"|"音频选项"，设置"开始"方式为"跨幻灯片播放"，选中"放映时隐藏"复选框，使喇叭图标在幻灯片放映时不可见，如图 5.85 所示。

图 5.85　"播放"选项卡中"音频选项"组

（4）选择标题幻灯片中的音乐，使用"动画窗格"中的"效果选项"命令，设置成"在5张幻灯片后停止播放"。

（5）单击状态栏中的"幻灯片放映"按钮，预览一下放映效果。

以上步骤完成后，按 Ctrl+S 快捷键，完成保存演示文稿。

知识拓展

一、图片背景的删除

当制作幻灯片时，插入的图片背景与幻灯片的主题颜色不匹配会影响幻灯片的播放效果，这时可以对图片进行调整，使图片和幻灯片更好地融为一体。

具体步骤如下：

（1）选中目标图片，选择"图片工具"|"格式"选项卡，单击"删除图片背景"。图片背景将会自动被选中。

（2）用鼠标拖动图形中的矩形范围选择框，可任意指定所要保留的内容，即将被删除的部分会变成紫色。单击"保留更改"，即完成图片背景的删除，如图 5.86 所示。

二、让图片更加个性化

如果添加到幻灯片的图片，按照统一尺寸摆放在文档中，总是会让人感觉中庸不显个性，其实 PowerPoint 2010 中增加了很多艺术样式和版式，这样可以非常方便地打造更有个性的图片。

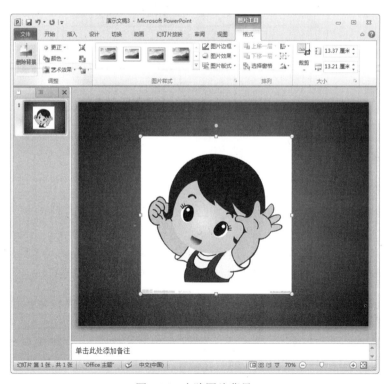

图 5.86　去除图片背景

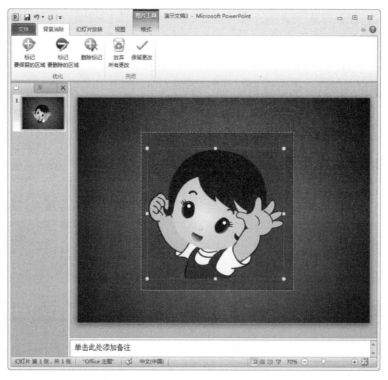

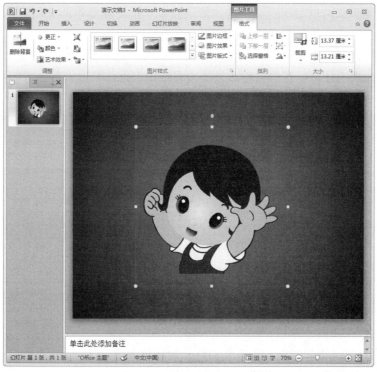

图 5.86（续）

　　首先插入图片，单击"图片工具"|"艺术效果"下拉列表，在打开的多个艺术效果列表中可以对图片应用不同的艺术效果，使其看起来更像素描、线条图形、绘图等。随后单

击"图片样式",在该样式列表中选择一种类型,就可以为当前图片添加一种样式效果。

此外,还可以根据需要对图片进行颜色、图片边框、图片版式等项目设置,使用户轻松制作出有个性的图片效果。

三、丰富的多媒体编辑功能

在演示文稿中插入音频或视频文件以后,如果要设置音频或视频是否自动播放,可以在"音频工具"和"视频工具"的相应选项组中将"开始"设置为"自动"或"单击时"。

在幻灯片放映时,可以将鼠标移动到视频窗口中,单击下面的播放暂停按钮,视频就能播放或暂停播放。可以调节前后视频画面,也可以调节视频音量。

在 PowerPoint 2010 中,可以随心所欲地选择实际需要播放的音频或视频片段:单击"播放"|"剪裁音频"或"剪裁视频"按钮,在"剪裁音频"或"剪裁视频"窗口可以重新设置音频或视频文件的播放起始点和结束点,从而达到随心所欲选择播放音频或视频片段的目的。

四、插入公式与批注

1. 插入公式

单击"插入"|"符号"|"公式"命令,展开"公式选项区",选择其中的某一公式项,在幻灯片中即插入已有的公式,再单击此公式,则功能区出现"公式工具/设计"区。

2. 插入批注

利用批注的形式可以对演示文稿提出修改意见。批注就是审阅文稿时在幻灯片上插入的附注,批注会出现在黄色的批注框内,不会影响原演示文稿。

选择需要插入批注幻灯片的内容处,单击"审阅"选项卡中的"新建批注"按钮,在当前幻灯片上出现批注框,在框内输入批注内容,单击批注框以外的区域即可完成输入。

任务 5   让演示文稿动起来

任务描述

以上任务中的"古诗鉴赏.pptx"文件虽然已经图文并茂,但略显呆板,如果能为演示文稿中的对象加入一定的动画效果,幻灯片的放映就会更加生动精彩,不仅可以增加演示文稿的趣味性,还可以吸引观众的眼球。

任务目标

◆ 掌握幻灯片的动画设置。
◆ 掌握幻灯片的切换方式。
◆ 掌握利用超链接和动作设置改变幻灯片的播放顺序。

知识介绍

为演示文稿中的文本或其他对象添加的特殊视觉效果被称为动画效果。PowerPoint 2010

中的动画效果主要有两种类型：一种是自定义动画，是指为幻灯片内部各个对象设置的动画，如文本的段落、图形、表格、图示等；另一种是幻灯片切换动画，又称翻页动画，是指幻灯片在放映时更换幻灯片的动画效果。

一、创建自定义动画

PowerPoint 2010 为幻灯片上的对象提供了更加丰富的动画效果，增强了幻灯片放映的趣味性。以下介绍几种设置动画效果的操作方法。PowerPoint 2010 的动画效果设置主要在"动画"选项卡中进行，如图 5.87 所示。

图 5.87 "动画"选项卡

1. 添加动画效果

首先选中要添加动画效果的对象，单击"动画"|"动画"组，展开"动画效果"列表，如图 5.88 所示。动画效果可分为"进入""强调"和"退出" 3 类，选择所需的动画效果，即可完成动画添加。如取消动画效果，可再次选中对象，选择动画效果为"无"。

如需要更加丰富的动画效果，可参考如下操作。以"进入"效果为例，单击"动画效果"列表中"更多进入效果"菜单，弹出"更改进入效果"对话框，如图 5.89 所示，选择更多的进入效果；此操作还可通过单击"高级动画"组的"添加动画"按钮完成。

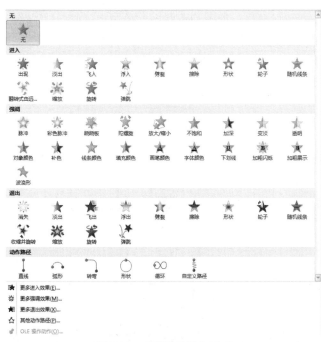

图 5.88 "动画效果"列表

图 5.89 "更改进入效果"对话框

2．设置动画效果属性

动画效果的属性可以修改，例如"彩色脉冲"效果可修改颜色，"轮子"效果可修改"轮辐图案"和"序列"等。如要修改动画效果，可在添加动画效果后，单击"效果选项"按钮，选择所需的其他动画效果即可。

3．高级动画设置

1）动画刷

PowerPoint 2010 新增了"动画刷"功能，该工具类似 Word、Excel 中的格式刷，可直接将某个对象的动画效果照搬到目标对象上面，而不需要重复设置，使得 PowerPoint 2010 的动画制作更加方便、高效。

"动画刷"的操作非常方便，选中某个已设置完动画效果的对象，单击"动画"|"高级动画"|"动画刷"，再单击目标对象，动画效果就被运用到目标对象上了。

2）触发器

使用 PowerPoint 2010 制作演示文稿时，可以通过触发器来灵活地控制演示文稿中的动画效果，从而真正地实现人机交互。

例如，利用触发器可以实现单击某一图片出现该图片的文字介绍这样的动画效果。首先设置文字介绍的动画效果，然后选中文字介绍，单击"动画"|"高级动画"|"触发"按钮，如图 5.90 所示，在下拉列表中选择需要发出触发动作的图片名字即可。

4．动画计时

PowerPoint 2010 的动画计时，包括计时设置、动画效果顺序以及动画效果是否重复等方面。

1）显示动画窗格

"动画窗格"能够以列表的形式显示当前幻灯片中所有对象的动画效果，包括动画类型、对象名称、先后顺序等，默认情况下，"动画窗格"处于隐藏状态。单击"动画"|"高级动画"|"动画窗格"按钮，可以显示或隐藏该窗格。

选择"动画窗格"的任意一项，右击，如图 5.91 所示，在弹出菜单中重新设置动画的开始方式、效果选项、计时、删除等操作。

图 5.90　触发器

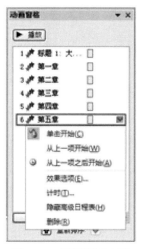

图 5.91　重新设置动画

计算机应用基础任务驱动教程

2）计时选项设置

设置动画效果之后，可进行计时设置。PowerPoint 2010 中动画效果的计时设置包括开始方式、持续和延迟时间、动画排序等，如图 5.92（a）所示，其选项说明如下。

（1）开始用于设置动画效果的开始方式。"单击开始"指单击幻灯片时开始播放动画，"从上一项开始"表示"动画窗格"列表中的上一个动画开始时也开始本动画，"从上一项之后开始"表示"动画窗格"列表中的上一个动画播放完成后才开始本动画。

（2）持续时间设置动画的时间长度。

（3）延迟用于设置上一个动画结束和下一个动画开始间的时间值。

（4）对动画重新排序，已设置了动画效果的对象默认在左上角显示一个数字，用来表示该对象在整张幻灯片中的动画播放顺序，如幻灯片中有多个动画效果，可通过单击"向前移动"或"向后移动"重新调整动画播放顺序。

如要设置更加复杂的动画效果，可在"动画窗格"中选中对象，右击，在弹出的菜单中选择"效果选项"或"计时"进行设置，如图 5.92（b）所示（以"飞入"效果为例）。

（a）

（b）

图 5.92　设置动画效果的计时

（a）"动画"选项卡中"计时"组；（b）重新设置动画效果

二、设置幻灯片切换效果

幻灯片切换方式是指放映时幻灯片进入和离开屏幕时的方式，既可以为一组幻灯片设置同一种切换方式，也可以为每张幻灯片设置不同的切换方式。PowerPoint 2010 提供了丰富炫目的幻灯片切换效果，设置步骤也更加简单，演示文稿的画面表现力也更加强大。

幻灯片切换效果主要在"切换"选项卡中进行设置，如图 5.93 所示。

图 5.93 "切换"选项卡

1. 设置切换效果

选择要设置切换方式的幻灯片,单击"切换"|"切换到此幻灯片"组,单击"切换效果"列表下拉箭头,如图 5.94(a)所示,从"细微型""华丽型"或"动态内容"三类切换效果中选择所需切换效果,该效果将应用到当前幻灯片,如要为每张幻灯片设置不同的切换方式,只需在其他幻灯片上重复上述步骤便可。单击"效果选项"按钮,在弹出的下拉菜单中可进行选择切换的方向、形状等设置。

如要所有幻灯片应用统一的切换效果,可在选中"切换效果"后,单击"计时"组的"全部应用"按钮,如图 5.94(b)所示。

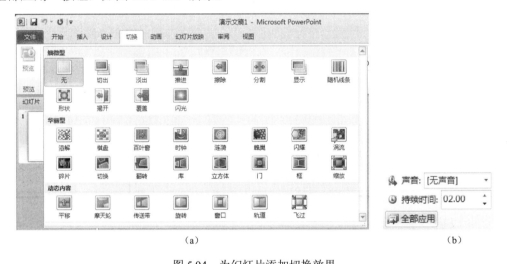

(a)   (b)

图 5.94 为幻灯片添加切换效果

(a)选择"切换效果";(b)设置切换效果

2. 设置切换计时

"切换"|"计时"组可为幻灯片切换设置声音、换片方式、持续时间等,如图 5.95 所示,其选项说明如下。

声音可设置幻灯片切换时的声音播放方式,打开"声音"选项,在此可选择 PowerPoint 2010 默认提供的十余种音效,还可设定声音"播放下一段声音之前一直循环""停止前一声音"或"无声音"。

图 5.95 "切换"选项卡中的"计时"组

持续时间以秒为单位设置幻灯片切换的时间长度。

换片方式设置幻灯片手工还是自动切换。如果选中"单击鼠标时",则在播放幻灯片时,每单击一次鼠标,就切换一张幻灯片;如果选择"设置自动换片时间",则需要在增量框中输入一个间隔时间,经过该时间后幻灯片自动切换到下一张幻灯片。

三、创建互动式演示文稿

在演示文稿中可通过加入"超链接"和"动作"按钮加强与用户的互动。例如,单击"超链接"实现幻灯片跳转,单击"动作"按钮运行程序等,以下将介绍在 PowerPoint 2010 如何设置"超链接"和"动作"按钮,本操作主要在"插入"|"链接"组进行,如图 5.96 所示。

图 5.96　"插入"选项卡中的"链接"组

在 PowerPoint 中为了演示方便,通常把文字、图片、图形等对象设置为超链接,单击"超链接"可实现幻灯片的跳转,打开电子邮件、网页或现有文件等操作。

1. 设置超链接

1)添加、编辑和取消超链接

选中要添加超链接的对象,可以是文字、图片、图形等,单击"插入"|"链接"|"超链接"按钮,或选中要添加超链接的对象直接右击,在弹出的菜单中选择"超链接"。在弹出的"插入超链接"对话框中选择要跳转的目标位置,如图 5.97 所示,其中选项说明如下。

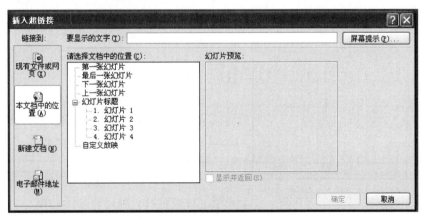

图 5.97　"插入超链接"对话框

(1)现有文件或网页选择现有文件的存放位置或直接输入网址,当单击超链接对象时,可打开文档或网页。

(2)本文档的位置选择目标幻灯片的位置,可实现幻灯片的跳转。

（3）新建文档设置新文档的名称和存储位置，当单击超链接对象时可在存储位置新建文档。

（4）电子邮件输入邮箱地址，例如，bdjsj_lsc@163.com，单击超链接对象，可打开电子邮件编辑工具。

单击"确定"按钮，完成超链接设置。切换到"幻灯片放映视图"，单击添加过超链接的对象，可实现跳转。

如再次编辑超链接，可选中超链接对象右击并选择"编辑超链接"，在弹出的对话框中进行编辑。如取消超链接，可选中超链接对象右击并选择"取消超链接"。

2）设置超链接颜色

可自定义超链接颜色，单击"设计"|"主题"|"颜色"，找到"新建主题颜色"，弹出"新建主题颜色"对话框，如图5.32（c）所示，重新定义"超链接"和"已访问的超链接"的颜色。

2. 设置动作

PowerPoint 2010 能为文本、图片、图形、绘制的动作按钮等对象添加动作功能，可以实现幻灯片跳转、程序和宏的运行、播放声音、突出显示等，以下将以"动作按钮"为例介绍动作设置的方法。

1）添加动作按钮

"动作按钮"是 PowerPoint 2010 预先定义好的一组按钮，可实现"开始""结束""上一张"或"下一张"等操作。单击"插入"选项卡中"插图"组的"形状"，在下拉菜单的"动作按钮"类中，单击所需的按钮类型，在幻灯片上直接绘制即可。

2）动作的有关操作

绘制完"动作按钮"将自动打开"动作设置"对话框，如图5.98所示，在此可设置"单击鼠标"和"鼠标移过"的动作。除了动作按钮，文本、图片、图形等对象也可添加动作，选中对象，单击"插入"|"链接"|"动作"按钮，在弹出的"动作设置"对话框中设置动作，其选项说明如下。

（1）无动作鼠标单击或经过对象时无动作。

（2）超链接到鼠标单击或经过对象时可跳转到其他幻灯片。

（3）运行宏鼠标单击或经过对象时运行宏。

（4）对象动作当插入对象是 Word、PowerPoint、Excel 等类型的文档时，可对其设置"对象动作"为"编辑"或"打开"。

（5）鼠标移过时突出显示勾选该项，鼠标单击或经过对象时，对象动态显示边框。

图 5.98 "动作设置"对话框

任务实施

启动好 PowerPoint 2010 后，单击"文件"|"打开"命令，在"打开"对话框中找到任务 4 中"古诗鉴赏.pptx"所在的文件夹，打开"古诗鉴赏.pptx"文件。

完成任务 5 的操作步骤如下。

一、让幻灯片中的对象动起来

1. 为标题幻灯片中的对象添加动画效果

（1）选定幻灯片 1 中的标题占位符。

（2）单击"动画"|"动画"右边的动画库快翻按钮，如图 5.99（a）所示，弹出如图 5.99（b）所示列表，在"进入"动画中选择"弹跳"动画效果，单击"动画"|"计时"按钮，设置"开始"为"上一动画之后"，设置"持续时间"为"01.50"。

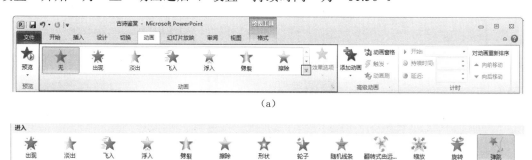

图 5.99 添加动画效果

（a）"动画"选项卡中"动画"组；（b）动画列表

（3）选定幻灯片 1 中的副标题占位符。

（4）在动画库中选择"浮入"动画效果。单击"动画"|"计时"按钮，再设置"开始"为"上一动画之后"，设置"持续时间"为"02.00"。

（5）单击"幻灯片放映"按钮 □ ，观看幻灯片动画效果。

2. 为内容幻灯片添加动画效果

（1）选定幻灯片 2 中的"咏鹅"占位符。

（2）单击"动画"|"动画"右边的动画库快翻按钮，在弹出的列表中单击"更多进入效果"，在弹出的对话框中选择"华丽型"下面的"玩具风车"动画效果，如图 5.100 所示。

（3）为古诗作者添加"缩放"进入动画效果。

（4）选定图片设置"擦除"进入动画效果。单击"动画"|"动画"|"效果选项"按钮，将擦除的方向改为"自顶部"，"开始"设置为"上一动画之后"，"持续时间"设置为"02.00"。

（5）选定图片，单击"动画"|"高级动画"|"添加动画"按钮，添加退出动画"擦除"，将"开始"设置为"上一动画之后"，"持续时间"设置为"02.00"。

（6）为诗句添加一个进入动画效果，如"形状"。

（7）更改动画顺序，将图片退出动画调整到诗句进入动画之后，单击"动画"|"高级动画"|"动画窗格"按钮，弹出如图 5.101 所示对话框，"内容占位符动画"，单击"重新排序"中的向上按钮，调整到 Picture2 退出动画之前，单击"播放"按钮可以预览动画效果。

（8）按以上步骤为其他幻灯片的对象添加适当动画。

二、让幻灯片动起来

单击"切换"|"切换到此幻灯片"右边的快翻按钮，选择一种切换方式，例如"时钟"，

可以为每张幻灯片设置切换方式。如果单击"全部应用"按钮，则将这种幻灯片切换方式应用于本演示文稿的所有幻灯片。

图 5.100 "更改进入效果"对话框

图 5.101 "动画窗格"对话框

三、制作"选择题"幻灯片

观看这个古诗鉴赏的演示文稿，可以学习到一些有关古诗词的知识，下面介绍制作"单选题"幻灯片的方法。

（1）在幻灯片"普通视图"左侧的"幻灯片视图"框中单击第 5 张幻灯片，单击"开始"|"幻灯片"|"新建幻灯片"按钮，选择"标题和内容"幻灯片样式，添加一张新的幻灯片。

（2）在标题中输入"选择题:"，调整占位符大小和位置，内容占位符输入"《送孟浩然之广陵》的作者是"，添加 4 个文本框，输入 4 个选项，如图 5.102 所示。

（3）单击"插入"|"插图"|"形状"按钮，插入一个"云形标注"来显示答案提示。

（4）双击选中添加的"云形标注"，在"形状样式"中分别设置"形状填充""形状轮廓"和"形状效果"，右击添加的这个图形，选择"编辑文字"命令，在图形中如图 5.103 中文字提示"不对哦，再想想！"并用"文字填充"设置文字颜色。

（5）按住 Ctrl 键，拖动此形状，进行复制，并编辑正确答案旁边的提示，设置完成后，如图 5.104 所示。

（6）选定左上角云形标注，单击"动画"按钮，在动画库中选择"淡出"，设置"持续时间"为"02.00"，单击"动画"|"高级动画"|"动画窗格"|"触发"按钮，选中"单击"| TextBox4 选项，单击"动画"|"高级动画"|"动画窗格"按钮，在"动画窗格"中右击此动画，选择"效果"选项，弹出"淡出"对话框，设置"播放动画后隐藏"，如图 5.105 所示。

在"动画窗格"中显示的动画内容如图 5.106 所示。

（7）其他形状按以上步骤设置，只是触发的对象不同，正确答案的提示设置为"下次单击后隐藏"，完成选择题幻灯片的制作。

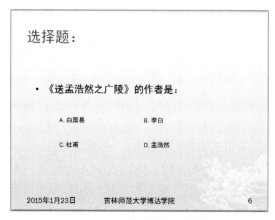

图 5.102 "选择题"幻灯片一

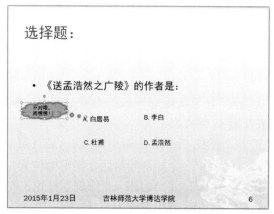

图 5.103 用云形标注做提示

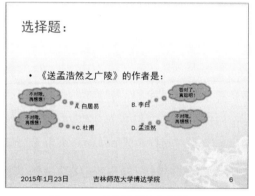

图 5.104 "选择题"幻灯片二

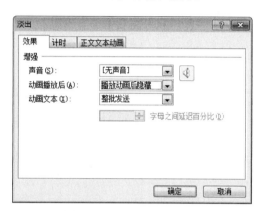

图 5.105 "淡出"对话框

图 5.106 "动画窗格"对话框

四、加入目录页并设置超链接

PowerPoint 演示文稿的放映顺序是从前向后播放的,如果要控制幻灯片的播放顺序就需要进行动作设置。

（1）制作一张目录幻灯片。

① 选定第一张幻灯片，单击"开始"|"幻灯片"|"新建幻灯片"中的"仅标题"幻灯片，在标题占位符中输入"目录"。

② 单击"插入"|"插图"|"形状"按钮，插入一个"圆角矩形"，分别设置"形状填充""形状轮廓"和"形状效果"。右击此图形，选择"编辑文字"，在图形中输入文字提示"咏鹅"。

③ 按住 Ctrl 键，拖动此形状，进行复制，复制出 3 个相同的矩形，并编辑文字。

④ 将第一个矩形和第四个矩形的位置定好后，按住 Shift 键，同时选中 4 个矩形，单击"绘图工具"|"绘图"|"排列"按钮，在"对齐"菜单中分别选择"纵向分布"和"横向分布"，让 4 个矩形按图 5.107 所示排列。

⑤ 选定第一个矩形，单击"插入"|"链接"|"超链接"按钮，弹出"插入超链接"对话框，设置如图 5.108 所示，单击"确定"按钮。

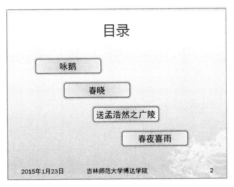

图 5.107　"目录"幻灯片

图 5.108　"插入超链接"对话框

⑥ 分别选定其他矩形，按上述操作，连接到相应的幻灯片。

⑦ 为目录幻灯片上的对象添加适当的动画效果。

（2）为内容幻灯片添加"返回"按钮。

① 选定"咏鹅"幻灯片。

② 单击"插入"|"插图"|"形状"按钮，在最下面的"动作按钮"中选择"自定义"动作按钮，添加在右下角，弹出"动作设置"对话框，如图 5.109 所示。选择"超链接到"|"幻

计算机应用基础任务驱动教程

灯片"命令，弹出"超链接到幻灯片"对话框，如图 5.110 所示，选择"目录"幻灯片，单击"确定"按钮。

③ 给这个自定义按钮添加文字，并设置按钮形状，如图 5.111 所示。

图 5.109　"动作设置"对话框

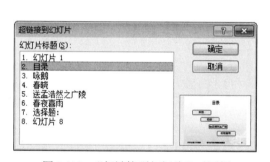

图 5.110　"超链接到幻灯片"对话框

图 5.111　添加了"返回"按钮的幻灯片

④ 选定此按钮，分别复制到后面的 3 张幻灯片中。

（3）将标题幻灯片中的音乐，使用"动画窗格"中的"效果选项"命令，设置成"在 7 张幻灯片后停止播放"。

（4）放映每一张幻灯片，观看效果，并保存。

知识拓展

"高级动画"中的参数，为对象设置好动画效果后，用户可以在"高级动画"功能中根据需求为对象设置更多参数。

一、"添加动画"功能

选择一个动画效果已添加到所选的对象。新的动画应用到此幻灯片上任何现有的动画后面。

例如，设置一个对象的"进入"效果为"飞入"效果，又为其添加了一个"缩放"的动画，添加完后，会在对象的左上方出现"序号"按钮，单击"序号"按钮可显示出最先的效果为"飞入"，其次的效果为"缩放"。

二、"动画窗格"功能

显示动画窗格，以创建自定义动画，可为动画设置更多的参数。"动画窗格"以下拉列表的形式显示当前幻灯片中所有对象的动画效果，包括动画类型、对象名称、先后顺序等。默认情况下，"动画窗格"处于隐藏状态，单击"动画"|"高级动画"|"动画窗格"，则在幻灯片编辑窗格的右侧显示该窗格。

在"动画窗格"中可以对所选定动画的运行方式进行更改，单击则可重新设置对象动画的开始方式、效果选项、计时等。

任务 6 放映演示文稿

任务描述

到目前为止，"古诗鉴赏"演示文稿的内容、布局等都制作完成，就可以放映了。下面我们要完成设置幻灯片的放映方式。

任务目标

◆ 掌握放映幻灯片。
◆ 学会设置排练计时。
◆ 学会设置幻灯片的放映方式。
◆ 掌握自定义放映幻灯片。

知识介绍

一、放映演示文稿

演示文稿制作完成后，通过放映幻灯片可以将精心创建的演示文稿展示给观众或客户。以下将介绍设置幻灯片放映操作方法，该操作主要在"幻灯片放映"选项卡中进行。

1. 幻灯片的放映

在"幻灯片放映"选项卡的"开始放映幻灯片"组中可以设置幻灯片的放映方式，幻灯片的放映方式有"从头开始""从当前幻灯片开始""广播幻灯片"和"自定义幻灯片放映"4 种方式，如图 5.112 所示。

图 5.112 开始放映幻灯片

计算机应用基础任务驱动教程

"从头开始"和"从当前幻灯片开始"用于设置幻灯片从第 1 张幻灯片或从当前幻灯片开始放映。

"广播幻灯片"是 PowerPoint 2010 的新增功能。它是一种通过 PowerPoint 2010 实现的远程幻灯片放映功能,可以向通过使用 Web 浏览器观看的远程查看者播放该幻灯片。它可以提供"一对一的即席广播""邀请远程位置的多个观看者随时观看演示文稿",或是"在培训课程、会议或电话会议环境中同时为现场参与者和远程参与者演示幻灯片"。

"自定义幻灯片放映"是很灵活的一种方式,它只是用于显示选择的幻灯片,因此,可以对用一个演示文稿进行多种不同的放映。

单击"自定义幻灯片放映"按钮,弹出"自定义放映"对话框中,单击"新建"按钮,在出现的"定义自定义放映"对话框里,"在演示文稿中的幻灯片"列表框中选择合适的幻灯片,通过"添加"按钮,将其添加至"在自定义放映中的幻灯片"列表中。确定返回至"自定义放映"对话框后,单击"放映"按钮即可开始放映自己的幻灯片。

2. 设置放映方式

在"幻灯片放映"选项卡的"设置"组中可设置"设置幻灯片放映""隐藏幻灯片""排练计时"和"录制幻灯片演示"等多种操作。

"设置幻灯片放映"对话框中可以选择放映类型、换片方式,选择部分或全部幻灯片去放映。放映类型有以下 3 种,如图 5.113 所示。

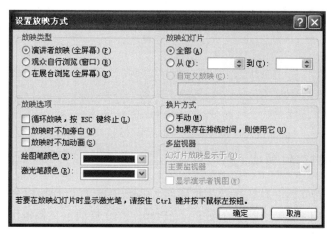

图 5.113　"设置放映方式"对话框

(1)演讲者放映。此种放映方式可全屏幕显示演示文稿中的每张幻灯片,演讲者具有完全的控制权,可以采用人工换片方式,若对"排练计时"做了设置,也可不用人工换片方式。

(2)观众自行浏览。此种放映方式,在放映时显示"文件""开始""插入"等选项卡和一些工具按钮,用户可利用有关菜单和工具按钮控制放映,既可以较小面积显示幻灯片,又可以全屏幕显示幻灯片。

(3)在展台浏览。选择此种放映方式后,PowerPoint 会自动选定"循环放映,按 Esc 键终止"复选框。此时换片方式可选择"如果存在排练时间,则使用它",放映时会自动循环放映。

"隐藏幻灯片":如有的幻灯片在放映时不需要播放,可将它隐藏。

"排练计时"：幻灯片放映时，PowerPoint 会弹出计时器幻灯片的播放时间。当幻灯片自动放映时，该时间可用于控制幻灯片的播放和动画效果显示。

"录制幻灯片演示"：该选项是 PowerPoint 2010 新增功能，是"排练计时"功能的扩展，单击"录制幻灯片演示"按钮，从菜单中选择"从头开始录制"或"从当前幻灯片开始录制"，弹出"录制幻灯片演示"对话框，如图 5.114 所示，选择录制内容，单击"开始录制"。录制结束后，切换到幻灯片浏览视图，可显示每张幻灯片的演示时间，如图 5.115 所示。

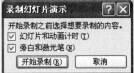

图 5.114 "录制幻灯片演示"对话框

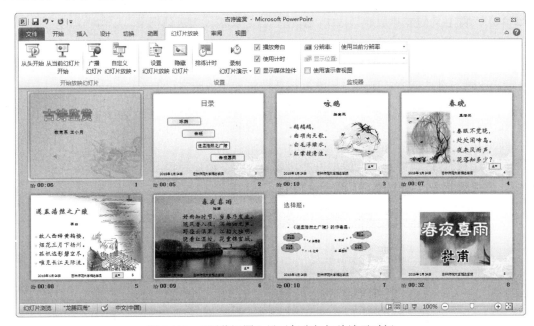

图 5.115 "浏览视图"显示每张幻灯片演示时间

二、创建视频与打包成 CD

演示文稿制作完成后，默认保存为扩展名为.pptx 的文档，也可以另存为".ppt"".pdf"或".xml"等多种文件格式，以下介绍 PowerPoint 2010 将演示文稿输出为视频和演示文稿打包的操作方法。

1．保存为视频

单击"文件"|"保存并发送"，找到"文件类型"|"创建视频"按钮，在工作区显示创建视频说明，根据播放要求设置"放映每张幻灯片的秒数"，之后单击"创建视频"按钮，演示文稿将导出为视频，默认格式为".wmv"，如图 5.116 所示。

2．打包成 CD

演示文稿的打包可以使演示文稿在没有安装 PowerPoint 的计算机上放映幻灯片，PowerPoint 2010 的打包操作与之前的版本有所不同。

如果要在另一台计算机上放映演示文稿，可以将演示文稿打包。通过打包可以将演示文稿和所需的外部文件以及字体打包到一起，如果要在没有 PowerPoint 的计算机上观看放映，则可以将 PowerPoint 播放器打包进去。打包之后如果又对演示文稿做了修改，则需要再一次运行打包向导。

打包是移动和保存幻灯片的最好办法,它甚至可以把播放器也打包到演示文稿里,从而在没有安装 PowerPoint 2010 或其早期版本的计算机上播放幻灯片。

(1)单击"文件"|"保存并发送",找到"文件类型"|"将演示文稿打包成 CD"按钮,单击"打包成 CD"按钮,如图 5.117 所示。

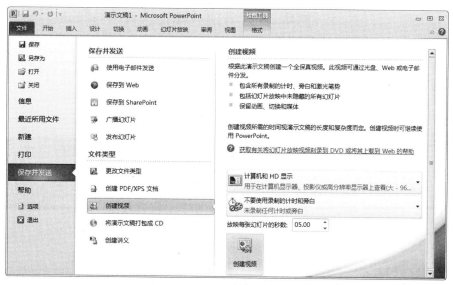

图 5.116　将演示文稿导出为视频

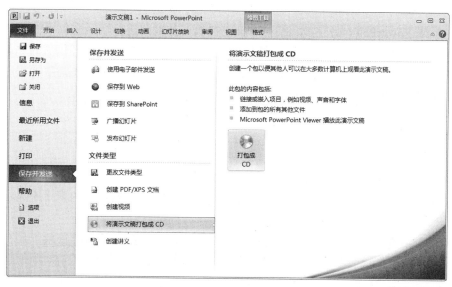

图 5.117　将演示文稿打包

(2)在弹出的"打包成 CD"对话框中,如图 5.118 所示,添加要打包的演示文稿文件,并进行"选项"设置,例如,设置将链接的文件、嵌入的 TrueType 字体打包到 CD 当中,或者为演示文稿设置打开和修改密码,并检查是否含有不适宜的信息或者个人信息,如图 5.119 所示。

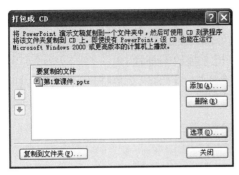

图 5.118 "打包成 CD" 对话框

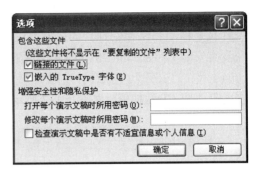

图 5.119 "选项" 对话框

（3）设置完成后，选择将"复制到 CD"或者"复制到文件夹"。复制完成之后，打开相应的文件夹，文件已经被打包，如图 5.120 所示。

图 5.120 打包文件

（4）下载 PowerPoint 播放器。PowerPoint 播放器是专门进行演示文稿播放的软件，与以往的版本相比，PowerPoint 2010 并不打包 PowerPoint 播放器，要运行打包后的 PowerPoint 2010 演示文稿，需先下载 PowerPoint 播放器安装程序。安装 PowerPoint 播放器程序后，启动并选择需要放映的演示文稿，单击"打开"按钮，即可放映幻灯片。

三、发布演示文稿

发布演示文稿的步骤如下。

（1）在 PowerPoint 2010 中打开将要发布的演示文稿。

（2）在"文件"|"保存并发送"|"发布幻灯片"命令，在其右侧的窗格中显示"发布幻灯片"，并选中"发布幻灯片"按钮。

（3）在对话框中可选择要发布的幻灯片，然后将该文稿指定到新的目录下。在指定生成的目录中，演示文稿的幻灯片则是以一张一张的方式显示在文件夹中，以供使用。

四、打印演示文稿

演示文稿的各张幻灯片制作好后，可以将所有的幻灯片以一页一张的方式打印，或者以多张为一页的方式打印，或者只打印备注页，或者以大纲视图的方式打印。

1. 页面设置

单击"设计"|"页面设置"，打开如图 5.121 所示的"页面设置"对话框。

计算机应用基础任务驱动教程

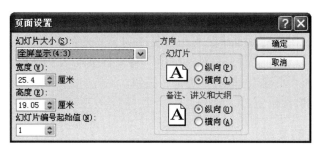

图 5.121 "页面设置"对话框

2. 打印

单击"文件"|"打印",打开如图 5.122 所示的"打印"命令。

图 5.122 "文件"选项卡中的"打印"命令

在该对话框中,可对幻灯片打印的份数、幻灯片打印的版式、打印的模式以及打印的颜色等进行设置。

📖任务实施

一、打包演示文稿

(1)打开"D:\演示文稿\古诗鉴赏.pptx"演示文稿。

(2)单击"文件"|"保存并发送"。

(3)单击中间窗体对应的"将演示文稿打包成 CD"选项,再单击最右侧窗格的"打包成 CD"按钮。

（4）在"打包成 CD"对话框中，单击"复制到文件夹"按钮。

（5）在弹出的"复制到文件夹"对话框中，将文件夹的名字设置为"古诗鉴赏演示文稿打包"，位置指定为"桌面"，单击"确定"按钮。

（6）单击"关闭"按钮。

二、放映打包的文稿

（1）打开桌面上的"古诗鉴赏演示文稿打包"文件夹。

（2）双击"古诗鉴赏"演示文稿，即可打开演示文稿。

（3）按 F5 键，放映。

所有任务都完成了，最后演示文稿的效果，如图 5.123 所示。

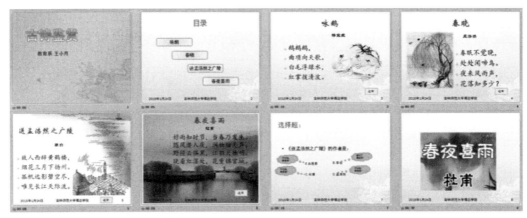

图 5.123　"古诗鉴赏.pptx"最后效果

小　　结

这一部分通过 6 个任务循序渐进地介绍了 Microsoft PowerPoint 2010 的基本操作：创建演示文稿、编辑幻灯片、在幻灯片中添加各种对象、设置动作和超链接、运行与打包等。Microsoft PowerPoint 2010 是功能强大的电子演示文稿制作软件，熟练掌握它的应用，读者将能在各种信息展示领域制作出更加生动形象的电子演示文稿。

习　　题

1．PowerPoint 2010 演示文稿的扩展名是（　　　）。

　　A．pptx　　　　　　B．ppt　　　　　　C．pot　　　　　　D．pps

2．演示文稿的基本组成单元是（　　　）。

　　A．图形　　　　　　B．文本　　　　　　C．超链点　　　　　　D．幻灯片

3．下列操作中，不能退出 PowerPoint 的操作是（　　　）。

　　A．单击"文件"下拉菜单中的"关闭"命令

B．单击"文件"下拉菜单的"退出"命令

C．按快捷键 Alt+F4

D．双击 PowerPoint 窗口的控制菜单图标

4．在 PowerPoint 2010 中，在普通视图下删除幻灯片的操作是（　　）。

   A．在"幻灯片"选项卡中选定要删除的幻灯片（单击它即可选定），然后按 Delete 键

   B．在"幻灯片"选项卡中选定幻灯片，再单击"开始"选项卡中的"删除"按钮

   C．在"编辑"选项卡下单击"编辑"组中的"删除"按钮

   D．以上说法都不正确

5．要使所有幻灯片有统一的背景，应该采用的常规方法是（　　）。

   A．执行"格式"|"背景"命令，在"背景"对话框中进行设置后单击"应用"按钮

   B．执行"格式"|"背景"命令，在"背景"对话框中进行设置后单击"全部应用"按钮

   C．执行"格式"|"应用设计模板"命令

   D．执行"格式"|"幻灯片配色方案"命令，在"幻灯片配色方案"对话框中进行设置后单击"应用"按钮

6．在 PowerPoint 2010 编辑中，想要在每张幻灯片相同的位置插入某个学校的校标，最好的设置方法是在幻灯片的（　　）中进行。

   A．普通视图　　　　B．浏览视图　　　　C．母版视图　　　　D．备注视图

7．在 PowerPoint 2010 中，进入幻灯片母版的方法是（　　）。

   A．选择"开始"|"母版视图"|"幻灯片母版"命令按钮

   B．选择"视图"|"母版视图"|"幻灯片母版"命令按钮

   C．按住 Shift 键同时，再单击"普通视图"按钮

   D．以上说法都不对

8．在 PowerPoint 2010 中，打开"设置背景格式"对话框的正确方法是（　　）。

   A．右击幻灯片空白处，在弹出的菜单中选择"设置背景格式"命令

   B．单击"插入"选项卡，选择"背景"命令按钮

   C．单击"开始"选项卡，选择"背景"命令按钮

   D．以上都不正确

9．在 PowerPoint 2010 中，若想设置幻灯片中"图片"对象的动画效果，在选中"图片"对象后，应选择（　　）。

   A．"切换"|"换片方式"

   B．"幻灯片放映"选项卡

   C．"设计"|"效果"按钮

   D．"动画"|"添加动画"按钮

10．在 PowerPoint 2010 中，若使幻灯片播放时，从"盒状展开"效果变换到下一张幻灯片，需要设置（　　）。

   A．自定义动画　　B．放映方式　　　C．幻灯片切换　　D．自定义放映

第六部分　计算机网络与安全

　　今天，电话网络、电视网络和计算机网络被广泛应用着。在这些纵横交织的网络中，计算机网络作为现代技术的标志，已成为世界许多经济增长的主要动力并以令人惊叹的速度向前发展。

　　计算机网络传输多种数据揭示了计算机网络的发展是计算机技术与通信技术相结合的产物。为迎接信息社会的挑战，世界各国纷纷建设信息高速公路、国家信息基础设施等计划，其目的就是构建信息社会的重要物质和技术基础。在信息社会，信息资源已成为社会发展的重要战略资源。计算机网络是国家信息基础建设的重要组成部分，也是一个国家综合实力的重要标志之一。

任务 1　Internet 接入方式

📛任务描述

　　互联网接入技术的发展非常迅速，带宽由最初的 14.4Kb/s 发展到目前的 10Mb/s 甚至 100Mb/s，接入方式由过去单一的电话拨号方式，发展成现在多样的有线和无线接入方式。接入终端开始向移动设备发展。根据接入后数据传输的速度，Internet 的接入方式可分为宽带接入和窄频接入。

　　宽带接入方式有非对称数字专线（ADSL）接入、有线电视上网（通过有线电视网络）接入、光纤接入、无线宽带接入和人造卫星宽带接入等。

　　窄频接入方式有电话拨号上网（20 世纪 90 年代网络刚兴起时比较普及，因速度较慢，渐被宽带连线所取代）、窄频 ISDN 接入、GPRS 手机上网和 CDMA 手机上网等。

🏆任务目标

◆ 掌握计算机网络的定义和功能。
◆ 掌握计算机网络的分类。
◆ 掌握计算机网络的组成。

🏅知识介绍

一、计算机网络的起源及发展

　　世界上最早出现的计算机网络的雏形是美国 1952 年建立的一套半自动地面防空（SAGE）系统，它使用了远距离通信线路将 1000 多台终端连接到一台旋风计算机上，实现了计算机远距离的集中控制。这种由一台计算机经过通信线路与若干台终端直接连接的方式被称为主机—终端系统或称为面向终端的计算机网络。

这种面向终端的计算机网络在 20 世纪 60 年代获得了很大发展，其中一些至今仍在使用，如美国的 SABRE1 系统，是 60 年代美国航空公司与 IBM 公司联合研制的全国飞机票联机订票系统，它由一台中央计算机与分布在全美各地的 2000 多个终端相连。另外在图书、军用及一些商用网中，这种面向终端的网络也起到了很大作用。

从现在的角度看，主机—终端系统还不能代表计算机网络，它只是我们现在所说的计算机网络的一部分。它存在两个明显的缺点。一是主机负荷重，这是因为它既要担负通信控制工作，又要担负数据处理工作。二是线路利用率低，特别是远程终端更为突出。为减轻主机负担和提高线路利用率，20 世纪 60 年代出现了一种在主机和通信线路之间设置的通信控制处理机，专门负责通信控制，在终端较为集中的区域设置集线器，大量终端先通过低速线路连到集线器上，集线器则通过高速线路与主机相连，这种结构常采用小型机作为通信控制处理机，它除完成通信控制外，还具有信息处理、信息压缩、代码转换等功能，这种结构被称作具有通信功能的多机系统。

随着计算机应用的发展，一些大公司或部门往往拥有多台计算机，有时这些计算机之间需要交换信息，于是出现了一种以传输信息为主要目的、用通信线路将两台或多台计算机连接起来的网络形式，它被称为计算机通信网络。它是计算机网络的低级形式。

随着计算机通信网络的发展和广泛应用，用户不仅要求计算机之间能传输信息，而且希望共享网内其他计算机上的信息或使用网上的其他计算机来完成自己的某些工作，这种以共享网上资源为目的的计算机网络，就是我们现在所称的计算机—计算机网络，简称计算机网络。它使得使用网络中的资源与使用本地资源一样方便。

我国的计算机网络自 20 世纪 80 年代以来发展非常迅速，铁道部、公安部、军队、民航、银行都建立了自己的专用网络，"三金"工程的启动和实施使我国的网络基础设施得到了进一步的完善和提高。在计算机网络标准化方面，1988 年制定了与 ISO 的"开放系统互连基本参考模型"相对应的国家标准 GB 9387—88。

二、计算机网络的定义与功能

1. 计算机网络系统的定义

什么是计算机网络？人们从不同的角度对它提出了不同的定义，归纳起来，可以分为 3 类。

从计算机与通信技术相结合的观点出发，人们把计算机网络定义为"以计算机之间传输信息为目的而连接起来，实现远程信息处理并进一步达到资源共享的系统"。20 世纪 60 年代初，人们借助于通信线路将计算机与远方的终端连接起来，形成了具有通信功能的终端—计算机网络系统，首次实现了通信技术与计算机技术的结合。

从资源共享角度，计算机网络是把地理上分散的资源，以能够相互共享资源（硬件、软件和数据）的方式连接起来，并且各自具备独立功能的计算机系统的集合体。

从物理结构上，计算机网络又可定义为在协议控制下，由若干计算机、终端设备、数据传输和通信控制处理机等组成的集合。

综上所述，计算机网络定义为：凡是将分布在不同地理位置并具有独立功能的多台计算机，通过通信设备和线路连接起来，在功能完善的网络软件（网络协议及网络操作系统等）支持下，以实现网络资源共享和数据传输为目的的系统，称为计算机网络。可以从以下三个方面理解计算机网络的概念。

（1）计算机网络是一个多机系统。两台以上的计算机互连才能构成网络，这里的计算机可以是微型计算机、小型计算机和大型计算机等各种类型的计算机，并且每台计算机具有独立功能，即某台计算机发生故障，不会影响整个网络或其他计算机。

（2）计算机网络是一个互联系统。互联是通过通信设备和通信线路实现的，通信线路可以是双绞线、电话线、同轴电缆、光纤等"有形"介质，也可以是微波或卫星信道等"无形"介质。

（3）计算机网络是一个资源共享系统。计算机之间要实现数据通信和资源共享，必须在功能完善的网络软件支持下。这里的网络软件包括网络协议、信息交换方式及网络操作系统等。

2. 计算机网络的功能

从计算机的网络的定义可以看出，计算机网络的主要功能是实现计算机各种资源的共享和数据传输，随着应用环境不同，其功能也有一些差别，大致有以下 4 个方面。

（1）资源共享。计算机网络中的资源可分成三大类，即硬件资源、软件资源和数据资源。硬件共享：为发挥大型计算机和一些特殊外围设备的作用，并满足用户要求，计算机网络对一些昂贵的硬件资源提供共享服务；软件共享：计算机网络可供共享的软件包括系统软件、各种语言处理程序和各式各样的应用程序；数据共享：随着信息时代的到来，数据资源的重要性也越来越大。

（2）数据通信。该功能用于实现计算机与终端、计算机与计算机之间的数据传输，不仅是计算机网络的最基本功能，也是实现其他几个功能的基础。本地计算机要访问网络上另一台计算机的资源就是通过数据传输来实现的。

（3）提高系统的可靠性和可用性。计算机网络一般都属于分布式控制，计算机之间可以独立完成通信任务。如果有单个部件或者某台计算机出现故障，由于相同的资源分布在不同的计算机上，这样网络系统可以通过不同路由来访问这些资源，不影响用户对同类资源的访问，避免了单机无后备机情况下的系统瘫痪现象，大大提高了系统的可靠性。可用性是指当网络中某台计算机负担过重时，网络可将新的任务转交给网络中空闲的计算机完成，这样均衡各台计算机的负载，提高了每台计算机的可用性。

（4）分布式处理。用户可以根据情况合理地选择网内资源，在方便和需要进行数据处理的地方设置计算机，对于较大的数据处理任务分交给不同的计算机来完成，达到均衡使用资源、实现分布处理的目的。

三、计算机网络的分类及性能评价

计算机网络从不同的角度、不同的划分原则，可以得到不同类型的计算机网络。

按网络的作用范围及计算机之间连接的距离可分为局域网、广域网、城域网 3 种。

1. 局域网

局域网（Local Area Network，LAN）地理范围一般在 10km 以内，属于一个单位或部门组建的小范围网络。

例如，一个学校的计算机中心或一个系的计算机各自互连起来组成的网络就是一个局域网。局域网组建方便，使用灵活，是目前计算机网络中最活跃的分支。

计算机应用基础任务驱动教程

2. 广域网

广域网（Wide Area Network，WAN）也叫远程网，它的地理范围可以从几十千米到几万千米。如一个国家或洲际间建立的网络都是广域网络。广域网用于通信的传输装置和介质，一般都由电信部门提供，能实现广大范围内的资源共享。Internet 就是一个覆盖了 180 多个国家和地区、连接了上千万台主机的广域网。

3. 城域网

城域网（Metropolitan Area Network，MAN）介于广域网和局域网之间，作用距离从几十千米到上百千米，通常覆盖一个城市或地区。

网络还可按网络的数据传输与交换系统的所有权划分，分为专用网和公用网两种。专用网一般是由某个部门或企业自己组建的，也可以租用电信部门的专用传输线路，如航空、铁路、军队、银行都有本系统的专用网络。公用网一般都由国家电信部门组建和管理，网络内传输和交换的装置可提供给单位或个人使用。

另外，网络还可按传输的信道分为基带、宽带、模拟和数字网络等。按网络的拓扑结构可以分为总线形网络、星形网络、树形网络、环形网络、网状形网络等。按交换技术可分为电路交换、报文交换、分组交换网络等。

任务实施

一、打开设置界面

（1）单击"开始"按钮，打开"控制面板"，单击"网络和 Internet"，选中"网络和共享中心"，如图 6.1 所示。

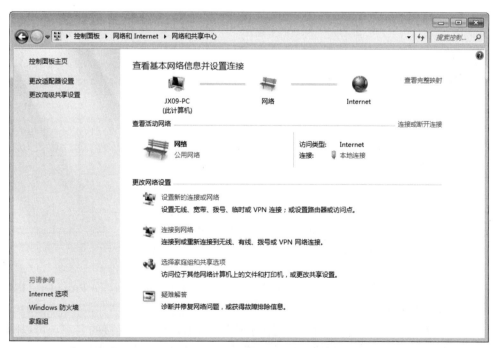

图 6.1 "网络和共享中心"窗口

（2）在"更改网络设置"中选择"设置新的连接或网络"，打开如图 6.2 所示的"设置连接或网络"对话框，选择"连接到 Internet"，单击"下一步"按钮。

（3）在图 6.3 所示的向导中选择"宽带"，单击"下一步"按钮。

图 6.2 "设置连接或网络"对话框

图 6.3 连接到 Internet 一

二、输入 ISP 提供信息

（1）在图 6.4 所示的向导中输入互联网服务提供商（Internet Service Provider，ISP）提供的信息（用户名和密码）。

（2）在图 6.4 所示的向导中输入"连接名称"，这里只是一个连接的名字，可以随便输入，如 ABCD，单击"连接"按钮。成功连接后，就可以使用浏览器上网了。

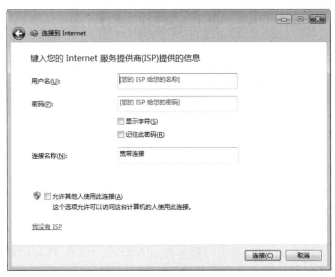

图 6.4   连接到 Internet 二

知识拓展

从网络实现上看，网络一般由网络硬件、网络软件两大部分构成。

一、网络硬件

1. 计算机

计算机在网络中根据承担的任务不同，可分别扮演不同的角色。

在基于个人计算机的局域网中，网络的核心是服务器，一般都用高档个人机或专用服务器来担任。根据服务器在网络中的作用，又可将它划分为文件服务器、通信服务器、打印服务器、数据库服务器等。

2. 网卡

网卡又称网络适配器。它是网络通信的基本硬件，每一台工作站和服务器都必须配备一块网卡，插在扩展槽中，计算机通过它与网络通信线路相连接。

3. 通信线路

通信线路用来连接服务器、工作站及其他设备。局域网常用的有同轴电缆、双绞线、光缆。还可通过微波、红外线、激光等建立无线连接。一般双绞线传输速率较低，同轴电缆较高，光纤更高。

4. 局部网络通信设备

这些设备主要是用来延伸传输距离和易于网络布线。常用的有集线器（HuB）和中继器（Repeater）。集线器可使多个工作站连接到它上面，常用的有 8 口、16 口等，它便于布线，另外具有再生、放大和管理多路通信的能力。中继器是用来对信号进行放大以使传输距离提高的一种设备。

5. 网络互连设备

网络互连是指局域网与局域网、主机系统与局域网、局域网与广域网的连接。网络的互连设备有网桥、路由器和网关。此外计算机若要用电话线联网，还得配置调制解调器

（Modem）。

网桥一般用于同类型局域网之间的互连，且各局域网采用同样的网络操作系统。

路由器是网络互连中使用较多的设备，它用于连接多个逻辑上分开的子网，每个子网代表一个单独的网络。当从一个子网传输数据到另一个子网时，就由路由器来完成这项工作。路由器具有判断网址和选择路径的功能，它在复杂的网络环境中可建立起较灵活的连接。

二、网络软件

网络软件包括网络操作系统和网络协议等。网络操作系统是指能够控制和管理网络资源的软件。它由多个系统软件组成，在基本系统上有多种配置和选项可供选择，使得用户可以根据不同的需要和设备构成最佳组合的互联网操作系统。目前常见的网络操作系统有 Windows Server 2000 及以上、Linux、UNIX、Novell Netware 等。网络协议保证网络中两台设备之间正确地传送数据。通信常用的协议有 IPX/SPX 协议和 TCP/IP 协议等。

任务 2　利用 IE 进行网上信息检索

📖 任务描述

微软公司的 Microsoft Internet Explorer（IE）是基于万维网（World Wide Web）的网络浏览客户端软件，当用户通过拨号或专线方式进入 Internet 后，运行 IE 浏览器就可以访问万维网，并在 IE 浏览器提供的菜单、选项引导下，实现对 Internet 资源的调用。

1. 网上信息浏览和保存

浏览搜狐网站，保存网页及图片文件至本地硬盘。

2. 信息检索

根据关键词搜索吉林师范大学博达学院的信息。

3. 基于网页的文件下载

搜索提供 QQ 软件的网站，并下载该软件。

📖 任务目标

◆ 掌握信息浏览及保存的方法。
◆ 掌握网上信息检索的方法。
◆ 掌握基于网页文件下载的一般方法。

📖 知识介绍

一、Internet 概述

Internet，中文正式译名为因特网，又叫做国际互联网。它是由那些使用公用语言互相通信的计算机连接而成的全球网络。一旦连接到它的任何一个结点上，就意味着计算机已经联入 Internet 了。Internet 目前的用户已经遍及全球，有超过几亿人在使用 Internet，并且它的用户数还在以等比级数上升。

Internet 是在美国早期的军用计算机网 ARPANET（阿帕网）的基础上经过不断发展变化而形成的。Internet 的起源主要可分为以下几个阶段。

1. Internet 的雏形阶段

1969 年，美国国防部高级研究计划局开始建立一个命名为 ARPANET 的网络。当时建立这个网络的目的是出于军事需要，计划建立一个计算机网络，当网络中的一部分被破坏时，其余网络部分会很快建立起新的联系。人们普遍认为这就是 Internet 的雏形。

2. Internet 的发展阶段

美国国家科学基金会（National Science Foundation，NSF）在 1985 年开始建立计算机网络 NSFNET。NSF 规划建立了 15 个超级计算机中心及国家教育科研网，用于支持科研和教育的全国性规模的 NSFNET，并以此作为基础，实现同其他网络的连接。NSFNE 成为 Internet 上主要用于科研和教育的主干部分，代替了 ARPANET 的骨干地位。1989 年 MILNET（由 ARPANET 分离出来）实现和 NSFNET 连接后，就开始采用 Internet 这个名称。自此以后，其他部门的计算机网络相继并入 Internet，ARPANET 就宣告解散了。

3. Internet 的商业化阶段

20 世纪 90 年代初，商业机构开始进入 Internet，使 Internet 开始了商业化的新进程，成为 Internet 大发展的强大推动力。1995 年，NSFNET 停止运作，Internet 已彻底商业化了。

二、访问万维网

万维网（www）也被称为 web，是 Internet 中发展最为迅速的部分，它向用户提供了一种非常简单、快捷、易用的查找和获取各类共享信息的渠道。由于万维网使用的是超媒体超文本信息组织和管理技术，任何单位或个人都可以将自己需向外发布或共享的信息以 HTML 格式存放到各自的服务器中。当其他网上用户需要信息时，可通过浏览器软件（如 Internet Explorer）进行检索和查询。

微软公司的 Microsoft Internet Explorer 是基于 World Wide Web 的网络浏览客户端软件，当用户通过拨号或专线方式进入 Internet 后，运行 IE 浏览器就可以访问万维网，并在 IE 浏览器提供的菜单、选项引导下，实现对 Internet 资源的调用。

1. 打开及关闭 IE 浏览器

到目前为止，IE 浏览器已经有很多个版本，虽然每个高版本浏览器都比低版本浏览器在功能上有所增强，但基本使用方法都相同。本书介绍微软公司 IE 浏览器 Internet Explorer 11 的基本使用方法。

（1）要使用 IE 浏览器浏览网页，用户首先应知道如何打开 IE 浏览器，然后又如何关闭浏览器。要打开 IE 浏览器窗口，可执行以下任一种操作。

方法 1：单击"开始"|"所有程序"|Internet Explorer。

方法 2：双击桌面上的 Internet Explorer 图标。

方法 3：在"开始"按钮旁边的快速启动栏中，单击其中的 Internet Explorer 图标。

（2）要关闭 Internet Explorer 浏览器，只需在浏览器窗口执行下面操作即可。

方法 1：从"文件"菜单选择"退出"命令。

方法 2：单击窗口右上角的"关闭"按钮。

方法 3：关闭当前窗口，按 Alt+F4 快捷键。

2. 输入网址

在 IE 的地址栏中输入 Web 站点的地址，可以省略"http://"，而直接输入网址。例如键入 cn.yahoo.com，然后按回车键，打开如图 6.5 所示的窗口。

图 6.5　Internet Explorer 窗口

此外，还可以在地址栏的下拉列表中选择曾经访问过的 Web 站点，可以从下拉列表框中选择，从而方便地登录到曾经访问过的地址。它还具有自动完成功能，可以帮助用户简化统一资源定位（Universal Resource Locator，URL）地址的输入，减少用户由于键盘输入而造成的地址信息错误。它还可以自动添加 Internet 地址的前缀和后缀，修正语法错误。

图 6.6　"Internet 选项"|"常规"选项卡

3. IE 中主页的设置

每次启动 IE 浏览器或单击标准按钮工具栏上的"主页"按钮，IE 浏览器都会自动打开 IE 浏览器的主页。该主页可以改变，使得每次启动 IE 浏览器或单击标准按钮工具栏上的"主页"按钮后，打开的是用户喜爱或常用的页面。改变该主页的方法是：

（1）从"工具"菜单中选择"Internet 选项"命令，如图 6.6 所示，弹出"Internet 选项"对话框。

（2）在"常规"选项卡的"主页"区域设置每次打开的主页。

使用当前页：单击此按钮将当前打开的网页设置为主页。

使用默认页：单击此按钮使用第一次安装 IE 浏览器时所设置的主页，即恢复到 IE 浏览器的初始设置。

使用空白页：单击此按钮将空的 HTML 页指定为主页。

另外，还可以直接向地址栏中输入作为主页站点的地址。

（3）单击"确定"按钮。

4. 收藏夹

"收藏夹"用于存储和管理用户感兴趣的网址。

（1）将网址添加到收藏夹。浏览到感兴趣的网站，可以将站点地址添加到收藏夹中，以后要浏览此网页时，可以从收藏夹列表中方便地找到，从而打开它，免去了重复写 URL 的麻烦。

（2）整理收藏夹。选择"收藏夹"|"整理收藏夹" 命令，将弹出"整理收藏夹"对话框，从中可以对收藏夹进行整理，如创建文件夹、删除已添加的喜爱站点等。

IE 浏览器默认提供了几个分类文件夹。用户可以根据需要建立自己的分类文件夹。

5. 保存网页到本地硬盘

用户可以将网页文件保存到硬盘，方法有以下两种。

（1）打开要保存到本地硬盘的页面。

（2）从"文件"菜单中选择"另存为"命令，弹出"保存网页"对话框，指定该网页的保存路径、保存的文件类型以及保存到本地的文件名，单击"保存"按钮。

IE 浏览器不但可以将网页的文字部分保存在本地硬盘，还可以同时将网页中包含的图片保存到本地硬盘。若网页是一个框架页面，则 IE 浏览器会将每一个框架页面保存到本地硬盘。

6. 保存 Internet 上的图像

（1）打开相应的 Internet 网页。

（2）在要保存的图片上单击鼠标右键，在弹出的快捷菜单中选择"图片另存为"命令，弹出"保存图片"对话框。在"保存图片"对话框中选择保存文件的位置，并为图片文件命名后，单击"保存"按钮。

7. 打印网页

IE 浏览器提供了非常丰富的打印功能，其中包括：对文档中所有超链接进行递归打印、智能的框架打印等。IE 浏览器在打印功能上，实现了级联样式表（Cascading Style Sheet Extensions，CSS）扩展，它利用 CSS 规范定义了为数众多的页面格式，使得打印出来的页面与浏览器中所显示的完全一致。

用户在打印当前网页之前，可以对页面进行设置，例如纸张大小、页边距等。

（1）选择要打印网页所在的浏览器窗口。

（2）从"文件"菜单选择"页面设置"命令，弹出"页面设置"对话框。

（3）在该对话框对纸张大小、页眉和页脚、页边距及打印机等进行设置。

（4）设置完成后，单击"确定"按钮。

接下来就可以打印该页面，方法是：从"文件"菜单中选择"打印"命令，弹出"打印"对话框。

8. 安全方面的设置

利用"安全"选项卡可以为不同区域的 Web 页内容指定不同的安全设置，这对那些可以访问不同类型网络的用户特别有用。例如，若某一用户既可以访问企业内部网，又可以访问 Internet 网，因此可以对其访问的不同类型的网络进行不同的安全设置。

（1）从"工具"菜单选择"Internet 选项"，在弹出的"Internet 选项"对话框中选择"安全"选项卡。

（2）在"选择一个区域以查看或更改安全设置"列表框中选择所要设置的区域，然后在下面指定所需的安全级别。

三、通信协议 TCP/IP

在每个计算机网络中，都必须有一套统一的协议，否则计算机之间无法进行通信。网络协议是网络中计算机之间进行通信的一种语言和规范准则，它定义了计算机进行信息交换所必须遵循的规则，它被信息交换的双方所认可，接收到的信息和发送的信息均以这种规则加以解释。不同的计算机网络或网络操作系统可以有不同的协议，而网络的各层中存在着许多协议，接收方与发送方同层的协议必须一致，否则一方将无法识别另一方发出的信息。Internet 采用了 TCP/IP 协议，Internet 能以惊人的速度发展是与 TCP/IP 的贡献分不开的。

TCP/IP 最早是由 ARPA 制定并加入到 Internet 中的。以后，TCP/IP 进入商业领域，以实际应用为出发点，支持不同厂商、不同机型、不同网络的互联通信，并成为目前令人瞩目的工业标准。

各种计算机网络都有各自特定的通信协议，如 Novell 公司的 IPX/SPX、IBM 公司的 SNA、DEC 公司的 DNA 等，这些通信协议相对于自己的网络都具有一定的排他性。很多情况下，需要把不同的系统连接在一起，以提高不同网络之间的通信能力。但是不同的通信协议由于其专用性，使得不同系统之间的连接变得十分困难。

TCP/IP 很好地解决了这一问题。TCP/IP 提供了一个开放的环境，它能够把各种计算机平台，包括大型机、小型机、工作站和 PC 很好地连接在一起，从而达到了不同网络系统互联的目的。从 Netware 网络服务器和工作站，到 UNIX 系统主机、IBM 和 DEC 的大中型计算机等，TCP/IP 都提供了很好的连接支持。实际上，TCP/IP 支持众多的硬件平台并兼容各种软件应用，能够把各种信息资源连接在一起，满足不同类型用户的要求。

由于 TCP/IP 的开放性，使得各种类型的网络都可以容易地接入 Internet。并且随着 Internet 的发展，将会有越来越多的网络接入 Internet，使用其丰富的资源。从这个意义上说，Internet 是以 TCP/IP 为主同时兼顾各种协议的网络，一些专家称 Internet 是多协议的计算机网络，这是与 TCP/IP 的作用分不开的。并且在未来的信息社会发展中，这种开放的环境将会促使更多的资源加入进来，形成一个全球性的资源宝库。

TCP/IP 协议所采用的通信方式是分组交换方式。所谓分组交换，简单说就是数据在传输时分成若干段，每个数据段称为一个数据包，TCP/IP 协议的基本传输单位是数据包，TCP/IP 协议主要包括两个协议，即 TCP 协议和 IP 协议，这两个协议可以联合使用，也可以与其他协议联合使用，它们在数据传输过程中主要完成以下功能。

（1）首先由 TCP 协议把数据分成若干数据包，给每个数据包写上序号，以便接收端把数据还原成原来的格式。

（2）IP 协议给每个数据包写上发送主机和接收主机的地址，一旦写上源地址和目的地址，数据包就可以在物理网上传送数据了。IP 协议还具有利用路由算法进行路由选择的功能。

（3）这些数据包可以通过不同的传输途径（路由）进行传输，由于路径不同，加上其他原因，可能出现顺序颠倒、数据丢失、数据失真甚至重复的现象。这些问题都由 TCP 协议来处理，它具有检查和处理错误的功能，必要时还可以请求发送端重发。

简言之，IP 协议负责数据的传输，而 TCP 协议负责数据的可靠传输。

TCP 建立是一个三次握手的过程，虽然传输比较可靠，但是传输速度比较慢，由此产生了传输速度快，但是不十分可靠的 UDP 传输。

两者都有各自的优点和不足，因此被用于不同方面的应用，比如 UDP 的典型应用就是 IP 电话，在打 IP 电话时要求数据传输速度快，但是可以允许传输不十分可靠，也就是说即使中间丢弃了一些包，对通话影响很小。另外 QQ 也是采用 UDP 方式传输数据的，因为如果采用 TCP 方式的话，所发送信息都要与腾讯服务器进行 TCP 会话，会使得腾讯的服务器无法承受这么大的负荷，会导致瘫痪。因此它需要采用 UDP 的点对点传输方式。

谈到 TCP 协议就不得不提到 DOS 和 DDOS 攻击，DOS 攻击（Denial of Service）即拒绝服务攻击，是指攻击者通过消耗受害网络的带宽，消耗受害主机的系统资源，发掘编程缺陷，提供虚假路由或 DNS 信息，使被攻击目标不能正常工作。DDOS 则是分布式的拒绝服务攻击。

四、IP 地址与域名

1. IP 地址

Internet 将世界各地大大小小的网络互连起来，这些网络上又各自有许多计算机接入，为了使用户能够方便快捷地找到因特网上信息的提供者或信息的目的地，全网的每一个网络和每一台主机（包括工作站、服务器和路由器等）都分配了一个 Internet 地址，称为 IP 地址。就像生活中的"门牌号"，IP 地址是网上唯一的通信地址。TCP / IP 协议族中 IP 协议的一项重要功能就是处理在整个 Internet 网络中使用统一格式的 IP 地址。

1）IP 地址的组成

目前每个 IP 地址由 32 位二进制数组成，包括网络标识和主机标识两部分。每个 IP 地址的 32 位分成 4 个 8 位组（4 字节长），每个 8 位组之间用圆点（.）分开，8 位组的二进制数用 0～255 表示，这种表示方法称为"点分十进制"表示法。例如，IP 地址 11001010.11000000.01011000.00000001 可以写成 202.192.88.1。

2）IP 地址的分类

TCP / IP 协议将 Internet 中的地址分为 5 种，即 A 类、B 类、C 类、D 类和 E 类地址。其中，D 类地址为多目地址（MulticastAddress），用于支持多目传输。E 类地址用于将来的扩展之用。目前用到的地址为 A 类、B 类和 C 类。

A 类地址的第一个 8 位组高端位总是二进制 0，其余 7 位表示网络标识（NetID），其他三个 8 位组共 24 位用于主机标识（HostID），如图 6.7 所示。这样，A 类地址的有效网络数就为 126 个（除去全 0 和全 1），A 类网络地址第一个字节的十进制值为 000～127。

B 类地址中，第一个 8 位组的前 2 位总为二进制数 10，剩下的 6 位和第二个 8 位组共 14 位二进制数表示网络标识，第三个和第四个 8 位组共 16 位表示不同的主机标识，如图 6.7 所示。每个网络中的主机数为 254。B 类网络地址第一个字节的十进制值为 128～191。

C 类地址中，第一个 8 位组的前 3 位总为二进制数 110，剩下的 5 位和第二个 8 位组、第三个 8 位组共 21 位二进制数表示网络标识，第四个 8 位组共 8 位表示不同的主机标识，如图 6.7 所示。C 类地址是最常见的 IP 地址类型，一般分配给规模较小的网络使用。C 类网络地址第一个字节的十进制值为 192~223。

A类	网络号	主机号			网络号	主机号		
	00000000	00000000	00000000	00000000	01111111	11111111	11111111	11111111

B类	网络号		主机号		网络号		主机号	
	10000000	00000000	00000000	00000000	10111111	11111111	11111111	11111111

C类	网络号			主机号	网络号			主机号
	11000000	00000000	00000000	00000000	11011111	11111111	11111111	11111111

图 6.7　IP 地址的分类

3）子网与子网掩码

一个网络上的所有主机都必须有相同的网络地址，而 IP 地址的 32 个二进制位所表示的网络数是有限的，因为每个网络都需要唯一的网络标识。随着局域网数目的增加和机器数的增加，经常会碰到网络地址不够的问题。解决办法是采用子网寻址技术，即将主机地址空间划出一定的位数分配给本网的各个子网，剩余的主机地址空间作为相应子网的主机地址空间。这样，一个网络就分成多个子网，但这些子网对外则呈现为一个统一的单独网络。划分子网后，IP 地址就分成网络、子网和主机三部分。在组建计算机网络时，通过子网技术将单个大网划分为多个小的网络，通过互联设备连接，可以减轻网络拥挤，提高网络性能。

子网掩码是 IP 地址的一部分，它的作用是界定 IP 地址的哪些部分是网络地址，哪些部分是主机地址和多网段环境中对 IP 地址中的网络地址部分进行扩展，即通过子网掩码表示子网是如何划分的。子网的掩码取决于网络中使用的 IP 地址的类型。

A 类地址：IP 地址中第一个字节是网络 ID 号，其余字节为主机 ID 号，掩码是 255.0.0.0。
B 类地址：IP 地址中前两个字节是网络 ID 号，后两个字节是主机号，掩码是 255.255.0.0。
C 类地址：IP 地址的前三个字节是网络 ID 号，最后一个字节是主机号，掩码是 255.255.255.0。

4）IP 地址解析

网间地址能够将不同的物理地址统一起来，这种统一是在 IP 层以上实现的，对于物理地址，IP 不做任何改动，在物理网络内部，依然使用原来的物理地址。这样，在网间网中就存在两种类型的地址，为了保证数据的正确传输，必须在两种地址之间建立映射关系，这种映射就叫做地址解析。地址解析协议（ARP）完成 IP 地址到物理地址的转换，并把物理地址与上层隔离。

通常 ARP 用映射表工作，表中提供了 IP 地址和物理地址（如 MAC 地址）之间的映射。在局域网中（如以太网），ARP 把目的 IP 地址放入映射表中查询，如果 ARP 发现了该地址，便把它返回给请求者。如果 ARP 在映射表中找不到所需地址，ARP 就向网络广播 ARP 请求，该 ARP 请求包含 IP 的目标地址，收到广播的一台机器认出了 ARP 请求中的 IP 地址，该机器便把自己的物理地址以 ARP 应答方式返回给发出请求的主机，这样就实现了从 IP 地址到物理地址的解析。

2. 域名系统 DNS

域名（Domain Name，DN）是对应于 IP 地址的层次结构式网络字符标识，是进行网络访问的重要基础。

由于 IP 地址由 4 段以圆点分开的数字组成，人们记忆和书写很不方便。TCP／IP 协议专门设计了另一种字符型的主机命名机制，称为域名服务系统（Domain Name System，DNS）。域名服务系统的主要功能有两点：一是定义了一套为机器取域名的规则，二是把域名高效率地转换成 IP 地址。

主机的域名被分为若干个域（一般不超过 5 个），每个域之间也用圆点符号隔开，域的级别从左向右变高，低级域名包含于高级域名之中。其域名类似于下列结构：

计算机主机名.机构名.网络名.最高层域名

最高层域名为国别代码，例如我国的最高层域名为 cn，加拿大为 ca，德国为 de，只有美国注册的公司域名没有国别代码。在最高层域名下的二级域名分为类别区域名和行政区域名两类。

类别区域名有 ac（科研机构）、com（商业机构）、edu（教育机构）、gov（政府部门）、net（网络服务供应商）和 org（非盈利组织）等。

行政区域名是按照中国的各个行政区划分而成的，包括"行政区域名"34 个，适用于我国各省、自治区、直辖市，例如 bj（北京市）、sh（上海市）、gd（广东省）等。

Internet 上主机的域名与 IP 地址的关系就像一个人的姓名与身份证的关系一样，相互对应。有了域名服务系统，凡域名空间中有定义的域名都可以有效地转换成 IP 地址，反之 IP 地址也可以有效地转换成域名。因此，用户可以等价地使用域名或 IP 地址。用户在访问某单位的主页时，可以在地址栏中输入域名或 IP 地址。

任务实施

一、网上信息浏览和保存

（1）启动 Internet Explorer 浏览器，在浏览器窗口地址栏输入 http://www.sohu.com 网址，回车后就可进入搜狐网站主页，如图 6.8 所示。

（2）在搜狐主页上，单击"教育"链接，进入有关教育方面的页面。找到感兴趣的标题，单击后便可打开相应的页面。

（3）单击"教育观察"栏目中的一篇社论，打开此网页。

（4）选择"文件"菜单中"另存为"功能，将网页保存在桌面上，文件名为"sohu 教育频道"，文件类型为 html（在桌面上保存有"sohu 教育频道.html"文件及存储页面中所有图片的文件夹"sohu 教育频道"）。

（5）关闭当前窗口，在"教育"页面中单击工具栏上 ← 按钮，退回到搜狐主页。

（6）将鼠标移至左上角"搜狐"图标处，右击，选择"图片另存为"功能，将图片保存在本地盘上。

注意：

（1）鼠标在页面上移动时，如果指针变成手形，表明它是链接。链接可以是图片、三维图像或彩色文本（通常带下画线）。单击链接便可打开链接指向的 Web 页。

图 6.8　搜狐主页

（2）直接转到某个网站或网页，可在地址栏中直接键入 URL 地址。如 www.163.com/、http://123.sogou.com/ 等。

（3）Windows 7 上增加了图形按钮，把鼠标放到图形按钮上，会出现文字解释。单击"后退"按钮，返回上次查看过的 Web 页；单击"前进到"按钮，可查看在单击"后退"按钮前查看的 Web 页。

（4）单击"主页"按钮，可返回每次启动 Internet Explorer 时显示的 Web 页。单击"收藏"按钮，从收藏夹列表中选择站点。

（5）如果 Web 页无法显示完整信息，或者想获得最新版本的 Web 页，可单击"刷新"按钮。

（6）如果只要保存页面中的文字，在页面保存时可选择文件保存类型为"文本文件"。

二、信息检索

（1）在浏览器窗口地址栏输入 http://www.baidu.com 网址，按回车键后进入百度搜索网站，如图 6.9 所示。

图 6.9　百度搜索界面

　计算机应用基础任务驱动教程

（2）在文本框中，输入搜索关键词"吉林师范大学博达学院"，并单击"网页"按钮，搜索出超过 407000 个条相关文档，如图 6.10 所示。

图 6.10　搜索结果

（3）网页跳转到搜索结果的网页中，显示与搜索关键字相关的网页，通过以上方法即可完成使用搜索引擎搜索信息的操作。

注意：搜索文本框中，可输入形如"吉林师范大学博达学园&招生简章"，多关键词检索。页面除了可保存之外，也可选择"文件"菜单中"打印"功能，直接打印输出。

三、基于网页的文件下载

（1）启动 Internet Explorer 浏览器，在浏览器窗口地址栏输入 http://www.baidu.com 网址，按回车键后进入百度搜索网站，如图 6.9 所示。

（2）在搜索文本框中输入"QQ 下载"，并单击"搜索"按钮，搜索出如图 6.11 所示的

图 6.11　QQ 下载

相关链接。单击首条"QQ 下载"显示如图 6.12 所示的页面。

（3）单击"普通下载"，显示如图 6.13 所示的对话框，单击"保存"按钮，选择适当的文件夹后，单击"保存"按钮，显示下载进度界面。

图 6.12　百度软件中心

图 6.13　下载页面

注意：由于网络带宽的限制，较大文件的下载往往会中断，这时最好的方法是采用网络下载工具实现断点续传。

知识拓展

一、Internet 网的七层网络模型——OSI

开放系统互连（Open System Interconnection，OSI）7 层网络模型称为开放式系统互联参考模型，是一个逻辑上的定义，一个规范，它把网络从逻辑上分为了 7 层。每一层都有相关、相对应的物理设备，比如路由器、交换机。OSI 七层模型是一种框架性的设计方法，建立 7 层模型的主要目的是为解决异种网络互连时所遇到的兼容性问题，其最主要的功能就是帮助不同类型的主机实现数据传输。它的最大优点是将服务、接口和协议这 3 个概念明确地区分开来,通过 7 个层次化的结构模型使不同的系统不同的网络之间实现可靠的通信。

物理层是 OSI 的第一层,它虽然处于最底层,却是整个开放系统的基础。物理层为设备之间的数据通信提供传输媒体及互连设备,为数据传输提供可靠的环境。

数据链路层可以粗略地理解为数据通道。物理层要为终端设备间的数据通信提供传输媒体及其连接。媒体是长期的,连接是有生存期的,在连接生存期内,收发两端可以进行不等的一次或多次数据通信。每次通信都要经过建立通信联络和拆除通信联络两过程。这种建立起来的数据收发关系就叫作数据链路。而在物理媒体上传输的数据难免受到各种不可靠因素的影响而产生差错,为了弥补物理层上的不足,为上层提供无差错的数据传输,就要能对数据进行检错和纠错。数据链路的建立、拆除,对数据的检错、纠错是数据链路层的基本任务。

网络层的产生也是网络发展的结果。在联机系统和线路交换的环境中,网络层的功能没有太大意义。当数据终端增多时,它们之间有中继设备相连,此时会出现一台终端要求不只是与唯一的一台而是能和多台终端通信的情况,这就产生了把任意两台数据终端设备的数据连接起来的问题,也就是路由或者称为寻径。另外,当一条物理信道建立之后,被一对用户使用,往往有许多空闲时间被浪费掉,人们自然会希望让多对用户共用一条链路,为解决这一问题就出现了逻辑信道技术和虚拟电路技术。

传输层是两台计算机经过网络进行数据通信时,第一个端到端的层次,具有缓冲作用。当网络层服务质量不能满足要求时,它将服务加以提高,以满足高层的要求;当网络层服务质量较好时,它只用很少的工作。传输层还可进行复用,即在一个网络连接上创建多个逻辑连接。传输层也称为运输层,传输层只存在于端开放系统中,是介于低 3 层通信子网系统和高 3 层之间的一层,但是很重要的一层,因为它是源端到目的端对数据传送进行控制从低到高的最后一层。

会话层提供的服务可使应用建立和维持会话,并能使会话获得同步。会话层使用校验点可使通信会话在通信失效时从校验点继续恢复通信。这种能力对于传送大的文件极为重要。会话层、表示层、应用层构成开放系统的高 3 层,面对应用进程提供分布处理、对话管理、信息表示、恢复最后的差错等。

表示层的作用之一是为异种机通信提供一种公共语言,以便能进行互操作。这种类型的服务之所以需要,是因为不同的计算机体系结构使用的数据表示法不同。例如,IBM 主机使用 EBCDIC 编码,而大部分 PC 机使用的是 ASCII 码。在这种情况下,便需要会话层来完成这种转换。

应用层向应用程序提供服务,这些服务按其向应用程序提供的特性分成组,并称为服务元素。有些可为多种应用程序共同使用,有些则为较少的一类应用程序使用。应用层是开放系统的最高层,是直接为应用进程提供服务的。其作用是在实现多个系统应用进程相互通信的同时,完成一系列业务处理所需的服务。其服务元素分为两类:公共应用服务元素 CASE 和特定应用服务元素 SASE。CASE 提供最基本的服务,它成为应用层中任何用户和任何服务元素的用户,主要为应用进程通信、分布系统实现提供基本的控制机制。特定服务 SASE 则要满足一些特定服务,如文卷传送、访问管理、作业传送、银行事务、订单输入等。

二、IPv4 和 IPv6

1. IPv4

因特网采用的核心协议族是 TCP／IP 协议族。IP 是 TCP／IP 协议族中网络层的协议，是 TCP／IP 协议族的核心协议。目前 IP 协议的版本号是 4（IPv4），发展至今已经使用了 30 多年。IPv4 的地址位数为 32 位，也就是最多有 2^{32} 台计算机可以连到 Internet 上。

2. IPv6

IPv6 是下一版本的因特网协议，也可以说是下一代因特网的协议，它的提出最初是因为随着因特网的迅速发展，IPv4 定义的有限地址空间将被耗尽，地址空间的不足必将妨碍因特网的进一步发展。为了扩大地址空间，拟通过 IPv6 重新定义地址空间。IPv6 采用 128 位地址长度，几乎可以不受限制地提供地址。按保守方法估算，IPv6 实际可分配的地址，整个地球的每平方米面积上仍可分配 1000 多个地址。和 IPv4 相比，IPv6 的主要改变就是地址的长度为 128 位，也就是说可以有 2^{128} 个 IP 地址，相当于 10^{38}。这么庞大的地址空间，足以保证地球上的每个人拥有一个或多个 IP 地址。考虑到 IPv6 地址的长度是原来的 4 倍，RFCl884 规定的标准语法建议把 IPv6 地址的 128 位（16 个字节）写成 8 个 16 位的无符号整数，每个整数用 4 个十六进制位表示，这些数之间用冒号分开，例如 841b：e34f：l6ca：3eOO：80：c8ee：f3ed：bf26。在 IPv6 的设计过程中除了一劳永逸地解决了地址短缺问题以外，还考虑了在 IPv4 中解决不好的其他问题，主要有端到端 IP 连接、服务质量、安全性、多播、移动性和即插即用等。

3. IPv4 向 IPv6 的过渡

IPv6 是在 IPv4 的基础上进行改进，一个重要的设计目标是与 IPv4 兼容，因为不可能要求立即将所有结点都转变到新的协议版本中，这需要有一个过渡时期。IPv6 比起 IPv4，具有面向高性能的网络（如 ATM），同时，也可以在低带宽的网络（如无线网）上有效地运行。

IPv4 的网络和业务将会在一段相当长的时间里与 IPv6 共存，许多业务仍然要在 IPv4 网络上运行很长时间，特别是 IPv6 不可能马上提供全球的连接，很多 IPv6 的通信不得不在 IPv4 网络上传输，因此过渡机制非常重要，需要业界的特别关注和重视。IPv4 向 IPv6 过渡的过程是渐进的，可控制的，过渡时期会相当长，而且网络／终端设备需要同时支持 IPv4 和 IPv6，最终的目标是使所有的业务功能都运行在 IPv6 的平台上。

任务 3　电子邮件的使用

🔩任务描述

电子邮件（Electronic mail，E-mail）是互联网上使用最为广泛的一种服务，是使用电子手段提供信息交换的通信方式，通过连接全世界的 Internet，实现各类信号的传送、接收、存储等处理，将邮件送到世界的各个角落。E-mail 不只局限于信件的传递，还可用来传递文件、声音及图形、图像等不同类型的信息。

（1）在 Internet 网上申请一个免费邮箱。

（2）利用免费邮箱收发电子邮件。

任务目标

◆ 掌握在网络中申请免费邮箱的方法。
◆ 掌握电子邮件的接收和发送。
◆ 掌握邮件管理及设置邮件文件夹的方法。

知识介绍

电子邮件是 Internet 最早的服务之一，1971 年 10 月，美国工程师汤姆·林森（Ray Tomlinson）于所属 BBN 科技公司在剑桥的研究室，首次利用与 ARPANET 连线的计算机传送信息至指定的另一台计算机，这便是电子邮件的起源。早期的电子邮件只能像普通邮件一样进行文本信息的通信，随着 Internet 的发展，电子邮件（E-mail）是 Internet 上使用最多和最受用户欢迎的一种应用服务。电子邮件将邮件发送到邮件服务器，并存放在其中的收信人邮箱中。收信人可随时上网到邮件服务器信箱中读取邮件。上述性质相当于利用 Internet 为用户设立了存放邮件的信箱，因此 E-mail 称为"电子信箱"。它不仅使用方便，而且具有传递迅速和费用低廉的优点。现在电子邮件中不仅可以传输文本形式，还可以包含各种类型的文件，如图像、声音等。

一、E-mail 地址

E-mail 与普通的邮件一样，也需要地址，与普通邮件的区别在于它是电子地址。所有在 Internet 之上有信箱的用户都有自己的一个或几个 E-mail 地址，并且这些 E-mail 地址都是唯一的。邮件服务器就是根据这些地址，将每封电子邮件传送到各个用户的信箱中，E-mail 地址就是用户的信箱地址。就像普通邮件一样，能否收到 E-mail，取决于是否取得了正确的电子邮件地址。一个完整的 Internet 邮件地址由以下两部分组成，即用户账户和邮件服务器地址，邮件服务器的地址可以是 IP 地址，也可以是域名表示的地址，即主机名+域名。邮箱地址的格式为：用户账户@邮件服务器地址。

假定 E-mail 地址为 xyz@*.com，这个 E-mail 地址的含义是：这是位于（at）*.com 公司的一个用户账户名为 xyz 的电子邮件地址。

二、E-mail 协议

使用 E-mail 客户端程序时，需要事先配置好，其中最重要的一项就是配置：接收邮件服务器和发送邮件服务器，通常的配置就是：新浪（接收邮件服务器：pop3.sina.com，发送邮件器：smtp.sina.com）、网易（接收邮件服务器：pop.163.com，发送邮件服务器：smtp.163.com）。表 6.1 为常用 E-mail 邮箱接收和发送邮件服务器地址。

表 6.1　部分常用 E-mail 邮箱接收和发送邮件服务器地址

提供商	接收邮件服务器地址	发送邮件服务器地址	提供商	接收邮件服务器地址	发送邮件服务器地址
网易	pop.163.com	smtp.163.com	搜狐	pop3.sohu.com	smtp.sohu.com
新浪	pop.sina.com	smtp.sina.com	雅虎	pop.mail.yahoo.com.cn	smtp.mail.yahoo.com.cn

电子邮件服务经常使用的协议有 POP3、SMTP 和 IMAP。

1. POP3 协议

POP3（Post Office Protocol 3）协议通常用于接收电子邮件，使用 TCP 端口 110。这个协议只包含 12 个命令，客户端计算机将这些命令发送到远程服务器。反过来，服务器返回给客户端计算机两个回应代码。服务器通过侦听 TCP 端口 110 开始 POP3 服务。当客户主机需要使用服务时，它将与服务器主机建立 TCP 连接。当连接建立后，POP3 发送确认信息。客户和 POP3 服务器相互（分别）交换命令和响应，这一过程一直持续到连接终止。

2. SMTP 协议

简单邮件传输协议（Simple Mail Transfer Protocol，SMTP）通常用于发送电子邮件，使用 TCP 端口 25。SMTP 工作在两种情况下：一是电子邮件从客户机传输到服务器；二是从某一个服务器传输到另一个服务器。SMTP 是一个请求 / 响应协议，命令和响应都是基于 ASCII 文本，并以 CR 和 LF 符结束，响应包括一个表示返回状态的三位数字代码。

3. Internet 消息访问协议

IMAP（Internet Message Access Protocol，IMAP）协议用于接收电子邮件，目前使用比较多的是 IMAP4，使用 TCP 端口 143。

同 POP3 相比，IMAP 可以实现更加灵活高效的邮箱访问和信息管理，使用 IMAP 可以将服务器上的邮件视为本地客户机上的邮件。在用传统 POP3 收信的过程中，用户无法知道信件的具体信息，只有在全部收入硬盘后，才能慢慢地浏览和删除。也就是说，使用 POP3，用户几乎没有对邮件的控制决定权。使用 IMAP，邮件管理就轻松多了。在连接后，可以在下载前预览全部信件的主题和来源，即时判断是下载还是删除。同时具备智能存储功能，可将邮件保存在服务器上。

三、E-mail 的方式

因为使用方式上的差异，可以将 E-mail 的收发使用的软件划分为两种形式：Web mail 和基于客户端的 E-mail。

Web mail：顾名思义，可以直译为"网页邮件"，就是使用浏览器，然后以 Web（网页）方式来收发电子邮件。

基于客户端的 E-mail：这种 E-mail 的收发需要通过客户端的程序进行。这样的 E-mail 客户端程序，常用的有 Outlook Express、Foxmail 等。

Web mail 使用浏览器进行邮件的收发，每次使用时都需要打开相应的页面，输入自己的用户账户和密码，才能够进入自己的 E-mail 账户。使用 E-mail 客户端则比较简单，安装配置好 E-mail 客户端后，直接通过 E-mail 客户端程序便可以进行邮件的收发了。

现在 Internet 上的大多数免费或收费电子邮件一般均提供 Web mail 和 E-mail 客户端两种方式，但不是全部。

任务实施

一、在 Internet 网上申请一个免费邮箱

在因特网上，有些网络运营商提供了免费的邮箱服务器供人们使用，可用搜索引擎加

以搜索。现以网易的免费邮箱登录注册为例，介绍申请方法和操作步骤。

（1）双击桌面上的 IE 图标，运行 Internet Explorer 软件。

（2）在地址栏键入 http://freemail.163.com，并回车，进入网易的免费邮箱登录注册页面，如图 6.14 所示。

图 6.14　免费邮箱登录注册页面

（3）单击免费邮箱的"注册"按钮，进入图 6.15 所示的注册页面。

图 6.15　注册页面

（4）输入允许的邮件地址（账号），假定为 email_163；设置密码及确认密码，假定密码为 password 2012；输入正确的验证码，同意"用户须知"和"隐私权相关政策"。

（5）若注册成功，你就在网易上拥有了一个免费邮箱。从此就可以在进入网易后使用邮箱，使用方法是在如图 6.14 所示的页面内填入邮件地址和密码，然后单击"登录"按钮。

本例中免费邮箱用户名为 email_163，密码为 password 2002，电子邮件地址为 email-163@163.com，此时便可直接使用免费邮箱了。

二、利用免费邮箱收发电子邮件

（1）运行 Internet Explorer 软件，在地址栏键入 http://freemail.163.com，进入网易的免费邮箱登录注册页面如图 6.14 所示。

（2）在"免费邮箱"栏中键入用户名和密码，并单击"登录"按钮。

（3）在图 6.16 所示的电子邮件管理界面中，单击左窗口中的"写信"，在"收件人"框中键入收件人的邮件地址，在"主题"框中键入邮件的标题，在正文框中键入邮件的内容，如图 6.17 所示。

图 6.16　电子邮件管理界面

（4）单击"发送"按钮，即可将发件箱中的邮件发送出去。

知识拓展

一、电子邮件软件 Outlook 的使用

Outlook 使得用户收发电子邮件时不必进入在线邮箱。通过对 Outlook 进行适当的配置，可方便地完成电子邮件的收发工作，从而大大提高工作效率。

图 6.17　发送邮件界面

Outlook Express 是一个电子邮件客户端软件，主要功能是进行邮件收发管理。MS Office 中的 Outlook 2010 是一个 PIM（Personal Information Management）的个人信息管理软件，邮件收发管理只是其功能之一，还包括日程管理、联系人管理、任务管理、便签等功能。

这里以中文版 Microsoft Outlook 2010 为例，设置网易 163 邮箱。

（1）设置邮件账户。启动 Microsoft Outlook 2010 后，如图 6.18 所示。

（2）单击"下一步"命令。弹出"添加新账户"界面，如图 6.19 所示。

（3）添加正确信息后，弹出"联机搜索您的服务器设置"界面，如图 6.20 所示。在弹出的对话框中，如出现配置成功字样，说明设置成功了。

（4）收发邮件。邮箱账户设置完后可以通过单击工具栏的"发送/接收"按钮收发邮件。

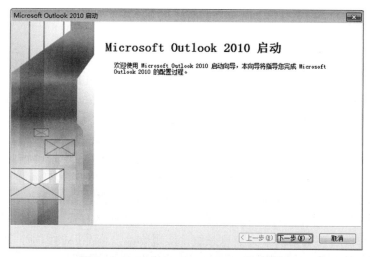

图 6.18　Microsoft Outlook 2010 启动界面

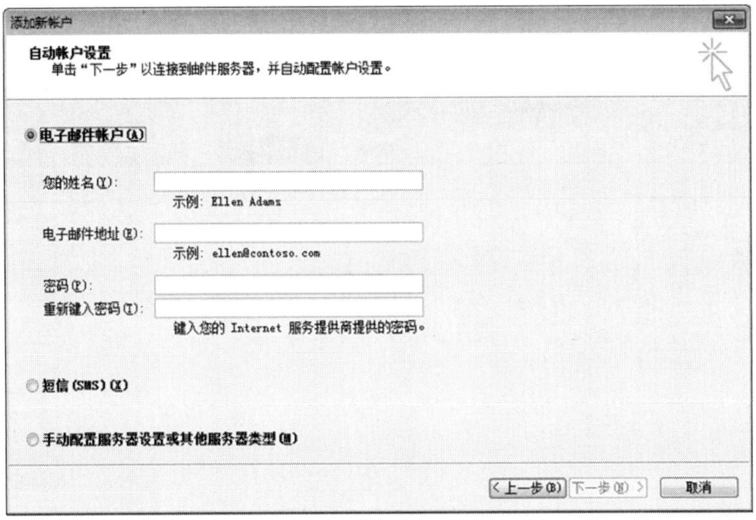

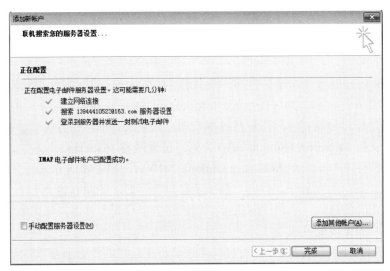

图 6.19　添加新账户

图 6.20　联机搜索服务器设置

二、物联网

网络到底能改变我们什么？智能手机的发展，加上平板计算机的发展，也大大促进了网络的发展。但笔者认为，网络的力量远远不止这些，它还能改变我们更多。例如，物联网技术如果发展起来，相信我们的生活将更加方便。

物联网是在计算机互联网的基础上，利用 RFID、无线数据通信等技术，构造一个覆盖世界上万事万物的 Internet of Things。在这个网络中，物品（商品）能够彼此进行"交流"，而无须人的干预。其实质是利用射频自动识别（RFID）技术，通过计算机互联网实现物品（商品）的自动识别和信息的互联与共享。而 RFID，正是能够让物品"开口说话"的一种技术。在"物联网"的构想中，RFID 标签中存储着规范而具有互用性的信息，通过无线数据通信网络把它们自动采集到中央信息系统，实现物品（商品）的识别，进而通过开放新的计算机网络实现信息交换和共享，实现对物品的"透明"管理。

"物联网"概念的问世，打破了之前的传统思维。过去的思路一直是将物理基础设施和 IT 基础设施分开：一方面是机场、公路、建筑物，而另一方面是数据中心、PC、宽带等。而在"物联网"时代，钢筋混凝土、电缆将与芯片、宽带整合为统一的基础设施，在此意义上，基础设施更像是一块新的地球工地，世界的运转就在它上面进行，其中包括经济管理、生产运行、社会管理乃至个人生活。

任务 4　计算机网络安全

📥 任务描述

在 Windows 7 中内置有防火墙功能，可以通过定义防火墙拒绝网络中的非法访问，从而主动防御病毒的入侵。在计算机中安装一套功能齐全的杀毒软件，对做好病毒防治工作来说也是不错的选择。目前，国内市场上的杀毒软件有很多种，这些杀毒软件一般都具有实时监控功能，能够监控所有打开的磁盘文件、从网络上下载的文件及收发的邮件等。一旦检测到计算机病毒，就能立即给出警报，这里我们选择 360 安全卫士进行介绍。

（1）启用 Windows 7 防火墙。

（2）360 安全卫士的使用。

📖 任务目标

◆ 掌握 Windows 7 防火墙的使用。

◆ 会使用杀毒软件保护计算机。

📖 知识介绍

一、计算机病毒的概念、特点和分类

1. 计算机病毒的概念

随着微型计算机的普及和深入，计算机病毒的危害越来越大。尤其是计算机网络的发展与普遍应用，使防范计算机网络病毒，保证网络正常运行成为一个非常重要而紧迫的任务。那么，何谓计算机病毒呢?计算机病毒在《中华人民共和国计算机信息系统安全保护条例》中被明确定义为："指编制或者在计算机程序中插入的,破坏计算机功能或者破坏数据、影响计算机使用,并能自我复制的一组计算机指令或者程序代码。"

2. 计算机病毒的特点

（1）寄生性。计算机病毒寄生在其他程序之中，当执行这个程序时，病毒就起破坏作用，而在未启动这个程序之前，它是不易被人发觉的。

（2）传染性。计算机病毒不但本身具有破坏性，更有害的是具有传染性，一旦病毒被复制或产生变种，其速度之快令人难以预防。传染性是病毒的基本特征。在生物界，病毒通过传染从一个生物体扩散到另一个生物体。在适当的条件下，它可得到大量繁殖，并使被感染的生物体表现出病症甚至死亡。同样，计算机病毒也会通过各种渠道从已被感染的计算机扩散到未被感染的计算机，在某些情况下造成被感染的计算机工作失常甚至瘫痪。

（3）潜伏性。有些病毒像定时炸弹一样，让它什么时间发作是预先设计好的。比如黑色星期五病毒，不到预定时间根本觉察不出来，等到条件具备时一下子就爆炸开来，对系统进行破坏。一个编制精巧的计算机病毒程序，进入系统之后一般不会马上发作，可以在几周或者几个月内甚至几年内隐藏在合法文件中，对其他系统进行传染，而不被人发现，潜伏性愈好，其在系统中的存在时间就会愈长，病毒的传染范围就会愈大。

（4）隐蔽性。计算机病毒具有很强的隐蔽性，有的可以通过病毒软件检查出来，有的根本就查不出来，有的时隐时现、变化无常，这类病毒处理起来通常很困难。

（5）破坏性。计算机中毒后，可能会导致正常的程序无法运行，把计算机内的文件删除或受到不同程度的损坏，通常表现为增、删、改、移。

（6）可触发性。病毒因某个事件或数值的出现，诱使病毒实施感染或进行攻击的特性称为可触发性。为了隐蔽自己，病毒必须潜伏，少做动作。如果完全不动，一直潜伏的话，病毒既不能感染也不能进行破坏，便失去了杀伤力。病毒既要隐蔽又要维持杀伤力，它必须具有可触发性。病毒的触发机制就是用来控制感染和破坏动作的频率的。病毒具有预定的触发条件，这些条件可能是时间、日期、文件类型或某些特定数据等。病毒运行时，触发机制检查预定条件是否满足，如果满足，启动感染或破坏动作，使病毒进行感染或攻击；如果不满足，使病毒继续潜伏。

3. 计算机病毒的分类

根据多年对计算机病毒的研究，按照科学的、系统的、严密的方法，计算机病毒可分类如下。

1）按病毒存在的媒体

根据病毒存在的媒体，病毒可以划分为网络病毒、文件病毒、引导型病毒。

（1）网络病毒通过计算机网络传播感染网络中的可执行文件。

（2）文件病毒感染计算机中的文件（如 COM，EXE，DOC 等）。

（3）引导型病毒感染启动扇区（Boot）和硬盘的系统引导扇区（MBR）。

还有这 3 种情况的混合型，例如：多型病毒（文件和引导型）感染文件和引导扇区两种目标，这样的病毒通常都具有复杂的算法，它们使用非常规的办法侵入系统，同时使用了加密和变形算法。

2）按病毒传染的方法

根据病毒传染的方法可分为驻留型病毒和非驻留型病毒。

（1）驻留型病毒感染计算机后，把自身的内存驻留部分放在内存（RAM）中，这一部分程序挂接系统调用并合并到操作系统中去，它处于激活状态，一直到关机或重新启动。

（2）非驻留型病毒在得到机会激活时并不感染计算机内存，一些病毒在内存中留有小部分，但是并不通过这一部分进行传染，这类病毒也被划分为非驻留型病毒。

3）按病毒破坏的能力

（1）无害型：除了传染时减少磁盘的可用空间外，对系统没有其他影响。

（2）无危险型：这类病毒仅仅是减少内存、显示图像、发出声音及同类音响。

（3）危险型：这类病毒在计算机系统操作中造成严重的错误。

（4）非常危险型：这类病毒删除程序、破坏数据、清除系统内存区和操作系统中重要的信息。

这些病毒对系统造成的危害，并不是本身的算法中存在危险的调用，而是当它们传染时会引起无法预料的和灾难性的破坏。由病毒引起其他的程序产生的错误也会破坏文件和扇区，这些病毒也按照它们引起的破坏能力划分。一些现在的无害型病毒也可能会对新版的 DOS、Windows 和其他操作系统造成破坏。例如：在早期的病毒中，有一个 Denzuk 病毒在 360K 磁盘上很好地工作，不会造成任何破坏，但是在后来的高密度软盘上却能引起大量的数据丢失。

宏病毒：随着微软公司 Word 字处理软件的广泛使用和计算机网络尤其是 Internet 的推广普及，病毒家族又出现一种新成员，这就是宏病毒。宏病毒是一种寄存于文档或模板的宏中的计算机病毒。一旦打开这样的文档，宏病毒就会被激活，转移到计算机上，并驻留在 Normal 模板上。从此以后，所有自动保存的文档都会"感染"上这种宏病毒，而且如果其他用户打开了感染病毒的文档，宏病毒又会转移到他的计算机上。据美国国家计算机安全协会统计，这位"后起之秀"已占目前全部病毒数量的 80% 以上。另外，宏病毒还可衍生出各种变种病毒，这种"父生子、子生孙"的传播方式实在让许多系统防不胜防，这也使宏病毒成为威胁计算机系统的"第一杀手"。

二、计算机病毒的防范措施

1. 感染计算机病毒的表现形式

计算机受到病毒感染后，会表现出不同的症状，下面把一些经常碰到的现象列出来，供读者参考。

（1）机器不能正常启动。加电后机器根本不能启动，或者可以启动，但所需要的时间比原来的启动时间变长了。有时会突然出现黑屏现象。

（2）运行速度降低。如果发现在运行某个程序时，读取数据的时间比原来长，存文件或调文件的时间都增加了，就可能是由病毒造成的。

（3）磁盘空间迅速变小。由于病毒程序要进驻内存，而且又能繁殖，因此使内存空间变小甚至变为 0，用户什么信息也存不进去。

（4）文件内容和长度有所改变。一个文件存入磁盘后，本来它的长度和内容都不会改变，可是由于病毒的干扰，文件长度可能改变，文件内容也可能出现乱码；有时文件内容无法显示或显示后又消失了。

（5）经常出现"死机"现象。正常的操作是不会造成死机现象的，即使是初学者，命令输入不对也不会死机。如果机器经常死机，那可能是由于系统被病毒感染了。

（6）外部设备工作异常。因为外部设备受系统的控制，如果机器中有病毒，外部设备在工作时可能会出现一些异常情况，出现一些用理论或经验说不清楚的现象。

以上仅列出一些比较常见的病毒表现形式，还有其他一些特殊的现象，如系统引导速度减慢，丢失文件或文件损坏，计算机屏幕上出现异常显示，计算机系统的蜂鸣器出现异常声响，磁盘卷标发生变化，系统不识别硬盘，对存储系统异常访问，键盘输入异常，文件的日期、时间、属性等发生变化，文件无法正确读取复制或打开，命令执行出现错误，虚假报警，换置当前盘（有些病毒会将当前盘切换到 C 盘），Windows 操作系统无故频繁出现错误，系统异常重新启动，Word 或 Excel 提示执行"宏"，时钟倒转（有些病毒会命名系统时间倒转，逆向计时）等，这些情况需要由用户自己判断。

2. 计算机病毒的预防

计算机用户要经常检测计算机系统是否感染病毒，一旦发现了病毒，就设法清除，这是一种被动的病毒防范措施。计算机病毒种类多，如有些新病毒就很难发现，所以对病毒应以预防为主，将病毒拒之计算机外，这才是最积极、最安全的防范措施。预防计算机病毒感染的主要措施有以下几方面。

1）建立良好的安全习惯

（1）尽量不要访问一些明显带有诱惑性质的个人网站、不知名小网站以及一些黑客网站，有些黑客网站本身就带有病毒或木马。不要随便直接运行或直接打开电子邮件中夹带的附件文件，不要随意下载软件，尤其是一些可执行文件和 Office 文档。如果一定要执行，必须先下载到本地，用最新的杀毒软件查过后才可运行。

（2）使用复杂的密码。有许多网络病毒是通过猜测简单密码的方式攻击系统的，因此使用复杂的密码，将会大大提高计算机的安全系数。

（3）新购置的计算机和新安装的系统，一定要进行系统升级，保证修补所有已知的安全漏洞，经常备份重要数据。选择、安装经过公安部认证的防病毒软件，定期对整个系统进行病毒检测、清除工作。

（4）要经常升级安全补丁。据统计，有 80％的网络病毒是通过系统安全漏洞进行传播的，所以用户应该定期到微软网站去下载最新的安全补丁（比如使用奇虎 360 安全卫士），以防患于未然。

2）严格病毒防治的规章制度

（1）严格管理计算机，不随便使用别的机器上使用过的可擦写存储介质，坚持定期对计算机系统进行计算机病毒检测。

（2）硬盘分区表、引导扇区等的关键数据应作备份工作，并妥善保管。重要数据文件定期进行备份工作，不要等到计算机病毒破坏、计算机硬件或软件出现故障，使用户数据受到损伤时再去急救。在任何情况下，总应保留一张写保护的、无计算机病毒的、带有常用 DOS 命令文件的系统启动软盘，用以清除计算机病毒和维护系统。

（3）在网关、服务器和客户端都要安装使用网络版病毒防火墙，建立立体的病毒防护体系，遭受病毒攻击，应采取隔离措施，待机器上的病毒清除后再联网。这些措施均可有效防止计算机病毒的侵入。

3）积极使用计算机防病毒软件

通常，在计算机中安装一套功能齐全的杀毒软件，对做好病毒防治工作来说也是不错的选择。目前，国内市场上的杀毒软件有很多种，常用的有：ESETNOD32 杀毒软件（http://www.eset.com.cn/）、金山毒霸（http://db.kingsofi.com）、卡巴斯基（http://www.kaspersky.com.cn）、诺顿防病毒软件（http://www.symantec.com）、瑞星杀毒软件（http://www.rising.com.cn）、江民杀毒软件（http://www.jiangmin.com/）。

4）安装防火墙软件

有时，计算机也会收到一些带有伤害性数据的数据包。例如，有人会发送一些包含搜索计算机弱点的程序的数据包，并对这些弱点加以利用。有的数据包则包含一些恶性程序，这些程序会破坏数据或者窃取个人信息。为了使计算机免受这些伤害，用户可以使用防火墙，以防止这些有害的数据包进入计算机并访问数据。防火墙（firewall）技术是保护计算机网络安全的最成熟、最早产品化的技术措施，它在信息网（内部网）和共用网（外部网）之间构造一个保护层，即隔离层，用于监控所有进出网络的数据流和来访者，以达到保障网络安全的目的。

总之，计算机病毒攻击与防御手段是不断发展的，要在计算机病毒对抗中保持领先地位，必须根据发展趋势，在关键技术环节上实施跟踪研究，按要求安装网络版杀毒软件，并尽快提高自己的计算机维护和上网操作的水平等。

三、计算机网络安全的威胁

1. 计算机安全和网络安全的含义

计算机安全是指保护数据处理系统而采取的技术的和管理的安全措施，保护计算机硬件、软件和数据不会因偶尔或故意的原因而遭到破坏、更改和泄密。计算机安全是一个组织机构本身的安全。

网络安全从其本质上来讲，就是网络上的信息安全。从广义上说，凡是涉及网络信息的保密性、完整性、可用性、真实性和可控性的相关技术和理论，都是网络安全要研究的领域。一般认为网络安全是指网络系统的硬件、软件及其系统中的数据受到保护，不受偶然的或者恶意的原因而遭到破坏、更改、泄露，系统连续可靠正常运行，网络服务不被中断。

2. 网络信息安全的特征

（1）保密性：指信息不泄露给非授权的用户、实体或过程，或供其利用的特性。在网络系统的各个层次上有不同的机密性及相应的防范措施。例如在物理层，要保证系统实体不以电磁的方式（电磁辐射、电磁泄漏）向外泄露信息，在数据处理、传输层面，要保证数据在传输、存储过程中不被非法获取、解析，主要的防范措施是密码技术。

（2）完整性：指数据未经授权不能进行改变的特性，即信息在存储或传输过程中保持不被修改、不被破坏和丢失的特性，完整性要求信息的原样，即信息的正确生成、正确存储和正确传输。完整性与保密性不同，保密性要求信息不被泄露给未授权人，完整性则要求信息不受各种原因破坏，影响网络信息完整性的主要因素有：设备故障，传输、处理或存储过程中产生的误码，网络攻击，计算机病毒等，主要防范措施是效验与认证技术。

（3）可用性：网络信息系统最基本的功能是向用户提供服务，用户所要求的服务是多层次的、随机的，可用性是指可被授权实体访问，并按需求使用的特性，即当需要时应能存取所需的信息。网络环境下拒绝服务、破坏网络和有关系统的正常运行等都属于对可用性的攻击。

（4）可控性：指对信息的传播及内容具有控制能力，保障系统依据授权提供服务，使系统任何时候不被非授权人使用，对黑客入侵、口令攻击、用户权限非法提升、资源非法使用等采取防范措施。

（5）可审查性：提供历史事件的记录，对出现的网络安全问题提供调查的依据和手段。

📥任务实施

一、启用防火墙

防火墙最基本的功能就是控制在计算机网络中，不同信任程度区域间传送的数据流。

（1）在桌面上，单击"开始"按钮，选择"控制面板"菜单项，弹出"控制面板"窗口，如图 6.21 所示（若是"查看方式"为"类别"，可切换到"大图标"）。

图 6.21　"控制面板"界面

（2）选择"Windows 防火墙"选项，弹出"Windows 防火墙"窗口，如图 6.22 所示。

图 6.22　Windows 防火墙

（3）在窗口任务窗格"控制面板"主页中，选择"打开或关闭 Windows 防火墙"选项，如图 6.23 所示。

（4）在弹出的"自定义设置"窗口中，选择"启用 Windows 防火墙"单选按钮，单击"确定"按钮，即可完成启用 Windows 防火墙的操作。

计算机应用基础任务驱动教程

图 6.23　打开或关闭 Windows 防火墙

二、360 安全卫士的使用

（1）登录 360 安全中心的主页，下载最新版本的 360 安全卫士并安装。

（2）打开如图 6.24 所示界面，单击"电脑体验"，进行体验，查看自己计算机的健康指数。

图 6.24　360 安全卫士

（3）单击"查杀木马"，利用 360 安全卫士全盘查杀木马。

（4）单击"清理软件"，利用 360 清理不需要的插件程序。

（5）单击"系统修复"，利用 360 扫描并修复系统漏洞。

（6）单击"电脑清理"，利用 360 安全卫士清理系统垃圾。

知识拓展

一、网络安全的案例

通过开放的、自由的、国际化的 Internet，人们可以方便地从异地取回重要数据、获取信息，但同时又要面对网络开放带来的数据安全的新挑战和新危险。从下面的案例中可以感受到网络面临的安全威胁的严重性。

1. 国外计算机互联网出现的安全问题案例

1996 年初，据美国旧金山的计算机安全协会与联邦调查局的一次联合调查统计，有 53% 的企业受到过计算机病毒的侵害，42% 的企业的计算机系统在过去的 12 个月被非法使用过。而五角大楼的一个研究小组称美国一年中遭受的攻击达 25 万次之多。

2001 年红色代码（Code Red）是一种蠕虫病毒，本质上是利用了缓存区溢出攻击方式，使用服务器的端口 80 进行传播，而这个端口正是 Web 服务器与浏览器进行信息交流的渠道。与其他病毒不同的是，Code Red 并不将病毒信息写入被攻击服务器的硬盘，它只是驻留在被攻击服务器的内存中。大约在世界范围内造成了 280 万美元的损失。

2003 年冲击波（Blaster）病毒是利用微软公司在 2003 年 7 月 21 日公布的 RPC 漏洞进行传播的，只要是计算机上有 RPC 服务并且没有打安全补丁的计算机都存在有 RPC 漏洞，该病毒感染系统后，会使计算机产生下列现象：系统资源被大量占用，有时会弹出 RPC 服务终止的对话框，并且系统反复重启，不能收发邮件、不能正常复制文件、无法正常浏览网页，复制粘贴等操作受到严重影响，DNS 和 IIS 服务遭到非法拒绝等。大约造成了 200 万~1000 万美元的损失，而事实上受影响的计算机则是成千上万，不计其数。

2004 年震荡波（Sasser）病毒会在网络上自动搜索系统有漏洞的计算机，并直接引导这些计算机下载病毒文件并执行，因此整个传播和发作过程不需要人为干预。只要这些用户的计算机没有安装补丁程序并接入互联网，就有可能被感染。它的发作特点很像当年的冲击波，会让系统文件崩溃，造成计算机反复重启。目前已经造成了上千万美元的损失。

2008 年年末出现的"超级 AV 终结者"结合了 AV 终结者、机器狗、扫荡波、autorun 病毒的特点，是金山毒霸"云安全"中心捕获的新型计算机病毒。它对用户具有非常大的威胁。它通过微软特大漏洞 MS08067 在局域网传播，并带有机器狗的还原功能，下载大量的木马，对网吧和局域网用户影响极大。

2011 年 6 月黑客联盟 LulzSec 攻击美国中央情报局网站，黑客集团 LulzSec（www.lulzsec.com）宣布为美国中央情报局网站打不开负责，根据不同的报告，该黑客联盟还发布了 62000 封电子邮件和密码组合，鼓励人们尝试，如 Facebook，Gmail 和 paypal 的网站账号密码。

2012 年 1 月，亚马逊旗下美国电子商务网站 Zappos 遭到黑客网络攻击，2400 万用户的电子邮件和密码等信息被窃取。

2014 年上半年，全球互联网遭遇多起重大漏洞攻击事件袭击：OpenSSL 的 Heartbleed（心脏出血）漏洞、IE 的 0Day 漏洞、Struts 漏洞、Flash 漏洞、Linux 内核漏洞、Synaptics 触摸板驱动漏洞等重要漏洞被相继发现。攻击者利用漏洞可实现对目标计算机的完全控制，窃取机密信息。

2. 我国计算机互联网出现的安全问题案例

1997年初，北京某 ISP 被黑客成功侵入，并在清华大学"水木清华"BBS 站的"黑客与解密"讨论区张贴有关如何免费通过该 ISP 进入 Internet 的文章。

1998年8月22日，江西省中国公众媒体信息网（169台），被黑客攻击，整个系统瘫痪。

2001年5月17日，长沙破获首例"黑客"攻击网吧案。黑客利用国内的一个黑客工具对 OICQ 进行攻击，致使网吧停业三天。5月30日，北京某大学生利用网上下载的黑客软件进入某网站，盗取了某公司的上网账户和密码并且散发，致使该公司的经济损失达40多万元。

2005年12月17日，吉林市政府网站被一个13岁的黑客攻破。

2008年4月，红心中国发起网站"我赛网"（5sai.com）不断遭受黑客攻击，曾经一度关闭。反 CNN 网站（anti-cnn.com）同样也在遭遇黑客攻击，并直接导致超过27个小时网民无法登录。

2011年1月，许多人都收到了一条来自13225870398发来的短信，称中行网银 E 令已过期，要求立即登录 www.bocc.nna.cc 进行升级。金山网络安全中心20日发布橙色安全预警称，这是不法分子冒充中国银行以中行网银 E 令（网上银行动态口令牌）升级为由实施网络诈骗，此类诈骗手法将传统的短信诈骗与钓鱼网站相结合，欺骗性更强。

2012年10月，据业内人士微博爆料，京东商城充值系统于2012年10月30日晚22点30分左右出现重大漏洞，用户可以用京东积分无限制充值 Q 币和话费。

2012年7月中旬，据悉，黑客们公布了他们声称的雅虎45.34万名用户的认证信息，还有超过2700个数据库表或数据库表列的姓名以及298个 MySQL 变量。

2014年5月，山寨网银和山寨微信客户端，伪装成正常网银客户端的图标、界面，在手机软件中内嵌钓鱼网站，欺骗网民提交银行卡号、身份证号、银行卡有效期等关键信息，同时，部分手机病毒可拦截用户短信，中毒用户将面临网银资金被盗的风险。

以上这些仅仅是网络安全遭受黑客攻击的冰山一角，根据中国国家计算机网络应急处理中心估计，中国每年因"黑客"攻击造成的损失已达到76亿元，无论是前一阶段流行的"熊猫烧香"还是现阶段大规模泛滥的"机器狗"病毒，黑色产业都在侵蚀着互联网的正常运行。

面对如此严重危害计算机网络的种种威胁，必须采取有力的措施来保证计算机网络的安全。但是现有的计算机网络大多数在建设之初都忽略了安全问题，即使考虑了安全，也只是把安全机制建立在物理安全机制上，因此，随着网络的互联程度的扩大，这种安全机制对于网络环境来说形同虚设。另外，目前网络上使用的协议，如 TCP / IP 协议根本没有安全可言，完全不能满足网络安全的要求。因此，深入研究网络安全问题，在网络设计中实施全面的安全措施，对建设一个安全的网络具有十分重大的意义。

二、网络安全防范的主要措施

1. 防火墙技术

防火墙是在两个网络之间执行访问控制策略的一个或一组系统，包括硬件和软件，目的是保护网络不被他人侵扰。它是一种被动的防卫控制安全技术，其工作方式是在公共网络和专用网络之间设立一道隔离墙，以检查进出专用网络的信息是否被准许，或用户的服务请求是否被授权，从而阻止对信息资源的非法访问和非授权用户的进入。

2. 数据加密技术

数据加密技术是为了提高信息系统与数据的安全性和保密性，防止机密数据被外部破译而采用的主要技术手段之一。它的基本思想是伪装明文以隐藏真实内容。目前常用的加密技术分为对称加密技术和非对称加密技术。信息加密过程是由加密算法实现的，两种加密技术对应的算法分别是常规密码算法和公钥密码算法。

3. 虚拟局域网

虚拟局域网（Virtual Local Area Network，VLAN）是采用网络管理软件构建的可跨越不同网段、不同网络的端到端的逻辑网络。一个 VLAN 组成一个逻辑子网，即一个逻辑广播域，它可以覆盖多个网络设备，允许处于不同地理位置的网络用户加入到一个逻辑子网中。VLAN 技术把传统的基于广播的局域网技术发展为面向连接的技术，从而赋予网管系统限制虚拟网外的网络结点与网内的通信，防止基于网络的监听入侵。

4. 虚拟专用网

虚拟专用网（Virtual Personal Network，VPN）技术是指在公共网络中建立专用网络。VPN 不是一个独立的物理网络，它只是逻辑上的专用网，属于公网的一部分，是在一定的通信协议基础上，通过 Internet 在远程客户机与企业内网之间建立一条秘密的、多协议的虚拟专线，所以称为虚拟专用网。

5. 入侵检测技术

入侵检测技术（Intrusion Detection Systems，IDS）是近几年出现的新型网络安全技术，目的是提供实时的入侵检测以及采取相应的防护手段。它是基于若干预警信号来检测针对主机和网络入侵事件的技术。一旦检测到网络被入侵之后，立即采取有效措施来阻断攻击，并追踪定位攻击源。入侵检测技术包括基于主机的入侵检测技术和基于网络的入侵检测技术两种。

6. 安全审计技术

安全审计技术记录了用户使用网络系统时所进行的所有活动过程，可以跟踪记录中的有关信息，对用户进行安全控制。它分诱捕与反击两个阶段：诱捕是通过故意安排漏洞，接受入侵者的入侵，并诱使其不断深入，以获得更多的入侵证据和入侵特征；反击是当系统掌握了充分证据和准备后，对入侵行为采取的有效措施，包括跟踪入侵者的来源和查询其真实身份，切断入侵者与系统的链接等。

7. 安全扫描技术

安全扫描技术是一种重要的网络安全技术。安全扫描技术与防火墙、入侵检测系统互相配合，能够有效提高网络的安全性。通过对网络的扫描，网络管理员可以了解网络的安全配置和运行的应用服务，及时发现安全漏洞，客观评估网络风险等级。网络管理员可以根据扫描的结果更正网络安全漏洞和系统中的错误配置，在黑客攻击前进行防范。

8. 防病毒技术

网络防病毒技术是网络应用系统设计中必须解决的问题之一。病毒在网上的传播极其迅速，且危害极大。并且在多任务、多用户、多线程的网络系统工作环境下，病毒的传播具有相当的随机性，从而大大增加了网络防杀病毒的难度。目前最为有效的防治办法是购买商业化的病毒防御解决方案及其服务，采用技术上和管理上的措施。

小　结

这一部分通过 4 个任务介绍了网络的定义、功能、分类和组成；因特网的概念和应用；电子邮件的使用；网络安全方面的问题。通过任务描述、任务目标、知识介绍、任务实施、知识拓展 5 个环节的安排，循序渐进地介绍了网络的相关概念，不仅呈现给读者一幅网络的发展画卷，还可以掌握网络的基础应用。

习　题

一、选择题

1. 浏览 Web 网站必须使用浏览器，目前常用的浏览器是（　　　）。
   A．Hot mail
   B．Outlook Express
   C．Inter Exchange
   D．Internet Explorer

2. 在 Internet 中"WWW"的中文名称是（　　　）。
   A．广域网　　　B．局域网　　　C．企业网　　　D．万维网

3. Internet 实现了分布在世界各地的各类网络的互连，其最基础和核心的协议是（　　　）。
   A．TCP/IP　　　B．FTP　　　C．HTML　　　D．HTTP

4. E-mail 地址（如 lw@cun.edu.cn）中，@的含义是（　　　）。
   A．和　　　　B．或　　　　C．在　　　　D．非

5. 代表网页文件的扩展名是（　　　）。
   A．html　　　B．txt　　　C．doc　　　D．ppt

6. IP 地址的主要类型有四种，每类地址都是由（　　　）组成。
   A．48 位 6 字节　　B．48 位 8 字节　　C．32 位 8 字节　　D．32 位 4 字节

7. 根据域名代码规定，域名为.edu 表示的网站类别应是（　　　）。
   A．教育机构　　　B．军事部门　　　C．商业组织　　　D．国际组织

8. IP 地址 11011011，00001101，00000101，11101110 用点分十进制表示可写为（　　　）。
   A．219，13，5，238
   B．217，13，6，238
   C．219，17，5，278
   D．213，11，5，218

二、简答题

1. 什么是 Internet？

2. 网络硬件都包括哪几部分？

3. 简述计算机网络安全的含义。

4. 试辨认以下 IP 地址的网络类别：

（1）01010000，10100000，11，0101

（2）10100001，1101，111，10111100

（3）11010000，11，101，10000001

（4）01110000，00110000，00111110，11011111

（5）11101111，11111111，11111111，11111111

5．试述电子邮件的特点和工作原理。

6．电子邮件地址的格式和含义是什么？

7．如何打开保存在本地磁盘上的网页？

8．对于未申请注册域名的网站，可以直接在 IE 地址栏输入 IP 地址对其浏览吗？

第七部分　全国计算机二级考试公共基础知识

任务 1　基本数据结构与算法

任务描述

（1）下面叙述正确的是（　　　）。

　　A．算法的执行效率与数据的存储结构无关

　　B．算法的空间复杂度是指算法程序中指令（或语句）的条数

　　C．算法的有穷性是指算法必须能在执行有限个步骤之后终止

　　D．以上三种描述都不对

（2）在下列选项中，（　　　）不是一个算法一般应该具有的基本特征。

　　A．确定性　　　　B．可行性　　　　C．无穷性　　　　D．拥有足够的情报

（3）以下数据结构中不属于线性数据结构的是（　　　）。

　　A．队列　　　　　B．线性表　　　　C．二叉树　　　　D．栈

（4）用链表表示线性表的优点是（　　　）。

　　A．便于插入和删除操作　　　　　　B．数据元素的物理顺序与逻辑顺序相同

　　C．花费的存储空间较顺序存储少　　D．便于随机存取

（5）栈底至栈顶依次存放元素 A、B、C、D，在第 5 个元素 E 入栈前，栈中元素可以出栈，则出栈序列可能是（　　　）。

　　A．$ABCED$　　　　B．$DBCEA$　　　　C．$CDABE$　　　　D．$DCBEA$

（6）在一棵二叉树上第 5 层的结点数最多是（　　　）。

　　A．8　　　　　　B．16　　　　　　C．32　　　　　　D．15

（7）设一棵完全二叉树共有 699 个结点，则在该二叉树中的叶子结点数为（　　　）。

　　A．349　　　　　B．350　　　　　C．255　　　　　D．351

（8）已知二叉树后序遍历序列是 $DEBFCA$，中序遍历序列是 $DBEAFC$，它的前序遍历序列是（　　　）。

　　A．$CEDBA$　　　　B．$ACBED$　　　　C．$DECAB$　　　　D．$DEABC$

任务目标

◆　算法的基本概念；算法复杂度的概念和意义（时间复杂度与空间复杂度）。

◆　数据结构的定义；数据的逻辑结构与存储结构；数据结构的图形表示；线性结构与非线性结构的概念。

◆　线性表的定义；线性表的顺序存储结构及其插入与删除运算。

◆　栈和队列的定义；栈和队列的顺序存储结构及其基本运算。

◆ 线性单链表的结构及其基本运算。

◆ 树的基本概念；二叉树的定义及其存储结构；二叉树的前序、中序和后序遍历。

知识介绍

一、算法

1. 算法的基本概念

1）算法的定义

通俗地讲，算法就是一种解题的方法，是解题方案的准确而完整的描述。

2）算法的基本特征

严格地说，算法是由若干条指令组成的有穷序列，它必须满足下述 5 个基本特征。

（1）输入：具有 0 个或多个输入。

（2）输出：至少产生一个输出，它们是算法执行完后的结果。

（3）有穷性：是指算法必须能在执行有限步骤后、有限的时间内终止。

（4）确定性：是指算法中的每一步骤必须有明确的定义。

（5）可行性：针对实际问题设计的算法，人们总是希望能够得到满意的结果。

综上所述，算法是一组严谨定义运算顺序的规则，并且每一个规则都是有效的、明确的，此顺序将在有限的次数下终止。

3）算法的基本控制结构

（1）顺序结构：顺序结构是程序设计中最简单、最常用的基本结构。

（2）选择结构：又称为分支结构，是指程序依据条件所列出表达式的结果来决定执行多个分支中的哪一个分支，进而改变程序执行的流程。依据条件选择分支的结构称为选择结构。

（3）循环结构：某一类问题可能需要重复多次执行完全一样的计算和处理方法，而每次使用的数据都按照一定的规律在改变。这种可能重复执行多次的结构称为循环结构。

4）算法的基本设计方法

有列举法、归纳法、递推、递归、减半递推技术和回溯法。

2. 算法复杂度

算法复杂度主要包括时间复杂度和空间复杂度。

1）时间复杂度

算法的时间复杂度，是指执行算法所需要的计算工作量。同一个算法用不同的语言实现，或者用不同的编译程序进行编译，或者在不同的计算机上运行，效率均不同。这表明使用绝对的时间单位衡量算法的效率是不合适的。撇开这些与计算机硬件、软件有关的因素，可以认为一个特定算法"运行工作量"的大小，只依赖于问题的规模（通常用整数 n 表示），它是问题的规模函数。即算法的工作量为 $f(n)$。

2）空间复杂度

与时间复杂度类似，空间复杂度是指算法在计算机内执行时所占用的存储空间的开销规模。但我们一般所讨论的是除正常占用内存开销外的辅助存储单元规模，即包括算法程序所占的空间、输入的初始数据所占的存储空间以及算法执行过程中所需要的额外

计算机应用基础任务驱动教程

空间。

二、数据结构的基本概念

数据结构的主要目的是为了提高数据处理的效率。所谓提高数据的处理效率，主要包括两个方面：一是提高数据处理的速度；二是尽量节省在数据处理过程中所占用的计算机存储空间。

1. 什么是数据结构

在数据处理领域中，人们最感兴趣的是知道数据集合中各数据元素之间存在什么关系，应如何表示所需要处理的数据元素。

下面先介绍与数据结构相关的几个术语。

1）数据

数据（Data）是指能够输入到计算机中，并被计算机识别和处理的符号的集合。

2）数据元素

数据元素（Data Element）是组成数据的基本单位。数据元素是一个数据整体中相对独立的单位。它还可以分割成若干个具有不同属性的项（字段），故不是组成数据的最小单位。数据元素具有广泛的含义。一般来说，现实世界中客观存在的一切个体都可以是数据元素。

3）数据结构

数据结构（Data Structure）是指相互之间存在一种或多种特定关系的数据元素所组成的集合。更通俗地说，数据结构是指带有结构的数据元素的集合。具体来说，数据结构包含三个方面的内容：数据的逻辑结构，数据的存储结构和对数据所施加的运算。

（1）数据的逻辑结构：独立于计算机，是数据集合中各数据元素之间所固有的逻辑关系。

例如，假设 a 与 b 是 D 中的两个数据，则二元组 (a, b) 表示 a 是 b 的直接前驱，b 是 a 的直接后继。这样，在 D 中的每两个元素之间的关系都可以用这种二元组来表示。

（2）数据的存储结构：是逻辑结构在计算机存储器中的存放形式，必须依赖于计算机。

一般来说，一种数据的逻辑结构根据需要可以表示成多种存储结构，常用的存储结构有顺序存储结构、链式存储结构等。而采用不同的存储结构，其数据处理的效率是不同的。因此，在进行数据处理时，选择合适的存储结构是很重要的。

（3）运算：是指所施加的一组的操作总称。运算的定义直接依赖于逻辑结构，但运算的实现必须依赖于存储结构。

2. 线性结构与非线性结构

1）数据结构的逻辑结构种类

根据数据结构中各数据元素之间逻辑上的前后关系的复杂程度，一般将数据结构分为两大类型：线性结构和非线性结构。

（1）线性结构。如果在一个非空的数据结构中，元素之间为一对一的线性关系，第一个元素无直接前驱，最后一个元素无直接后继，其余元素都有且仅有一个直接前驱和一个直接后继，这种逻辑结构称为线性结构，又称为线性表。

（2）非线性结构。如果一个数据结构不是线性结构，则称之为非线性结构。元素之间为一对多或多对多的非线性关系，每个元素可以有多个直接前驱或多个直接后继。

显然，在非线性结构中，各数据元素之间的逻辑关系要比线性结构复杂，因此，对非线性结构的存储与处理比线性结构要复杂得多。线性结构和非线性结构都可以是空的数据结构。

2）数据结构的存储结构种类

根据数据结构中各元素的存储结构的不同，一般将数据结构分为两大类型：顺序存储结构和链式存储结构。

（1）顺序存储。所有元素存放在一片连续的存储空间中，逻辑上相邻的元素存放到计算机存储器中仍然相邻。即各元素按逻辑关系顺序地存放到存储空间中，这是最简单的存储结构，也是占用存储空间最少的存储结构。可通过存储序号随机访问各元素。

（2）链式存储。所有元素存放在可以不连续的存储单元中，但元素之间的关系可以通过地址确定，逻辑上相邻的元素存放到计算机存储器后不一定相邻。为了存储元素之间的逻辑关系，需另外开辟存储空间，存放邻接元素的地址，即用作指针域。

因此，链式存储结构比顺序存储结构占用的空间大。同时只能沿着指针顺序访问各元素。

三、线性表及其顺序存储结构

1．线性表的基本概念

线性表是 n（$n \geqslant 0$）个元素构成的有限序列（a_1, a_2, …, a_n）。表中的每一个数据元素，除了第一个外，有且只有一个前件，除了最后一个外，有且只有一个后件。

其中，每个元素可以简单到是一个字母或是一个数据，也可能是比较复杂的由多个数据项组成。非空线性表有如下一些结构特征。

（1）有且只有一个根结点 a_1，它无前件。

（2）有且只有一个终端结点 a_n，它无后件。

（3）除根结点与终端结点外，其他所有结点有且只有一个前件，也有且只有一个后件。线性表中结点的个数 n 称为线性表的长度。当 $n=0$ 时称为空表。

（4）元素之间为一对一的线性关系。

线性表的存储结构有顺序存储结构和链式存储结构两种。

2．线性表的顺序存储结构

线性表的顺序存储结构，又称为顺序表，它的存储方式为：在内存中开辟一片连续存储空间，但该连续存储空间的大小要大于或等于顺序表的长度，然后让线性表中第一个元素存放在连续存储空间第一个位置，第二个元素紧跟着第一个元素之后，其余依此类推。

由此可见，线性表顺序存储结构应满足如下的特点。

（1）线性表中所有元素所占的存储空间是连续的。

（2）线性表中各数据元素在存储空间中是按逻辑顺序依次存放的。

四、栈和队列

1．栈及其基本运算

1）栈的定义

栈（Stack）是限制线性表中元素的插入和删除只能在线性表的同一端进行的一种特殊线性表。允许插入和删除的一端，为变化的一端，称为栈顶（Top），另一端为固定的一端，称为栈底（Bottom）。

2）栈的顺序存储及其运算

栈的基本运算有三种：进栈、出栈与读取栈顶元素。

（1）入栈：将新元素插入到栈顶位置中，也称为进栈、插入或压入。这个运算有两个基本操作：首先将栈顶指针进一（即 Top+1），然后将新元素插入到栈顶指针指向的位置。

当栈顶指针已经指向存储空间的最后一个位置时，说明栈空间已满，不可能再进行入栈操作，否则会产生上溢错误。

（2）出栈：取出栈中栈顶元素，并赋给一个指定的变量。也称为退栈、删除或弹出。这个运算有两个基本操作：首先将栈顶元素（栈顶指针指向的元素）赋给一个指定的变量，然后将栈顶指针退一（即 Top−1）。

当栈顶指针 Top 为 0 时，说明栈空，不能进行退栈操作，否则会产生下溢错误。

（3）读取栈顶元素：读取栈中栈顶元素，并赋给一个指定的变量。必须注意，这个运算不删除栈顶元素，只是将它的值复制一份，赋给一个指定的变量，因此，在这个运算中，栈顶指针不改变。

当栈顶指针为 0 时，说明栈空，读取不到栈顶元素。

2. 队列及其基本运算

1）队列的定义

仅允许在一端进行插入，另一端进行删除的线性表，称为队列（Queue）。允许插入的一端称为队尾，通常用一个称为队尾指针（Rear）的指针指向队尾元素（最后被插入的元素）所在的位置；允许删除的一端称为队头，通常也用一个称为队头指针（Front）的指针指向队头元素的前一个位置。在队列中，队尾指针 Rear 与队头指针 Front 共同反映了队列中元素动态变化的情况。

2）顺序队列

将队列中元素全部依次存入一个一维数组 $Q(1:m)$ 中（即连续的存储空间中），数组的低下标一端为队头，高下标一端为队尾，则这样的队列就称为顺序队列。

顺序队列可定义如下两种基本运算：

（1）入队：将元素插入到队尾中，也称进队或插入。此操作先将队尾指针 Rear 进 1（即 Rear+1），然后将新元素插入 Rear 指向的位置中。

（2）出队：将队列的队头元素删除，也称退队或删除。此操作先将队头指针 Front 进 1（即 Front+1），然后将 Front 指向位置的元素取出，赋给指定的变量。

3）循环队列

为了克服顺序队列中假溢出，在实际应用中，队列的顺序存储结构一般采用循环队列的形式。所谓循环队列，就是将队列存储空间的最后一个位置绕到第一个位置，形成逻辑上的环状空间，供队列使用，如图 7.1 所示。

循环队列的初始状态为空，即 Rear=Front=m，如图 7.1 所示。

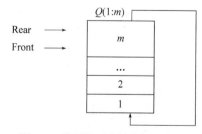

图 7.1　循环队列存储空间示意图

五、线性链表

1. 线性链表的基本概念

1）线性链表

线性表的链式存储结构，称为链表。

链表的存储方式是：在内存中利用存储单元（可以是不连续的）来存放元素值及元素在内存中的地址，各个元素的存放顺序及位置都可以以任意顺序进行，原来相邻的元素存放到计算机内存后不一定相邻，从一个元素找下一个元素必须通过地址才能实现，故不能像顺序表一样可随机访问，而只能按顺序访问。常用的链表有单链表、双向链表和循环链表等。

2）单链表

在链表存储结构中，若每个结点只含有一个指针域来存放下一个元素地址，称这样的链表为单链表。在单链表中，用一个专门的指针 HEAD 指向单链表中第一个数据元素的结点（即存放单链表中第一个数据元素的存储结点的序号）。单链表中最后一个元素没有后继，因此，单链表中最后一个结点的指针域为空（用 NULL 或 0 表示），表示链表终止。单链表的逻辑结构如图 7.2 所示。

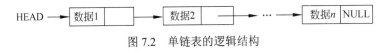

图 7.2　单链表的逻辑结构

2. 链表的基本运算

线性链表的运算主要有以下 8 种：查找、插入、删除、合并、分解、逆转、复制和排序。

1）单链表上的查找运算

在对单链表进行插入或删除的运算中，总是首先需要找到插入或删除的位置，这就需要对单链表进行扫描，寻找包含指定元素值的前一个结点。当找到这个结点后，就可以在该结点后插入新的结点或删除该结点的后一结点。

在非空单链表中寻找包含指定元素值 x 的前一结点 p 的基本方法如下所示。

从头指针指向的结点开始向后沿着指针进行扫描，直到后面已经没有结点或下一结点的数据域就是 x 为止。因此，由这种方法找到的结点 p 有两种可能：当单链表中存在包含元素 x 的结点时，则找到的 p 为第一次遇到的包含元素 x 的前一结点的序号；当单链表中不存在包含元素 x 的结点时，则找到的 p 为单链表中的最后一个结点的序号。

2）单链表上的插入运算

为了在单链表中插入一个新元素，首先要给该元素分配一个新结点，以便用于存储元素的值。新结点可以从可利用栈中取得，然后将存放新元素值的结点链接到单链表的指定位置。

其插入过程如下。

（1）从可利用栈取一个结点，设该结点的序号为 q（即取得结点的存储序号存放在变量 q 中），并置结点 q 的数据域为插入的元素值 y。

（2）在单链表中寻找元素 x 的前一个结点，假定存在，并设该结点的存储序号为 p。

（3）最后将结点 q 插入到结点 p 之后。为了实现这一步，只要改变以下两个结点的指针域

内容:

- 使结点 q 指向包含元素 x 的结点（即结点 p 的后继结点）；
- 使结点 p 的指针域内容改为指向结点 q。

3）单链表上的删除运算

单链表的删除是指在链式存储结构下的线性表中删除包含指定元素的结点。

为了在单链表中删除包含指定元素的结点，首先要在单链表中找到这个结点，然后将要删除结点放回到可利用栈。

由单链表的删除过程可能看出，在单链表中删除一个元素后，不需要移动数据元素，只需改变被删除元素所在结点的前一个结点的指针域即可。

六、树与二叉树

1．树的基本概念

1）树的图形表示

树（Tree）是一种简单的非线性结构。在树这种数据结构中，所有数据元素之间的关系具有明显的层次关系。它可以用图形的方式清晰地表示出来。

图 7.3 表示一棵一般树的图形表示。由图中可以看出，在用图形表示树这种数据结构时，很像自然界中的树，只不过是一棵倒立的树，因此，这种数据结构就用树来命名。

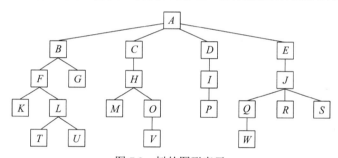

图 7.3　树的图形表示

在树的图形表示中，总是认为在用直线连接起来的两端结点中，上端结点是前驱，下端结点是后继，这样，表示逻辑关系的箭头可以省略。由图 7.3 可以看出，一个结点最多只有一个直接前驱，除了最下层结点外，其他结点可以有一个或多个直接后继。所以树是一种一对多的非线性结构。

在现实世界中，具有层次关系的数据结构都可以用树这种数据结构来描述。在所有的层次关系中，人们最熟悉的是血缘关系，按血缘关系可以很直观地理解树结构中各数据元素结点之间的关系，因此，在描述树结构时，也经常使用血缘关系中的一些术语。

下面就介绍几个与树相关的基本术语。

2）几个基本术语

（1）结点：指树中的一个数据元素。

（2）结点的度和树的度：一个结点包含子树的数目（即后继的个数），称为该结点的度。树中结点度的最大值称为树的度。在图 7.3 中，结点 A 的度为 4，结点 F 的度为 2，树的度为 4。

（3）根结点和叶子结点：没有前驱的结点称为根结点；没有后继（度为 0）的结点，称为叶子结点或树叶，也叫终端结点。

（4）子结点和父结点：若结点有子树，则子树的根结点为该结点的子结点，也称为孩子、儿子、子女等；而该结点为子树根结点的父结点。

（5）分枝结点：除叶子结点外的所有结点，为分枝结点，也叫非终端结点。

（6）结点的层数和树的高度（深度）：根结点的层数为 1，其他结点的层数为从根结点到该结点所经过的分枝数目再加 1。树中结点所处的最大层数称为树的高度，如空树的高度为 0，只有一个根结点的树高度为 1。在图 7.3 中，结点 F 的层数是 3，树的高度是 5。

3）树的基本特征

树应满足下列基本特征。

（1）有且仅有一个结点没有前驱，该结点为根结点。

（2）除根结点以外，其余每个结点有且仅有一个直接前驱（父结点）。

（3）树中每个结点可以有多个直接后继（子结点）。

2. 二叉树及其基本性质

1）二叉树的定义

二叉树（Binary Tree）是一种很有用的非线性结构。二叉树不同于树结构，但它与树结构很相似，并且，树结构中的所有术语都可以用到二叉树这种数据结构上。

二叉树是 n（$n \geq 0$）个结点的有限集，它或者是空集（$n=0$），或者由一个根结点及两棵不相交的左子树和右子树组成，且左右子树均为二叉树。

2）二叉树的特点

（1）非空二叉树只有一个根结点。

（2）每个结点最多有两棵子树，且分别称为该结点的左子树与右子树。或者说，在二叉树中，不存在度大于 2 的结点，并且二叉树是有序树（树为无序树），其子树的顺序不能颠倒。

3）二叉树的基本性质

性质 1 若二叉树的层数从 1 开始，则二叉树的第 m 层结点数，最多为 2^{m-1} 个（$m>0$）。根据二叉树的特点，这个性质是显然的。

性质 2 深度（高度）为 k 的二叉树最大结点数为 2^k-1（$k>0$）。证明：深度为 k 的二叉树，若要求结点数最多，则必须每一层的结点数都为最多，由性质 1 可知，最大结点数应为每一层最大结点数之和，即为 $2^0+2^1+\cdots+2^{k-1}=2^k-1$。

性质 3 对任意一棵二叉树，如果叶子结点个数为 n_0，度为 2 的结点个数为 n_2，则有 $n_0=n_2+1$。即度为 0 的结点总是比度为 2 的结点多一个。

性质 4 具有 n 个结点的二叉树，其深度至少为 $[\log_2 n]+1$。

为继续给出二叉树的其他性质，先定义两种特殊的二叉树。

4）满二叉树与完全二叉树

（1）满二叉树。所谓满二叉树是指这样的一种二叉树：除最后一层外，每一层上的所有结点都有两个子结点。这就是说，在满二叉树中，每一层上的结点数都达到最大值，即在满二叉树的第 m 层上有 2^{m-1} 个结点，且深度为 k 的满二叉树具有 2^k-1 个结点。

（2）完全二叉树。所谓完全二叉树是指这样的二叉树：除最后一层外，每一层上的结点数均达到最大值；在最后一层上只缺少右边的若干结点。更确切地说，如果从根结点起，对二叉树的结点自上而下、自左至右用自然数进行连续编号，则深度为 m、且有 n 个结点的二叉树，当且仅当其每一结点都与深度为 m 的满二叉树中编号从 1 到 n 的结点一一对应时，称为完全二叉树。

性质 5　具有 n 个结点的完全二叉树深度为 INT($\log_2 n$)+1 或 FIX($\log_2(n+1)$)。

注意 FIX(x)表示取不小于 x 的最小整数，也称为对 x 上取整。INT(x)表示取不大于 x 的最大整数，称为对 x 下取整。

性质 6　如果将一棵有 n 个结点的完全二叉树从上到下，从左到右对结点编号 1,2,…, n，然后按此编号将该二叉树中各结点顺序地存放于一个一维数组中，并简称编号为 j 的结点为 j（$1 \leqslant j \leqslant n$），则有如下结论成立：

（1）若 $j=1$，则结点 j 为根结点，无父，否则 j 的父为 INT（$j/2$）。

（2）若 $2j \leqslant n$，则结点 j 的左子女为 $2j$，否则无左子女。即满足 $2j>n$ 的结点为叶子结点。

（3）若 $2j+1 \leqslant n$，则结点 j 的右子女为 $2j+1$，否则无右子女。

（4）结点 j 所在层数（层次）为 INT（$\log_2 j$）+1。

3．二叉树的遍历

所谓遍历二叉树，就是遵从某种次序，访问二叉树中的所有结点，使得每个结点被且仅被访问一次。

由于二叉树是一种非线性结构，每个结点可能有一个以上的直接后继，因此，必须规定遍历的规则，并按此规则遍历二叉树，最后得到二叉树所有结点的一个序列。令 L、R、D 分别代表二叉树的左子树、右子树、根结点，则遍历二叉树有 6 种规则：DLR、DRL、LDR、LRD、RDL、RLD。若规定二叉树中必须先左后右（左右顺序不能颠倒），则只有 DLR、LDR、LRD 三种遍历规则。DLR 称为前根遍历（或前序遍历、先序遍历、先根遍历），LDR 称为中根遍历（或中序遍历），LRD 称为后根遍历（或后序遍历）。

1）前根遍历

所谓前根遍历，就是根结点最先遍历，其次左子树，最后右子树。并且，在遍历左、右子树时，仍然先访问根结点，然后遍历左子树，最后遍历右子树。因此，前根遍历二叉树的过程是一个递归的过程。前根遍历二叉树的递归遍历算法描述为：

若二叉树为空，则算法结束；否则，①输出根结点；②前根遍历左子树；③前根遍历右子树。

在此特别注意的是，在遍历左右子树时仍然采用前根遍历的方法。

2）中根遍历

所谓中根遍历，就是根在中间，先左子树，然后根结点，最后右子树。并且，在遍历左、右子树时，仍然先遍历左子树，然后访问根结点，最后遍历右子树。因此，中根遍历二叉树的过程是一个递归的过程。

中根遍历二叉树的递归遍历算法描述为：

若二叉树为空，则算法结束；否则，①中根遍历左子树；②输出根结点；③中根遍历右子树。

在此特别注意的是，在遍历左右子树时仍然采用中根遍历的方法。

3）后根遍历

所谓后根遍历，就是根在最后，即先左子树，然后右子树，最后根结点。并且，在遍历左、右子树时，仍然先遍历左子树，然后遍历右子树，最后访问根结点。因此，后根遍历二叉树的过程是一个递归的过程。

后根遍历二叉树的递归遍历算法描述为：

若二叉树为空，则算法结束；否则，①后根遍历左子树；②后根遍历右子树；③访问根结点。

在此特别注意的是，在遍历左右子树时仍然采用后根遍历的方法。

📥 任务实施

一、参考答案

（1）C　　（2）C　　（3）C　　（4）A　　（5）D　　（6）B　　（7）B　　（8）A

二、题目解析

（1）算法的设计可以避开具体的计算机程序设计语言，但算法的实现必须借助程序设计语言中提供的数据类型及其算法，因此选项 A 不准确。算法在运行过程中需辅助存储空间的大小称为算法的空间复杂度。算法的有穷性是指一个算法必须在执行有限的步骤以后结束。

（2）算法具有确定性、可行性，并拥有足够的情报。

（3）线性表、栈和队列等数据结构所表达和处理的数据以线性结构为组织形式。队列是先进先出的线性表；线性表是宏观概念，包括顺序表、链表、堆栈、队列等；栈是先进后出的线性表；一棵二叉树的一个结点下面可以有 2 个子结点，故不是线性结构。

（4）我们知道，如果是顺序存储的话，在删除线性表其中一个元素时极为不方便，因为它需要把后面的元素都往前移一个位置（插入的话则往后移）。而用链表解决的话，它只需要改变指针的指向，其他元素都不用动，所以便于插入和删除操作。

（5）栈是先进后出的，因为在 E 放入前，A、B、C、D 已经依次进栈了，故这四个元素出栈的顺序只能是 D、C、B、A，E 可在任意位置入栈出栈，只有 D 符合。

（6）根据二叉树的性质：二叉树第 i（$i \geqslant 1$）层上至多有 $2i-1$ 个结点。得到第 5 层的结点数最多是 16。

（7）$n=n_1+n_2+n_0$（总结点数等于各个度结点之和）根据完全二叉树的特点可知，一棵完全二叉树中度为 1 的结点最多有一个，或者有 0 个。根据二叉树性质 3 可知：$n_0=n_2+1$，故有：$n=2n_0+n_1-1$，因为 $n=699$ 是奇数，为保证 n_0 是整数，n_1 只能为 1，因此 $n_0=350$。

（8）题中据后序遍历序列，一眼得知 A 结点是根，那么据中序 DEB 结点都在根结点 A 左边，FC 在右边；接下来据后序得出 C 结点是以 A 为根的右子树的根结点，回到中序 F 结点是 C 的左子女；再据后序得出 B 结点是以 A 为根的右子树的根结点，再据中序得知 D 是 B 的左子女，E 是 B 的右子女。分析结果得二叉树图示如下：据图得出前序遍历序列为 $ABDECF$。

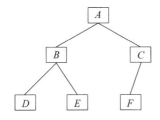

知识拓展

一、查找技术

所谓查找，就是根据给定的值，在一个线性表中查找出等于给定值的数据元素，若线性表中有这样的元素，则称查找是成功的，此时查找的信息为给定整个数据元素的输出或指出该元素在线性表中的位置；若线性表中不存在这样的元素，则称查找是不成功的，或称查找失败，并可给出相应的提示。

1. 顺序查找

1）顺序查找的基本思想

顺序查找是一种最简单的查找方法，它的基本思想是：从线性表的一端开始，顺序扫描线性表，依次将扫描到的表中元素和待找的值 K 相比较，若相等，则查找成功；若整个线性表扫描完毕，仍末找到等于 K 的元素，则查找失败。

顺序查找既适用于顺序表，也适用于链表。顺序查找的线性表中元素可以是无序的。

2）顺序查找性能分析

在进行从前往后扫描的顺序查找过程中，如果线性表中的第一个元素就是被查找元素，则只需要做一次比较就查找成功，查找效率最高；但如果被查的元素是线性表中最后一个元素，或者被查找元素根本不在线性表中，则为了查找这个元素需要与线性表中所有的元素进行比较，这是顺序查找最坏的情况。在平均情况下，利用顺序查找法在线性表中查找一个元素，大约要与线性表中一半的元素进行比较。从后往前扫描性能与从前往后扫描性能一样。

由此可见，对于大的线性表来说，顺序查找的效率是很低的。虽然顺序查找的效率不高，但在下列两种情况下也只能采用顺序查找：

（1）如果线性表是无序表（即表中元素的排列是无序的），则不管是顺序存储结构还是链式存储结构，都只能用顺序查找。

（2）即使是有序线性表，如果采用链式存储结构，也只能用顺序查找。

2. 二分法查找

1）二分查找的基本思想

二分查找，也称折半查找或减半查找，它是一种高效率的查找方法。但二分查找有条件限制：要求线性表必须是顺序存储结构，且表中元素必须有序，升序或降序均可，我们不妨假设表中元素为升序排列。

二分查找的基本思想包括以下几点。

（1）将待查元素 K 与线性表中间位置元素进行比较，若相等，则查找成功，查找过程结束；否则转（2）。

（2）若 K 小于中间位置元素，则在线性表的前半部分（即中间位置之前的部分，不包括中间位置）以相同的方法进行查找。

（3）若 K 大于中间位置元素，则在线性表的后半部分（即中间位置之后的部分，不包括中间位置）以相同的方法进行查找。

每通过一次比较，区间的长度就缩小一半，区间的个数就增加一倍，如此不断进行下去，直到找到表中元素为 K 的元素（表示查找成功）或当前的查找区间为空（表示查找失败）为止。

2）二分查找的性能分析

显然，当线性表为顺序存储且元素有序时才能采用二分查找。但是，二分查找每次将规模（即查找范围缩减一半），且每次只与查找区间中间位置的元素进行比较，这样就大大减少了比较的次数，提高了查找效率。所以，二分查找的效率要比顺序查找高得多。

二、排序技术

排序是将一组杂乱无章的数据按一定的规律顺次排列起来。

通常数据对象有多个属性域，即由多个数据成员组成，其中有一个属性域可用来区分对象，作为排序依据。该域称为关键字（Key）。排序的时间开销是衡量算法好坏的最重要的标志。排序（Sorting）也是数据处理中一种很重要的运算，同时也是很常用的运算。

1. 交换类排序法

交换排序的基本思想是：两两比较待排序对象的关键字，如果发生逆序，则交换之。直到所有对象都排好序为止。

1）冒泡排序法

首先，从表头开始往后扫描线性表，逐次比较相邻两个元素的大小，若前面的元素大于后面的元素，则将它们互换，不断地将两个相邻元素中的大者往后移动，最后最大者到了线性表的最后。

然后，从后到前扫描剩下的线性表，逐次比较相邻两个元素的大小，若后面的元素小于前面的元素，则将它们互换，不断地将两个相邻元素中的小者往前移动，最后最小者到了线性表的最前面。

对剩下的线性表重复上述过程，直到剩下的线性表变空为止，此时已经排好序。在最坏的情况下，冒泡排序需要比较次数为 $n(n-1)/2$。

2）快速排序法

任取待排序序列中的某个元素作为基准（一般取第一个元素），通过一次排序，将待排元素分为左右两个子序列，左子序列元素的排序码均小于或等于基准元素的排序码，右子序列的排序码则大于基准元素的排序码，然后分别对两个子序列继续进行排序，直至整个序列有序。

在快速排序过程中，随着对各个子表不断进行分割，划分出的子表会越来越多，但一次只能对一个子表进行再分割处理，需要将暂时不分割的子表记忆起来，这就要用一个栈来实现。

2. 插入类排序法

插入排序的基本方法是：每步将一个待排序的对象，按其关键字大小，插入到前面已经排好序的一组对象的适当位置上，直到对象全部插入为止。

1）直接插入排序法

当插入第 i（$i \geqslant 1$）个对象时，前面的 $v[0]$，$v[1]$，…，$v[i-1]$ 已经排好序。这时，用 $v[i]$ 的关键字与 $v[i-1]$，$v[i-2]$，…的关键字顺序进行比较，找到插入位置即将 $v[i]$ 插入，原来位置上的对象向后顺移。

2）希尔排序法

希尔排序又称缩小增量排序。该方法的基本思想如下：设待排序对象序列有 n 个对象，首先取一个整数 gap$<n$ 作为间隔，将全部对象分为 gap 个子序列，所有距离为 gap 的对象放在同一个子序列中，在每一个子序列中分别实行直接插入排序。然后缩小间隔 gap，例如取 gap=[gap/2]，重复上述的子序列划分和排序工作。直到最后取 gap=1，将所有对象放在同一个序列中排序为止。

3. 选择类排序法

选择排序的思想是：每一趟（例如，第 i 趟，$i=0$，1，…，$n-2$）在后面 $n-i$ 个待排序对象中选出关键字最小（升序，若为降序，选出最大关键字）的对象，作为有序对象序列的第 i 个对象。待到第 $n-2$ 趟作完，待排序对象只剩下 1 个，不用再选了，结束排序。

1）直接选择排序法

扫描整个线性表，从中选出最小的元素，将它交换到表的最前面（这是它应有的位置），然后对剩下的子表采用同样的方法，直到子表为空为止。最坏情况需要 $n(n-1)/2$ 次比较。

2）堆排序法

（1）建立初始堆。将序列 k_1，k_2，k_3，…，k_n 表示成一棵完全二叉树，然后从第 FIX($n/2$) 个元素开始筛选，使由该结点作根结点组成的子二叉树符合堆的定义，然后从第 FIX($n/2$)-1 个元素重复刚才操作，直到第一个元素为止。这时候，该二叉树符合堆的定义，初始堆已经建立。

（2）利用堆进行排序。可以按如下方法进行堆排序：将堆中第一个结点（二叉树根结点）和最后一个结点的数据进行交换（k_1 与 k_n），再将 k_1 到 k_{n-1} 重新建堆，然后 k_1 和 k_{n-1} 交换，再将 k_1 到 k_{n-2} 重新建堆，然后 k_1 和 k_{n-2} 交换，如此重复下去，每次重新建堆的元素个数不断减 1，直到重新建堆的元素个数仅剩一个为止。这时堆排序已经完成，则序列 k_1，k_2，k_3，…，k_n 已排成一个有序线性表。

堆排序法对于规模较小的线性表并不适合，但对于较大规模的线性表来说是很有效的。

任务 2　软件工程基础

🛠 任务描述

（1）在软件生命周期中，能准确地确定软件系统必须做什么和必须具备哪些功能的阶段是（　　）。

    A. 概要设计　　　B. 详细设计　　　　　C. 可行性分析　　　　D. 需求分析

（2）软件需求分析阶段的工作，可以分为四个方面：需求获取、需求分析、编写需求规格说明书以及（　　）。

    A. 阶段性报告　　B. 需求评审　　　　　C. 总结　　　　　　　D. 都不正确

（3）下面不属于软件设计原则的是（　　　　）。

    A. 抽象　　　　　　B. 模块化　　　　　　C. 自底向上　　　　　　D. 信息隐蔽

（4）软件开发的结构化生命周期方法将软件生命周期划分成（　　　　）。

    A. 定义、开发、运行维护　　　　　　B. 设计阶段、编程阶段、测试阶段

    C. 总体设计、详细设计、编程调试　　D. 需求分析、功能定义、系统设计

（5）在数据流图（DFD）中，带有名字的箭头表示（　　　　）。

    A. 控制程序的执行顺序　　　　　　B. 模块之间的调用关系

    C. 数据的流向　　　　　　　　　　D. 程序的组成成分

（6）在软件开发中，下面任务不属于设计阶段的是（　　　　）。

    A. 数据结构设计　　　　　　　　　B. 给出系统模块结构

    C. 定义模块算法　　　　　　　　　D. 定义需求并建立系统模型

（7）下列工具中属于需求分析常用工具的是（　　　　）。

    A. PAD　　　　　　B. PFD　　　　　　C. N-S　　　　　　D. DFD

（8）下列不属于软件调试技术的是（　　　　）。

    A. 强行排错法　　　　B. 集成测试法　　　　C. 回溯法　　　　　　D. 原因排除法

任务目标

◆ 软件工程基本概念，软件生命周期概念，软件工具与软件开发环境。

◆ 结构化分析方法，数据流图，数据字典，软件需求规格说明书。

◆ 结构化设计方法，总体设计与详细设计。

◆ 软件测试的方法，白盒测试与黑盒测试，测试用例设计，软件测试的实施，单元测试、集成测试和系统测试。

◆ 程序的调试，静态调试与动态调试。

知识介绍

一、软件工程基本概念

1. 软件危机与软件工程

软件工程概念的出现源自软件危机。20 世纪 60 年代末以后，"软件危机"这个词频繁出现。所谓软件危机是泛指在计算机的开发和维护过程中所遇到的一系列严重问题。实际上，几乎所有的软件都不同程度地存在这些问题。

随着计算机技术的发展和应用领域的扩大，计算机硬件性能与价格比和质量的稳步提高，软件规模越来越大，复杂程度不断增加，软件成本逐年上升，质量没有可靠的保证，软件已成为计算机科学发展的"瓶颈"。

具体地说，在软件开发和维护过程中，软件危机主要表现在以下几点。

（1）用户对系统不满意的情况经常发生，软件需求的增长得不到满足。

（2）软件开发成本和进度无法控制。开发成本超出预算，开发周期大大超过规定日期的情况经常发生。

（3）软件质量难以保证。

（4）软件不可维护或维护程度非常低。

（5）软件的成本不断提高。

（6）软件开发生产率的提高赶不上硬件的发展和应用需求的增长。

（7）软件通常没有适当的文档。

总之，可以将软件危机归结为成本、质量、生产率等问题。

为了消除软件危机，通过认真研究解决软件危机的方法，认识到软件工程是使计算机软件走向工程科学的途径，逐步形成了软件工程的概念，开辟了工程学的新兴领域：软件工程学。软件工程就是试图用工程、科学和数学的原理与方法研制、维护计算机软件的相关技术及管理方法。

关于软件工程的定义，有很多种，如：软件工程是应用于计算机软件的定义、开发、维护的一套整体方法、工具、文档、实践标准和工序。

1993 年 IEEE 给出了一个更全面的定义：①把系统化的、规范化的、可度量的途径应用于软件的开发、运行和维护的过程，即将工程化应用于软件中。②研究①中提到的途径。

软件工程包括 3 个要素，即方法、工具和过程。方法是完成软件工程项目的技术手段；工具支持软件的开发、管理、文档生成；过程支持软件开发的各个环节的控制、管理。

软件工程的进步是最近几年软件产业迅速发展的重要原动力。从根本上来说，其目的是研究软件的开发技术，软件工程的名称意味着用工业化的开发方法来代替小作坊的开发模式。但是，几十年的软件开发和软件发展的实践证明，软件开发是既不同于其他工业工程，也不同于科学研究。软件不是自然界的有形物体，它作为人类智慧的产物有其本身的特点，所以软件工程的方法、概念、目标等都在发展，有的与最初的想法有了一定的差距。但是认识和学习过去和现在的发展演变，真正掌握软件开发技术的成就，并为进一步发展软件开发技术，以适应时代对软件的更高期望是具有极大意义的。

2. 软件生命周期

通常，将软件产品从问题的提出、需求分析、设计、实现、使用维护到停止使用退役的过程称为软件生命周期。也就是说，软件产品从考虑其概念开始，到该软件产品不能使用为止的整个时期都属于软件生命周期。一般包括可行性研究与需求分析、设计、实现、测试、交付使用以及维护等活动，如图 7.4 所示。

还可以将软件生命周期分为如图 7.4 所示软件定义、软件开发及软件运行维护三个阶段。

图 7.4 所示的软件生命周期的主要活动阶段包括以下方面。

（1）可行性研究与计划制定。确定待开发软件系统的开发目标和总的要求，给出它的功能、性能、可靠性以及接口等方面的可能方案，制定完成开发任务的实施计划。

（2）需求分析。对待开发软件提出的需求进行分析并给出详细定义。编写软件规格说明书及初步的用户手册，提交评审。

（3）软件设计。系统设计人员和程序设计人员应该在反复理解软件需求的基础上，给出软件的结构、模块的划分、功能的分配以及处理流程。在系统比较复杂的情况下，设计阶段可

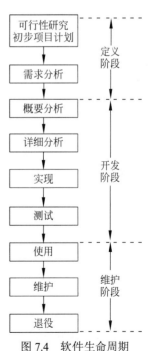

图 7.4 软件生命周期

分解成概要设计阶段和详细设计阶段。编写概要设计说明书、详细设计说明书和测试计划初稿，提交评审。

（4）软件实现。指导软件设计转换成计算机可以接受的程序代码。即完成源程序的编码，编写用户手册、操作手册等面向用户的文档，编写单元测试计划。

（5）软件测试。在设计测试用例的基础上，检验软件的各个组成部分，进行综合测试。编写测试分析报告。

（6）运行和维护。将已交付的软件投入运行，并在运行使用中不断地维护，根据新提出的需求进行必要而且可能的扩充和删除。

二、结构化分析方法

软件开发方法是软件开发过程所遵循的方法和步骤，其目的在于有效地得到一些工作产品，即程序和文档，并且满足质量要求，软件开发方法包括分析方法、设计方法和程序设计方法。

结构化方法经过 30 多年的发展，已经成为系统的、成熟的软件开发方法之一。结构化方法包括已经形成了配套的结构化分析方法、结构设计方法和结构化编程方法，其核心和基础是结构化程序设计理论。

1. 需求分析与需求分析方法

软件需求是指用户对目标软件系统在功能、行为、性能、设计、约束等方面的期望。需求分析的任务是发现需求、求精、建模的过程。需求分析将创建所需的数据模型、功能模型和控制模型。

1）需求分析的定义

1997 年 IEEE 软件工程标准词汇对需求分析定义如下所示。

（1）用户解决问题或达到目标所需的条件或权能。

（2）系统或系统部件要满足合同、标准、规范或其他正式规定文档所需具有的条件或权能。

（3）一种反映（1）或（2）所描述的条件或权能的文档说明。

由需求分析的定义可知，需求分析的内容包括：提炼、分析和仔细审查已收集到的需求；确保所有利益相关者都明白其含义并找出其中的错误、遗漏或其他不足的地方；从用户最初的非形式化需求到满足用户对软件产品的要求的映射；对用户意图不断进行提示和判断。

2）需求分析阶段的工作

可以概括为 4 个方面。

（1）需求获取。需求获取的目的是确定对目标系统的各方面需求。涉及的主要任务是建立获取用户需求的方法框架，并支持和监控需求获取的过程。

需求获取涉及的关键问题有：对问题空间的理解；人与人之间的通信；不断变化的需求。

（2）需求分析。对获取的需求进行分析和综合，最终给出系统的解决方案和目标系统的逻辑模型。

（3）编写需求规格说明书。需求规格说明书作为需求分析的阶段成果，可以为用户、分析人员和设计人员之间的交流提供方便，可以直接支持目标软件系统的确认，又可以作为控制软件开发进程的依据。

（4）需求评审。在需求分析的最后一步，对需求分析阶段的工作进行复审，验证需求文档的一致性、可行性、完整性和有效性。

3）需求分析方法

（1）常见的需求方法。主要包括：面向数据流的结构化分析方法；面向数据结构的 Jackson 方法；面向数据结构的结构化数据系统开发方法。

（2）面向对象的分析方法。从需求分析建立的模型的特性来分，需求分析方法又分为静态分析方法和动态分析方法。

2. 结构化分析方法

1）关于结构化分析方法

结构化分析方法是结构化程序设计理论在软件需求分析阶段的运用。对于面向数据流的结构化分析方法，按照 DeMarco 的定义，"结构化分析就是使用数据流图（DFD）、数据字典（DD）、判定树、判定表、过程设计语言（PDL）等工具，来建立一种新的、称为结构化规格说明的目标文档。"

结构化分析方法的实质是着眼于数据流，自顶向下，逐层分解，建立系统的处理流程，以数据流图和数据字典为主要工具，建立系统的逻辑模型。

结构化分析的步骤如下所示。

（1）通过对用户的调查，以软件的需求为线索，获得当前系统的具体模型。

（2）去掉具体模型中非本质因素，抽象出当前系统的逻辑模型。

（3）根据计算机的特点分析当前系统的差别，建立目标系统的逻辑模型。

（4）完善目标系统并补充细节，写出目标系统的软件需求规格说明。

（5）评审直到确认完全符合用户对软件的需求。

2）结构化分析的常用工具

（1）数据流图（Data Flow Diagram，DFD）。数据流图是描述数据处理过程的工具，是需求理解的逻辑模型的图形表示，它直接支持系统的功能建模。

数据流图从数据传递和加工的角度，来刻画数据流从输入到输出的移动变换过程。数据流图中的主要图形元素与说明如下：

◯ 加工（转换）：输入数据经加工变换产生输出。

⟶ 数据流：沿箭头方向传送数据的通道，一般在旁边标注数据流名。

═ 存储文件（数据源）：表示处理过程式中存放各种数据的文件。

⌐_」 源，潭：表示系统和环境的接口，属系统之外的实体。

（2）数据字典（Data Dictionary，DD）。数据字典是结构化分析方法的核心。数据字典是对所有与系统相关的数据元素的一个有组织的列表，以及精确的、严格的定义，使得用户和系统分析员对于输入、输出、存储成分和中间计算结果有共同的理解。数据字典把不同的需求文档和分析模型紧密地结合在一起，与各模型的图形表示配合，能清楚地表达数据处理的要求。

概括地说，数据字典的作用是对 DFD 中出现的被命名的图形元素的确切解释。通常数据字典包含的信息有名称、别名、何处使用、如何使用、内容描述、补充信息等。例如，对加工的描述应包括加工名、反映该加工层次的加工编号、加工逻辑及功能简述、输入输出数据流等。

（3）判定树。使用判定树进行描述时，应先从问题定义的文字描述中分清哪些是判定的条件，哪些是判定的结论，根据描述材料中的连接词找出判定条件之间的从属关系、并列关系、选择关系，根据它们构造判定树。

（4）判定表。判定表与判定树相似，当数据流图中的加工要依赖于多个逻辑条件的取值，即完成该加工的一组动作是由于某一组条件取值的组合而引发的，使用判定表描述比较适宜。

3. 软件需求规格说明书

软件需求规格说明书（Software Requitement Specification，SRS）是需求分析阶段的最后成果，是软件开发中的重要文档之一。

1）软件需求规格说明书的作用

（1）便于用户、开发人员进行理解和交流。

（2）反映出用户问题的结构，可以作为软件开发工作的基础和依据。

（3）作为确认测试和验收的依据。

2）软件需求规格说明书的内容

软件需求规格说明书是作为需求分析的一部分而制定的可交付文档。该说明把在软件计划中确定的软件范围加以展开，制定出完整的信息描述、详细的功能说明、恰当的检验标准以及其他与要求有关的数据。

软件需求规格说明书所包括的内容的书写框架如下：

a．概述

b．数据描述
- 数据流图
- 数据字典
- 系统接口说明
- 内部接口

c．功能描述
- 功能
- 处理说明
- 设计的限制

d．性能描述
- 性能参数
- 测试种类
- 预期的软件响应
- 应考虑的特殊问题

e．参考文献目录

f．附录

3）软件需求规格说明书的特点

软件需求规格说明书是确保软件质量的有力措施，衡量软件需求规格说明书质量好坏的标准、标准的优先级及标准的内涵如下。

（1）正确性：体现待开发系统的真实要求。

（2）无歧义性：对每一个需求只有一种解释，其陈述具有唯一性。

（3）完整性：包括全部有意义的需求，功能的、性能的、设计的、约束的属性或外部接口等方面的需求。

（4）可验证性：描述的每一个需求都是可以验证的，即存在有限代价的有效过程验证确认。

（5）一致性：各个需求的描述不矛盾。

（6）可理解性：需求说明书必须简明易懂，尽量少包含计算机的概念和术语，以便用户和软件人员都能接受它。

（7）可修改性：SRS 的结构风格在需求有必要改变时是易于实现的。

（8）可追踪性：每一个需求的来源、流向是清晰的，当产生和改变文件编制时，可以方便地引证每一个需求。

软件需求规格说明书是一份在软件生命周期中至关重要的文件，它在开发早期就为尚未诞生的软件系统建立了一个可见的逻辑模型，它可以保证开发工作的顺利进行，因而应及时地建立并保证它的质量。

作为设计的基础和验收的依据，软件需求规格说明书应该是精确而无二义性的，需求说明书越精确，则以后出现错误、混淆、反复的可能性越小。用户能看懂需求说明书，并且发现和指出其中的错误是保证软件系统质量的关键，因而需求说明书必须简明易懂，尽量少包含计算机的概念的术语，以便用户和软件人员都能接受它。

三、结构化设计方法

软件设计是软件工程的重要阶段，是一个把软件需求转换为软件表示的过程。软件设计的基本目标是用比较抽象概括方式确定目标系统如何完成预定的任务，即软件设计是确定系统的物理模型。

1. 软件设计的基本概念

1）软件设计的基础

软件开发的重要性的地位概括为以下几点。

（1）软件开发阶段（设计、编码、测试）占据软件项目开发总成本绝大部分，是在软件开发中形成质量的关键环节。

（2）软件设计是开发阶段最重要的步骤，是将需求准确地转化为完整的软件产品或系统的唯一途径。

（3）软件设计做出的决策，最终影响软件实现的成败。

（4）设计是软件工程和软件维护的基础。

从技术观点来看，软件设计包括软件结构设计、数据设计、接口设计、过程设计。其中，结构设计是定义软件系统各主要部件之间的关系；数据设计是将分析时创建的模型转化为数据结构的定义；接口设计是描述软件内部、软件协作系统之间以及软件与人之间如何通信；过程设计则是把系统结构部件转换成软件的过程性描述。

从工程管理角度来看，软件设计分两步完成；概要设计和详细设计。概要设计（又称结构设计）将软件需求转化为软件体系结构，确定系统级接口、全局数据结构或数据库模式；详细设计确立每个模块的实现算法和局部数据结构，用适当方法表示算法和数据结构的细节。

软件设计的一般过程是：软件设计是一个迭代的过程，先进行高层次的结构设计，后进行低层次的过程设计，穿插进行数据设计和接口设计。

2）软件设计和基本原理

软件设计遵循软件工程的基本的目标和原则，建立了适用于在软件设计中应该遵循的基本原理和与软件设计有关的概念。

（1）抽象。抽象是一种思维工具，就是把事物本质的共同特性提取出来而不考虑其他细节。软件设计中考虑模块化解决方案时，可以确定出多个抽象级别。抽象的层次从概要设计到详细设计逐步降低。在软件概要设计中的模块分层也是由抽象到具体逐步分析和构造出来的。

（2）模块化。模块化是把一个待开发的软件分解成若干小的简单的部分，如高级语言中的过程、函数、子程序等。每个模块可以完成一个特定的子功能，各个模块可以按一定的方法组装起来成为一个整体，从而实现整个系统的功能。

（3）信息隐蔽。信息隐蔽是指，在一个模块内包含的信息（过程或数据），对于不需要这些信息的其他模块来说是不能访问的。

（4）模块独立性。模块独立性是指，每个模块只完成系统要求的独立的子功能，并且与其他模块的联系最少且接口简单。模块的独立程度是评价设计好坏的重要度量标准。衡量软件的模块独立性使用耦合性和内聚性两个定性的度量标准。

内聚性：内聚性是一个模块内部各个元素彼此结合的紧密程度的度量。内聚性是从功能角度来度量模块内的联系。内聚性是信息隐蔽和局部化要领的自然扩展。一个模块的内聚性越强，则该模块的模块独立性越强。作为软件的设计原则，要求每一个模块的内部都具有很强的内聚性，它的各个组成部分彼此都密切相关。

耦合性：耦合性是模块间互相连接的紧密程度的度量。耦合性取决于各个模块之间接口的复杂度、调用方式以及哪些信息通过接口。耦合性与内聚性是模块独立性的两个定性标准，耦合与内聚是相互关联的。在程序结构中，各模块的内聚性越强，则耦合性越弱。一般较优秀的软件设计，应尽量做到高内聚，低耦合，即减弱模块之间的耦合性和提高模块内的内聚性，有利于提高模块的独立性。

3）结构化设计方法

与结构化需求分析方法相对应的是结构化设计方法。结构化设计就是采用最佳的可能方法设计系统的各个组成部分以及各成分之间的内部联系的技术。也就是说，结构化设计是这样一个过程，它决定用哪些方法把哪些部分联系起来，才能解决好某个具体有清楚定义的问题。

结构化设计方法的基本思想是将软件设计成由相对独立、单一功能的模块组成的结构。下面重点以面向数据流的结构化方法为例讨论结构化设计方法。

2. 概要设计

1）概要设计的任务

（1）设计软件系统结构。在需求分析阶段，已经把系统分解成层次结构，而在概要设计阶段，需要进一步分解，划分为模块以及模块的层次结构。划分的具体过程是：①采用某种设计方法，将一个复杂的系统按功能划分成模块；②确定每个模块的功能；③确定模块之间的调用关系；④确定模块之间的接口，即模块之间传递的信息；⑤评价模块结构的质量。

（2）数据结构及数据库设计。数据设计是实现需求定义和规格说明过程中提出的数据对象的逻辑表示。数据设计的具体任务是：确定输入、输出文件的详细数据结构；结合算法设计，确定算法所必需的逻辑数据结构及其操作；确定对逻辑数据结构所必需的那些操作的程序模块，限制和确定各个数据设计决策的影响范围；需要与操作系统或调度程序接口所必需的控制表进行数据交换时，确定其详细的数据结构和使用规则；数据的保护性设计；防卫性、一致性、冗余性设计。

（3）编写概要设计文档。在概要设计阶段，需要编写的文档有概要设计说明书、数据库设计说明书、集成测试计划等。

（4）概要设计文档评审。在概要设计中，对设计部分是否完整地实现了需求中规定的功能、性能等要求，设计方案的可行性，关键的处理及内外部接口定义正确性、有效性、各部分之间的一致性等都要进行评审，以免在以后的设计中出现大的问题而返工。

2）面向数据流的设计方法

在需求分析阶段，主要是分析信息在系统中加工和流动的情况。面向数据流的设计方法定义了一些不同的映射方法，利用这些映射方法可以把数据流图变换成结构图表示的软件结构。首先需要了解数据流图表示的数据处理类型，然后针对不同类型分别进行分析处理。

（1）数据流类型。典型的数据流类型有两种：变换型和事务型。

（2）面向数据流设计方法的实施要点与设计过程。面向数据流的结构设计过程和步骤是：①分析、确认数据流图的类型，区分是事务型还是变换型；②说明数据流的边界；③把数据流图映射为程序结构。对于事务流区分事务中心和数据接收通路，将它映射成事务结构。对于变换流，区分输出和输入分支并将它映射成变换结构；④根据设计准则对产生的结构进行细化和求精。

3. 详细设计

详细设计的任务，是为软件结构图的每一个模块确定实现算法和局部数据结构，用某种选定的表达工具表示算法和数据结构的细节。表达工具可以由设计人员自由选择，但它应该具有描述过程细节的能力，而且能够使程序员在编程时便于直接翻译成程序设计语言的源程序。

常见的过程设计工具有：图形工具，如程序流程图，N-S，PAD，HIPO；表格工具，如判定表。语言工具，如 PDL（伪码）。

下面讨论其中几种主要的工具。

1）程序流程图

程序流程图是一种传统的、应用广泛的软件过程设计表示工具，通常也称为程序框图。程序流程图表达直观、清晰，易于学习掌握，且独立于任何一种程序设计语言。

按照结构化程序设计的要求，程序流程图构成的任何程序描述限制为如图 7.5 所示的 5 种控制结构。

通过把程序流程图的 5 种基本控制结构相互结合或嵌套，可以构成任何复杂的程序流程图。

2）N-S 图

为了避免流程图在描述程序逻辑时的随意性与灵活性，1973 年 Nossi 和 Shneiderman

发表了题为"结构化程序的流程图技术"的文章,提出了用方框图来代替传统的程序流程图,通常也把这种图称为 N-S 图。

N-S 图的基本图符及表示的 5 种基本控制结构如图 7.6 所示。

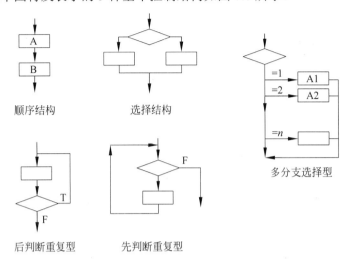

图 7.5　程序流程图构成的 5 种控制结构

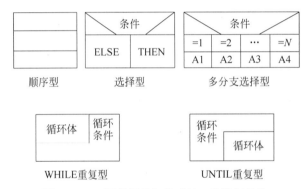

图 7.6　N-S 图的图符与构成的 5 种控制结构

3）PAD 图

PAD 图是问题分析图（Problem Analysis Diagram）的英文缩写。它是继程序流程图各方框之后,提出的又一种主要用于描述软件详细设计的图形表示工具。

PAD 图的基本图符及表示的 5 种基本控制结构,如图 7.7 所示。

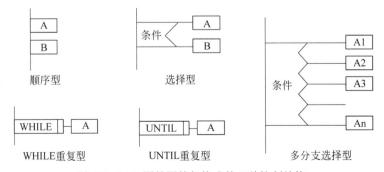

图 7.7　PAD 图的图符与构成的 5 种控制结构

4） PDL（Procedure Design Language）

过程设计语言（PDL）也称为结构化的英语和伪代码，它是一种混合语言，采用英语的词汇和结构化程序设计的语法，类似编程语言。

用 PDL 表示的基本控制结构的常用词汇如下。

顺序：

条件：IF / THEN / ELSE / ENDIF

循环：DO WHILE / ENDDO

循环：REPEAT UNTIL / ENDREPEAT

分支：CASE-OF / WHEN / SELECT / WHEN / SELECT / ENDCASE

四、软件测试

随着计算机软、硬件技术的发展，计算机的应用领域越来越广泛，各方面的应用对软件的功能要求也就越来越强，而且软件的复杂程度也就越来越高。但是，如何才能确保软件的质量并保证软件的高度可靠性呢？无疑，通过对软件产品进行必要的测试是非常重要的一个环节。软件测试也是在软件投入运行前对软件需求、设计、编码的最后审核。

软件测试的投入，包括人员和资金投入是巨大的，通常其工作量、成本占软件开发总工作量、总成本的40%以上，而且具有很高的组织管理和技术难度。

软件测试是保证软件质量的重要手段，其主要过程涵盖了整个软件生命周期的过程，包括需求定义阶段的需求测试、编码阶段的单元测试、集成测试以及后期的确认测试、系统测试，验证软件是否合格、能否交付用户使用等。

1. 软件测试的目的

1983 年 IEEE 将软件测试定义为，使用人工或自动手段来运行或测定某个系统的过程，其目的在于检验它是否满足规定的需求或是弄清预期结果与实际结果之间的差别。

关于软件测试的目的，Grenford J.Myers 在 *The Art of Software Testing* 一书中给出了更深刻的阐述：软件测试是为了发现错误而执行程序的过程；

一个好的测试用例是指很可能找到迄今为止尚未发现的错误的用例；

一个成功的测试是发现了至今尚未发现的错误的测试。

Myers 的观点告诉人们测试要以查找错误为中心，而不是为了演示软件的正确功能。

2. 软件测试的准则

鉴于软件测试的重要性，要做好软件测试，设计出有效的测试方案和好的测试用例，软件测试人员需要充分理解和运用软件测试的一些基本准则。

（1）所有测试都应追溯到需求。软件测试的目的是发现错误，而最严重的错误不外乎是导致程序无法满足用户需求的错误。

（2）严格执行测试计划，排除测试的随意性。软件测试应当制定明确的测试计划并按照计划执行。测试计划应包括：所测软件的功能、输入和输出、测试内容、各项测试的目的和进度安排、测试资料、测试工具、测试用例的选择、资源要求、测试的控制方式和过程等。

（3）充分注意测试中的群集现象。经验表明，程序中存在错误的概率与该程序中已发现的错误数成正比。这一现象说明，为了提高测试效率，测试人员应该集中对付那些错误群集的程序。

（4）程序员应避免检查自己的程序。为了达到好的测试效果，应该由独立的第三方来构成测试。因为从心理学角度讲，程序人员或设计方在测试自己的程序时，要采取客观的态度是会不同程度地存在障碍的。

（5）穷举测试不可能。所谓穷举测试是指把程序所有可能的执行路径都进行检查的测试。但是，即使规模较小的程序，其路径排列数也是相当大的，在实际测试过程中不可能穷尽每一种组合。这说明，测试只能证明程序中有错误，不能证明程序中没有错误。

（6）妥善保存测试计划、测试用例、出错统计和最终分析报告，为维护提供方便。

3. 软件测试技术与方法综述

软件测试的方法和技术是多种多样的。对于软件测试方法和技术，可以从不同的角度加以分类。

若从是否需要执行被测软件的角度，可以分为静态测试和动态测试方法。若按照功能划分可以分为白盒测试和黑盒测试方法。

1）静态测试与动态测试

（1）静态测试。静态测试包括代码检查、静态结构分析、代码质量度量等。静态测试可以由人工进行，充分发挥人的逻辑思维优势，也可以借助软件工具自动进行。经验表明，使用人工测试能够有效地发现 30%～70%的逻辑设计和编码错误。

（2）动态测试。静态测试不实际运行软件，主要通过人工进行。动态测试是基于计算机的测试，是为了发现错误而执行程序的过程；或者说，是根据软件开发各阶段的规格说明和程序的内部结构而精心设计一批测试用例（即输入数据及其预期的输出结果），并利用这些测试用例去运行程序，以发现程序错误的过程。

2）白盒测试方法

白盒测试方法也称结构测试或逻辑驱动测试。它是根据软件产品的内部工作过程，检查内部成分，以确认每种内部操作符合设计规格要求。白盒测试把测试对象看作一个打开的盒子，允许测试人员利用程序内部的逻辑结构及有关信息来设计或选择测试用例，对程序所有的逻辑路径进行测试。通过在不同点检查程序的状态来了解实际的运行状态是否与预期的一致。所以，白盒测试是在程序内部进行，主要用于完成软件内部操作的验证。

白盒测试的基本原则是：保证所测模块中每一独立路径至少执行一次；保证所测模块所有判断的每一分支至少执行一次；保证所测模块每一循环都在边界条件和一般条件下至少各执行一次；验证所有内部数据结构的有效性。

按照白盒测试的基本原则，"白盒"法是穷举路径测试。在使用这一方案时，测试者必须检查程序的内部结构，从检查程序的逻辑着手，得出测试数据。贯穿程序的独立路径数是天文数字，即使每条路径都测试了仍然可能有错误。第一，穷举路径测试绝不能查出程序是否违反了设计规范，即程序本身是个错误的程序；第二，穷举路径测试不可能查出程序中因遗漏路径而出错；第三，穷举路径测试可能发现不了一些与数据相关的错误。

白盒测试的主要方法有逻辑覆盖、基本路径测试等。

（1）逻辑覆盖方法。逻辑覆盖是泛指一系列以程序内部的逻辑结构为基础的测试用例设计技术。通常所指的程序中的逻辑表示有判断、分支、条件等几种表示方式。

① 语句覆盖。选择足够的测试用例，使程序中每个语句至少都能被执行一次。语句覆盖是逻辑覆盖中基本的覆盖，但是语句覆盖往往没有关注判断中的条件有可能隐含的错误。

② 路径覆盖。执行足够的测试用例，使程序中所有可能的路径都至少经历一次。

③ 判断覆盖。使设计的测试用例保证程序中每个判断的每个取值分支（T 或 F）至少经历一次。程序每个判断中若存在多个联立条件，仅保证判断的真假值往往会导致某些单个条件的错误不能被发现。例如，某判断是"$x < 1$ 或 $y > 5$"，其中只要一个条件取值为真，无论另一个条件是否错误，判断的结果都为真。这说明，仅有判断覆盖还无法保证能查出在判断的条件中的错误，需要更强的逻辑覆盖。

④ 条件覆盖。设计的测试用例保证程序中每个判断的每个条件的可能取值至少执行一次。条件覆盖深入到判断中的每个条件，但是可能会忽略全面的判断覆盖的要求，有必要考虑判断/条件覆盖。

⑤ 判断/条件覆盖。设计足够的测试用例，使判断中每个条件的所有可能取值至少执行一次，同时每个判断的所有可能取值分支至少执行一次。

判断/条件覆盖也有缺陷，对质量要求高的软件单元，可根据情况提出多重条件组合覆盖以及其他更高的覆盖要求。

（2）基本路径测试方法。基本路径测试的思想和步骤是，根据软件过程性描述中的控制流程确定程序的环路复杂性度量，用此度量定义基本路径集合，并由此导出一组测试用例对每一条独立执行路径进行测试。

3）黑盒测试方法

黑盒测试方法也称功能测试或数据驱动测试。黑盒测试是对软件已经实现的功能是否满足需求进行测试和验证。黑盒测试完全不考虑程序内部的逻辑结构和内部特性，只依据程序的需求和功能规格说明，检查程序的功能是否符合它的功能说明。所以，黑盒测试是在软件接口处进行，完成功能验证。黑盒测试只检查程序功能是否按照需求规格说明书的规定正常使用，程序是否有适当地接收输入数据而产生正确的输出信息，并保持外部信息（如数据库或文件）的完整性。

黑盒测试主要诊断功能不对或遗漏、界面错误、数据结构或外部数据库访问错误、性能错误、初始化和终止条件错。黑盒测试主要用于软件确认测试。

4. 软件测试的实施

软件测试是保证软件质量的重要手段，软件测试是一个过程，其测试流程是该过程规定的程序，目的是使软件测试工作系统化。

软件测试过程一般按 4 个步骤进行，即单元测试、验收测试、确认测试和系统测试。通过此步骤的实施来验证软件是否合格，能否交付用户使用。

（1）单元测试。单元测试是对软件设计的最小单位——模块（程序单元）进行正确性检验的测试。测试的目的是发现各模块内部可能存在的各种错误。单元测试的依据是详细设计说明书和源程序。

（2）集成测试。集成测试是测试和组装软件的过程。它是把模块在按照设计要求组装起来的同时进行测试，主要目的是发现与接口有关的错误。集成测试的依据是概要设计说明书。

集成测试所涉及的内容包括软件单元的接口测试、全局数据结构测试、边界条件和非法输入的测试等。

（3）确认测试。确认测试的任务是验证软件的功能和性能及其他特性是否满足了需求说明中确定的各需求，以及软件配置是否完全正确。

确认测试的实施首先运用黑盒测试方法，对软件进行有效性测试，即验证被测试软件各说明确认的标准。复审的目的在于保证软件配置齐全以及软件配置所有成分的完备性、一致性、准确性和可操作性，并且包括软件维护所必需的细节。

（4）系统测试。系统测试是将通过测试确认的软件，作为整个基于计算机系统的一个元素，与计算机硬件、外设、支持软件、数据和人员等其他系统元素组合在一起，在实际运行（使用）环境下对计算机系统进行一系列的集成测试和确认测试。由此可知，系统测试必须在目标环境下运行，其功用在于评估系统环境下软件的性能，发现和捕捉软件中潜在的错误。

系统测试的目的是在真实的系统工作环境下检验软件是否与系统正确连接，发现软件与系统需求不一致的地方。系统测试的具体实施一般包括功能测试、性能测试、操作测试、配置测试、外部接口测试、安全性测试等。

五、程序的调试

在对程序进行了成功的测试之后将进入程序调试（通常称为 Debug，即排错）。程序调试的任务是诊断和改正程序中的错误。它与软件测试不同，软件测试是尽可能多地发现软件中的错误。先要发现软件的错误，然后借助于一定的调试工具去执行出软件错误的具体位置。软件测试贯穿整个软件生命期，调试主要在开发阶段。

1. 基本概念

由程序调试的概念可知，程序调试活动由两部分组成，其一是根据错误的迹象确定程序中错误的确切性质、原因和位置。其二，对程序进行修改，排除这个错误。

1）程序调试的基本步骤

（1）错误定位。从错误的外部表现形式入手，研究有关部分的程序，确定程序中出错位置，找出错误的内在原因。确定错误位置占据了软件调试绝大部分的工作量。

（2）修改设计和代码，以排除错误。排错是软件开发过程中一项艰苦的工作，这也决定了调试工作是一项具有很强技术性和技巧性的工作。软件工程人员在分析测试结果时会发现，软件运行失效或出现问题，往往只是潜在错误的外部表现，而外部表现与内在原因之间常常没有明显的联系。如果要找出真正的原因，排除潜在的错误，不是一件易事。因此可以说，调试是通过现象找出原因的一个思维分析的过程。

（3）进行回归测试，防止引进新的错误。因为修改程序可能带来新的错误，重复进行暴露这个错误的原始测试或某些有关测试，以确认该错误是否被排除、是否引进了新的错误。如果所做的修正无效，则撤销这次活动，重复上述过程，直到找到一个有效的解决办法为止。

2）程序调试的原则

在软件调试方面，许多原则实际上是心理学方面的问题。因为调试活动由对程序中错误的定性、定位和排错两部分组成，因此调试原则也从以下两个方面考虑。

（1）确定错误的性质和位置时的注意事项：

● 分析思考与错误征兆有关的信息。

● 避开死胡同。

- 只把调试工具当作辅助手段来使用。
- 避免用试探法，最多只能把它当作最后手段。

（2）修改错误的原则：

- 在出现错误的地方，很可能还有别的错误。
- 修改错误的一个常见失误是只修改了这个错误的征兆或这个错误的表现，而没有修改错误本身。
- 注意修改一个错误的同时有可能会引入新的错误。
- 修改原代码程序，不要改变目标代码。

2. 软件调试方法

调试的关键在于推断程序内部的错误位置及原因。从是否跟踪和执行程序的角度，类似于软件测试，软件调试可以分为静态调试和动态调试。软件测试中讨论的静态分析方法同样使用静态调试。静态调试主要指通过人的思维来分析源程序代码和排错，是主要的调试手段，而动态调试是辅助静态调试的。主要可以采用以下调试方法。

（1）强行排错法。作为传统的调试方法，其过程可概括为：设置断点、程序暂停、观察程序状态、继续运行程序。这是目前使用较多、效率较低的调试方法。涉及的调试技术主要是设置断点和监视表达式。

（2）回溯法。该方法适合于小规模程序的排错。即一旦发现了错误，先分析错误征兆，确定最先发现"症状"的位置。然后，从发现"症状"的地方开始，沿程序的控制流程，逆向跟踪源程序代码，直到找到错误根源或确定错误产生的范围。

（3）原因排除法。原因排除法是通过演绎和归纳，以及二分法来实现的。

📖 任务实施

一、参考答案

（1）D （2）B （3）C （4）A （5）C （6）D （7）D （8）B

二、题目解析

（1）题中所述为需求分析。可行性研究包括经济可行性、技术可行性、操作可行性，即以最小的代价确定系统的规模是否现实。概要设计的任务是确定软件的总体结构、子结构和模块的划分。详细设计的任务是确定每一模块的实现细节，包括数据结构、算法和接口。

（2）评审（复审）每阶段都有。

（3）无论是设计还是编写代码，无论是画数据流图还是程序流图，习惯性思维都是先有输入才有输出，从上至下。自底向上不是软件设计的原则。

（4）我们可从一个软件从无到有的过程来看，就是分析人员先分析，开发人员再开发，最终运行和维护。

（5）数据流图就是带有方框（外部实体）、圆圈（变换/加工）和带有名字的箭头以表示数据的流向。需求分析中常用的分析图，它远离计算机上的具体实现，软件人员和用户都能看懂，有益于和用户交流。

（6）软件设计一般分为总体设计和详细设计两个阶段，总体设计的任务是确定软件的总体结构、子系统和模块的划分，并确定模块间的接口和评价模块划分质量，以及进行数据分析。详细设计的任务是确定每一模块实现的定义，包括数据结构、算法和接口。

（7）PAD，问题分析图，常用于详细设计；PFD，程序流程图，常用于详细设计；N-S，方框图，比程序流程图更灵活，也常用于详细设计；DFD，数据流图，远离具体在计算机上的实现，不懂计算机的用户也能看懂，用于需求分析。

（8）我们严格区分调试与测试，调试是已知有错误而来找错误，是被动的；测试有很多种，比如未发现错误但不能保证程序没错而来找 BUG，还比如运行测试程序是否符合用户的要求，是主动的。选项 A、C、D 都是具体的程序调试方法，而选项 B 是宏观的程序测试方法。测试有单元测试、集成测试、确认测试、系统测试。比如在进行单元测试时，发现程序有错误，再根据选项 A、C、D 的方法来找错误。

知识拓展

一、程序设计风格

一般来讲，程序设计风格是指编写程序时所表现的特点、习惯和逻辑思路。程序就设计风格总体而言应该强调简单和清晰，程序必须是可以理解的。可以认为著名的"清晰第一，效率第二"的论点已成为当今主导的程序设计风格。

要形成良好的程序设计风格，主要应注重和考虑下列因素。

1. 源程序文档化

源程序文档化应考虑如下几点。

（1）变量、标识符的命名：命名应具有一定的实际含义，以便于对程序功能的理解。

（2）程序注释：程序注释一般分为序言性注释和功能性注释。

（3）视觉组织：为使程序的结构一目了然，可以在程序中利用空格、空行、缩进等技巧使程序层次清晰。

2. 数据说明的风格

为使程序中的数据便于理解和维护，可采用表 7.1 所列数据说明的风格。

表 7.1　数据说明风格

数据说明风格	详　细　说　明
次序应规范化	使数据说明次序固定，使数据的属性容易查找，也有利于测试、排错和维护
变量安排有序化	当多个变量出现在同一个说明语句中时，变量名应按字母顺序排序，以便于查找
使用注释	在定义一个复杂的数据结构时，应通过注解来说明该数据结构的特点

3. 语句的结构

程序应该简单易懂，语句构造应该简单直接，不应该为提高效率而把语句复杂化。

（1）程序编写应优先考虑清晰性，除非对效率有特殊要求，程序编写要做到清晰第一，效率第二，一般在一行内只写一条语句。

（2）首先要保证程序正确，然后才要求提高速度。

（3）避免使用临时变量而使程序的可读性下降。

（4）避免不必要的转移，避免采用复杂的条件语句和尽量减少使用"否定"条件的条件语句。

（5）程序结构模块化，使模块功能尽可能单一化，利用信息隐蔽，确保每一个模块的独立性，尽可能使用库函数。

（6）从数据出发去构造程序，数据结构要有利于程序的简化。

（7）不要修补不好的程序，要重新编写。

4. 输入和输出

输入和输出信息是直接与用户相联系的，输入和输出方式及格式应尽可能方便用户的使用。对于批处理和交互式输入输出方式，设计和编程时都应该考虑如下原则。

（1）对所有的输入数据以及输入项的各种重要组合都要检验其合理、合法性。

（2）输入数据时，格式要简单，应允许使用自由格式和缺省值。

（3）批量输入数据时，最好使用输入结束标志。

（4）在以交互式输入输出方式进行输入输出时，要在屏幕上使用提示符给出明确提示，数据输入过程中和输入结束时，应在屏幕上给出状态信息。

（5）当程序设计语言对输入格式有严格要求时，应保持输入格式与输入语句的一致性，应给所有的输出加注释，并设计输出报表格式。

二、程序设计方法

程序设计是一门技术，需要相应的理论、技术、方法和工具来支持，就程序设计方法和技术的发展而言，主要经过了结构化程序设计和面向对象的程序设计两个阶段。

1. 结构化程序设计方法

1）结构化程序设计的原则

结构化程序设计方法（Structured Programming）的主要原则可以概括为自顶向下、逐步求精、模块化、限制使用 GOTO 语句等几个方面。

（1）自顶向下：程序设计时，应先考虑总体，后考虑细节；先考虑全局目标，后考虑局部目标。不要一开始就过多追求细节，应先从最上层总目标开始设计，逐步使问题具体化。

（2）逐步求精：对复杂问题，应设计一些子目标作过渡，逐步细化。

（3）模块化：模块化是把程序要解决的总目标分解为分目标，再进一步分解为具体的小目标，把每个小目标称为一个模块，化整为零。

（4）限制使用 GOTO 语句：虽然在块和进程的非正常出口处往往需要用 GOTO 语句，使用 GOTO 语句可能使程序执行的效率提高，但 GOTO 语句是有害的，它是造成程序混乱的祸根。程序的质量与 GOTO 语句的数量成反比。

2）结构化程序设计的基本结构

结构程序设计方法主要采用顺序、选择和循环三种基本控制结构，其他结构形式可由这三种结构来表达。

3）结构化程序设计的基本特点及应用原则

结构化程序设计方法设计出的程序有明显的优点。其一，程序易于理解、使用和维护。程序员采用结构化程序设计方法，便于控制、降低程序的复杂性，因此容易编写程序，同时便于验证程序的正确性。结构化程序清晰易读，可理解性好。其二，提高了程序设计工作的效率，降低了软件开发成本。由于结构化程序设计方法能够把错误控制到最低限度，因此能够减少调试和查错时间。结构化程序是由一些基本结构模块组成的，这些模块甚至可以由机器自动生成，从而极大地减轻了程序设计者的工作量。

2. 面向对象程序设计

面向对象的软件开发方法在 20 世纪 60 年代后期首次提出，首先对面向对象程序设计（Object Oriented Programming）语言开展研究，随之逐渐形成面向对象分析和设计方法。现在，面向对象方法已经发展为主流的软件开发方法。

1）面向对象方法的基本概念

面向对象方法的概念涵盖了对象、类、继承、多态性几个基本要素，这些概念是理解和使用面向对象方法的基础和关键。

（1）对象（Object）。对象可以用来表示客观世界中的任何实体，它既可以是具体的物理实体的抽象，也可以是人为的概念，或者是任何有明确边界和意义的东西。例如：一名学生、一笔贷款等。

属性即对象所包含的信息，它在设计对象时确定，一般只能通过执行对象的操作来改变。如学生对象的属性有姓名、年龄、性别等。

操作描述了对象执行的功能。对象的操作也称为方法或服务，如汽车的启动、窗口的关闭等。操作的过程对外是封闭的，各种过程是事先已经设计好的，用户只需要调用即可。

封装性使程序设计者只能看到对象的外部特性，即只需知道数据的取值范围和可以对该数据施加的操作，根本无须知道数据的具体结构以及实现操作的算法。对象的内部，即处理能力的实行和内部状态，对外是不可见的。在外面，不能直接使用对象的处理能力，也不能直接修改其内部状态，对象的内部状态只能由其自身改变。

对象的基本特点见表 7.2。

表 7.2　对象的基本特点

特　　点	描　　述
标识唯一性	一个对象通常可由对象名、属性和操作三部分组成
分类性	指可以将具有相同属性和操作的对象抽象成类
多态性	指同一个操作可以是不同对象的行为、不同对象执行同一操作产生不同的结果
封装性	从外面看只能看到对象的外部特性，对象的内部对外是不可见的
模块独立性好	由于完成对象功能所需的元素都被封装在对象内部，所以模块独立性好

（2）类（Class）和实例（Instance）。类是具有共同属性、共同方法的对象的集合，是对象的抽象，它描述了属于该对象类型的所有对象的性质。一个对象则是其对应类的一个实例。当使用"对象"这个术语时，既可以指一个具体的对象，也可以泛指一般的对象；当使用"实例"这个术语时，必然是指一个具体的对象。例如：AUTO 是一个轿车类，它描述了所有轿车的性质。一部捷达轿车是类 AUTO 的一个实例。

类同对象一样，包括一组数据属性和在数据上的一组合法操作。例如，捷达、桑塔纳、奥迪是三个不同的对象（实例），但它们可用共同的属性（颜色、型号、排气量等）来描述，具有相同的行为（启动、停止等），因此它们是一类，用"AUTO 类"来定义。

（3）消息（Message）。消息是一个实例向另一个实例之间传递的信息，是对象间相互合作的机制。消息的使用类似于函数调用，发送的消息中指定了接收消息的一个实例、一个操作名和一个参数表（可空），它统一了数据流和控制流。接收消息的实例执行消息中指定的操作，并将其参数与参数表中相应的值结合起来，由发送消息的对象（发送对象）的触发操作产生输出结果，引发接收消息的对象一系列的操作。

（4）继承（Inheritance）。继承是指能够直接从已有类中获得已有的性质和特征，而不必重复定义它们。继承是使用已有的类定义作为基础建立新类定义的技术。已有的类可当作基类（父类）来引用，则新类相应地叫作派生类（子类）来引用。

面向对象软件技术把类组成一个层次结构的系统：一个类的上层可以有父类，下层可以有子类。一个类直接继承其父类的描述（数据和操作）或特性，子类自动地共享其父类中定义的数据和方法。

（5）多态性（Polymorphism）。同样的消息被不同的对象接受时可导致完全不同的行动，同一个动作可以是不同对象的行为，该现象称为多态性。在面向对象的软件技术中，多态性是指子类对象可以像父类对象那样使用，同样的消息既可以发送给父类对象也可以发送给子类对象。

总之，封装、继承、多态性是面向对象的三大特征，封装是基础，继承是关键，多态性是补充，多态性必存在于继承环境中。

2）面向对象程序设计的优点

面向对象方法之所以日益受到人们的重视和应用，成为流行的软件开发方法主要基于以下优点：

（1）与人类习惯的思维方法一致。

（2）稳定性高。

（3）可重用性好。

（4）易于大型软件产品开发。

（5）软件可维护性好。

任务3　数据库设计基础

任务描述

（1）下列模式中，能够给出数据库物理存储结构与物理存取方法的是（　　　）。

    A. 内模式　　　　B. 外模式　　　　　　C. 物理模式　　　　　　D. 逻辑模式

（2）下列叙述中正确的是（　　　）。

    A. 数据库是一个独立的系统，不需要操作系统的支持

    B. 数据库设计是指设计数据库管理系统

    C. 数据库技术的根本目标是要解决数据共享的问题

    D. 数据库系统中，数据的物理结构必须与逻辑结构一致

（3）数据库系统的核心是（　　　）。

    A. 数据模型　　　　B. 数据库管理系统　　　C. 软件工具　　　　　　D. 数据库

（4）下述关于数据库系统的叙述中正确的是（　　　）。

    A. 数据库系统减少了数据冗余

B. 数据库系统避免了一切冗余

C. 数据库系统中数据的一致性是指数据类型的一致

D. 数据库系统比文件系统能管理更多的数据

（5）关系表中的每一横行称为一个（　　　）。

　　A. 元组　　　　　　B. 字段　　　　　　C. 属性　　　　　　D. 码

（6）用树形结构来表示实体之间联系的模型称为（　　　）。

　　A. 关系模型　　　　B. 层次模型　　　　C. 网状模型　　　　D. 数据模型

（7）将 E-R 图转换到关系模式时，实体与联系都可以表示成（　　　）。

　　A. 属性　　　　　　B. 关系　　　　　　C. 键　　　　　　　D. 域

（8）分布式数据库系统不具有的特点是（　　　）。

　　A. 分布式　　　　　　　　　　　　　　B. 数据冗余

　　C. 数据分布性和逻辑整体性　　　　　　D. 位置透明性和复制透明性

任务目标

◆ 数据库的基本概念：数据库、数据库管理系统、数据库系统。

◆ 数据模型：实体联系模型及 E-R 图，从 E-R 图导出关系数据模型。

◆ 关系代数运算：集合运算及选择、投影、连接运算。

知识介绍

一、数据库系统的基本概念

1. 基本概念

1）数据

数据（Data）实际上就是描述事物的符号记录，是数据库中存储的基本对象。

2）数据库

数据库（Database，DB）是存放数据的仓库，是长期存放在计算机存储介质内统一、有组织并可共享的数据集合。通俗的理解，数据库就是存放数据的仓库，只不过，数据库存放数据是按数据库所提供的数据模式存放的。数据库中的数据具有"集成""共享"的特点。

3）数据库管理系统

数据库管理系统（Database Management System，DBMS）是位于用户与操作系统间负责数据库管理的一种系统软件。数据库中的数据是海量级的，并且其结构复杂，因此需要提供管理工具。数据库管理系统是数据库系统的核心，它主要有如下几方面的具体功能，并为此提供了相应的数据语言：

（1）数据模式定义。

（2）数据物理存取及构建。

（3）数据操纵。

（4）数据的完整性、安全性定义与检查。

（5）数据库的并发控制与故障恢复。

（6）数据服务。数据库管理系统提供对数据库中数据的多种服务功能，如数据复制、转存、重组、性能监测、分析等。

目前流行的 DBMS 均为关系数据库系统，比如 ORACLE、Sybase 的 PowerBuilder 及 IBM 的 DB2、微软的 SQL Server 等，它们均为严格意义上的 DBMS 系统，另外有一些小型的数据库，如微软的 Visual FoxPro 和 Access 等，它们只具备数据库管理系统的一些简单功能。

4）数据库管理员

由于数据库的共享性，因此对数据库的规划、设计、维护、监视等需要专人管理，称它们为数据库管理员（Database Administrator，DBA）。

5）数据库系统

数据库系统（Database System，DBS）是在系统软、硬件平台基础上，加上数据库（数据）、数据库管理系统（软件）、数据库管理员（人员）构成的一个以数据库为核心的完整的运行实体。

6）数据库应用系统

利用数据库系统进行应用开发可构成一个数据库应用系统（Database Application System，DBAS）。数据库应用系统是数据库系统，再加上应用软件及应用界面这二者所组成。其中应用软件是由数据库系统所提供的数据库管理系统（软件）及数据库系统开发工具所书写而成，而应用界面大多由相关的可视化工具开发而成。

2. 数据库系统的发展

数据管理发展至今已经历了三个阶段：人工管理阶段、文件系统阶段和数据库系统阶段。关于数据管理三个阶段中的软硬件背景及处理特点，如表 7.3 所示。

表 7.3　数据管理的三个阶段

背景及特点		人工管理	文件系统	数据库系统
背景	应用背景	科学计算	科学计算、管理	大规模管理
	硬件背景	无直接存取设备	磁盘、磁鼓	大容量磁盘
	软件背景	无操作系统	文件系统	数据库管理系统
	处理方式	批处理	联机实时处理；批处理	联机实时处理；分布处理；批处理
特点	数据管理者	人	文件系统	数据库管理系统
	数据面向对象	某个应用程序	某个应用程序	现实世界
	数据共享程度	无共享；冗余度大	共享性差；冗余度大	共享性高；冗余度小
	数据独立性	不独立，完全依赖程序	独立性差	具有高度的物理独立性和一定的逻辑独立性
	数据结构化	无结构	记录内有结构；整体无结构	整体结构化，用数据模型描述
	数据控制能力	应用程序自己控制	应用程序自己控制	由 DBMS 提供数据安全性、完整性、并发控制和恢复

3. 数据库系统的特点

数据库技术是在文件系统基础上发展而来的，两者均以数据文件的形式组织数据，数据库系统在文件系统之上加入了 DBMS 对数据进行管理。数据结构化是数据库系统与文件系统的根本区别。数据库系统具有以下特点：

1）数据的集成性

数据库系统的数据集成性主要表现在如下几个方面。

（1）数据库系统中采用统一的数据结构方式，如在关系数据库中采用二维表作为统一的结构。

（2）数据库系统中按照多个应用的需要，组织全局的统一的数据结构（即数据模式），数据模式不仅可以建立全局的数据结构，还可以建立数据间的语义联系，从而构成一个内在紧密联系的数据整体。

（3）数据库系统中的数据模式是多个应用共同的、全局的数据结构，而每个应用的数据则是全局结构中的一部分，称为局部结构（即视图）。这种全局与局部的结构模式构成了数据库系统数据集成性的主要特征。

2）数据的高共享性与低冗余性

由于数据的集成性使得数据可为多个应用所共享，特别是在网络发达的今天，数据库与网络的结合扩大了数据库的应用范围。数据的共享自身又可极大地减少数据冗余性，不但减少了不必要的存储空间，更为重要的是可以避免数据的不一致性。所谓数据的不一致性指的是同一数据在系统的不同复制处有不同的值。因此，减少冗余性以避免数据的不同出现是保证系统一致性的基础。

3）数据独立性

数据库中数据独立于应用程序而不依赖于应用程序，数据的逻辑结构、存储结构与存取方式的改变不会影响应用程序。

数据独立性一般分为物理独立性与逻辑独立性两级。

（1）物理独立性：物理独立性即是数据的物理结构（包括存储结构、存取方式等）的改变，如存储设备的更换、物理存储的更换、存取方式的改变等都不影响数据库的逻辑结构，从而不致引起应用程序的变化。

（2）逻辑独立性：数据库总体逻辑结构的改变，如修改数据模式联系等，不需要相应修改应用程序，这就是数据的逻辑独立性。

4）数据统一管理与控制

数据库系统不仅为数据提供高度集成环境，同时它还为数据提供统一管理的手段，这主要包含以下 3 个方面。

（1）数据的完整性检查：检查数据库中数据的正确性以保证数据的正确。

（2）数据的安全性保护：检查数据库访问者以防止非法访问。

（3）并发控制：控制多个应用的并发访问所产生的相互干扰以保证其正确性。

4. 数据库系统的内部结构

数据模式是数据库系统中数据结构的一种表示形式，它具有不同的层次与结构方式。数据库系统结构如图 7.8 所示，系统内部结构中具有三级模式及二级映射。

1）数据库系统的三级模式

（1）概念模式（Conceptual Schema）简称为模式或逻辑。概念模式是数据库系统中全局数据逻辑结构的描述，是全体用户的公共数据视图。

计算机应用基础任务驱动教程

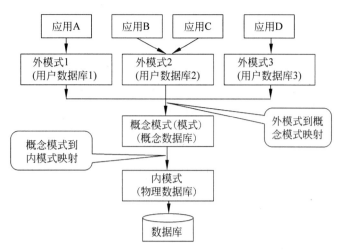

图 7.8　数据库系统内部结构体系

（2）外模式（External Schema）也称子模式（Subschema）或用户模式（User's Schema）。它是用户的数据视图，也就是用户所见到的数据模式，它由概念模式推导而出。一个概念模式可以有若干个外模式，每个用户只关心与它有关的模式，这样不仅可以屏蔽大量无关信息而且有利于数据保护。

（3）内模式（Internal Schema）又称物理模式（Physical Schema）或存储模式，它给出了数据库物理存储结构与物理存取方法。

模式的三个级别层次反映了模式的三个不同环境以及它们的不同要求，其中内模式处于最底层，它反映了数据在计算机物理结构中的实际存储形式，概念模式处于中层，它反映了设计者的数据全局逻辑要求，而外模式处于最外层，它反映了用户对数据的要求。

2）数据库系统的两级映射

（1）外模式到概念模式的映射。概念模式是一个全局模式，而外模式是用户的局部模式。一个概念模式中可以定义多个外模式，而每个外模式是概念模式的一个基本视图。外模式到概念模式的映射给出了外模式与概念模式的对应关系，这种映射一般也是由 DBMS 来实现的。

（2）概念模式到内模式的映射。该映射给出了概念模式中数据的全局逻辑结构到数据的物理存储结构间的对应关系，此种映射一般由 DBMS 实现。

二、数据模型

1. 数据模型的基本概念

模型是现实世界特征的模拟抽象。数据模型是现实世界数据特征的抽象，这个抽象过程分为两个阶段：首先将现实世界通过人脑的思维抽象形成概念模型；然后将概念模型转化为计算机内部的机器世界。

数据模型按不同的应用层次分成三种类型，它们是概念数据模型（Conceptual Data Model）、逻辑数据模型（Logic Data Model）、物理数据模型（Physical Data Model）。

概念数据模型简称概念模型，它是现实世界到计算机的第一层抽象，与具体的数据库管理系统、具体的计算机平台无关。它侧重于对客观世界复杂事物的结构描述及它们之间的内在联系的刻画。如 E-R 模型、扩充的 E-R 模型、面向对象模型及谓词模型等。

逻辑数据模型又称数据模型，它侧重于在数据库系统一级的实现，是一种面向数据系统的模型。概念模型只有在转换成逻辑模型后才能在数据库中得以表示。先后被人们大量使用过的逻辑模型有层次模型、网状模型、关系模型、面向对象模型等。

物理数据模型又称物理模型，它给出了数据模型在计算机上物理结构的表示，是一种面向计算机物理表示的模型。

2. 概念模型实例——E-R 模型

E-R 模型（Entity Relationship Model）是一种概念模型，又称实体联系模型，于 1976 年由 Peter Chen 首先提出。该模型将现实世界的要求转化成实体、联系、属性等几个基本概念以及它们间的两种基本联接关系，并用一种 E-R 图的形式非常直观地表示出来。

1）E-R 模型的基本概念及相应的 E-R 图

（1）实体。现实世界中的事物可以抽象成为实体，实体是概念世界中的基本单位，它们是客观存在的且能相互区别的事物。凡是有共性的实体可组成一个集合称为实体集（Entity Set）。

在 E-R 图中用矩形表示实体集，在矩形内写上该实体集的名字。

（2）属性。属性刻画了实体的特征。一个实体往往可以有若干个属性。每个属性可以有值，一个属性的取值范围称为该属性的值域（Value Domain）或值集（Value Set）。

在 E-R 图中用椭圆形表示属性，在椭圆形内写上该属性的名称。

（3）联系。概念世界中的联系反映了实体集间的一定关系，如师生关系、学生与所选课程关系等。

在 E-R 图中用菱形（内写上联系名）表示联系。

实体集间联系的个数可以是单个可以是多个。如教师与学生之间有教学联系，另外还可以有管理联系。两个实体集间的联系实际上是实体集间的函数关系，这种函数关系可以有下面几种：

一对一（One to One）的联系，简记为 1：1。如学校与校长间的联系。

一对多（One to Many）或多对一（Many to One）联系，简记为 1：M（1：m）或 M：1（m：1）。如学生与其宿舍房间的联系是多对一的联系，即多个学生对应一个房间。

多对多（Many to Many）联系，简记为 M：N 或 m：n。这是一种较为复杂的函数关系，如教师与学生这两个实体集间的教与学的联系是多对多的。

2）E-R 模型三个基本概念之间的联接关系

E-R 模型由上面三个基本概念实体、联系、属性组成，三者结合起来才能表示现实世界。三者间存在两种基本联接关系：

（1）实体集（联系）与属性间的联接关系。一个实体可以有若干个属性，实体以及它的所有属性构成了实体的一个完整描述，因此实体与属性间有一定的联接关系。如学生档案中每个学生（实体）可以有学号、姓名、性别、年龄、院系、政治面貌等若干属性，它们组成了一个有关学生（实体）的完整描述，称为实体的型。一个实体的所有属性取值组成了一个值集叫元组（Tuple），即实体的值。在概念世界中，可以用元组表示实体，也可用来区别不同的实体。如在学生档案表 7.4 中，每一行表示一个实体，这个实体可以用一组属性值表示。相同型的实体构成了实体集，表 7.4 内的各学生实体构成了一个学生实体集。

计算机应用基础任务驱动教程

表 7.4　学生档案表

学号	姓名	性别	年龄	院系	政治面貌
201201101	王刚	男	20	计算机	党员
201202101	李红	女	18	中文	团员
201203202	王思淼	女	19	物理	团员
201204301	陈小鹏	男	18	历史	党员
201201206	何丹	女	19	计算机	团员

联系也可以附有属性，联系和它的所有属性构成了联系的一个完整描述，因此，联系与属性间也有联接关系。如有教师与学生两个实体集间的教与学的联系，该联系尚可附有教室、课程等属性。

在 E-R 图中实体集（或联系）与属性间的联接关系可用联接这两个图形间的无向线段表示（一般情况下可用直线）。如实体集 Student 有属性 Sno（学号）、Sname（姓名）及 Sage（年龄），此时它们可用图 7.9（a）表示联接关系。联系与属性之间也有联接关系，也可用无向线段表示。如联系 SC 可与学生的课程成绩属性 G 建立联接，可用图 7.9（b）表示。

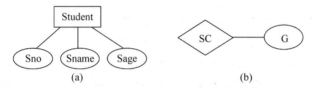

图 7.9　实体集（联系）与属性的连接

（2）实体（集）与联系间的联接关系。一般而言实体集间无法建立直接关系，它只能通过联系才能建立起联接关系。如教师与学生之间无法直接建立关系，只有通过"教与学"的联系才能在相互之间建立联接关系。在 E-R 图中实体集与联系间的联接关系可用联接这两个图形间的无向线段表示。如实体集 Student 与联系 SC 间有联接关系，实体集 Course 与联系 SC 间也有联接关系，因此它们之间可用无向线段相联。为了进一步刻画实体间的函数关系，还可在线段边上注明其对应函数关系，如 $1:1$，$1:n$，$n:m$，Student 与 Course 间有多对多联系。

3）数据模型简介

这里介绍常用的三种数据模型：层次模型、网状模型、关系模型。

（1）层次模型。层次模型（Hierarchical Model）是最早发展起来的数据库模型，它采用树形结构表示各类实体间的联系，如家族结构、行政组织结构。图 7.10 给出了学校结构的简化 E-R 图，略去了其中的属性。

由图论中树的性质可知，任一树形结构均有下列特性：①每棵树有且仅有一个无双亲结点，称为根（Root）；②树中除根外所有结点有且仅有一个双亲。

（2）网状模型。网状模型（Network Model）是一个不加任何条件限制的无向图，在结构上不像层次模型那样要满足严格的条件，允许结点有多个双亲，两个结点可以有多种联系。图 7.11 是学校行政机构图中学校与学生联系的简化 E-R 图。

（3）关系模型。关系模型采用由行和列组成的二维表（表 7.4）来表示，简称表。

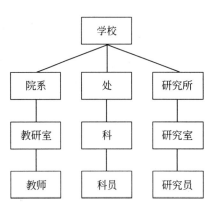

图 7.10　层次模型实例 E-R 图

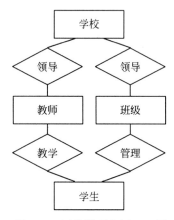

图 7.11　网状模型实例 E-R 图

关系（Relation）：一个关系通常对应一张表；

元组（Tuple）：表中的每一行数据称为一个元组。

属性（Attribute）：表的每一列称为一个属性。每个元组分量是元组数据在每个属性的投影值。

构成关系的二维表一般满足下面性质：①元组个数有限性。②元组属性唯一，属性的次序无关，同一属性的值域相同。③元组的次序无关性。

在二维表中凡能唯一标识元组的最小属性集称为该表的键（Key）或码。二维表中可能有若干个键，它们称为该表的候选码或候选键（Candidate Key）。从二维表的所有候选键中选取一个作为用户使用的键，称为主键（Primary Key），简称为键或码。表 A 中的某属性集（非表 A 的主键）是某表 B 的键，则称该属性集为表 A 的外键（Foreign Key）或外码。

表中一定要有键，因为如果表中所有属性的子集均不是键，则表中属性的全集必为键（称为全键，All Key），因此也一定有键。

关系模型的数据操纵一般有查询、增加、删除及修改四种操作。

关系模型允许定义三类数据约束：

（1）实体完整性约束。

（2）参照完整性约束。

实体完整性约束和参照完整性约束是关系数据库所必须遵守的规则，在任何一个关系数据库管理系统（RDBMS）中均由系统自动支持。

（3）用户定义的完整性约束。对于用户定义的完整性约束，是由关系数据库系统提供完整性约束语言，用户利用该语言写出约束条件，运行时由系统自动检查的。

📖任务实施

一、参考答案

（1）A　（2）C　（3）B　（4）A　（5）A　（6）A　（7）B　（8）C

二、题目解析

（1）数据库管理系统的三级模式结构由外模式、模式和内模式组成。外模式，或子模式，或用户模式，是指数据库用户所看到的数据结构，是用户看到的数据视图。模式，或逻辑模式，是数据库中对全体数据的逻辑结构和特性的描述，是所有用户所见到的数据视图的总和。外模式是模式的一部分。内模式，或存储模式，或物理模式，是指数据在数据库系统内的存储介质上的表示，即对数据的物理结构和存取方式的描述。

（2）数据库是存储在计算机存储设备中的、结构化的相关数据的集合。数据库中的数据不只是面向某一项特定的应用，而是面向多种应用，可以被多个用户、多个应用程序共享，不具有独立的系统。设计数据库的目的实质上是设计出满足实际应用需求的实际关系模型。数据库技术的主要目的是有效地管理和存取大量的数据资源，包括：提高数据的共享性，使多个用户能够同时访问数据库中的数据；减少数据的冗余，以提高数据的一致性和完整性；提供数据与应用程序的独立性，从而减少应用程序的开发和维护代价。数据库具有物理独立性和逻辑独立性。

（3）数据库管理系统（DBMS）是数据库系统的核心。DBMS 是负责数据库的建立、使用和维护的软件。DBMS 建立在操作系统之上，实施对数据库的统一管理和控制。用户使用的各种数据库命令以及应用程序的执行，最终都必须通过 DBMS。另外，DBMS 还承担着数据库的安全保护工作，按照 DBA 所规定的要求，保证数据库的完整性和安全性。

（4）选项 B 错，为什么会有关系规范化理论，其主要目的之一是减少数据的冗余，说明数据库系统还存在一定的冗余；选项 C 错，数据完整性约束指一组完整性规则的集合，不一定是数据类型的一致性；选项 D 错，管理数据的多少主要取决于计算机硬盘空间和一些相关的设置，比如在数据库管理系统中设置某个用户的空间最大为多少。

（5）字段：列，属性名；属性：实体的某一特性，如学生表中的学号、姓名等；码（主键）：元组（实体）的唯一标识，如学生有同名的，但学号是唯一的。

（6）层次模型结构是一棵有向树，树中的每个结点代表一种记录类型，这些结点满足：有且仅有一个结点无双亲（根结点），其他结点有且仅有一个双亲结点。网状模型则相当于一个有向图，与层次模型结构不同的是：一个结点可以有多个双亲结点，且多个结点可以无双亲结点。关系模型则是二维表，一张表即为一个关系，这个很常见，如学生关系（学号，姓名，出生年月，性别），就像我们的办公软件中电子表格那样的表格。选项 D 的数据模型不是数据库的基本模型。

（7）基本概念题，实体与联系可以表示成关系，关系可以表示成二维表。

（8）特点指的是优点，数据冗余是缺点，不是特点，分布式数据库减少了数据冗余。

🔖知识拓展

一、关系运算

1. 投影运算

关系 R 上的投影（Projection）运算是从 R 中选择若干属性列组成新的关系 R' 的运算，是从列的角度进行的运算。一个关系通过投影运算（并由该运算给出所指定的属性）后仍为一个关系，它是 R 中投影运算所指出的那些域的列所组成的关系。设 R 有 n 个域：A_1，A_2，…，A_n，则在 R 上对域 A_{i1}，A_{i2}，…，A_{im} （$A_{ij} \in \{A1，A2，…，An\}$）的投影可表示成为下面的一元运算：

$$\pi_{Ai1,\ Ai2,\ \cdots,\ Aim}(R)$$

2. 选择运算

选择（Selection）又称限制（Restriction），是在关系 R 的中选择符合逻辑条件的元组组成一个新关系 R' 的运算，是从行的角度进行的运算。关系 R 通过选择运算（并由该运算给出所选择的逻辑条件）后仍为一个关系。这个关系是由 R 中那些满足逻辑条件的元组所组成的。设选择的逻辑条件为 F，则 R 满足 F 的选择运算为：$\sigma_F(R)$。

逻辑条件 F 是一个逻辑表达式，如查询所有年龄为 20 的学生信息的逻辑条件可表示为 Sage＝20。逻辑条件 F 的组成规则如下：

F 具有 $\alpha\Theta\beta$ 的形式，其中 α、β 是域（变量）或常量，但 α、β 又不能同为常量；Θ 是比较符，它可以是 $<$，$>$，$=$，$\leqslant$，$\geqslant$，$\neq$。$\alpha\Theta\beta$ 叫做基本逻辑条件。由若干个基本逻辑条件经逻辑运算 $\wedge$（并且、与）、$\vee$（或者、或）及 $\sim$（否、非）构成复合逻辑条件。

有了上述两个运算后，我们对一个关系内的任意行、列的数据都可以方便地找到。

3. 连接与自然连接（Natural Join）运算

连接（Join）运算又可称为 Θ 连接运算，记为 $R\underset{i\Theta j}{\infty}S$，它的含义为：$R$ 与 S 的连接是由 R 与 S 的笛卡儿积中满足限制的元组构成的关系，$R\underset{i\Theta j}{\infty}S$ 即 $=\sigma_{i\Theta j}(R\times S)$，其中，$\Theta$ 的含义同前，i 为 R 中的域，j 为 S 中的域，i 与 j 需具有相同域，否则无法做比较。

在 Θ 连接中如果 Θ 为"="，就称此连接为等值连接；如果 Θ 为"<"，则称为小于连接；如果 Θ 为">"，则称为大于连接。

二、数据库设计与管理

数据库设计是数据库应用的核心。

数据库设计（Database Design）核心问题就是设计一个能满足用户要求、性能良好的数据库。数据库设计的基本任务是根据用户对象的信息需求、处理需求和数据库的支持环境（包括硬件、操作系统与 DBMS）设计出数据模式。其中信息需求主要是指用户对象的数据及其结构，它反映了数据库的静态要求；处理需求则表示用户对象的行为和动作，它反映了数据库的动态要求。数据库设计中有一定的制约条件，它们是系统设计平台，包括系统软件、工具软件以及设备、网络等硬件环境等因素。

在数据库设计中有两种方法：一种是以信息需求为主，兼顾处理需求，称为面向数据的方法（Data Oriented Approach）；另一种是以处理需求为主，兼顾信息需求，称为面向过程的方法（Process Oriented Approach）。这两种方法目前都有使用，在早期，由于应用系统中处理多于数据，因此以面向过程的方法使用较多，而近期由于大型系统中数据结构复杂，数据量庞大，而相应处理流程趋于简单，因此用面向数据的方法较多。由于数据在系统中稳定性高，数据已成为系统的核心，因此面向数据的设计方法已成为主流设计方法。

数据库设计目前一般采用生命周期（Life Cycle）法，即将整个数据库应用系统的开发分解成目标独立的若干阶段。它们是：需求分析阶段——分析用户要求；概念设计阶段——信息分析和定义；逻辑设计阶段——设计的实现；物理设计阶段——物理数据库设计。此外还有编码阶段、测试阶段、运行阶段、进一步修改阶段。在数据库设计中采用上面几个阶段中的前四个阶段，并且重点以数据结构与模型的设计为主线，如图 7.12 所示。

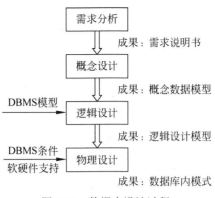

图 7.12　数据库设计过程

小　结

本章以教育部考试中心最新颁布的《全国计算机等级考试二级公共基础知识考试大纲》为依据，以对考生进行综合指导、全面提高应试能力为原则，介绍了数据结构与算法、程序设计风格、软件工程、数据库基础的相关知识，以任务为方式介绍知识点，有助于读者的自我提升。

习　题

1. 在一个容量为 15 的循环队列中，若头指针 Front=6，尾指针 Rear=9，则该循环队列中共有（　　　）个元素。

2. 设一棵完全二叉树共有 700 个结点，则在该二叉树中有（　　　）个叶子结点。

3. 设有一棵完全二叉树的中序遍历结果为 D B E A F C，前序遍历结果为 A B D E C F，则后序遍历结果为（　　　）。

4. 在满二叉树的第 3 层上的结点数为（　　　）个。

5. 在一个顺序存储结构下的栈中，若 Top=6，则出栈两个元素后，Top 为（　　　）。

6. 源程序文档化要求程序应加注释，注释一般分为序言性注释和（　　　）。

7. 类是一个支持集成的抽象数据类型，而对象是类的（　　　）。

8. 软件工程研究的内容主要包括：（　　　）技术和软件工程管理。

9. 数据流图的类型有（　　　）和事务型。

10. 软件开发环境是全面支持软件开发全过程的集合。

11. 一个项目只有一个项目主管，一个项目主管可管理多个项目，则实体"项目主管"与实体"项目"的联系属于（　　　）的联系。

12. 数据库系统中实现各种数据管理功能的核心软件称为（　　　）。

13. 关系模型的完整性规则是对关系的某种约束条件，包括实体完整性、（　　　）和自定义完整性。

参 考 文 献

[1] 谭振江，等. 计算思维与大学计算机基础[M]. 北京：人民邮电出版社，2013.

[2] 王彪，等. 大学计算机基础——实用案例驱动教程[M]. 北京：清华大学出版社，2012.

[3] 周明红，等. 计算机基础[M]. 3 版. 北京：人民邮电出版社，2013.

[4] 王建发，等. Excel 疑难千寻千解丛书普及版[M]. 北京：电子工业出版社，2013.

[5] 吴卿，等. 办公软件高级应用（Office 2010）[M]. 杭州：浙江大学出版社，2012.

[6] 黄国林，等. 大学计算机二级考试应试指导（办公软件高级应用）[M]. 北京：清华大学出版社，2013.